U0336612

博弈论的诡计全集

GAME THEORY

日常生活中的博弈策略

插图本　王春永 编著

图书在版编目（CIP）数据

博弈论的诡计全集/王春永编著．—北京：中国发展出版社，2011.2（2024.2 重印）

ISBN 978-7-80234-386-3

Ⅰ.①博…　Ⅱ.①王…　Ⅲ.①对策论-普及读物　Ⅳ.①O225-49

中国版本图书馆 CIP 数据核字（2010）第 258640 号

书　　名：博弈论的诡计全集
著作责任者：王春永
责 任 编 辑：杜　君　沈海霞
出 版 发 行：中国发展出版社
联 系 地 址：北京经济技术开发区荣华中路 22 号亦城财富中心 1 号楼 8 层（100176）
标 准 书 号：ISBN 978-7-80234-386-3
经　销　者：各地新华书店
印　刷　者：北京博海升彩色印刷有限公司
开　　本：700mm×1000mm　1/16
印　　张：27.5
字　　数：480 千字
版　　次：2011 年 2 月第 1 版
印　　次：2024 年 2 月第 20 次印刷
印　　数：175001—185000 册
定　　价：39.80 元

联 系 电 话：（010）68990642　68360970
购 书 热 线：（010）68990682　68990686
网 络 订 购：http://zgfzcbs.tmall.com
网 购 电 话：（010）68990639　88333349
本 社 网 址：http://www.develpress.com
电 子 邮 件：fazhanreader@163.com

序

博弈论就在你身边

阿普顿是普林斯大学的高才生，毕业后被安排在爱迪生身边工作，他对依靠自学而没有文凭的爱迪生很不以为然。

一次，爱迪生要阿普顿算出一只梨形玻璃泡的容积。阿普顿点点头，心想：这么简单的事一会儿就行了。只见他拿来梨形玻璃泡，用尺子上下量了几遍，再按照式样在纸上画好草图，列出了一道道算式。可是他一连换了几十个公式，还是没结果。阿普顿急得满脸通红，狼狈不堪。

爱迪生在实验室等了很久，便走到阿普顿的工作间。他看到几张白纸上密密麻麻的算式，便笑笑说："您这样计算太浪费时间了。"

爱迪生将一杯水倒进玻璃泡内，交给阿普顿说："再找个量筒来就知道答案了。"阿普顿茅塞顿开，对爱迪生十分敬服，后来成了爱迪生事业上的好助手。

有时候，科学并不一定意味着烦琐的计算与测量，而是一种具有浓厚艺术气息的思维方式。前者固然可以得出正确的结论，但是后者同样可以用一种出人意表的方式曲径通幽。这种方式，与我们在生活中运用博弈论有异曲同工之妙。大量的数学模型吓不倒我们，因为我们可以对它们置之不理。

有一个脑筋急转弯，问题是这样的：在什么情况下0大于2，2大于5，5又大于0?

答案是：在玩"石头剪子布"游戏的时候。

在生活中，大家经常会玩一种叫"石头剪子布"的猜拳游戏。这种游戏就是用握紧的拳头代表石头，用伸直的中指和食指（韩国和日本也有一些男性玩家用伸直的大拇指和食指）代表剪子，用张开的手掌代表布。每一个手势代表一个“武器”，决定胜负的原则是：石头磕剪子，石头胜利；布被剪子剪开，剪子胜利；石头被布包裹，布胜利。双方出示同样的手势，就是平局。

一般来说，两个玩家先握紧拳头，然后一人或者两人一齐说出口令，在最后一个音节出口的同时，出示自己的“武器”来决胜负。比赛以三局两胜或五局三胜来决定胜负（有兴趣进一步了解的朋友，可参看国际石头剪子布联合会的网站：www.worldrps.com）。

在冯小刚的电影《非诚勿扰》中，主人公秦奋的“伟大发明”，就是旨在提高玩“石头剪子布”的公正性。但比这一发明更具有指导意义的，却是博弈论。

因为了解了博弈论以后，你不仅会知道玩这种游戏的最佳策略，而且还能增加赢的机会：最佳策略是随机地选择。但是因为人不能达到真正意义上的随机，所以比赛获胜的窍门，就在于发现并利用对手的非随机性。

事实上，博弈论就是从对“石头剪子布”这样的游戏的研究中诞生，并且仍然不断从中获取灵感的理论。它的英文名称直截了当地叫作Game Theory（直译成中文就是“游戏理论”），其原因也就在这里。说到这里，大家也许就明白了博弈不过是“对局”或“交手”的一个学名，我们每天都在博弈，只不过是日用而不知罢了。

博弈，就是用这种游戏思维来突破看似无法改变的局面，解决现实中严肃问题的策略。在博弈中，每个参与者都是在特定条件下争取其最大利益，强者未必胜券在握，弱者也未必永无出头之日。因为在博弈中，特别是有多个参与者的博弈中，结果不仅取决于参与者的实力与策略，而且还取决于其他参与者的制约和策略。

博弈论作为一门学科，是由西方人创立的，但是归根究底，博弈过程本来不过就是一种日常现象。我们在日常生活中经常需要先分析他人的意图从而做出合理的行为选择，而所谓博弈就是行为者在一定的环境条件和规则下，选择一定的行为或策略加以实施，并取得相应结果的过程。

博弈论用途很广。但正如上文所讲，博弈论原是数学运筹中的一个支系，其研究运用了种种的数学工具，一般读者如何能掌握呢？

这里存在着一个矛盾。一方面，一门科学只有在成功地运用了数学时，才算是达到了真正完善的地步（马克思语）。另一方面，数学似乎成了博弈论和我们普通人的生活之间的一条难以逾越的鸿沟。

面对这条鸿沟，很多人的反应是耸耸肩膀走开，少数人会企图通过学习数学来越过。但是这两种反应都忽略了一个很浅显的道理：一个不会编程的人照样可以成为电脑应用高手，没有高深的数学知识，我们照样可以通过博弈论的学习，成为生活中的策略高手。孙膑没有学过高等数学，但是这并不影响他运用策略帮助田忌赢得赛马。

博弈论首先是我们思索现实世界的一套逻辑，其次才是把这套逻辑严密化的数学形式。我们学习博弈论的目的，不是为了享受博弈分析的过程，而在于赢得更好的结局。说到底，博弈论只是一个分析问题的工具，用这个工具来简化问题，使问题的分析清晰明了也就够了。

另一方面，博弈的思想既然来自于现实生活，那么它就既可以高度抽象化地用数学工具来表述，也可以用日常事例来说明，并运用到生活中去。本书作者所做的一切努力，正是试图通过日常生活中常见的例子，来介绍博弈论的基本思想及其运用，并且寻求用这种智慧来指导生活决策的方法。

毋庸置疑，博弈论的力量在于它的普适性和数理精确性，它就如漂浮在海里的冰山一样，虽然只有1/8的部分露出来，但是它能为人欣赏和运用的，也正是这一部分。

一方面，海面下的理论体系足以使书斋里的学者经年研究，并获得诺贝尔经济学奖；另一方面，露出水面的诸多形象生动的模型和策略，又可以使我们很简捷地获得新鲜活泼的思维工具，以最低的成本赢得加薪，获得爱情，提高自己的生活质量。在这些模型里，有警察抓小偷，有两只公鸡掐架，有两只猪互相算计，有自相残杀的三个枪手，有两个猎人研究怎么打猎……

因此，因为数学而对博弈论望而却步，实际上是本末倒置了。任它弱水三千，你只取一瓢饮，就已经足以让你解决很多很多问题了。本书所介绍的一些基本模型，除了可以让我们了解到令人震撼的社会真实轨迹之外，还可以让我们学到最合适的待人处世的方法。

更何况，在运用博弈论的思维方面，我们古人早已经让西方人甘拜下风了。不要说三国时期的斗智斗勇，就是战国时期的孙膑，也早就已经会用博弈论的思维来赢得赛马和战役了。

博弈论大师谢林曾经说:“如果你要研究某个理论或者发展某个概念，如果你认为这个理论或概念将促进人们对现实世界的理解，那么就请发明一些浅显易懂的概念。”也许正是在这句话的鼓励下，笔者不揣浅陋，结合中国历史上的案例，提出了“唐鞅策略”、“曹操策略”等几个完全中国化的概念，希望能够反映出中国古人的博弈智慧。

无论是面对上司、生意伙伴，还是面对朋友、老婆孩子，我们每天都生活在有形或无形的谈判桌前。本书所提供的博弈思维，可以把这些谈判桌变成一张张棋盘，从中让你懂得棋局无闲子，学会文攻武吓和戒急用忍的策略，达到情场得意、官场顺利、家庭幸福的目标。

你还记得上次找上司要求提薪未果，自己也不知道是为什么吗？可惜，那时你还没有学习一点有关博弈的策略知识，这些知识本来可以帮助你提高工资，而且提的幅度会比你预料的还多。

你还记得上次因为迁就女友而倍感委屈吗？如果应用博弈论的知识，保证你能够和她相处得更为融洽。

你不知如何对付一个总是借钱不还的朋友，或者如何与生意对手讨价还价吗？运用博弈论的知识，来解决这些烦人的问题吧。

约瑟夫·福特曾经说:“上帝和整个宇宙玩骰子，但是这些骰子是被动了手脚的。”这话一点不错，我们的主要目的，是要了解它是怎样被动的手脚，我们又应如何利用博弈论的“诡计”，最大限度地在这个被动过手脚的环境中实现自己的目标。

本书的完成，要感谢吴英杰、文朝利等朋友的帮助，更要感谢《博弈论的诡计》简繁体几个版本的责任编辑赵建宏、徐瑞芳、陈学英和俞笛的付出。可以说，没有他们以及“长风漠路”等网友的鼓励和支持，也就没有摆在您面前的这本书。

作　者

2011年8月

目　录

CONTENTS

第一部分　走近博弈论

第 1 章　博弈：世事如棋局局新

博弈就是人生游戏 / 003

博弈论的生活价值 / 006

用博弈获得双赢 / 008

成功有时来自对手 / 011

用博弈论找到答案 / 013

第 2 章　博弈论：删繁就简三春树

博弈论的发展传奇 / 016

博弈的类别和描述 / 019

均衡是怎么回事 / 020

均衡之间的变换 / 022

好均衡与坏均衡 / 024

博弈论的局限性 / 027

第二部分　模型与策略选择

第 3 章　囚徒困境：如何破解背叛

背叛的诱惑无法抵挡 / 033

不背叛就会被淘汰 / 036

合作其实更为有利 / 038

倒霉是因为自作聪明 / 039

信任也是一种冒险 / 041

任何怀疑都能致命 / 043

第4章　人质困境：
多个人的囚徒困境
我们都是理性的人质 / 047
束手无策的人群 / 049
看不见的手也失灵 / 051
与对手联合起来 / 055
用策略来劫持对手 / 058
用圈子来保证合作 / 061

第5章　重复博弈：
天长地久的聪明策略
没有未来必然背叛 / 065
带剑的契约才有效 / 068
用道德来保证均衡 / 070
长期交往的合作压力 / 072
费边主义的策略 / 075
宽恕会导致更多背叛 / 077
合作来自于报复能力 / 080

第6章　一报还一报：
出来混迟早要还的
合适的回报很重要 / 084
从一报还一报到定然律令 / 087
再一再二不能再三 / 088
要学会以直报怨 / 090
吃小亏占大便宜 / 092
赢家通吃并不理性 / 094

第7章　酒吧博弈：
成功属于明白人
世界是不可预测的 / 098
一加一未必等于二 / 100
千里长堤溃于蚁穴 / 102
剧变的脚步无声息 / 104
不要忽视细微力量 / 106
不要去挤独木桥 / 108

第8章　枪手博弈：
打仗弱的不一定输
打仗不一定弱的输 / 111
怎样选择优势策略 / 116
向前展望　倒后推理 / 118
敌人的敌人是朋友 / 120
集中优势才能获胜 / 122
学会置身于事外 / 126

第9章　猎鹿博弈：
合作是为了利益最大化
合作比公平更有价值 / 129

危机源于信任崩盘 / 132
如何保护公共资源 / 136
“公地悲剧”的正反面 / 139

第 10 章　智猪博弈：事半功倍的顺风车
小猪占大猪的便宜 / 143
小猪要学会借光 / 146
先下手不一定为强 / 149
每一步都要预估成本 / 151
占优势时更应保守 / 154
局面不利要冒险换牌 / 157
“星期二男孩”问题 / 159
管理中要杜绝“搭便车” / 161

第 11 章　警察与小偷博弈：猜猜猜与变变变
让对手捉摸不透你 / 166
随机抽查的威慑 / 168
与女友会面的策略 / 170
乱拳打死老师傅 / 172
不可预测才最可怕 / 175
运气是算不出来的 / 177
别被虚张声势所骗 / 179

第 12 章　斗鸡博弈：让对手知难而退
二虎相争必有一伤 / 183
如何避免两败俱伤 / 185
行人莫与路为仇 / 187
横的也怕不要命的 / 189
不计后果的战略家 / 192
通过浪费来赚钱 / 193
是狮子就要大开口 / 195
和而不同的均衡 / 196
保护自己的武器 / 198

第 13 章　协和谬误：有舍有得的人生策略
不要在失败中越陷越深 / 202
对沉没成本的解释 / 203
决策中学会归零 / 205
既然错了就面对现实 / 207
亏了就要果断止损 / 209
愚蠢的坚持无益处 / 210
根据分量进行取舍 / 212
引导自己才能成功 / 214
有舍才能有得 / 215

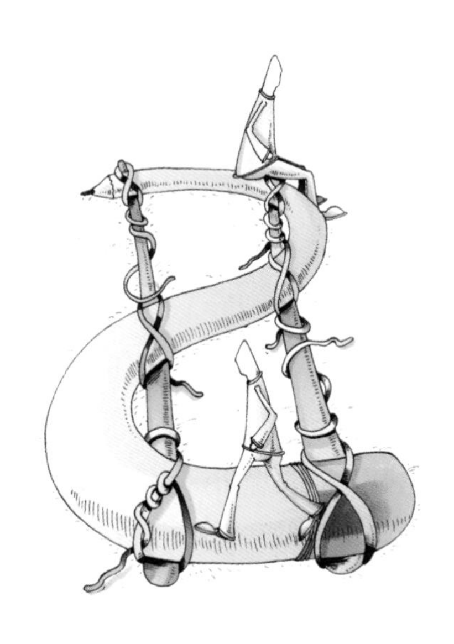

第14章　蜈蚣博弈：
从终点出发的思维
倒后推理才能发现真相 / 220
早下手不一定为强 / 224
倒推法也是有局限的 / 226

第15章　分蛋糕博弈：
把自己变成谈判高手
讨价还价创造了价值 / 232
僵持会导致一无所获 / 233
越早达成协议越好 / 236
不妥协的谈判策略 / 237
对手须有相当数目 / 240
不要急于亮出底牌 / 242
减少你的等待成本 / 244
保护讨价还价能力 / 246
货比三家是把双刃剑 / 249
外部机会能决定胜负 / 250
把真正的目标藏起来 / 253
小步慢行的策略 / 254
进两步退一步的策略 / 255

第16章　鹰鸽博弈：
让事业进入良性循环
惯例是社会的纽带 / 258
随大流的理性一面 / 259
成与败都会自我强化 / 262
胜出的未必是好的 / 265
改革就要立竿见影 / 266
香蕉可以从两头吃 / 268
成名发财都要趁早 / 270

第17章　阿罗悖论：
增强你的影响力
真正公平是不可能的 / 274
“阿罗悖论”的策略应用 / 277
用妥协来破解悖论 / 282
选票不等于你的权力 / 284
票数只是个虚假指标 / 287
选举的“阿拉巴马悖论” / 291
权力指数的策略应用 / 294
中庸也是一种策略 / 295
限制权力的另一面 / 298

第三部分　信息与机制设计

第18章　脏脸博弈：
共同知识的车轱辘
你也能做福尔摩斯 / 303
知识不同于共同知识 / 306
不存在双赢的赌博 / 308

第19章　逆向选择：
买的不如卖的精
不确定性的风险 / 313
信息决定博弈结果 / 315
无奈的“逆向选择” / 319

官场上的“逆向选择” / 322
如何推销你的土豆 / 324
裁员与减薪的权衡 / 326

第 20 章 信息传递：好酒也怕巷子深
无法发起的总攻 / 330
信息传递的模型 / 332
外表传递的信息 / 334
沉默也传递信息 / 336
权衡成本的策略 / 339
信息传递讲策略 / 341

第 21 章 信息甄别：分离均衡的筛子
狱中的分离均衡 / 345
票价为何如此低 / 347
机制设计的智慧 / 350
行善更需要甄别 / 352
自选择的甄别机制 / 354
吃回扣背后的博弈 / 355
看破伪装的技巧 / 356
甄别中的逆向思维 / 359

第 22 章 策略欺骗：假作真时真亦假
善用自己的弱点 / 363
用装傻来挖陷阱 / 364
别拿别人当笨蛋 / 367
欺骗不等于说谎 / 369
放长线钓大鱼 / 371

第 23 章 承诺与威胁：不战而胜的策略
一念之间战胜对手 / 374
装疯卖傻的策略 / 377
边缘策略的运用 / 379
失去控制的风险 / 380
自动发作的毒丸 / 382
李林甫的杀一儆百 / 384
唐鞅策略和序号策略 / 386
曹操的策略警告 / 388

第 24 章 可信度：醋与毒酒的背后
可信度是个大问题 / 391
什么样的威胁不可信 / 393
用行动打造可信度 / 395
有时你要欢迎打探 / 397
主动取消选择权 / 399

主动交出控制权 / 401
不留谈判的余地 / 404

第 25 章　要挟：制人而不制于人
依赖与要挟的关系 / 407
用要挟来大捞一笔 / 409
期权价值的要挟 / 412
把画饼变成真饼 / 414
员工对公司的要挟 / 415
要挟中的优势转换 / 417
期权有助于摆脱要挟 / 419
如何避免被“吃定” / 421

参考文献

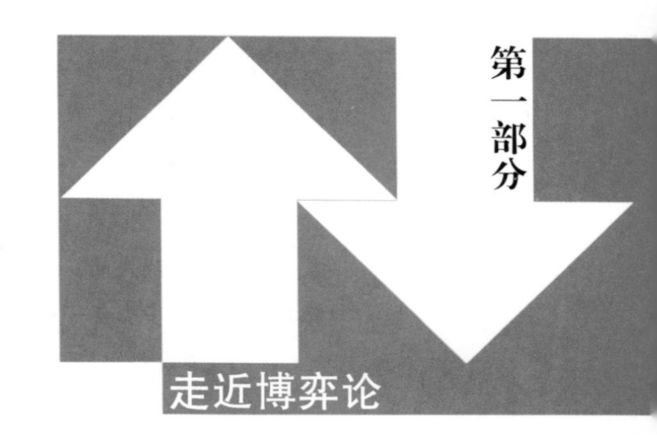
第一部分
走近博弈论

第 1 章

博弈：世事如棋局局新

何不游戏人间
管它虚度多少岁月
何不游戏人间
看尽恩恩怨怨
喔……何不游戏人间
管它风风波波多少年……
——《游戏人间》歌词

博弈就是人生游戏

竞争需要通过一个具体的形式把大家拉到一起，一旦找到了这种形式，竞争各方就会走到一起开始一场博弈。

8岁的男孩问父亲:“爸爸，战争是怎样发生的？”

父亲回答:“这个问题很简单。比如说第一次世界大战的爆发，是因为德国入侵比利时……”

一旁的妻子打断他的话说道:“你讲得不对。第一次世界大战的起因，是由于有人在萨拉热窝被刺杀了。”

丈夫一脸不悦，冲妻子说道:“是你回答这个问题，还是我回答这个问题？”

妻子听了也是满脸不高兴，转身跑出起居室,“砰”地一声将门关上。紧接着，从厨房传来了碗碟猛摔在地上的声音，过了一会儿，整个屋子陷入了死一般的沉寂。

男孩眼眶里含着泪水，轻声说:“爸爸，你不用再说了，我知道战争是怎样发生的了。”

夫妻两人用从冲突升级到两败俱伤的方式，使孩子明白了战争的发生和夫妻吵架的内在关联。国与国之间，以及人与人之间的合作与冲突，都是一种博弈，它们也就是博弈论所研究的对象。

博弈论的英文名称是Game Theory，直译过来的意思就是游戏理论、竞赛理论。在我国香港和台湾地区，也有人把它翻译为“赛局理论”。以前有人把它翻译为“对策论”，但是总的来说，都不如博弈论更为传神。

之所以这么说，是因为博和弈，本来是指中国古代的象棋（六博棋）和围棋。今天我们所说的赌博的博，出处就是“六博棋”。

《汉书·游侠传·陈遵》中记载，当汉宣帝还生活在民间时，陈遵的祖父陈遂和他过从甚密,“相随博弈，数负进”。（两人经常玩六博和围棋，陈遂输了很多钱。）宣帝即位后，起用陈遂做太原太守，并开玩笑地讨要陈遂欠下的赌债:“你现在薪水很高，有钱了，应该偿还我的欠款了。你夫人君宁当时就在边上呢，你问她就知道，别赖账……”

陈遂一口回绝宣帝，上书说:“元平元年您已经大赦天下了，我欠您的钱早被赦免了!”

对上面这段趣味小故事中的“博弈”二字，颜师古注释道:“博，六博；弈，围棋也。”所以，把Game Theory翻译成博弈论，一方面体现了它是一种游戏和竞赛理论的内涵，另一方面也反映了中国传统文化中人生如戏、世事如棋的观念，把国家、社会和人之间的关系都看作是一场大棋局。

从经济学角度来看，有一种资源为人们所需要，而该资源具有稀缺性或总量是有限的，这时就会产生竞争；竞争需要通过一个具体的形式把大家拉到一起，一旦找到了这种形式，竞争各方就会走到一起开始一场博弈。

我们可以通过一个例子，来深入浅出地解释一场博弈的各个要素。

夫妻俩晚上下班回到家，吃完饭看电视。节目预报显示，一个频道会播放丈夫喜欢看的足球赛，而另一个频道会播放妻子喜欢看的音乐节目，但家里只有一台电视。这样，围绕着到底看什么节目，一场博弈就展开了。

在这场博弈中，完整地包含着形成一个博弈的4个要素。

(1) 2个或2个以上的参与者 (player)。

这是博弈存在的必需条件。在上面的案例中，如果只有丈夫或者妻子一个人在家，就不存在博弈了。

在博弈当中，充满了具有主观能动性的决策者。他们之间的选择相互作用、相互影响。这种互动关系，自然会对博弈各方的思维和行动产生重要的影响，有时甚至直接影响到决策结果。

(2) 要有参与各方争夺的资源或收益 (resources/payoff)。

人们之所以参与博弈是因为受到了利益的吸引，预期将来所获得的利益或效用的大小，直接影响到博弈的吸引力和参与者的关注程度。资源指的不仅仅是自然资源，如矿山、石油、土地、水资源等，还包括了各种社会资源，如人脉、信誉、学历、职位等。在夫妻俩看电视的案例中，资源或收益就是电视机在某一时段的使用权。事实上在那些对节目没有偏好的人们眼里，哪一个节目都不会成为资源。

(3) 参与者有自己能够选择的策略 (strategy)。

策略，指的是直接针对某一个具体问题所采取的应对方法。博弈论中的策略选择，是先分析确定局势特征，找出关键因素，为达到目标进行手段选择。中国人常说，你有张良计，我有过墙梯。在这里，张良计和过墙梯都可以视为参与者的策略。上述案例中，夫妻俩为了争夺某时段的电视使用权，可以采取策略说服对方。

如果局中人（玩家）有有限个具体的策略可供选择，则称其有一个有限策略集合。例如，在单次的剪刀、石头、布游戏里，每个玩家都有一个有限策略集合{剪刀，石头，布}。与此相对应，如果有无限个具体的策略可供选择，则称其有一个无限策略集合。例如，在一些拍卖会中，参与者在理论上就有个无限策略集合{$10，$20，$30，…}。另外，在两个人分蛋糕时，也有一个连续的无限策略集合（在蛋糕的0%至100%间的任一处切分）。

（4）参与者拥有一定量的信息（information）。

博弈是指个人或组织在一定环境条件与既定规则下，同时或先后，仅仅一次或是多次选择策略并实施，从而得到某种结果的过程。

简单说来，博弈论就是研究人们如何进行决策，以及这种决策如何达到均衡的问题。每个博弈者在决定采取何种行动时，不但要根据自身的利益和目的行事，还必须考虑到他的决策行为可能对其他人造成的影响，以及其他人的反应行为可能带来的后果。通过选择最佳行动计划，寻求收益或效用的最大化。

本节所选的“夫妻博弈”模型大致会出现三种情况：一是两人争执不下，于是干脆关掉电视，谁都别看；二是你看足球，我到其他地方听音乐，或你听音乐，我到其他地方看足球；三是其中一方说服另一方，两人同看足球或同听音乐。

我们可以假定：如果丈夫和妻子分开活动，男女双方的收益或效用为0；如果双方一起去看球赛，则丈夫的效用为5，而妻子的效用为1；如果双方一起听音乐，则丈夫的效用为1，妻子的效用为5。

根据上述假定，夫妻双方不同选择的结果及其收益组合如表1-1所示。

表 1-1　　夫妻博弈收益矩阵

夫/妻	妻子看球赛	妻子听音乐
丈夫看球赛	5/1	0/0
丈夫听音乐	0/0	1/5

这样一个矩阵，可以一目了然地把可能出现的情况表示出来。矩阵是博弈论中用来描述两个人或多个参与人的策略和收益的最常用的工具，又被称为“收益矩阵”或“得益矩阵”。

博弈论的生活价值

博弈论可以指导我们把制定决策的依据，从抽象的教条与准则上转到对对手的认识和理解上，把观察事物的角度，从自身的角度扩展为各个参与者的角度。

纳粹德国有一位名将曼施泰因，把军官分为了四种——

第一种，勤奋而又聪明的，适合做参谋工作。

第二种，懒惰而又聪明的，适合担任领导职务。因为他们在需要做出困难决策时，神经不紧张，头脑很清楚。

第三种，懒惰而又愚蠢的，这种人不必理会他，他们不会成为大害，某些情况下也可让他去跑跑龙套。

第四种，至于勤奋而又愚蠢的呢？这种人要尽快开除，他们对军队实在太危险了。

总结起来，不管这个军官勤奋还是懒惰，只要他聪明，就可以找到适合自己的位置，甚至做领导；另一方面，不管他勤奋还是懒惰，只要他愚蠢，就只能跑跑龙套或者被开除。

那么，博弈论怎么能让我们变得更聪明一点呢？

《美丽心灵》里有这样一幕，有四位美女和一位真正的绝色美女走进了酒吧。

面对美女，男一号纳什（以博弈论大师约翰·纳什为原型）为三个男同学指点怎么去追求她们。在正常情况下，四个男生会同时对这个绝色美女展开攻势。但纳什认为，采取这种策略并不聪明，因为假如所有的男生都去追同一个女生，他们就会互相牵制，到头来“没有一个人”能如愿以偿。假如四个男生被绝色美女拒绝后，才去找那些姿色稍逊一些的女生，那么这些女生就会因为自己成为别人的第二选择而发火，也会把这些男生一脚踢开。

为了避免两头落空，纳什提供的策略是：让所有的男生一起冷落绝色美女，转而去追求姿色稍逊一筹的女生。

但是，现实中的约翰·纳什对这一情节却嗤之以鼻。他曾经对佛罗里达州弗莱格勒大学的伊云·凯莉教授说：“电影是虚构的，电影中的博弈论和经济学是不可信的。”

很显然，很多人对一个最漂亮的女人展开攻势时，你不去追求她可能还有点道理。但要是别人都对这位绝色美女视而不见，那么，你显然应该去追求她。众人一起去冷落绝色美女，显然不是最好的选择。

博弈论对于生活的价值和意义，主要体现在：它可以指导我们把制定决策的依据，从抽象的教条与准则上转到对对手的认识和理解上，把观察事物的角度，从自身的角度扩展为各个参与者的角度。

比如说，中国的传统文化教育我们，如果举手之劳就可以帮助别人，那么是不能要报酬的。而现代商业社会的生活读本提供的准则是：如果你帮助别人而不要报酬，那么对方就会怀疑你所做工作的质量。

要还是不要，到底哪一种策略是对的呢？

都是对的，又都是错的。是对是错，并不是由你来决定，而是由你所交往的对手（广义的对手，指包括你的搭档和敌人在内的一切与你进行博弈的另一方），以及对手怎样看待你的策略所决定的。

大部分生活教条都错误地把哥白尼原则（宇宙中没有特殊位置）照搬到生活中，认为所有人眼里的世界是一样的，对同一行为的反应也是一样的，也就是所有人都是一样的。但是人是分为不同的类型的，而不是砍一刀不叫、踢一脚不跳的机器。

要理解这一点，可以看看下面这个故事。两个造假钞的不小心造出了面值15元的假钞，决定拿到偏远山区花掉。他们拿一张15元买了1元的糖葫芦，当他们拿到找回的钱时，却欲哭无泪：他们被找回了两张7元的。造假钞的人本来应该意识到，在一个假钞泛滥的环境里，遇到一个使用真钞的对手已经是一种奢望。

对手是什么样的人，由他采用的策略所决定，而不是相反。而且，他也会随着你的策略而改变自己的策略。如果对手认为你的帮忙值得付酬，那么他就会认为你要报酬是对的。如果对手认为你的帮忙不值得付酬，那么他就会认为你要报酬是错的。

由此，就出现了两个进一步的问题。第一，我们怎么知道对手是一个什么样的人呢？第二，我们怎么知道对手是怎样看待我们的策略的呢？

这就要用到博弈论中的信息理论，学会从对手的角度看问题，也就是设身处地地站在他的角度来分析和假设，转回来再决定自己的策略。

上面只是泛泛地举例说明了博弈论在生活中的运用，事实上，博弈论更重要的是教会了我们一种思维方式，让我们能够做出更聪明的决策。

大家看福尔摩斯探案，经常被这位神探的料事如神所征服。其实他之所以料事如神，不过是他比别人看得更远，并且运用了一种“从终点出发”的推理方式，来做出自己的推断。

所谓“从终点出发”，似乎是一句违反逻辑的傻话。但事实上，我们每个人每天都在运用这种思维方式。

比如今天下午你要参加一个会议，你估计有人会在会议上对你提出批评，那么你会怎么办呢？答案自然就是准备资料和论据，思考接受哪些批评，同时就另外一些批评为自己进行辩护。你一边设想对方会就哪几个方面批评你，一边构思着自己在这几个方面的反驳意见。在这个时间段里，你的工作紧紧围绕着一个终点，那就是让与会者接受你的辩解。

我们面对的世界是无时无刻不在发展变化的，无论是自然界还是精神的世界，都处在不断的运动、变化、转换和发展中。我们在某一点所做出的决策，都必须以这个过程为依据，而不能只看到自己的鼻子尖。

博弈论教给我们的，只不过是在更长的时间段里进行倒后推理，并以此确定更为复杂情况下的策略，同时考虑其他的参与者可能采取的策略，据此对自己的策略进行修正。

当你学会用博弈思维去处理生活中的问题，你一定比现在更成功、更快乐。

用博弈获得双赢

如果我们每个人都来学习和运用博弈智慧，实现更多的正和博弈，这个世界也就会多一些和谐，少一些不必要的争斗。

在拉封丹寓言中有这样一则故事，讲的是狐狸与狼之间的博弈。

一天晚上，狐狸踱步来到了水井旁，低头俯身看到井底水面上月亮的影子，以为那是一块大奶酪。饿得发昏的狐狸跨进一只吊桶下到了井底，把与之相连的另一只吊桶升到了井面。

下得井来，它才明白这“奶酪”是吃不得的，自己已铸成大错，处境十分不利，长期下去就只有等死了。如果没有另一个饥饿的替死鬼来打这月亮的主意，把它从眼下窘迫的境地换出来，它怎能指望再活着回到地面上去呢?

两天两夜过去了，没有一个人光顾水井。沮丧的狐狸正无计可施时，刚好一只口渴的狼途经此地。狐狸不禁喜上眉梢，抬起头对狼打着招呼道:“喂，伙计，我招待你一顿美餐你看怎么样?”

看到狼被吸引住了，狐狸就指着井底的月亮对狼说:“你看到这个了吗？这可是块十分好吃的干酪，这是森林之神福纳做出来的。假如神王朱庇特病了，只要尝到这美味可口的食物都会胃口顿开。我已吃掉了这奶酪的一半，剩下这半也够你吃一顿的了。请你坐在我特意为你准备好的桶里下来吧。”

狐狸尽量把故事编得天衣无缝，狼果然中了它的奸计，坐上井口的吊桶下到井里，而它的重量使狐狸升到了井口。

这个故事中狐狸和狼，一只在上面，一只在下面，下面的这一只想上去，就得想办法让上面的一只下来。但是通过博弈调换位置以后，仍然是一只在上面，一只在下面。这里狐狸和狼进行的博弈，我们称为零和博弈，见图1–1。

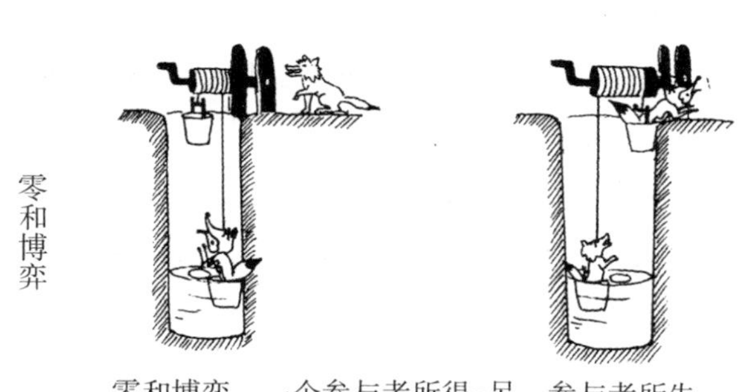

零和博弈：一个参与者所得=另一参与者所失

负和博弈　　　　正和博弈

一个参与者所得<另一参与者所失　一个参与者所得>另一参与者所失

图 1–1　零和博弈与非零和博弈

零和博弈是一种完全对抗、竞争激烈的对策。在零和博弈的结局中，一个参与者的所得恰是另一参与者的所失，参与者的收益总和是零（或某个常数）。

阶级斗争就是这样一种博弈，你剥削了我，我就革命抄你的家。一方得利，必然伴随着另一方的受损。然而到了今天，除了权力斗争和军事冲突之外，现实中一般很少出现类似狐狸与狼的这种“有你没我”的局面。因为在市场经济下，只有跟别人合作，才可以得到双赢的结果。经过双方同意，买方也赚钱，卖方也赚钱，财富就创造出来了。这就是与零和博弈相对应的非零和博弈。

非零和博弈，是既有对抗又有合作的博弈，参与者的目标不完全对立。有时选手只按本身的利害关系单方面做出决策，有时为了共同利益而与对手合作，其结局收益总和是可变的，参与者可以同时有所得或有所失。

比如在拉封丹的寓言中，如果狐狸看到狼在井口，心想我在井里受罪，你也别想舒服，他不是欺骗狼坐在桶里下来，而是让狼跳下来，那么最终结局将是狼和狐狸都身陷井中不能自拔。这种两败俱伤的非零和博弈，我们称之为负和博弈。

反之，如果狼看到狐狸掉到了井里，动了恻隐之心，搬来一块石头放到上面的桶中，完全可以利用石头的重量把狐狸拉上来。或者相反，如果狐狸通过欺骗升到井口以后，又利用石头把狼拉上来了，那这两种方式的结局皆是两个参与者都到了井上面，那么双方进行的就是一种正和博弈。

实际上，这种正和博弈的思维可以运用到生活中的方方面面，用来解决很多看似无法调和的矛盾。那些看似零和或者是负和的问题，如果转换一下自己的视角，从更广阔的角度来看问题，也不是没有解决办法的，而且也并不一定必须牺牲某一方的利益。

一个冬天的上午，几位读者正在社区的图书室看书。这时，一位读者站起来说:“这屋子里空气实在是太闷了，最好打开窗户透透气。”说着，他就走到窗户旁边，准备推开窗户。但是他的举动遭到了坐在窗户旁边的一位读者的反对，他说：“大冬天的，外面的风太冷了，一开窗户准冻感冒了。”

于是，一位坚持要开，一位坚决不让开，两个人发生了争执。图书室管理员闻声走了过来，问明原因，笑着劝这两位脸红脖子粗的读者各自坐下，然后快步走到走廊上，把走廊里的窗户打开了一扇。一个看似无法解决的矛盾迎刃而解了。

如果我们每个人都来学习和运用博弈智慧，实现更多的正和博弈，这个世界也就会多一些和谐，少一些不必要的争斗。

成功有时来自对手

每一个博弈者从博弈中所得结果的好坏，不仅取决于自身的策略选择，同时也取决于其他参加者的策略选择。有时，一个坏的策略也会带来并不坏的结果，原因就在于对方选择了更坏的利他而不利己的策略。

在网络上有这样一个流传甚广的笑话。

在一条公路上，正在度假的比尔·克林顿和夫人希拉里的汽车抛锚了。当拖车开来以后，希拉里悄悄地对克林顿耳语："亲爱的，这个拖车司机是我的初恋情人。"

克林顿闻言，十分得意地一笑："幸亏你没嫁给他，不然你就成不了第一夫人了。"

希拉里不甘示弱地回答说："不，要是我当年嫁给他，现在的美国总统就是他了。"

其实，不仅是克林顿总统与希拉里之间，所有博弈参与者的策略都有相互依存的关系。参与者从博弈中所得结果的好坏，不仅取决于他自身的策略选择，同时也取决于其他参与者的策略选择。这就是一种相互依存的博弈。在相声里有这样一首定场诗说得好：楚河两岸摆战场，观棋不必说风凉。人生俱在棋盘内，谁是英雄哪是流氓。无论你是英雄也好，流氓也罢，在博弈中都是相互依存的参与者。相互依存的策略就构成了一种均衡。

大家都知道胡雪岩，清末著名的红顶商人，现在很多朋友，特别是经商的朋友都奉其为楷模。可是让胡雪岩做事成功的根本思维方式是什么呢？说到底，就是胡雪岩本人说的：前半夜想自己，后半夜想别人。

而这，也正是博弈论的最基本的思维方式。诺贝尔经济学奖得主奥曼曾经对"博弈论"有一个定义，很精辟，很凝练。他认为，博弈论较具描述性的名称应是"互动的决策论"。

什么叫互动？就是指你和我之间的决策与行为互相影响，我在决策的时候要考虑到你的反应，你在决策时要考虑我的反应。这就像两个枪手互相射击一样，朝什么方向开枪，开枪的频率要多快，取决于对手的方向和移动频率。这和打固定靶是完全不同的。

这种思维，实际上我们春秋时期的古人就已经懂得运用了。汉代刘向的《新序》中，就有这样一个很有意思的故事。

春秋末期，晋国的执政者赵襄子喝酒，五日五夜没有停杯，仍然没有醉倒。赵襄子十分自豪地对身边的优莫说："我真是全国最出色的人呀！喝酒五天仍不觉难受。国内应该没有人能够比得上我了。"

优莫恭恭敬敬地回答说："你还可以接着喝！纣王一连喝了七日七夜，现在您才是五日五夜。"

赵襄子听了以后，有些紧张地放下酒杯问道："如此说来，那么我要灭亡了吗？"

优莫答道："还不至于灭亡。"

赵襄子问："我跟纣王只差两天了，不灭亡还等什么时候？"

优莫回答道："夏桀和商纣的灭亡，是因为分别遇上了对手商汤和周武王。现在天下各国的君主全是夏桀一类的人物，而您和商纣王类似。夏桀和商纣同时存在于一个时代，彼此都没有被消灭的危险。不过，长此以往，事情就难说了！"

由此可见，每一个博弈者从博弈中所得结果的好坏，不仅取决于自身的策略选择，同时也取决于其他参与者的策略选择。有时，一个坏的策略也会带来并不坏的结果，原因就在于对方选择了更坏的利他而不利己的策略。

在现实生活中，我们的选择都是这样：一种决策依赖于另一个人或者几个人的决策。例如考博时一个导师招两个人，四个人考，是否考得上不仅取决于你自己，而且依赖于他人考得怎样。

因此，我们在考虑问题的时候，必须要学会从对手的角度看问题，学会在互动中随机应变，而不要墨守什么教条。

不过，这样做并不是要千方百计占对手的便宜，剥夺对手甚至消灭对手，而是要通过和对手的博弈，来提高自己的收益。

正如经济学家茅于轼所说："在公有制社会中……由于权力的供应有限，一个单位只能有一个领导，因而权力的竞争带有排他性，这种竞争给社会带来的利益和成本抵消之后往往为负，这就是内耗。……在市场制度中人们转而追求金钱，所不同的是金钱或财富是可以被创造出来的，不像权力的供应有限且具有排他性。经济学证明了竞争性的市场制度能最有效地利用资源，结果是市场制度促使社会财富空前地增长。"

其次，我们和生活中的多数对手进行的，都是多次的重复博弈。如果你这次占了对手的便宜，那么对手一有机会就会报复你、惩罚你，让你得不偿失。

用博弈论找到答案

如果你了解了博弈论，它可能更有助于你从另一个角度验证你的答案，让你得高分的几率大大提高。

博弈论的思维，不仅可以帮助你找到与有形对手过招的策略，而且还可以帮助你战胜隐身的对手。几乎每个人都参加过考试，说白了，一场考试也就是我们和藏在试卷后的出题老师的一场博弈。生活中人们常说的“会不会考试”，或者临场发挥能力强不强，很大程度上说的就是懂不懂与出题者博弈的策略。

下面是一道物理学的题目。

一个装满水的密闭容器置于水平桌面上，其上下底面积之比为4:1，此时水对容器底部的压力为F，压强为P。当把容器倒置后放到水平桌面上，水对容器底部的压力和压强分别为（　）。

A. F，P　　B. 4F，P　　C. F/4，P　　D. F，4P

凡是了解一些应试技巧的人一眼就会发现，这些答案中较为奇怪的是C选项。因为它与其他答案如此不同，所以它可能是应该首先被排除的答案。而容器上下底面积之比为4:1，这表明正确答案中有一个倍数4，例如4F和4P。

这个推理的开始，证明了排除法是一种很好的应试技巧。但还没有真正开始运用博弈论。我们如果想进一步发挥推理的威力，必须要意识到出题的老师是参与了一个与应试者的博弈，而且要明白老师提供每个选项的目的是什么。

每一个出题者都想达到这样的目标，那就是让理解这个问题并且掌握了相关知识的人能得分，而不理解或者没学懂相关知识的人失分。因此，干扰项一定是精心设计出来，用以迷惑那些不知道正确答案的人的。

例如，如果在题目里上下底面积之比不是4:1，而是1:1，那么A可能是正确答案。我们必须考虑，有什么样的问题可以让A成为正确答案，而又会让人以为B是正确答案呢？显然不应该是我们这道题目。

通常，没有一个出题老师会为了干扰应试者，而把4:1当成一个无关紧要的因素加到题目中，这个4:1必然是影响答案的重要因素。这样一想，我们可以从题目的内容，就把A从正确答案中排除。

现在，我们再来看看B和C这两个答案。暂且假设C是正确答案，那问题又出现了，那就是在四个选项中，唯有C的答案是用分数所写的，而不是像B和D一样用倍数来表达。聪明的出题者显然不会让应试者仅仅从数字的写法上就猜出正确答案，因此C也可以排除了。

再来看D选项，我们会发现，虽然D不是用分数来表示的，但是它在实质上和C答案是相同的。如果它是正确答案，C答案也就必然是正确的。而正确答案只有一个，因此D答案也可以排除了。

所以，只有当B是正确答案时，另外三个选项才能够既成为迷惑应试者的干扰项，又不会产生歧义。也就是说，只有B正确，A、C、D才能成为很好的干扰选项。

至此，我们通过对出题老师参与的这个博弈的分析，尽管可能已经把中学物理的知识忘得一干二净了，仍然可以信心十足地认为正确答案是B。而且，我们确实是正确的。由此可见，通过揣摩出题老师的思路和目标，完全可以推断出一道题的正确选项，有时甚至可以不用懂得相关的背景知识。

这就是博弈论的厉害之处。不过，它并不是教你在考试时蒙着头选，更不是让你在考试里连题目都不看。此例只是为了说明，如果你了解了博弈论，它可能更有助于你从另一个角度验证你的答案，让你得高分的几率大大提高。

下面是物理老师对上面这道题的解读。

装满水的密闭容器倒置前后水的重力不变，那么水对容器底部的压力是否也不变呢?

要回答这个问题，我们可以首先分析水对容器底部的压强。根据$P=\rho gh$，因为容器装满了水，所以倒置前后水的高度不变，当然密度也不变，所以倒置前后水对容器底部的压强也不变。再根据$F=PS$，可求出倒置前后水对容器底的压力。答案是B。

第 2 章

博弈论：删繁就简三春树

折扇开起

道别挥笔

笑颜无奈煽去

散落的棋

——《孙尚香》歌词

博弈论的发展传奇

诺依曼创立博弈论这一学科，是从扑克游戏中获得的灵感。1944年，诺依曼和摩根斯坦合作完成了《博弈论与经济行为》。它的出版，标志着现代博弈理论的初步形成，而诺依曼也成为当之无愧的“博弈论之父”。

诺贝尔经济学奖得主奥曼在《帕尔格雷夫大辞典》中，对“博弈论”一词的描述是“互动的决策论”。这个定义忽略了博弈论的一个本质特征：数学。在博弈论的奠基之作《博弈论与经济行为》中，对博弈论的定义更为全面：博弈论是关于运用数学方法，研究双方或多方在竞争性活动中，制定最优化的胜利策略的理论。

数学的特点是思维抽象概括，逻辑严谨周密，注重定量分析。而博弈论，也恰恰是这样一种用数学语言来分析问题的思维方式，它不仅具有高度的逻辑性，更能把复杂的问题高度简化，如庖丁解牛，砉然立解。

作为一门学科，博弈论起源于西方。对博弈问题的研究，可以追溯到18世纪甚至更早，但一般认为，20世纪20年代，法国数学家布莱尔用最佳策略法研究弈棋等具体的决策问题，并从数学角度做了尝试性的分析，是其伊始。而现代博弈论的形成，至今也不过半个多世纪的时间。前一段时间有一部热播的电视剧叫《暗算》，里面提到的一个人物冯·诺依曼，就是现代博弈论的主要创立者。

在《暗算》里，黄依依曾经给冯·诺依曼担任助手，并说“冯是国际著名数学家，曾破译东、西方多部高级密码”。诺依曼在二战期间，也确实给盟军帮了很大的忙。但这并不足以说明诺依曼的成就，因为他还有一个让我们都如雷贯耳的头衔，那就是“计算机之父”。

在20世纪30年代中期，诺依曼大胆提出，数字计算机的数制要抛弃十进制，采用二进制。1945年，他和几位学者联名发表了计算机史上著名的“101报告”，明确提出用二进制替代十进制运算，并将计算机分成五大组件。根据这一原理制造的计算机，被称为冯·诺依曼结构计算机。由于他的贡献，他被誉为“计算机之父”。

有人说，诺依曼帮助制造了当时计算速度最快的计算机，然后，他又证明了他的计算速度比这台计算机还快。

据听过他演讲的人介绍，听冯·诺依曼演讲，必须有足够高的智商和高度的专心，否则根本跟不上他。每次演讲，都只有极少数的数学家能够勉强听得懂。冯·诺依曼的思维敏捷，演讲内容特别充实丰富，他一边讲一边写，板书飞快，一会儿工夫就能写满整块黑板，所以只好擦去旧的，再写新的。当他要回过头来引用前面的结果的时候，他就会不断地指着黑板的某个位置说：根据擦过三次之前，写在这个位置的一个公式，再加上擦过六次之前，写在那个地方的一条定理，就可以得到以下结论。因此听惯了他演讲的人都说：冯·诺依曼是“用板擦来证明定理的人”。

诺依曼创立博弈论这一学科，是从扑克游戏中获得的灵感。这位天才数学家，打扑克时也时刻用比计算机还要快的大脑不停计算，运用“概率论”来指挥自己出牌。尽管如此，他仍然一度被牌友列为瘾大手臭的一类人，打牌时十回九输。输到最后，他终于醒悟过来：扑克牌游戏里面不仅仅是概率论的问题，他之所以输牌，就是由于他总是很诚实，而取胜之道更在于运用策略：一方面要迷惑对方，另一方面要虚张声势，隐藏好自己的意图。

于是，冯·诺依曼开始研究在游戏中取胜的策略，现代博弈论的种子开始萌芽了。在研究了一段时间以后，诺依曼敏锐地意识到，博弈论可能对经济学产生重大影响。于是，他找到同在普林斯顿工作的经济学家奥斯卡·摩根斯坦，来一块研究博弈论在经济领域中的应用。

1944年，诺依曼和摩根斯坦合作完成了《博弈论与经济行为》。据说这本书写了两次，第一次是用数学符号写成，后一次才是经济学家的文本。尽管这本杰出作品在当时没有激起什么反响，但是它的出版，标志着现代博弈理论的初步形成，而诺依曼也成为当之无愧的“博弈论之父”。

诺依曼的伟大之处在于，他不仅是一位理论天才，还是一位学以致用的高手。在二战期间，他运用“博弈论”建立了同盟国与轴心国之间的战争冲突模型，然后进行推演，预测德国必败。二战结束以后，诺依曼又运用“零和博弈”原理，建立了模拟美国与苏联互动的模型，从而分析预测冷战时期美苏之间的强烈竞争。

可惜的是，这位学识渊博的绝顶天才英年早逝，去世时还不到54岁。也正应了一句话：天才是从两头点燃的蜡烛，明亮，但不长久。

因为诺依曼等人创立的博弈论过于抽象，使其应用范围受到了很大限制，在很长一段时间里只是少数数学家和经济学家的专利，其他人对它知之甚少。

直到20世纪50年代初，美国普林斯顿大学的一个博士生发表了两篇关于博弈论的重要论文，才彻底改变了人们的看法，使博弈论的研究进入了一个新的时代，被应用到经济学、心理学、社会学、政治学和军事学等领域，发挥了重要的作用。

这个博士生就是约翰·纳什。第74届奥斯卡金像奖电影《美丽心灵》，就是以纳什为原型来拍摄的。

约翰·纳什生于1928年6月13日，1948年来到普林斯顿大学读数学系的博士。当时普林斯顿可谓大师云集，爱因斯坦、冯·诺依曼等全都在这里。纳什不是一个按部就班的学生，他经常旷课。1950年，他把自己的研究成果写成题为《非合作博弈》的长篇博士论文，刊登在了美国全国科学院公报上。

纳什在博士论文和另外两篇论文中，介绍了合作博弈与非合作博弈的区别，阐明了包含任意人数参与者和任意偏好的一种通用均衡概念。这一概念后来被称为纳什均衡，成为后来博弈论研究的一块基石。

在20世纪50年代末，他已是闻名世界的科学家了。然而，正当他的事业如日中天的时候，厄运降临了。

1958年秋天，正当纳什的妻子艾里西亚发现自己怀孕时，纳什却得了严重的精神分裂症，出现了各种稀奇古怪的行为：他认为《纽约时报》上每一个字母都隐含着神秘的意义，只有他才能读懂其中的寓意；他认为世界上的一切都可以用一个数学公式表达；他给联合国写信，跑到华盛顿给每个国家的大使馆投递信件，要求各国使馆支持他成立一个世界政府。结果，在孩子出生以前，纳什被送进了精神病医院。

但是，纳什在发疯之后却并不孤独：他的妻子、朋友和同事们没有抛弃他，而是不遗余力地帮助他、挽救他。他的同事听说他被关进了精神病医院后，给当时美国一些著名的精神病学专家打电话说："为了国家利益，必须竭尽所能将纳什教授复原为那个富有创造精神的人。"

越来越多的人聚集到纳什的身边，他们设立了一个资助纳什治疗的基金，并发起了一个募捐活动。对于普林斯顿大学为他做的一切，纳什在清醒后表示："我在这里得到庇护，因此没有变得无家可归。"

特别是自己的妻子艾里西亚，表现出了钢铁一般的意志：她承受了丈夫被禁闭治疗的震惊，承受了唯一的儿子同样患了精神分裂症的打击。在漫长的半个世纪之后，她的耐心和毅力创下了了不起的奇迹：纳什渐渐康复，并在1994年获得了诺贝尔奖经济学奖；而她的儿子，也康复过来并且获得了博士学位。

有意思的是，1994年10月12日在诺贝尔奖的投票中，纳什与另外两名候选人只是勉强以微弱优势胜出，这是历史上最接近失败的一次评选。对于纳什的获奖过程，诺贝尔委员会声称，50年之后才会让世人知晓。

1994年获奖的三个人，约翰·纳什、约翰·哈萨尼、莱因哈德·泽尔腾，被称为博弈论三大家。除了三大家，还有博弈论“四君子”，包括罗伯特·J·奥曼、肯·宾摩尔、戴维·克瑞普斯，以及阿里尔·鲁宾斯坦。其中的奥曼，在2005年与托马斯·克罗姆比·谢林共同获得了诺贝尔经济学奖。

删繁就简三春树，立异标新二月花。从20世纪70年代以来，博弈论在经济学中得到了广泛的运用，成为经济学思想史上与“边际分析”和“凯恩斯革命”并列的重大“革命”，更为人类带来了一种全新的方法论、分析方法和思维方式。有人总结说，最新的经济学和国际关系理论都已经被博弈论重写了。

博弈的类别和描述

公司之间的价格联盟是典型的合作博弈。

博弈的分类可以从三个标准进行。

第一个标准，按照参与者之间是否有合作进行分类，博弈分为合作博弈和非合作博弈两类。它们的区别在于，相互发生作用的参与者之间有没有一个具有约束力的协议，如果有，就是合作博弈；如果没有，就是非合作博弈。公司之间的价格联盟是典型的合作博弈。

第二个标准，按照参与者行为的时间序列性，博弈分为静态博弈和动态博弈两类。静态博弈是指在博弈中，参与者同时选择或虽非同时选择但后行动者并不知道先行动者采取了什么具体行动。动态博弈是指在博弈中，参与者的行动有先后顺序，且后行动者能够观察到先行动者所选择的行动。

“囚徒困境”中的参与者是同时决策的，因此属于静态博弈；而棋牌类游戏等决策或行动有先后次序的，则属于动态博弈。

第三个标准，按照参与者对其他参与者的了解程度，把博弈分为完全信息博弈和不完全信息博弈。完全信息博弈是指在博弈过程中，每一位参与者对其他参与者的特征、策略空间及收益函数有准确的信息。如果参与者对这些信息了解得不够准确，或者不是对所有参与者的这些信息有准确了解，所进行的博弈就是不完全信息博弈。

由于合作博弈论比非合作博弈论复杂，在理论上的成熟度远远不如非合作博弈论，所以今天经济学家们所谈的博弈论一般是非合作博弈。

非合作博弈又分为完全信息静态博弈、完全信息动态博弈、不完全信息静态博弈、不完全信息动态博弈。与上述四种博弈相对应的，有四种均衡概念：纳什均衡、子博弈精炼纳什均衡、贝叶斯纳什均衡、精炼贝叶斯纳什均衡。

除了上面几个主要的标准，博弈还有其他的分类法，比如以博弈进行的次数或者持续的长短，分为有限博弈和无限博弈，以表述形式不同而分为标准式博弈和扩展式博弈等。

均衡是怎么回事

萨缪尔森曾经说：你可以将一只鹦鹉训练成经济学家，因为它所需要学习的只有两个词——供给与需求。经济学家坎多瑞引申说：要成为现代经济学家，这只鹦鹉必须再多学一个词，这个词就是“纳什均衡”。

均衡可以说是博弈论中最重要的思想之一，但是却并不复杂。

我们可以用描述法来定义：博弈达到均衡时，局中每一个博弈者都不可能因为单方面改变自己的策略而增加收益，各方为了自己利益的最大化选择了最优策略，并与其他对手达成了暂时的平衡。这种平衡在外界环境没有变化的情况下，就能够长期保持稳定。

比如，A、B两个开发商都想开发某一规模的房地产，而且，每个房地产商必须一次性开发这一规模的房地产才能获利。在这种情况下，无论是A还是B，都不拥有

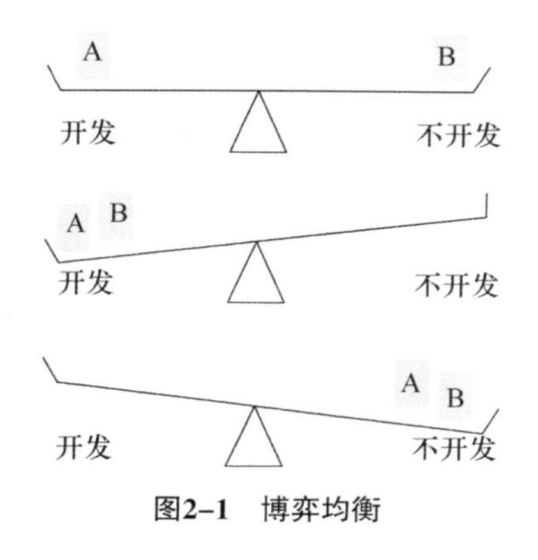

图2–1　博弈均衡

一种策略优于另一种策略：如果A选择开发，则B的最优策略是不开发。反之亦然(见图2–1)。

研究这类博弈的均衡解，需要引入纳什均衡。

在所有的均衡中，纳什均衡是一个基础性的概念，它又称为非合作博弈均衡，其含义是：在一方策略确定的情况下，另一方的策略是最好的，此时没有任何一方愿意先改变或主动改变自己的策略。也就是说，此时如果参与者改变策略，他的收益将会降低。所以在纳什均衡点上，每一个理性的参与者都不会单独改变策略。

纳什均衡是一个稳定的博弈结果，但它并不意味着博弈双方都处于静止状态，在有行动顺序的动态博弈中，它是在参与者的连续动作与反应中达成的。纳什均衡也不意味着达到了一个整体的最优状态，“囚徒困境”就是一例。

但是值得注意的是，很多人容易把纳什均衡理解为优势策略均衡。后者又称为上策均衡，是参与者绝对最优策略的组合，也就是在博弈中，一方不管对方做什么，所采取的都是自己的最优策略。优势策略均衡只是纳什均衡的一种特例。

纳什均衡不仅要求所有的博弈参与者都是理性的，而且要求每个参与者都了解所有其他参与者也都是理性的。也就是说，必须有能够明确辨认的策略供参与者选择。也正因如此，有人把纳什均衡批评为“天真可爱的纳什均衡”。

尽管如此，这并不妨碍纳什均衡的实用性。因为它虽然是非合作博弈均衡，但是其潜在的实用价值却在于其能够达成合作。如果没有纳什均衡，每个参与者在博弈中就失去了预测的有效手段。而有了纳什均衡，因为均衡状态是可以预测的，即使博弈参与者以前没有打过交道，也没有经历过类似的博弈，仍然可以对各种策略组合的稳定性进行预测。

这种预测，就好像是双方在进行心灵的沟通，从而达成一种“共同协议”，每个参与者不但本人不打算违背它，而且相信对手也会信守它。这个共同协议下的策略组合状态，必定是纳什均衡。

萨缪尔森曾经说：你可以将一只鹦鹉训练成经济学家，因为它所需要学习的只有两个词——供给与需求。经济学家坎多瑞引申说：要成为现代经济学家，这只鹦鹉必须再多学一个词，这个词就是“纳什均衡”。

但是也有学者指出，纳什是用日本学者角谷静夫的不动点定理证明了均衡解的存在。因此，“纳什均衡”更合适的名字应该叫作“角谷静夫—纳什博弈论不动点”或“角谷静夫—纳什均衡” (Kakutani–Nash equilibrium)。但是由于电影《美丽心灵》的获奖和热播，角谷静夫完全被巨星纳什的光芒遮盖住了。

均衡之间的变换

如果希望向新的均衡移动，你应该想想新的结果是不是纳什均衡。

用纳什均衡预测对手的策略和结局，首先要确定所有参与者的可能策略，接下来则要寻找结果：在哪个结果下每个人都很满意自己的策略？但是要注意，博弈中可以同时存在多个纳什均衡。

有这样一个故事，说的是一个女孩A和一个男孩B心心相印。请注意，只是心心相印。比B更帅的男孩向A说我爱你，A笑着拒绝了。男孩问："你在等什么？"A说："他会说的。"

比A更聪明的女孩向B说我爱你，B也笑着拒绝了。女孩问："为什么？"B说："她会明白的。"

一天，女孩A说："我要去美国读书。"

A希望B能挽留她，但是她没说。B希望她留下，可是他也没有说。A去机场的时候，B去送她，并开玩笑地说："听说外国男孩都很帅。"

A哭了，说："我一定找个高鼻子、蓝眼睛的。"

一年后，A回来了。B去机场接她，身边带了一个女的。

A说："祝你幸福。"

B说："谢谢。"

A又走了，带着眼泪。从此，他们再也没有见面。

这真是一个糟糕的结局，也是一个很失败的协调博弈。我们可以用纳什均衡来研究一下，看看有什么经验教训可以总结。

女孩A希望男孩B能够理解她的心意，从而以最低的成本确立两人的恋爱关系。然而对于B来说，却在担心一旦开口遭到拒绝，就会觉得很尴尬，从此再也无法相见。

二人之间所形成的协调博弈，如下面的表2-1所示，其中有两个纳什均衡：一个喜剧均衡，一个悲剧均衡。

第一个均衡是女孩A和男孩B相互心怀爱意，并且其中一方开口来确定二人的恋爱关系。在第二个均衡中，A不开口，B也不开口，二人的命运走成两条平行线，永

表 2-1　　　　男孩与女孩的协调博弈

男孩/女孩	女孩开口	女孩不开口
男孩开口	10/10	-5/10
男孩不开口	10/-5	-10/-10

远不会再相交。

在这里，不开口的均衡是纳什均衡，因为没有一方可以靠其他的方式得到更好的结果。因为B不会开口，所以如果A开口，就要冒着被拒绝的风险；而如果B开口，同样会因为被拒绝而丢脸。

如果希望向新的均衡移动，你应该想想新的结果是不是纳什均衡。如果不是，那么你的新结果就不稳定，所以可能会很难达成。事实上，在这个故事里，他们可以通过第三方来打破这个悲剧均衡，达成新的喜剧均衡。

有时，之所以会形成糟糕的纳什均衡，是因为一方假定对手的策略是固定不变的。但是，实际情况当然不完全如此。

博弈均衡的移动，从逻辑上来说是打破了静态状态下"A不是非A"的不矛盾准则，进入了一个黑格尔所说的"正—反—合"的过程：正论（thesis）首先出现，随之激起它的反论（antithesis），然后互相融合成为二者的合论（synthesis）；这个合论又形成了一个新的正论，使过程继续进行。

如果我们用这个过程来理解重复博弈中均衡状态的变换的话，那么对于所谓的稳定就会有更深一层的认识。可以用下面的故事来说明这一点。

门外传来了敲门声，乔对妻子说："我敢打赌，准是隔壁的布鲁格那家伙借东西来了，我们家一半的东西他都借过。"

乔的妻子答："我知道，亲爱的，可你为什么每次都向他让步呢？你不会找个借口吗？这样他就什么都借不走了。"

乔点点头："好主意。"

他走到门口，去接待布鲁格。布鲁格一见面就高高兴兴地说："早晨好！非常抱歉来打搅您。请问您今天下午用修枝剪吗？"

乔皱着眉头回答："真不巧，今天整个下午我要和妻子一起修剪果树，所以修枝剪不能借给你。"

布鲁格却更加高兴，说："果真不出我所料。那么您一定没时间打高尔夫球了，把您的高尔夫球杆借给我，您不介意吧！"

在这个故事中，双方都改变了策略，并进而改变了对手的行动，从而达到了一个新的均衡：乔用修枝剪修剪果树，而布鲁格借到乔的球杆去打球。平心而论，从资源的有效利用上来说，这确实是一种不错的结果。

好均衡与坏均衡

尽管以怨报德可能是获益的理想方式，但是眼光却需要放长远。以德报怨有时并不是品格高尚的表现，而是报复对手、削弱对手的最高明的方式。

战国时，魏国边境靠近楚国的地方有一个小县，一个叫宋就的大夫被派到这个小县去做县令。

两国交界的地方的两国村民都以种瓜为业。这年春天，天气比较干旱，瓜苗长得很慢。魏国的村民每天晚上到地里挑水浇瓜，瓜苗长势明显比楚国村民种的瓜苗要好不少。楚国的村民见此情景，就在晚上偷偷潜到魏国村民的瓜地里，踩坏了一大片的瓜秧。

魏国的村民准备以牙还牙。宋县令劝住他们，说道："如果你们一定要去报复，最多只是解解心头之恨，可是他们也不会善罢甘休，如此下去，双方互相破坏，谁都不会得到一个瓜的收获。"

村民们无语，宋就说："你们每天晚上去帮他们浇地，结果怎样，你们自己就会看到了。"

村民们只好按宋县令的意思去做，楚国的村民发现后十分惭愧，再也不进行破坏了，也开始生产自救。

表 2-2　　　　楚国村民与魏国村民的博弈（1）

楚国村民/魏国村民	魏国村民使坏	楚国村民不使坏
楚国村民使坏	-100/-100	100/-100
楚国村民不使坏	-100/100	100/100

在表2-2这个博弈中，魏国村民选不合作策略，同时楚国村民选不合作策略，是一个纳什均衡：如果魏国村民选择不合作策略，那么楚国村民的最优选择是不合

作策略。

因此，如果魏国村民选了不合作策略，楚国村民就会对不合作策略很满意。同样，如果楚国村民选了不合作策略，那么魏国村民的最优选择也是不合作策略。

但从结果看，显然对双方更有利的是合作策略和合作策略的组合，而不是不合作策略和不合作策略的组合。但是这并不妨碍后一个组合成为纳什均衡。因为在这个组合中，双方的策略都是对对方策略的最优反应策略。在纳什均衡中，每个人都很满意自己的选择，所以没有人想改变自己的策略。

而合作策略和合作策略的组合，同样是这个博弈的纳什均衡，因为在选择这个组合时，双方都能得到最大的收益，所以双方会对自己的策略感到满意。而合作策略和不合作策略的组合并不是纳什均衡，因为这种选择会让一方后悔：如果楚国村民选了不合作策略，魏国村民就会后悔自己的合作策略，因为如果他选择不合作就可以得到更大收益。

这种情形说明，博弈中可能存在多个纳什均衡，但其中一个纳什均衡可能会比其他的纳什均衡都好。如果出现了一个不好的均衡，双方都破坏对方的劳动成果，会出现什么样的局面呢？显然，参与人会设法改变到一个较好的均衡中去。

表2-3提供了另一个有多个纳什均衡的情形。在这个博弈中，双方都不合作显然是一个纳什均衡，如果双方都合作，便可以各得100单位的收益。如果一方合作另一方不合作，后者只能得到80单位的收益。双方都合作是稳定的结果，因为如果有一方合作，另一方也会报以友善。

表 2-3　　楚国村民与魏国村民的博弈（2）

楚国村民/魏国村民	魏国村民使坏	魏国村民不使坏
楚国村民使坏	-100/-100	80/-50
楚国村民不使坏	-50/80	100/100

遗憾的是，楚魏两国村民都不合作的时候，他们的得益都是-100，可是如果一方不合作，会给合作的另一方造成50单位的损失。因此，对不合作的对手的最好反应，就是同样不合作。所以双方均不合作，也成了稳定的纳什均衡。

在这样一个每一方都可能不合作的情形中，最好的解决办法就是说服对手，大家应该同时合作。县令宋就让魏国村民采取的，就是这样的方法。

不过有两点需要注意：第一，宋就的成功，不能完全归功于道德的感化，而是建立在自身的报复能力上：既然魏国的村民能够偷偷地到楚国的瓜地里浇水，那么自然也可以偷偷地去破坏。第二，千万要记得，如果你发现不能说服对手改变策略，那么自己也不应该改变自己的策略。宋就以德报怨策略的成功，应该是建立在对楚国村民的了解之上的。

如果我们把表2–3的得益调整成表2–4，双方均合作的结果就不可能出现了。

表2–4　　楚国村民与魏国村民的博弈（3）

楚国村民/魏国村民	魏国村民使坏	魏国村民不使坏
楚国村民使坏	–100/–100	120/–50
楚国村民不使坏	–50/120	100/100

表2–4所表示的情形，和上一种情形唯一不同的地方在于，以怨报德的收益提高了。这个改变使双方合作的结果不再是纳什均衡，如果有一方好心，另一方坏心对自己反而有利（比如说对方不合作反而阴差阳错地帮了忙），于是双方均当好人的结果便无法保持稳定。在博弈中会得到什么样的均衡，其关键在于如果其中一方是好心，另一方会以怨报德还是以德报德。同时，宋就的策略能否成功，还在于他能否得到对手的理解，以及上司的支持。

这个故事还有一条“美丽的尾巴”——

宋就让魏国村民以德报怨的事情，被楚国边境的县令知道了，便将此事上报楚王。楚王原本对魏国虎视眈眈，听了此事后，知道魏国无意与自己为敌，于是也给魏王送去了很多礼物。魏王见宋就为两国的友好往来立了功，也下令重重地赏赐了宋就和当地村民。

上面的分析过程给了我们两方面的启示。

一方面，尽管以怨报德可能是获益的理想方式，但是眼光却需要放长远。如果你的怨不但不能伤害对方，反而会更多地伤害自己，那么就不要让愤怒情绪凌驾于利益考虑之上。《孙子兵法·火攻篇》中指出：“主不可以怒而兴师，将不可以愠而致战，合于利而动，不合于利而止。”说的就是这个意思。

另一方面，以德报怨有时并不是品格高尚的表现，而是报复对手、削弱对手的最高明的方式。因为最高明的报复，往往是来自于精神上的。

第二次世界大战时，许多犹太人纷纷逃入瑞士避难。因为瑞士是中立国，不能侵犯，这让德国的指挥官心里十分懊恼。有一天，他命令一名士兵送了一盒包装非常漂亮的礼物给瑞士的指挥官，当盒子一打开，发现里面居然装着一坨臭马粪。

第二天，瑞士的一名士兵也前来，送了一个精致的礼盒给德国的指挥官，这军官站得远远地说:“想也知道他们会回送什么!”当礼物打开时却发现里面竟然装着瑞士最高级的起司，还附了一张纸条写着“谨遵贵国习俗，送上敝国最好的产品”。

这个幽默的回礼使德国人自取其辱。可见，最高明的报复是精神上的。它看上去是以德报怨，但是却包含着一种对对手智商和人格的怜悯和蔑视。这种蔑视，有时远比一坨马粪威力更大。

博弈论的局限性

企图做到绝对理性，企图通过获得充分信息来做出收益最优的决策行为，有时反而是过犹不及，变成“绝对不理性”的举动。

有两父子正在赶路，突然从一户人家跑出来一条大黑狗，冲着他们“汪汪”狂吠。儿子吓了一大跳，急忙躲到了父亲的身后。父亲告诉他说:“你放心，它不会咬你的。难道你没有听说过‘吠犬不咬人’那句话吗?”

儿子听了这番话，仍然紧紧地抓住父亲的衣角，用颤抖的声音说:“我倒是听说过这句话，但是我不能肯定这条狗有没有听说过。”

这番对话之所以可笑，是因为儿子“以己度狗”，把“吠犬不咬人”这一抽象原则，当作人狗双方据以确定策略的依据。这种推论自然是错误的。

但是在这个笑话的背后，我们却可以发现儿子的话中包含着对哥德尔不完备定理的认识：任何一个理论体系必定是不完全的，任何理论都包含了既不能证明为真也不能证明为假的命题。

诚如学者赵汀阳所指出的：非合作博弈论有着一些基本假设（其中大多数假设同时也是经济学的一般假设），比如资源稀缺、经济人（理性行为并且仅仅考虑自己的利益最大化）、共同知识和互相不信任，等等。其中，有的假设是显然成立的，如资源稀缺；有的则是有限成立的，如经济人和互相不信任。

经济人的假设，就是指行动者具有绝对的理性，在具体策略选择时的目的是使自己的利益最大化。要实现绝对的理性，需要有三个前提条件：

（1）对可供选择的方案及其未来要无所不知。

（2）要有无限的估量能力。

（3）对各种可能的行动，有一个完全而一贯的优先顺序。

我们大家都很清楚，这三个条件实际上是“不可能的任务”。即使是思维缜密如诸葛亮，记忆力如过目能诵的张松，意志力如刮骨疗毒的关羽，也无法实现成为“经济人”的梦想。一方面，因为人类的精力和时间是有限的，人不可能具备完全理性，不可能掌握所有知识，也不可能搜集到所需的全部信息；另一方面，信息的搜寻也需要时间、精力和财力等成本。

因此，现实生活中，人在做决策时往往是有限理性的。不仅如此，企图做到绝对理性，企图通过获得充分信息来做出收益最优的决策行为，有时反而是过犹不及，变成“绝对不理性”的举动。有一个选麦穗的故事，就形象地说明了这一点。

在古希腊，哲学大师苏格拉底的三个弟子曾求教老师，怎样才能找到理想的伴侣。苏格拉底没有直接回答，却让他们走麦田埂，只许前进，且仅给一次机会选摘一支最好最大的麦穗。

第一个弟子走出几步，看见一支又大又漂亮的麦穗，高兴地摘下了。但他继续前进时，发现前面有许多比他摘的那支大，只得遗憾地走完了全程。第二个弟子吸取了教训，每当他要摘时，总是提醒自己，后面还有更好的。当他快到终点时才发现，机会全错过了。

第三个弟子吸取了前两位的教训，当他走到1/3时，即分出大、中、小三类，再走1/3时验证是否正确，等到最后1/3时，他选择了属于大类中的一支美丽的麦穗。虽说这不一定是最大最美的那一支，但他满意地走完了全程。

这个故事说明，理性并不一定排斥冒险，有时冒险甚至是必要的理性选择。任何人在实际生活中想把任何一件事情做好，就不得不面对未知，而面对未知就意味着冒险。既然没有一件事可以不冒险，那么冒险就反而是一个理性选择。

而博弈论突出人的理性选择，反对赌博性冒险选择，就成为一个脱离现实的缺陷。正如诺贝尔经济学奖得主莱因哈德·泽尔滕所说:“博弈论并不是疗法，也不是处方，它不能帮我们在赌博中获胜，不能帮我们通过投机来致富，也不能帮我们在下棋或打牌中赢对手。它不告诉你该付多少钱买东西，这是计算机或者字典的任务。”

此外，因为很多博弈有多个均衡，最优解无法确定，策略通常是参与者通过对对手的预测来确定的。无法产生唯一的解，也成为对博弈论的批评之一。而逆推归纳法（蜈蚣博弈）中的悖论，也是博弈论尚未完全解决的问题。

尽管有诸如此类的不足，但人类至今还没有找到一种比博弈论更好的思考工具，可以对客观世界进行如此清晰的描述和预测。就像并不完美的力学是自然科学的哲学和数学一样，博弈论是社会科学的力学和数学。没有牛顿力学我们连最简单的物理现象都无法理解；同样的道理，没有博弈论我们也无法解释分析很多现实的社会现象。

为了协调博弈论的缺陷与现实之间的矛盾，也许我们要现实一点，承认比例尺为1:1的地图是不可能的，也是没有必要的。法国政治家夏尔·莫里斯·塔列朗曾经说:“理想主义者无法持久，除非他是个现实主义者；而现实主义者也无法持久，除非他是个理想主义者。”

而且，博弈论仍然在不断地被发展和研究着，理论的改进无时不在进行。也许，博弈论在社会科学中的地位，就像是宾馆里的一条四通八达而且不断延伸的走廊，许多房间的门都和它通着。这条走廊有自己的位置，但是却为经济学、政治学、国际关系、计算科学、军事战略直至生物学等诸多房间所共享。正是这条走廊的存在，让房客们不用再爬窗户或者费力气自己搭一条楼梯，而且还有了串门聊天的机会。

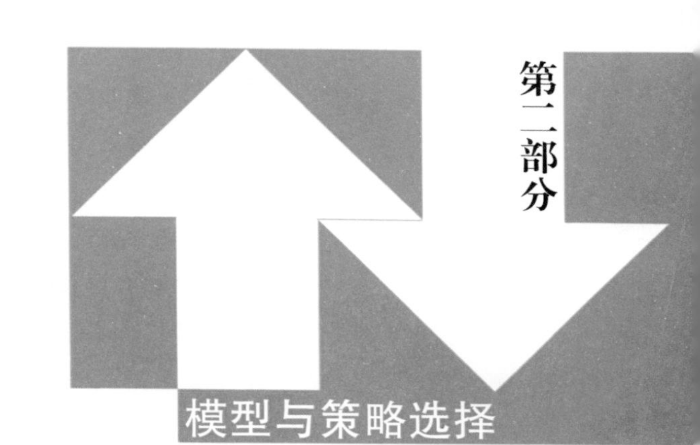
第二部分
模型与策略选择

第 3 章

囚徒困境：如何破解背叛

看着你离去后空荡的房间
我的泪水又有谁看见
不是我不懂温柔和留恋
是谁让你如此地背叛
——《无情的背叛》歌词

背叛的诱惑无法抵挡

> 如果所有参与者都有优势策略，那么博弈将在所有参与者的优势策略基础上达到均衡，这种均衡称为优势策略均衡。

在苏联，有一个流传很久的笑话。

斯大林时代，有一位乐队指挥坐火车前往下一个演出地点。正当他在车上翻看当晚要用的乐谱时，两名克格勃（KGB，苏联国家安全警察，实际是政治特务）走过来，把他当作间谍逮捕了：他们以为那乐谱是某种密码。这位乐队指挥争辩说那只是柴可夫斯基的小提琴协奏曲，也无济于事。

在乐队指挥被投入牢房的第二天，一个KGB自鸣得意地走进来说："我看你最好老实招了，我们已经抓住你的同伙柴可夫斯基了，他这会儿正向我们招供呢。如果再不招就枪毙了你。如果交代了，只判你10年。"

笑过之后，我们可以来思考一下其中所蕴含的东西。克格勃们的花招，是想运用博弈论中"囚徒困境"理论来布局，使乐队指挥被迫选择招供，达到自己的目的。

那么，什么是"囚徒困境"呢？

1950年，担任斯坦福大学客座教授的数学家图克（Tucker），给一些心理学家讲演数学家们正在研究的完全信息静态博弈问题。为了更形象地说明博弈过程，他用两个犯罪嫌疑人的故事构造了一个博弈模型，即囚徒困境（prisoner's dilemma）。

这一博弈具体是这样的：共同作案的犯罪嫌疑人甲和乙被带进警察局，警方对两人实行隔离关押和审讯，他们彼此无法知道对方是招供还是抵赖。

警方怀疑他们作案，但手中并没有掌握确凿证据，于是明确地分别告知他们：对他们犯罪事实的认定及相应的量刑，完全取决于他们自己的供认。如果其中一方与警方合作，招供所做违法之事，而对方抵赖，招供方将不受重刑，无罪释放，另一方则会被判重刑10年；如果双方都与警方合作选择招供，将各被判刑5年；而如果双方均不认罪，因为警察找不到其他证明他们违法的证据，则两人都无罪释放。

哪一种选择对犯罪嫌疑人更有利呢？

他们面临的选择及其带来的后果组合，可以用表3-1的矩阵来表示。

表 3-1 囚徒困境

甲/乙	抵　赖	招　供
抵　赖	无罪释放/无罪释放	无罪释放/判刑 10 年
招　供	判刑 10 年/无罪释放	判刑 5 年/判刑 5 年

每个犯罪嫌疑人都有两种可供选择的策略：供认或抵赖。如果甲选择抵赖，那么就可能出现两种情况：如果乙选择招供，那么甲将被加重惩罚，判刑10年，乙则无罪释放；如果乙也同样选择抵赖，那么两个人都将因证据不足而被释放。很显然，第二种结果对于两个人都最有利。但是，因为两名嫌疑人不在同一间囚室里，合作难以顺利进行。

因为彼此都不知道对方的想法，最理性的博弈结果，就是双方均选择招供。这种策略，我们可以称为优势策略。如果所有参与人都有优势策略，那么博弈将在所有参与者的优势策略基础上达到均衡，这种均衡称为优势策略均衡。

在“囚徒困境”中“甲招供，乙招供”的优势策略均衡中，不论所有其他参与人选择什么策略，一个参与人的优势策略都是他的最优选择。不管甲乙两人谁招供，都将得到减轻惩罚的结果：如果甲招供了，乙抵赖，甲将免于惩罚，如果乙也招供了，那么罪名各担一半，从甲的角度看来，也减轻了惩罚；甲乙互换位置，结果依然是一样。

显然，这一策略一定是所有其他参与者选择某一特定策略时该参与者的优势策略。

与优势策略相对应，劣势策略则是指在博弈中，不论其他参与者采取什么策略，某参与者可能采取的对自己不利的策略。劣势策略是我们日常生活中应该避免的。

有一个要注意的问题是，采用优势策略得到的最坏结果，不一定比采用其他策略得到的最佳结果要好，这是很多博弈论著作中容易出错的地方。正确的理解是，你在采用优势策略时，无论对方采取任何策略，总能够显示出优势。

由于“囚徒困境”的模型是如此有趣和简洁，不仅给人们留下了深刻的印象，而且迅速成为谈论和研究博弈的模型。

在“囚徒困境”中，均衡点是建立在两个囚徒相互背叛的基础上的，并且两者的相互背叛还可以获得一定的利益（从宽惩罚），如果没有这一利益条件，这个严格优势策略也就不复存在了。

招供还是抵赖，真是一个让人头疼的问题

“囚徒困境”是非零和博弈最具代表性的一个模型，由它引申出了更多有趣的故事和理论。

不背叛就会被淘汰

人们对某种权力表现得忠诚，实际上并非偏好使然，而是人们服从了一种被选择的纳什均衡。

在明朝人宋濂的《宋文宪公全集》中，记载了这样一个故事。

玉戴生和三乌丛臣是朋友。玉戴生说:“我辈应该自我激励，他日入朝为官，对于趋炎附势之事绝不涉足。”

三乌丛臣说:“这是我痛恨得咬牙的行为，我们干吗不对神起个誓?”

玉戴生很高兴，二人就歃血盟誓道:“二人同心，不徇私利，不为权位所诱，不趋附有权势的人而改变自己的行为准则。如有违背此盟誓，请神明惩罚他。”

没多久，他们一起到晋国为官。当时赵宣子在国王前得宠，各大夫每天奔走于他的府门。玉戴生重申以前的誓言，三乌丛臣说:“说过的话犹如还在耳畔，怎么敢忘记啊?”

三乌丛臣反悔了当初的誓言，想去赵宣子府上拜望，又怕玉戴生知道他反悔。于是在一个大清早，鸡刚一报晓，他就前去拜望赵宣子。进得门来，他忽然看到正屋前东边的走廊有个人端正地坐在那里。他走上前去举起灯来一照，那个人原来是玉戴生。

宋濂评价说:“在两人贫贱的日子，他们的盟誓很虔诚，等登上禄爵仕途，马上就改变初衷，为什么呢？这是利害冲突在心中挣扎，官位权势的危机在外部影响的原因啊。”

人们对某种权力表现得忠诚，实际上并非偏好使然，而是人们服从了一种被选择的纳什均衡。因为在人们的预期中，往往先假定别人绝对会服从，从而为了自己的利益最大化，便选择了服从。

在面临有权势的上司时，其选择有以下几个：

选择A—不巴结，落选；选择B—巴结，落选；选择C—巴结，升官。

在这些选择里面，如果选择巴结上司，就会有升官的机会，而其他人也有同样的几个选择。假定两个人竞争一个官职，对于玉戚生来说，只要他选择了巴结，而如果三乌丛臣选择不巴结，职位自然属于玉戚生；即使三乌丛臣也选择巴结，就需要一个附加的条件——他巴结得比玉戚生更到位，这样才能得到仅有的一个官职。

所以，在这一博弈过程中，无论三乌丛臣做出什么选择，玉戚生只要自己拼命巴结，就会有机会升官，这是遵循我们上面所说的原则的。

在这个过程中，利害计算是每一个参与者都会进行的。我们仅就上面故事中两个人的关系来看，可以看出故事中包含的“囚徒定律”的基本精神——背叛。无论对方做出什么样的策略选择，背叛对方（同时也是背叛自己曾经发过的誓言），都能够让自己获得收益，那么双方必然要选择背叛这一道路。

这个故事中，玉戚生和三乌丛臣的思维方式，实际上揭示了一个形成“囚徒困境”的机制——担心自己成为傻瓜。而了解这种机制，恰恰可以提供减少自己在“囚徒困境”中损失的策略。它告诉我们，处于“囚徒困境”的时候，没有什么十全十美的好办法能让自己从困境中逃脱。不能获得最大收益时，只能尽量做到自己不受侵害，正是所谓“两害相权取其轻”。

玉戚生和三乌丛臣的博弈，同样会出现在现代政治中，只不过形式有所不同。

“股神”沃伦·巴菲特曾经提出过一个竞选筹资改革法案。他假定有一个古怪的亿万富翁，愿意掏出10亿美元作为捐助来推动法案的通过。民主党和共和党都可以选择支持或不支持法案。如果双方都支持法案，该法案获得通过，两党不会得到任何捐助。如果一党支持而另一党不支持法案，该法案无法通过，则支持的一方获得10亿美元捐助。如果双方都不支持法案，该法案搁浅，双方也都不会得到任何捐助。

显然，两党在此时会陷入玉戚生和三乌丛臣的困境。如果有一方不支持法案，另一方将白拿10亿美元，正好用作竞选经费来战胜对手。当然，任何一方都不希望看到这种情况发生，因此都会选择支持法案。

这一博弈的结果当然是法案通过，哪怕两党内心并不支持法案。同时，两党也都没有得到任何捐助，那位古怪的亿万富翁可以一文不花。与古代政客竞相奔走于权门相比，现代政治不过是换了一种“背叛”的方式。

合作其实更为有利

如果博弈双方可以相互沟通，那么他们可以协调彼此的行动，以避免意外发生，这被称为协调博弈。

天宝十四年（公元755年），范阳（今北京西南）节度使安禄山造反，率兵一路攻向长安。唐明皇仓促入蜀，皇太子李亨在灵武（今青铜峡市东北）即位，召集各路军队抗敌，拜郭子仪为大将军，统领全国各路兵马。

郭子仪与另一平叛大将李光弼，原先同在朔方节度使手下做牙将时就脾气不投，平时互相不说话，偶尔在酒桌上相遇也会怒目相视。等到郭子仪官拜大将军后，李光弼心想郭子仪一定不会放过他，于是求见郭说："我死固然无所谓，但求你高抬贵手，饶了我的妻室儿女。"

郭子仪赶忙离座下堂，扶起李光弼，搂着他的肩膀流泪说："如今国家遭此大难，皇上避乱在外，只有你才能担当起匡扶国家的重任，怎么能对从前的那些个人恩怨耿耿于怀呢?"

李光弼非常感动。不久，两人同时受命东征，同心合力打败了史思明。

人们认为郭子仪原谅了李光弼，反映了其坦诚大度。而事实上从博弈论的角度来看，他与李光弼合作是因为这才是他最为理性的选择。

表 3-2　　两员大将的博弈

大将 A/大将 B	大将 B 努力	大将 B 偷懒
大将 A 努力	10/10	0/15
大将 A 偷懒	15/0	-10/-10

考虑表3-2中的博弈，假设这个博弈之所以会出现，是因为皇帝派了两个大将去完成平叛任务，而且这两个大将都可以选择尽忠，或者偷懒甚至叛变。如果每个人都认真做任务就能完成，他们也可以分别得到10个单位的收益。如果两个人面和心不和，不能尽心尽力，工作就无法完成，他们也会被双双开除。

可是，我们假定其中一位大将认真工作，另一位则是能躲就躲。此时偷懒的大将就会得到15单位的收益，埋头苦干的大将所得到的收益为零，但不会被开除。两个大将都希望对手认真工作，但要是双方都相信对方不会认真工作，他们就会努力以避免被开除。

双方都希望告诉对方自己绝对不会认真工作，如果我能让你相信我不会认真工作，你就非得认真工作不可。如此一来，我就可以安心地懈怠了。自然，你也希望我认为你会懈怠。因此当我们说自己不会认真工作时，我们两个都不应该完全相信对方。在这种情况下，由于彼此都认为对方可能会认真工作，所以双方可能都不会认真工作。

如果博弈双方可以相互沟通，那么他们可以协调彼此的行动，以避免意外发生，这被称为协调博弈。比如说你正走过人行道，有一位驾驶员向你发出信号示意要你先穿过马路，此时你和他就处于协调博弈中。

这时，如果你们两个人想要同时通过马路，就会出现最糟糕的结果。当这位驾驶员示意要你先走时，他实质上是告知你他会停下来，既然这位驾驶员没有什么理由要故意误导你，你就应该照他的意思穿过马路，并相信这样才能避免意外发生。

可是在相互不信任的情况下，对手则会再三强调他一定会直走，由于你和驾驶员总是怀疑对手可能在说谎，这样意外反而会发生，因为你们两个并不能通过沟通来避免伤害。

我们回过头来看看这两员大将的博弈。双方都希望对手认真工作，但总有双方都不愿意认真工作的机会存在。因为每个人都希望对方把事情做完。

现在把博弈的过程想简单点，皇帝把工作分为两部分，并宣布会把没有做好分内工作的大将开除。此时两位大将所进行的博弈，就成了认真工作的可以得到10分，而不认真的会被开除。如此一来，这两位大将就都会认真工作。当然，在现代社会中，由于团队合作是一种常态，所以经理人不可能把责任分得一清二楚。

倒霉是因为自作聪明

在相互交往过程中，个人通过背叛来追求最大利益，有时反而会带来群体糟糕的结局，大家一起倒霉。也就是说，有时候失败不是因为人们太傻，而恰恰是人们太精明所致。

在北美学生的电子邮件交流组中，有这样一个小故事流传甚广。

两位交往甚密的学生在杜克大学修化学课。两人在小考、实验和期中考中都表现甚优，成绩一直是A。在期末考试前的周末，他们非常自信，于是决定去参加弗吉尼亚大学的一场聚会。聚会太尽兴，结果周日这天就睡过了头，来不及准备周一上午的化学期末考试。

他们于是向教授撒了个谎，说他们本已从弗吉尼亚大学往回赶，并安排好时间复习准备考试，但途中轮胎爆了，由于没有备用胎，他们只好整夜待在路边等待救援。现在他们实在太累了，请求教授允许他们隔天补考。教授想了想，同意了。

两人利用周一晚上好好准备了一番，胸有成竹地来参加周二上午的考试。教授安排他们分别在两间教室作答。第一个题目在考卷第一页，占了10分，非常简单。两人都写出了正确答案，心情舒畅地翻到第二页。第二页只有一个问题，占了90分。题目是:“请问破的是哪只轮胎?”

结果，两个学生只好乖乖地向教授承认撒谎的事。

聪明的教授通过设局，将两名学生拉到了“囚徒困境”的博弈模型中，使他们的谎言不攻自破。

这个故事告诉我们：有时失败不是因为人们太傻，而是因为过于聪明。关于这个论断，哈佛大学巴罗教授在研究“囚徒困境”的过程中，也有一个很接近生活的模型。

两个旅行者从一个以出产细瓷花瓶而著名的地方回来，他们都买了花瓶。在提取行李的时候，却发现花瓶被摔坏了。于是，他们向航空公司索赔。

航空公司知道花瓶的价格在八九十元上下，但不知道两位旅客购买的确切价格。于是，航空公司请两位旅客在100元以内写下花瓶的价格。如果两人写的一样，航空公司将认为他们讲的是真话，并按照他们写的数额赔偿；如果两人写的不一样，航空公司就论定写得低的旅客讲的是真话，原则上照这个低的价格赔偿，但对讲真话的旅客奖励2元钱，对讲假话的旅客罚款2元。

为了获取最大赔偿，甲乙双方最好的策略就是都写100元，这样两人都能够获赔100元。

可是甲很聪明，他想：如果我少写1元变成99元，而乙会写100元，这样我将得到101元。何乐而不为？所以他准备写99元。可是乙更加聪明，他算计到甲要算计自己而写99元，于是他准备写98元。想不到甲又聪明一层，算计出乙要写98元来坑他，他准备写97元……

如果两个人都“彻底理性”，都能看透对方之后的十几步甚至几十步上百步，那么这个博弈唯一的纳什均衡，就是两人都写0。

这个演进了的“囚徒困境”，巴罗教授称之为“旅行者困境”。

从个人的角度来考察，它给我们的教训是：在相互交往过程中，个人通过背叛来追求最大利益，有时反而会带来群体糟糕的结局，大家一起倒霉。也就是说，有时候失败不是因为人们太傻，而恰恰是人们太精明所致。

所谓的聪明反被聪明误，就是说的这种情况。一方面，它启示人们为私利考虑时不要太“精明”；另一方面，它对理性行为假设的适用性提出了警告。

信任也是一种冒险

在社会合作中，信任是一种十分珍贵但又十分稀缺的东西，没有了它，“囚徒困境”的出现就在所难免了。

在“囚徒困境”中，两个犯罪嫌疑人之所以能够被警察各个击破，最关键的原因在于信任在利益面前不堪一击。这也从一个侧面说明，在社会合作中，信任是一种十分珍贵但又十分稀缺的东西，没有了它，“囚徒困境”的出现就在所难免了。

明朝正德年间，大太监刘瑾独揽朝政，大行特务政治，其权势之盛从大江南北流传的一首民谣可见一斑:“京城两皇帝，一个坐皇帝，一个站皇帝；一个朱皇帝，一个刘皇帝。”

当时内阁的辅臣是大学士李东阳、刘健、谢迁三位，都是机敏厉害而且久历宦海的人物，时人评述，“李公善谋，刘公善断，谢公善侃”。他们为了扳倒刘瑾，联合太监王岳和范亭，向武宗告发了刘瑾等人的专权贪腐。不料，刘瑾却对武宗说:“内阁大臣对我们不满是假，借王岳朝您发飙是真啊。”

武宗终于大怒。李东阳等人眼见大火烧身，商量在武宗面前以退为进，一起以内阁总辞来逼武宗杀刘瑾。

内阁总辞是轰动天下的事情，明朝开国以来未曾有过，武宗未必敢犯众怒。不料刘瑾还是棋高一着，他发现李东阳攻击自己的时候有所保留，马上向武宗建议，李东阳忠心体国，他虽然说了我们的不是，却实在是大大的忠臣，应该表彰。

于是，武宗马上批准了刘健、谢迁的辞职，独独升了李东阳的官。

原本应该沸沸扬扬的总辞如今成了三缺一，沦为了天下人的笑柄。刘建和谢迁黯然离开京城的时候，李东阳把酒相送。刘健把酒杯扔到地上，指着李的鼻子痛斥："你当时如果言辞激烈一些，哪怕多说一句话，我们也不至于搞成这样。"

从这个故事中，我们不仅可以看出李东阳城府之深，而且更证明了信任在博弈中的重要性（见表3–3）。

表 3–3　　三位大学士对付刘瑾的博弈

李/刘/谢		谢迁			
		坚决		妥协	
		刘健		刘健	
		坚决	妥协	坚决	妥协
李东阳	坚决	1/1/1	1/–1/1	–1/–1/1	–1/0/0
	妥协	1/–1/–1	0/0/–1	0/–1/0	0/0/0

在这个博弈中，武宗可以把三位大学士中的两位解雇，但他不能接受内阁总辞。如果三人坚定立场，一起要求杀掉刘瑾，那么就可能如愿以偿。但糟糕的是，如果有一个人有所保留，另外两个就会被炒鱿鱼。任何一个信任博弈都有安全的做法，使你一定可以得到某种程度的收益。但也有更加冒险的策略，如果你的对手做了他应该做的事，就可能得到高收益。

我们以现代社会更为常见的阴谋活动——内幕交易为例，来进一步说明这一点。

假设你在一家证券公司工作，从工作中你知道A公司有意买下B公司。A公司的这项计划只有你和少数几个同事知道，只要过几天A公司的收购计划一公布，B公司的股价势必上涨。你显然希望在股价上涨前先大量买进，遗憾的是，如果你购买了B公司的股票，你就是违法从事内幕交易，因此可能面临牢狱之灾。当然只有在被抓到的情况下，你才会因从事内幕交易而入狱。

为了能够避免被抓，你可以找人按照你的指示购买股票。

你第一个考虑到的是自己的父亲，要他买B公司的股票。你会意识到这是个笨计划，因为如果证监会发现你父亲买股票，他们可能会起疑心。你需要一个和你没什么关系的人来买股票。于是你便向一个从高中以后就没有见过面的朋友提议：由他买进大量B公司的股票，然后与你分享所获得的利润。

此时，你和这位朋友进入了一个信任博弈。

当然，安全的做法是根本不要从事内幕交易。如果你从事了内幕交易的勾当，而且两个人都没有傻得向朋友吹嘘自己有多厉害，你们就不可能被抓到。但要是你们两个执行了这个计划，而你的同伴事实上并不可靠，你们每个人就都可能蒙受巨大的损失。

参加罢工的工人经常也涉及信任博弈。一般来说，如果所有的工友都很团结，坚持罢工一直到达成罢工的要求为止。那么资方通常都必须让步，工人也会得到好处。但参与罢工有风险，因为有工人如果在资方答应要求前就放弃罢工，坚持罢工者就会受到沉重的打击。

就任何一个信任博弈而言，明显的解决办法，就是让所有的局中人采用冒险的做法，可是只要稍有怀疑，可能冒险的方法就不会是好的选择。

任何怀疑都能致命

要想与一个人合作成功，取得对方的信任，有时比信任对方更为重要。

上一节我们说的是刘瑾的权势熏天和巧于心机，但尽管如此，他最后仍然不免被皇帝下令凌迟处死。不过，刘瑾死后身价不减，身上的碎肉在市场上被爆炒到一两银子一片。同时，他倒台的过程，也为我们提供了一个研究破解“囚徒困境”之道的绝好样本。

公元1510年，安化王朱寘鐇（音zhìfán）以“清君侧”为名在西北起兵造反。在起兵前，安化王发表檄文列举刘瑾罪状二五八条，指控他陷害忠良，贪污受贿，扰乱朝纲，更严重的是居心不良，意图谋反。

明武宗朱厚照派杨一清起兵平乱，派宦官张永监军。安化王要兵没兵，要粮没粮，在杨一清的主力到达之前就被先头部队平定了。杨、张二人都曾经深受刘瑾之害，于是在凯旋的路上就商量好，要借机除去刘瑾。

回京后，张永比刘瑾安排好觐见皇帝的时间提前了一个时辰面圣，递上了弹劾刘瑾谋反的奏章和安化王的檄文。明武宗看完檄文后迟疑地摇头：“刘瑾怎么可能造反？”

这时，张永说出了一句最关键的话：“刘瑾即使先前不想反，如今他知道您看到了这篇檄文，已经是骑虎难下，一定会狗急跳墙，非反不可。”

武宗终于被这句话说动，连夜派人捉拿刘瑾。很快，从刘府搜出兵甲和带刀扇子两把，坐实了对刘瑾的谋反指控。结果，刘瑾被凌迟处死。

在很多博弈中，成功的关键就在于公开、诚实与信任。怀疑是致命的。事实上，连怀疑别人心存怀疑也会造成麻烦。在上面的故事中，刘瑾被千刀万剐显然不是因为要谋反，也不是因为明武宗怀疑他要谋反，而是因为武宗害怕刘瑾怀疑武宗已经开怀疑他谋反。

表3–4，说明了相互怀疑所造成的巨大伤害。

表 3–4　　相互怀疑的博弈

刘瑾/明武宗	明武宗不捉拿	明武宗捉拿
刘瑾不谋反	20/20	–30/–10
刘瑾谋反	10/–30	–10/10

在这个博弈中，如果明武宗和刘瑾二人都选择彼此合作的策略（刘不谋反，明武宗不捉拿），那么显然会得到最好的结果。可是稍有怀疑，这个结果可能就无法达成。

对于刘瑾来说，他会选择能给他带来最大收益的策略——安安稳稳地当他的“立皇帝”。而明武宗因为有刘瑾这个亲密朋友，也可以安安稳稳地当他的“坐皇帝”。而如果刘瑾知道明武宗已经看到了檄文并产生了怀疑，那么他显然会选择谋反。但是一个太监谋反，得到的收益与风险不成正比，显然不如操纵一个合法的皇帝来得更自在。

也就是说，即使刘瑾不想谋反，明武宗也不想捉拿他，但因为檄文到了武宗面前以后，武宗唯一的合理结论就是刘瑾会谋反，而刘瑾的唯一合理结论是皇帝要捉拿他。

在这种情况下，要得到好的结果，并不仅仅是互相信任那么简单，双方还必须要形成一个信任循环，即明武宗相信刘瑾相信明武宗相信刘瑾不想谋反……

这样的例子在历史上和现实生活中比比皆是。

在好莱坞电影《王牌对王牌》（又译为《谈判专家》）中，芝加哥警署谈判专家丹尼的搭档被人杀害，丹尼被人栽赃，成了重大嫌疑人。丹尼闯入警署20层的内部事务科，劫持了有嫌疑的利邦和办公室助理塞勒及女秘书麦基。

警署大楼外警笛长鸣，直升机上下盘旋，丹尼的同事们包围了整个警署大楼，狙击手们已瞄准了他，更是有人想置他于死地，随时准备下令开枪。

就在千钧一发之际，丹尼拿起对讲机说道：“我知道我的朋友们都在外边，有的还甚至去过你们家，庆祝过孩子的受洗礼，我们经常在一起喝酒。在一次又一次劫持人质的现场，你们是这样地相信我，把生命都交给我来指挥。今天，请你们再相信我一次，我一定要揪出杀害我们同事的真凶，让他瞑目……”

一番话打动了他的同事们，已经瞄准的枪放了下来……

在这里，丹尼作为一个谈判专家，在面对同事的枪口时，处境是十分凶险的。哪怕是他的多数同事相信他是无辜的，也随时可能因意外事件而开火。在这种情况下，他唯一能做的，就是让同事们相信他相信他们会再相信他一次。

一中一外、一反一正两个例子提醒我们：要想与一个人合作成功，取得对方的信任，有时比信任对方更为重要。一点点不信任的火星，很可能就会往复回旋，在合作的坦途上烧起燎原大火，使原来的合作化为灰烬。

第 4 章

人质困境：多个人的囚徒困境

拥挤的人群和孤独灵魂
空洞的眼脚步　夜光星辰
人与人的竞争　你和我的追逐
究竟如何分出胜负
——《心如止水》歌词

我们都是理性的人质

面对压力选择明哲保身的人，最后也会成为压力的受害者。

“囚徒困境”作为博弈论中的一个基本的、典型的模型，可以解释很多与此类似的社会现象，如寡头竞争、军备竞赛等。但是社会中的博弈往往并不只有两个参与者，在多方参与的博弈中，还会出现“囚徒困境”吗？

答案是肯定的，多个参与者之间形成的“囚徒困境”，又称为“人质困境”。从两个囚犯到一群人质，能够更真实地反映个人理性与团体理性的巨大冲突。

1956年2月14日，苏共第二十次代表大会在莫斯科召开。24日，大会闭幕的这天深夜，赫鲁晓夫突然向大会代表们作了《关于个人崇拜及其后果》的报告（即所谓《秘密报告》），系统揭露和批评了斯大林的重大错误，要求肃清个人崇拜在各个领域的流毒和影响。

报告一出，顿时在国内外引起了强烈反响。由于赫鲁晓夫曾是斯大林非常信任的“亲密战友”，很多人心里都有疑问：你既然知道他的错误，为什么在斯大林生前和掌权的时候，你不提出意见，而要在今天才放“马后炮”呢？

后来，在党的代表会上，当赫鲁晓夫又就这个话题侃侃而谈时，有人从听众席传来一张纸条，上面写着：当时你在哪里？

可以想象，当时赫鲁晓夫十分尴尬和难堪，回答必然要自曝其短，而如果不答，把纸条丢到一边，装作什么也没发生，那只会表明自己怯阵了，结果必然会被在场的人们看不起，丧失威信。从台下听众的一双双眼睛中，他知道他们心中都有同样的疑问。

赫鲁晓夫想了想，便拿起纸条，大声念出了上面的内容，然后他望向台下，喊道：“写这张纸条的人，请你马上从座位上站起来，并走到台上。”台下鸦雀无声。赫鲁晓夫又重复了一遍，但台下仍然是一片死寂，没有人敢有所反应。赫鲁晓夫于是淡淡地说：“好吧，就让我告诉你，当时我就坐在你现在所坐的那个位置上。”

从这个故事中，我们不仅可以看出赫鲁晓夫的机智和率直，而且还知道，在一群人面对威胁或损害时，“第一个采取行动”的决定是很难作出的，因为它意味着巨大的风险和惨重的代价，这就是“人质困境”。

要理解这一点，我们只需要看一下1939年苏共第十八次大会时的代表情况。在这次大会上，五年前的2000名党代表如今还能出席的仅剩下区区35人，其余的人中，有1100人因为“从事反革命活动”而被捕；131名中央委员中有98人遭到清洗，3/5的红军将领、所有11名副国防委员、所有军区司令、最高军委会80名委员中的75名，也无一例外落得了同样的下场。

这个故事像极了给猫拴铃铛的童话故事。故事的大意是这样：老鼠们意识到，假如可以在猫脖子上拴一个铃铛，那么，它们的小命就会大有保障。问题在于，谁会愿意冒着赔掉小命的风险给猫拴上铃铛呢?

老鼠所面临的问题同样会摆在人类面前，一群人在直接面对诸如偷窃、抢劫等侵害行为时，也会陷入同样的心理困境。最常见的一个例子是：一辆长途车上的几十名乘客，面对两个持刀抢劫者无计可施，任其把所有人的钱包洗劫一空。

这种关于人们冷漠与软弱的报道屡见报端，对于在场者的指责甚至是谩骂也充斥于各大媒体。有人甚至用了“无情”这个词。但是从博弈论的角度来说，对他们的指责确实有些太过苛刻了。

只要多数人同时采取行动，确实很容易成功地捉住抢劫者。但是问题在于，统一行动少不了沟通与合作，偏偏沟通与合作在这个时候变得非常困难。抢劫者由于深知乘客联合起来对自己意味着什么，因此必然会采取特殊的措施，阻挠他们进行沟通与合作，其中包括加害首先发难的人。

一旦人们不得不单独挺身而出，希望出现一呼百应的局面时，问题就出来了：谁该第一个采取行动?

有人认为，一个人基于公民道德和责任感而应采取的行为，不应掺进成本利润核算的杂质。这实在是一种不切实际的要求。担当这个任务的领头人意味着要付出重大代价，甚至可能是付出生命。他得到的回报也许是人们的感激和怀念，而且也确实有人在这种情况下挺身而出，比如徐洪刚，但是要任何一个人付出生命的代价还是过于沉重。

面对压力选择明哲保身的人，最后也会成为压力的受害者。

束手无策的人群

仅仅用道德的呼唤来让人们挺身而出与邪恶作斗争是不现实的。而且，要任何一个人在“人质困境”中首先采取行动并独自承担其后果，也是不公平的。

有这样一个故事，深刻地反映出了生活中的“人质困境”。

旅行社的中巴将于下午一点返回，可是临发车时，导游却发现还有三个人没到。一车人等到下午两点半，三个人优哉游哉地回来了。

大家松了一口气，司机发动了车准备出发。不料那三人转身旁若无人地钻进了路边的一个小饭馆。车上的人愤怒了：素质太差！快开车吧，太晚了不安全！可是愤怒了半天，只有一个女人独自下车前往交涉。那女人进了饭馆，言辞激烈地劝阻他们点菜，可是迟归者冷冷地反驳道：“大家都没说什么，你一个人就代表大家了？”

那女人满脸通红地回到中巴上搬救兵，可是大家只是在车内嚷嚷一通，算作一种远距离的声讨。三点钟，三个迟归者吃完饭上车，中巴启动了。那女人突然出人意料地提议，由迟归者向大家道歉。

可是全体游客鸦雀无声，过了半天才有人小声说：“得了，出门在外，都不容易。”一些人随声附和。那女人冷笑着自言自语：“听说当年一个日本鬼子能管中国一个县，原来我不信，现在算是信了。”

把三个缺德的游客与日本鬼子相比，看上去有些小题大做，但实际上这里面的机制是一样的，因为二者所赖以成功的东西，都是“人质困境”。只不过后者的威胁是明显的暴力，而前者则是人情社会中的面子。

“人质困境”在生活中虽然十分普遍，但其实是可以克服的，下面来探讨一下怎样才能破解这个困局。

1945年，德国牧师马丁·尼莫勒说：“刚开始时，纳粹镇压共产主义者，我没说话，因为我不是共产主义者。然后，他们开始迫害犹太人，我也没说话，因为我不是犹太人。接着纳粹把矛头指向商业工会，我还是没说话，因为我不属于商业工会。当他们迫害天主教徒时，我仍然没说话，因为我是个新教教徒。后来他们开始镇压新教教徒……可那个时候，我周围的人已经被迫害得一个不剩，没有人能为新教说话了。”

希特勒是怎样通过规模相对较小的力量一步步控制了包括“共产主义者、犹太人、商业工会、天主教徒和新教徒”这样一个数目不断增大的人群的呢？整个德国的人民，为什么会在这样一个劫持国家机器的人面前无计可施而束手就擒呢？

不仅是在二战中的德国，很多极权社会中的人们都面临着类似的问题。

然而正如上文所言，仅仅用道德的呼唤来让人们挺身而出与邪恶作斗争是不现实的。而且，要任何一个人在“人质困境”中首先采取行动并独自承担其后果，也是不公平的。有没有这样一个平台，能把斗争的代价和风险降到最低，并将人们从“人质困境”中解救出来？

《北京晚报》报道，在该报与北京市公安局公交分局于2004年合办的“我为反扒支一招”活动中，“短信报警”这一建议荣获了一等奖。实际上，南京公安局已经推出了短信提醒服务，还将开通短信报警。

“人质困境”之中，任何人都必然会考虑到，报警（作为一种反抗形式）时可能会遭到犯罪分子的报复。那么相应的对策，也就应该从减轻报警者可能遭到的报复和提高报警的回报两方面着手。短信报警能在很大程度上帮助报警者摆脱被报复的困境。

短信报警不失为一个切实可行并且行之有效的做法，完全符合政策制定的原则，值得大力推广和完善。另据报道，国外比如韩国和马来西亚的短信报警系统已日趋完善，国内如重庆也已开通了这一系统。

我们通过对短信报警的考察，再来看德国纳粹的例子，似乎可以有一个相对比较乐观的假设。如果互联网早出现七八十年，也许可以为反对希特勒的德国人提供一个风险较小的沟通平台，从而把自己从极权的劫持中拯救出来吧。

不过，“人质困境”带来的也并不完全是悲剧。我们假定一群女孩的容貌差别不大，都是豆蔻年华。有一天，一个女孩开始化妆，比如她染了红指甲，这个女孩马上引起了大家的注意，大家都会觉得她好看。别的女孩不甘落后，自然群起效仿，结果所有的女孩都染了红指甲。

这时候，如果这个女孩还想出人头地，就必须想出新的点子，比如她抹了口红，这让她在第二天出尽风头。但是别的女孩又很快效仿，结果所有的女孩都抹了口红。数个回合下来，我们会发现所有的女孩都染了红指甲，所有的女孩都抹了口红，所有的女孩都搽了胭脂，所有的女孩都穿了吊带背心。

虽然或许有的女孩忽然对这种“军备竞赛”感到厌烦了，可是如果别的女孩都还化妆，那个拒绝化妆的女孩会显得像个丑八怪，于是所有的女孩都只得继续化妆。

看到这里，我们知道这也是一个“人质困境”，每一个女孩都成了人质。但女孩子之间的竞争带来了正面效应，她们的漂亮让她们自己更加自信，也让欣赏者的心情变得愉悦。

看不见的手也失灵

从个体利益出发的行为，往往不能实现团体的最大利益，最终也不一定能真正实现个体的最大利益。

无论是只有两个人的“囚徒困境”，还是多个人的“人质困境”，都深刻地揭示出了个体理性和群体理性的矛盾。

有这样一个军事笑话。在联合演习的指挥舰上，三国将军都在夸耀自己的士兵是最勇敢的，最后吵了起来。

为了说明自己所言不虚，A国将军就叫来一个本国士兵，让他爬到10米高的桅杆上跳下去。那个士兵二话没说就爬上去照办了。

B国将军一看，立即也叫来一个本国士兵，命令他爬上20米高的桅杆跳下去，那个士兵犹豫了一下，也爬上去照办了。

这时，C国将军不甘示弱，也叫来一个本国士兵，命令他爬上30米高的桅杆跳下去。那个士兵一听就急了，大声对C国将军说:“什么？你疯了吗？我才不干呢。”

C国将军退后一步，对另两位将军说:“瞧，明白什么是真正的勇敢了吧?”

这是一个关于逃兵的笑话。之所以可笑，是因为C国将军颠倒黑白的逻辑。但是如果同样的故事发生在战场上，那就一点也不可笑了：这样的逻辑必然导致C国军队全军覆没。

对于一个战场上的C国士兵来说，逃跑往往是避免送命的最好办法。但是如果C国的每个士兵都逃跑，那么大概没有一个人活得成。

假设战争爆发，这个士兵和其他很多同伴被征召入伍，在战场上遇到了敌军。假定他们都不怎么爱国，活命是他们的最高目标。那么对这个士兵来说，最好的局面就是只有他逃跑，其他的同伴留下来进行战斗。然而，如果他的同伴也跟着逃跑，他该怎么办呢？在这个时候，逃跑就显得更明智了。

孟子曾经讲过这样一个故事。

战场上两军对垒，战斗一打响，战鼓擂得咚咚响，作战双方短兵相接，各自向对方奋勇刺杀。经过一场激烈拼杀后，胜方向前穷追猛杀，败方全军溃败，丢盔弃甲地逃跑。

那逃跑的士兵中有的跑得快，转眼已经跑了一百步；有的跑得慢，刚刚跑了五十步，停下来了。这时，跑得慢的士兵嘲笑那些跑了一百步的士兵说："真是胆小鬼。"

跑了一百步的士兵一边跑，一边回头说："我们都是胆小鬼，不过是一百步与五十步的差别罢了。"

当敌人冲过来时，无论是跑一百步的还是跑五十步的，都是因为不希望只剩下自己在孤军作战而逃跑。在进攻时，是两个阵营之间的博弈；在后退时，是一个阵营内部五十步与一百步的博弈。不管受到什么样的嘲笑，也不管其他的同伴跑了多少步，逃跑都是他所能采取的最优策略。

美国作家约瑟夫·海勒在他的小说《第22条军规》中，也通过下面这个黑色幽默式的情节反映了这个让人纠结的问题。

主人公约翰·尤萨林上尉，是美国陆军第27航空队B-25轰炸机上的一名领航员兼投弹手，他渴望保存自己的生命。第二次世界大战胜利在望，司令部规定，完成25次战斗飞行的人就有权申请回国，但必须得到长官批准。

可是，当尤萨林完成32次任务时，联队长卡思卡特上校为了能得到升迁，已经把指标提高到40次了。等他飞完44次，上校又改成50次。当他飞完51次，满以为马上就能回国了，定额又提高到60次。

如此反复，永无休止。尤萨林不想成为胜利前夕最后一批牺牲者，于是千方百计逃避执行任务。联队长质问他："可是，假如我方的所有士兵都像你这么想呢？"

尤萨林答道："那我若是不这么想，岂不就成了一个大傻瓜？"

个人理性与群体理性的矛盾，在这场对话中暴露无遗：对于一个士兵来说，最好的情况就是其他士兵英勇作战而他能逃避冲锋，这是个体理性的反映。可是如果所有的士兵都这样想的话，就会得到对大家来说都是最坏的结局：失败、被俘甚至牺牲。这又是一个典型的"囚徒困境"。

"囚徒困境"和"人质困境"，向传统经济学提出了非常严峻的挑战。

按照传统经济学的观点，集体优化是不需要刻意追求的，只需要每一个人都从利己的目的出发，最终就能达成。传统经济学的鼻祖亚当·斯密在其传世经典《国民财富的性质和原因的研究》中这样描述市场机制：“当个人在追求他自己的私利时，市场的看不见的手会导致最佳经济后果。”

让我们重温一下这段经典论述：

“我们的晚餐并不是来自屠夫、啤酒酿造者或点心师傅的善心，而是源于他们对自身利益的考虑……‘每个人’只关心他自己的安全、他自己的得益。他由一只看不见的手引导着，去提升他原本没有想过的另一目标。他通过追求自己的利益，结果也提升了社会的利益，比他一心要提升社会利益还要有效。”

这就是说，每个人的自利行为在“看不见的手”的指引下，追求自身利益最大化的同时，也促进了社会公共利益的增长。也就是说，自利会带来互利。自1776年这段话在亚当·斯密《国富论》中出现以后，很快成为鼓吹自由市场经济者的最有力武器，成为指导人们行为的一种价值准则，也成为人们为自利行为辩解的一种论据。很多人因此认为，经济市场的效率，意味着政府不要干预个人为使自己利益最大化而进行的自利尝试。只要市场机制公正，自然会增进社会福利。

然而，“囚徒困境”模型动摇了这一理论，指出了个体理性与群体理性的对立：从个体利益出发的行为，往往不能实现团体的最大利益，最终也不一定能真正实现个体的最大利益。

模型中的囚徒是完全理性的，因而也是完全自利的，因此绝对不会出现一个囚徒选择“招供”，而另一个囚徒选择“抵赖”的局面；也不会出现同时“抵赖”的结果。这后一种结果的无法实现，恰恰说明个人理性不能通过市场导致群体的最优。每一个参与者可以相信市场所提供的一切规则，但无法确信其他参与者是否会遵守。

在小说中，尤萨林找到一位军医帮忙，想让他证明自己疯了。军医告诉他，虽然按照所谓的“第22条军规”，疯子可以免于飞行，但同时又规定必须由本人提出申请，而如果本人一旦提出了申请，便证明你并未变疯，因为“对自身安全表示关注，乃是头脑理性活动的结果”。这样，这条表面讲究人道的军规，就成了要弄人的圈套。

尤萨林目睹了种种荒谬的现实，在同伴们的鼓励下，他逃往中立国瑞典去了。

这种结局，也恰恰反映了趋利避害是人的本能。大至国家兴亡，小至兄弟分家，都无法避免。是“兄弟阋于墙”还是“外御其侮”，两种理性的矛盾，是所有博弈的局中人随时面对的问题。也正因这种现象是如此普遍，它才从根本上动摇了传统经济学的基础，动摇了人们对于“看不见的手”的信心。

个人理性和群体理性的一致，是人类迄今所发现的最安全的社会模式，既能够保证个人的自由和权利，又能够产生合理的利益分配，尤其能够避免走向“奴役之路”。博弈论的挑战，似乎说明了传统经济学是一种好的理想，但却是一种坏的哲学。坏的哲学往往具有这样一个模式：当把现实还原为理想之后，却发现由理想无法回归到现实（赵汀阳语）。

单纯的批评于事无补，正如生活中无数类似的故事一样，我们需要的是得到集体优化的解决方法。

托马斯·霍布斯认为，在政府存在之前，自然王国充满着由自私的个体的残酷竞争所引发的矛盾，生活显得“孤独、贫穷、肮脏、野蛮和浅薄”。按照他的观点，没有集权的合作是不可能产生的。因此，一个有力的协调机制，是推动社会发展所必需的。

博弈论学者奥曼于1987年提出了“相关均衡”机制。所谓相关均衡是指，通过某种客观的信息机制以及当事人对信息的反应，有可能使本来各自为政的个体行为之间相互发生关系，形成一种共赢的结果。

在生活中，我们也可以发现很多这样的例子，比如在交通路口设置红绿灯，设立金融中介组织以及各种社会媒体与中介组织，建立世界贸易组织和欧佩克组织等，可以说都是为了让各方在合作中走向共赢。

一个大家共同遵守的信号或者一个强有力的协调组织，可以使我们从“人质困境”中摆脱出来。但是在很多情况下，这样的信号或组织是不存在的。那么这时又该怎么办呢?

接下来的两节，将分别向大家介绍两个博弈策略，可以让我们和对手在陷入“囚徒困境”的悬崖之前勒住马头，转而进行合作。第一种策略是与对手进行沟通，双方联手达到利益最大化。第二种策略更为巧妙，则是通过自己的单方行动释放信息，让对手明白背叛只会得不偿失，从而乖乖地采取合作态度。

与对手联合起来

与对手达成合谋，甚至心照不宣的合谋，是一种提高自己收益的不错途径。

黎巴嫩作家纪伯伦那篇题为《魔鬼》的作品中，有一位名叫胡里·赛姆昂的博学之士，每天奔波于黎巴嫩北部山村中，教村民们摆脱魔鬼的纠缠。然而，有一天他路遇受了重伤而奄奄一息的魔鬼，却“卷起袖子，把长袍塞进腰里”，把魔鬼背回家去救治。

原因就在于，魔鬼对他说了这样的话:“我是永恒的魔鬼，我是万恶之源。但是罪孽灭绝了，同罪恶搏斗的人也就不见了。你也将随之隐没，你的子子孙孙、你的同事友人也将销声匿迹。难道，你愿意以我的死亡来换取罪孽的消亡?”

这个故事对于那些立志铲除世上一切罪恶的人是一个讽刺，同时也揭示了那些准备把对手全部消灭的人的矛盾与尴尬。对于这一点，中国人用自己的语言简单地总结出了四个字——兔死狗烹。

汉朝的开国功臣韩信，他最早在楚霸王项羽的部队里当兵，由于不受重视，韩信改投汉王刘邦。后来，韩信成了汉军的大元帅。韩信领兵作战，一路所向无敌，最后用十面埋伏的办法，把项羽的精锐部队消灭殆尽，并且紧追不舍，逼得项羽在乌江边横剑自刎。

然而，汉军胜利后，刘邦马上取消了韩信的齐王称号，改封为楚王，后来又贬其为淮阴侯。最后，韩信被刘邦的妻子吕后处死了。

据传说，当初刘邦为了拉拢韩信，曾经允诺永不会背叛他，不论他犯了什么罪，见天不死，见地不死，见兵不死。什么意思呢？就是只要在能看到天的地方，能看到地的地方，和能够看到兵器的时候，都不能处死韩信。但是吕后和萧何想出了一个很损的主意，把韩信关到一个二楼的黑屋子里，用削尖的竹子刺死了他。

在被害前，韩信发现被算计了，但已经无可奈何，于是发出了一声响彻千古的叹息:“唉，狡兔死，走狗烹。禽鸟尽，良弓藏。敌国灭，谋臣亡。”这句话对后世政治的影响十分深远。

兔死狗烹的故事发生得太多了，有人发出了“太平本是将军定，不许将军见太平”的感叹。但是如果把能臣良将不敢尽情发挥自己的才华，甚至为了保护自己而去保存敌人的行为，完全归结于其对胜利后难以善终的畏惧心理，未免有些过于简单了。在所有养敌自保的故事背后，都有一个直接关系到各方利益的博弈棋局。

那些养敌自重或养贼自保的将军们，目标不过在于使自己参与博弈的代价尽可能减少，而使收益最大化。在中国历史上有很多这一类的例子，正面的也有，反面的也有，都说明：与对手达成合谋，甚至心照不宣的合谋，是一种提高自己收益的不错途径。

唐朝末年，黄巢刚刚起兵造反时，皇帝派大将宋威率兵围剿。宋威对手下人说，朝廷常辜负功臣，我们胜了，未必有好处，不如留着贼人以自保。从此后，宋威的军队总是与黄巢的队伍保持30里的距离，任由黄巢烧杀抢掠，一天天壮大。最后，这次起义几乎导致了唐朝的彻底毁灭。

宋朝的开国宰相赵普虽然读书不多，但却是个非常有谋略的人，他辅佐了宋太祖赵匡胤和宋太宗赵光义，统一了大半个中国。然而，当宋朝只剩下最后一个强敌——北方的契丹时，赵普所有的谋略似乎都消失了，以至于对契丹的数次统一战争均告失败。在以后的日子里，虽然宋朝一直受到北方的威胁，不得不年年纳贡以求平安，赵普之后的宋朝的历任掌朝重臣无不心领神会，养敌自保，从不提出统一对方的良策。

明朝的开国功臣徐达也是一个攻无不取、战无不胜的军事统帅。但是，当他率兵攻取了北京及周边地区后，没有乘胜追击，顺势统一广大的蒙古地区，反而停滞不前，使元朝残部在蒙古地区得以死灰复燃，成为明朝数百年的威胁。后来民变乍起，流寇四处骚扰，而朝廷派出的将领采取宋威曾经用过的策略，只追杀，不围堵，养贼邀功，反叛力量越来越多，致使明朝最终灭亡。

与对手联合起来的例子，不仅出现在政治和军事的角逐中，也出现在号称“公平竞赛”的运动场上。

大家知道，在美国最流行的球类运动是橄榄球。20世纪50年代，美国的常春藤联校面临一个问题：每个学校都想练出一支战无不胜的橄榄球队，结果各个学校为了建立一支夺标球队，进行了一场心照不宣的竞争，争先恐后地强调橄榄球运动。

然而，一个无法回避的事实是，在这种比赛中，成功是由相对成绩而非绝对成绩决定的。有一个胜者就要有一个负者，假如一方参与者改善了自己的排名，那他必然会使另一方的排名变差，使其所有的加倍苦练都付诸东流。

无论各队怎样勤奋训练，各校又是怎样慷慨资助，赛季结束的时候各队的排名和以前都差不多，平均胜负率还是50:50。而过分强调体育，很明显会影响学校的学术水平。很显然，这是一个多方的“囚徒困境”，或者说“人质困境”。

大学体育比赛刺激不刺激，取决于两个因素，一是竞争的接近程度以及激烈程度，二是技巧水平。许多球迷更喜欢看大学篮球比赛和橄榄球比赛，而不是职业比赛，为什么？因为大学体育比赛的技巧水平虽然低一些，竞争却往往更刺激、更紧张。

看到这样的情况，各大学也变聪明了。他们进行沟通，并且达成了一个协议，把春季训练的时间限定为一天。这样呢，虽然球员的技巧水平普遍有所下降，球场上出现了更多失误，但球赛的刺激性却一点也没减少，观众对比赛的热衷程度也没有减退。而另一方面运动员有了更多时间来准备功课。可以说，通过联合，各方都从“囚徒困境”中解脱出来了，大家的结果都比原来更好。

一人的胜利要求另一人失败的事实，并不能使这个博弈变成零和博弈。零和博弈不可能出现所有人都得到更好结果的情况，但在这个例子中却有可能，其收益范围来自减少投入。尽管胜者和负者的数目一定，但对于所有参与者来说，参加这个博弈的代价却会减少。

而更为巧妙也更为出人意料的例子，则是费城西区的两个互为对手的商店——纽约廉价品商店和美国廉价品商店。

在相当长的时间里，这两家商店比肩而立，一直进行着没完没了的价格战。当一个店的橱窗里出现降价告示时，每位顾客都会习惯地等另一家商店的回音。果然，大约过了两小时，另一家商店的橱窗里就出现了类似的降价告示，而且降价的幅度更大。

价格大战的一天就这样开始了。除了贴告示以外，两店的老板还经常站在店外尖声对骂，最后总有一方在这场价格战中败下阵来，不再降价，这就意味着另一方胜利了。这时，人们都会拥入获胜的廉价品商店，将降价商品抢购一空。这样的竞争持续了很长时间，不仅使得一些准备在这个区开店的人望而生畏，而且也确实让住在附近的人买到了各种“物美价廉”的商品。

突然有一天，一个店因为老板去世而停业。几天以后，另一个店的老板声称退休回家，也停业了。过了几个星期，新老板在对商店进行检查时，意外地发现两店之间有一条秘密通道。他们经过仔细了解才知道，这两个死对头竟是兄弟俩。

原来，一切相互间的竞争与人身攻击全是在演戏，每场价格战都是联手策划出来的，不管谁战胜谁，最后还是会把另一位的一切库存商品与自己的一起卖给顾客。这兄弟俩真是一对精明的博弈高手。他们通过虚构一场又一场的竞争，使顾客们心甘情愿地接受了他们联手制定的价格。所有的降价，实际上正是为了保证一个有利可图的利润空间。

用策略来劫持对手

利害关系永远比道德更有效，不需要友谊的合作往往比需要友谊的合作更为可靠。

一次战争中，将军为了激励士气，就到前线去。到了前线视察的时候，一个士兵向将军报告说："将军！前方20公尺的石堆中有一个狙击手。不过他的枪法很烂，这几天开了好多枪，可是没有打中任何人！"

将军听了很生气地说："既然发现了狙击手，为什么不把他干掉？"

士兵听了以后，十分惊讶地说："将军！你疯了吗？难道你要叫他们换一个打得比较准的来吗？"

在学校教育中，诚实是"做人的道理"。但在博弈论看来，人在与人合作中所表现出的诚实，大多是出于自利的需要而不是道德。因此，利害关系永远比道德更有效，不需要友谊的合作往往比需要友谊的合作更为可靠。

上面的这位士兵和敌军狙击手之间，就是一种不需要友谊的合作。要深入地理解这一点，我们可以再看一下一战时期欧洲战场上的情况。

第一次世界大战时，欧洲战场的双方胶着在前线上，隔着漫长的战壕对峙。开始，双方每天不停地重复炮轰及阵地攻守，彼此都有极大的伤亡。不过，经过一段时间以后，敌对双方竟出现了奇特的善意自制，甚至是难以置信的合作默契。

刚上前线的英国军官，发现对面的德军居然可以在英军的步枪射程内自由走动，觉得大为惊讶。让他更惊讶的是，这一端的英军也不畏惧随时被德军射击的危险，走出战壕悠闲地抽烟散步。

其实，这就是一种不需要友谊或者道德约束的合作。一开始，双方不断地瞄准射击敌人，导致双方死伤大增，这让双方越来越难以承受。不久，双方不约而同地学到了一件事，那就是合作：如果你不向对方攻击，对方也会选择不报复，结果则是双方死伤大幅降低。

虽然这种不需要友谊的合作不用白纸黑字地写出来，但是却是隐蔽而相对稳固的。既是战争状态，总得做个样子。不过为了展现善意，双方都自动定时定点地射击。这意味着双方的行为模式是可以理解和掌握的，没有出其不意的“敌意”动作。

不过，类似的这种隐性的合作都是有条件的，就是要展现出自己随时可以报复的能力，以吓阻对手的背叛尝试。如果一方失去了对应的报复能力，均衡也将不复存在。

在竞争中，要想通过展示报复能力达成合作，最关键的一点在于释放进行惩罚的信息，来迫使对手采取合作态度。下面我们来看看博弈论著作《策略思维》中的一个案例。

纽约市立体音响商店之间的竞争空前激烈。疯狂埃迪（Crazy Eddie）已经打出了自己的口号:“我们不会积压产品。我们的价格是最低的——保证如此！我们的价格是疯狂的。”

在它的主要竞争对手纽瓦克&刘易斯那里，顾客每次购物都会得到这个商店的“终生低价保证”。按照这一非要击败对手不可的承诺，假如你在别的地方看到更低的价格，商店会按差价的双倍赔偿给你。不过，尽管这一家的政策听上去很有竞争力，却有可能变相促成并加强一个操纵价格的联盟。

为什么会发生这样的事情呢?

假设一台录像机的批发价是150元，现在疯狂埃迪和纽瓦克&刘易斯都卖300元。疯狂埃迪偷偷作弊，减价为275元。假如没有那个击败对手的承诺，疯狂埃迪完全有可能将一些原本打算在对手那边购物的顾客吸引过来，而这些顾客之所以要去纽瓦克&刘易斯那边购物，原因很多，可能是因为路途较短或者以前曾在那里买过东西。

遗憾的是，对疯狂埃迪而言，这回减价起了完全相反的效果。因为纽瓦克&刘易斯有那么一条双倍赔偿差价保证，人们就想占便宜，纷纷进来买一台录像机，然后要求赔偿50元。这么一来，相当于纽瓦克&刘易斯的录像机自动减价为250元，比疯狂埃迪减得还厉害。不过，当然了，纽瓦克&刘易斯一定不愿意就这么付出50元。因此，它的对策就是降价至275元。无论如何，疯狂埃迪的结果都不如原来，那又何必搞鬼作弊呢？价格还是保持在300元好了。

虽然价格联盟在美国是非法的，疯狂埃迪与纽瓦克&刘易斯却还是结成了这么一个组织。

读者可以看到，它们两家结成的这个心照不宣的联盟，是怎样按照联盟内部强制条件运行的：觉察作弊，并且惩罚作弊者。纽瓦克&刘易斯可以轻易觉察疯狂埃迪作弊。那些跑来说疯狂埃迪打出更低价格而要求赔偿的顾客，其实在毫不知情的情况下，扮演了这个联盟的执法侦探。

惩罚的形式是价格协定破裂，结果导致利润下降。那则“终生低价保证”的广告，自动而迅速地实施了惩罚。

这就是博弈的智慧，在看似乱乱哄哄的表象背后，往往深藏着出人意料的策略。在现代商业竞争中，类似的例子更是俯拾皆是。

走在街上，我们经常会看到一些商家打出“某某商品本市最低价”的广告，并且声称如果有其他商家价格更低，则愿意按同样价格返还差价，并按差价承担一定比例的赔偿金。从表面上看，这是商家的一种价格竞争行为，可以促使其他竞争者降价竞争，使消费者从中得利。但经过博弈论分析，可以发现其中隐藏着一种可能，即商家有可能通过这种最低价格承诺，巧妙地达到价格垄断同盟的目的。

因为这种广告的潜台词是：如果对手有任何的降价行动，你会奉陪到底。这样一来，对手在考虑以降价的方式来争夺市场时，这个广告可以让他相信你必须全力以赴地对任何降价行为进行报复。而且，让消费者来监督降价者并且立即返还差价的做法，是一种十分可信的报复。

再比如说，可口可乐和百事可乐是饮料市场上的竞争对手，两家的市场竞争也可谓你死我活，似乎每家都希望对方忽然发生重大变故，而把市场份额拱手相让。但是多年来，这种局面让每一家都赚了个盆满钵满，而且从来没有因为竞争而使第三者异军突起。

这里面的真正原因就在于：这两位饮料市场的龙头老大，实际上形成了一种有合作的竞争关系。他们真正的目标是消费者，以及那些虎视眈眈的后起之秀。只要有企业想进入碳酸饮料市场，他们就必然会展开一场心照不宣的攻势，让挑战者知难而退，或者一败涂地。

我们再来看看麦当劳和肯德基在市场上的布局，也许就更能明白这一点了。麦当劳店开在哪里，肯德基店很快就会出现在附近，形成一种十分默契的“遥相呼应”，很少有第三者在它们中间出现。

两大巨头的竞争关系，往往能够为他们排斥新进入的竞争者提供保障。这种经常表现得不动声色的策略，其威慑力却大得惊人。最终我们会发现，那一对对表面上刺刀见红的竞争对手，背地里却是郎情妾意，关系暧昧得紧。

用圈子来保证合作

圈子的出现，实际上就是把彼此之间的双边关系，放进了多边关系中来考虑。一个社交圈子当中强有力的监督和惩罚体系，会迫使每个人更愿意遵守道德。

上面的分析，都是从困境中的囚徒或者人质的角度进行的，解决问题的策略也是提供给他们的。囚徒联起手来，也就意味着他们会建立攻守同盟，不必进行两败俱伤的招供了。

但是反过来，这对于本来可以利用困境轻松获得口供的警察又是不利的。那么警察又该如何避免囚徒的不合作呢？推而广之，那些担心下属或者朋友联手不合作的人，又有什么策略可用呢？

答案是制造某种强大的压力迫使其合作，这种压力对“囚徒困境”中的每一方都有帮助，因为这帮他们破解了“囚徒困境”。

隋朝名将杨素带兵执法严酷，对违犯军令的人立即斩首，而且绝不宽容。每当他将要与敌军对阵之时，就搜寻有过失的士卒杀掉，多的时候曾一次杀掉100多人，少的时候也不下10人。杀的人多了，鲜血在帐前流成小河，他却谈笑自若，就像没发生任何事情。

战斗打响时，他先命令300人冲锋，若冲破敌军防线便罢了；如果不能攻破敌军阵地而败退回来，则不问缘由全部斩首。然后，再命令两三百人发起进攻，不胜则照杀不误。将士们受此恐吓，对他极其敬畏，作战时都抱着必死之心，所以作战非常勇敢，没有一个人后退。

杨素当时正受宠幸，隋文帝对他言听计从，所以跟随杨素征战的将士，都能微功必录。而其他的将军作战虽然有大功，但都被一些文官掩盖了。所以杨素虽严厉凶狠，但将士对他极其尊重，所以战无不胜。

在现代也不缺乏这种例证。二战时德国进攻苏联初期，苏联国防人民委员270号命令规定，所有红军官兵必须战斗到最后，但凡被敌军俘虏，无论事前是否做过抵抗，事后都将被作为叛国者惩治，连同眷属在内被送往劳改营。

而1942年7月28日发布的227号命令，则是命令“绝不许后退一步”，官兵撤退者一律处死。不仅如此，苏联士兵如果看到自己的战友准备逃跑或向敌人投降而没有马上向他们开火，也会被判有罪。

根据有关统计，在整个斯大林格勒战役中，苏联内务部队NKVD总共处决了13500名军官和士兵，罪名是叛国！但也许正因如此，作为人类历史上最为血腥和规模最大的战役之一，斯大林格勒战役才成为苏军转败为胜的主要转折点。

无独有偶，在苏军对面的阵地上也在执行着同样的命令。根据德国著名作家海因里希·伯尔的记载，在二战的最后关头，纳粹党卫军头目希姆莱曾下达过这样的命令：一个士兵在“远离炮火”处碰到另外一个士兵，便可就地处决他。这样，每一个德国兵便成了另外一个德国兵的潜在审判者，数以万计的处决在各地发生了。在和盟军拼杀的同时，德国兵也自相残杀起来。

实际上，杨素以及二战时期苏德两支军队的这种策略，可以追溯到古罗马军队对进攻中的落后者处以死刑的规定。按照这个规定，军队排成直线向前推进的时候，任何士兵，只要发现自己身边的士兵开始落后，就要立即处死这个临阵脱逃者。为使这个规定显得可信，未能处死临阵脱逃者的士兵同样会被判处死刑。尽管罗马士兵都宁可向前冲锋陷阵，也不愿意捉拿一个临阵脱逃者，但这么一来，他却不得不那么做，否则就有可能赔上自己的性命。

这一策略精神，直到今天仍然存在于西点军校的荣誉准则之中。该校的考试无人监考，作弊属于重大过失，作弊者会被立即开除。不过，由于学生们不愿意告发自己的同学，学校规定，发现作弊而未能及时告发同样违反荣誉准则，这一违规行为同样会导致开除。这样，一旦发现有人违反荣誉准则，学生们就会举报，因为他们不想由于自己保持缄默而受到违规者的牵连。

虽然每个人在独立行事的时候都有可能显得弱不禁风，但其他人常常可以帮助我们立下可信的承诺。有时候，团队合作可以超出社会压力的范畴，通过运用一个强有力的策略，迫使我们遵守自己的许诺。这就给了我们一个社交中的启示：重视利用圈子来解决问题，把与对手的博弈变成多边的。

圈子，在当今中国是一种十分重要的文化。尽管世界很大，我们走上社会以后，经过几年就会建立起一个相对固定的交往圈子，所处的地域、行业、阶层、亲朋好友等共同构成了这个圈子，圈子就是基本的社会关系。无论在哪个领域、哪个地方，都存在着各式各样的圈子。圈中的人互相提携，互相帮助，而不同圈子的人之间则彼此排斥和攻击。从这个角度来看，圈子似乎是弊大于利。

但圈子的出现，实际上就是把彼此之间的双边关系，放进了多边关系中来考虑。一个社交圈子当中强有力的监督和惩罚体系，会迫使每个人更愿意遵守道德（社会的或者圈子的）。因为他一旦违背，他身边的人就会马上惩罚他。圈子中的每一个人，为了共同的利益都会充当惩罚者。

一个萍水相逢的人可能会骗走你的1000元钱，但是在一个圈子中，名声和信誉是跟长期利益直接挂钩的。某个圈中人如果骗了你1000元，也就意味着他会受到一群人不会再借钱给他的惩罚，因而他一定会仔细掂量。

著名经济学家张维迎曾经在论述“乡村社会的信誉机制”时，讲了这样一个故事。在一个古老的乡村，张三向李四借了10块钱，他们之间无需书面的合同或借据，甚至没有说清还款的日期。但李四并不担心张三会赖账，因为，如果张三真的不还钱的话，李四就会把此事张扬给全村，张三就不可能再借到钱了。为了能继续借到钱，张三一定会信守承诺按时还钱。这就是“好借好还，再借不难”。退一步说，即使张三并不打算继续借钱，他也要担心坏了名声，做人就难了，自己再遇到困难就没人来帮忙了。所以，李四认为张三的承诺是可信的。

在一个圈子中，名声和信誉非常重要。这其实是一种用道德约束来实现的“人质困境”，不过对大家都有好处。进一步的启示是：在交际中，将新朋友介绍给老朋友认识，是一个十分有效的策略，因为这能使彼此间的承诺与威胁更为有力，因而关系也就更为牢固。

第 5 章

重复博弈：天长地久的聪明策略

月落乌啼总是千年的风霜
涛声依旧不见当初的夜晚
今天的你我怎样重复昨天的故事
——《涛声依旧》歌词

没有未来必然背叛

在博弈中，表现最好的策略直接取决于对方所采用的策略，特别是取决于这个策略为发展合作关系留出了多大的余地。

在车站和旅游点这些人群流动性大的地方，不但商品和服务的质量差，而且假货横行。因为商家和顾客之间“没有下一次”——顾客因为你的商品质优价廉而再次光临的可能性微乎其微，因而正常情况下卖家的理性选择是：一锤子买卖，不赚白不赚。

在公共汽车上，两个陌生人会为一个座位争吵，可如果他们相互认识，就会相互谦让。在联系紧密的交往中，人们普遍比较注意礼节、道德，因为他们需要长期交往，并且对未来的交往存在预期。

上面的例子说明，对未来的预期是影响人们行为的重要因素。一种是预期收益：我这样做将来有什么好处；一种是预期风险：我这样做将来可能面临问题。这些预期将影响个人的策略。

我们还是用日常生活中的一个现象，来举例说明这种预期对行为的影响。

自古以来，中国人就对夫妻关系有一个精辟的总结：床头打架床尾和。意思是说，每对夫妻在结婚前可能是琴棋书画诗酒花，可一旦结婚，在柴米油盐酱醋茶的烦琐生活中，难免会因为一些鸡毛蒜皮的小事而闹矛盾，甚至发生冲突。但是这种矛盾和冲突往往过不了多久，就会烟消云散。

其中的根本原因，就在于他们所进行的并不是一次性的博弈，而是重复性的一揽子博弈。在这样的博弈中，他们清楚，感情和理性都不允许他们因为一件事情就断绝关系，更不能动辄一言不合就不顾而去，同时他们也知道，还有机会通过其他方式来“改造”对方。

现代博弈论的发展，对上述问题提供了某些解释：每一次人际交往其实都可以简化为两种基本选择——合作还是背叛。在人际交往中普遍存在“囚徒困境”：双方明知合作会带来双赢，但理性的自私和信任的缺乏却导致合作难以产生。而且，一次性的博弈必然加剧双方选择相互背叛的决心。背叛是个人的理性选择，但却直接导致集体的非理性。

人与人之间“低头不见抬头见”的重复博弈，

可以使自私的主体走向合作

在这样的博弈中，似乎没有任何方法能够让我们逃脱这种两败俱伤的局面。难道人类注定要承受这个噩梦吗？

答案是否定的。资深的博弈论专家罗伯特·奥曼，于1955年获得了美国麻省理工学院数学博士学位。在此后50年的时间里，他一直在寻找避免“囚徒困境”式的“坏”的纳什均衡的机制，实际上就是从理论上探索协调利益冲突的方法。

奥曼在1959年指出，人与人的长期交往，是避免短期冲突、走向协作的重要机制。在博弈中，表现最好的策略直接取决于对方所采用的策略，特别是取决于这个策略为发展合作关系留出了多大的余地。

现实生活中反复交往的人际关系，实际上就是一种“不定次数的重复博弈”。奥曼通过自己的严密推导证明，人与人交往关系的重复建立，可以使自私的主体之间走向合作。下面这则拟人化的笑话，就很形象地说明了这一点。

一个青年看见一条招聘广告：本动物园招聘一个懂得与动物交流的人来照顾大象，欢迎来面试！

于是，他来到动物园应聘。动物园的经理说：“你先去试试吧，不过要证明你懂得与动物交流。明天你需要通过一个测试，你得先让大象摇头，然后点头，最后跳入水池。”

第二天，这个青年跟着动物园经理来到水池边，走近大象对它说：“你认识我吗？”

大象看了他一眼，摇了摇头。

这个青年又问：“你的脾气很大吗？”

大象点了点头。

这时，青年拿出一根针狠狠地朝着大象的屁股扎去，大象“嗷”的一声跳入了水池。

测试虽通过了，但是经理却很不高兴地说：“我们需要的是一个有爱心的人，不是像你这样的！”

青年恳求经理再给次机会，经理答应了。不过这回测试的内容，是让大象先点头，然后摇头，最后是跳入水池。

青年又来到浑身湿淋淋的大象面前，问道：“你还认识我吗？”

大象害怕地点了点头。

青年又问：“你的脾气还大吗？”

大象摇摇头。

青年接着说:“你知道该怎么做了吧。”

于是，大象“扑通”一声跳入了水池。

大象在第二回合的合作行为，是建立在对第一回合双方策略的判断之上的。也正因如此，为了避免悲剧重演，它也就改变了自己的策略，主动选择了合作。

事实上，重复博弈中的合作，可以解释许多商业行为。一次性的买卖，往往发生在双方以后不再有买卖机会的时候，尽量谋取高利并且带有欺骗性是其特点。而靠“熟客”“回头客”便是通过薄利行为使得双方能继续合作下去。

事实上，重复博弈也更逼真地反映了人们日常的人际关系。在重复博弈中，合作契约的长期性能够纠正人们短期行为的意义，这在日常生活里是具普遍性的。

带剑的契约才有效

法律就是通过第三方实施的行为规范，其功能首先是改变博弈的结果——改变当事人的选择空间，其次通过法律不改变博弈本身，而改变人们的信念或对他人的行为预期，从而改变博弈的局面。

在背叛能够带来博弈优势的局势下，社会要想使交易能够进行，并且防止不合作行为，就必须设置严格的惩罚背叛行为的机制。

有人曾经在网上提出了这样一个集体活动迟到的问题。

王老师是某班的班主任，他经常组织本班同学参加集体活动，比如郊游。但在组织的过程中，他遇到了一个棘手的问题。在一次集体活动中，王老师通知全班同学早上8点到校门口集合。结果有几个同学拖拖拉拉，导致大家8：15才出发，白白耽误了一刻钟。

在此后的一个集体活动中，王老师改变了策略，虽然真实的集合时间仍是8点，但是他通知大家7：45集合，结果最晚的几个同学也在8点赶到了，从而可以准时出发。王老师对自己的策略很满意。

但是好景不长。时间久了，同学们都意识到王老师是有意将集合时间说早了，甚至同学们可以根据王老师通知的时间猜测出真实的集合时间。因此，每当王老师通知7：45集合时，大家仍然按照真实的集合时间，也就是8点来做安排，导致几个同学在8点后才赶来。而那些准时即7：45到达集合地点的同学也都有所抱怨，也变得不那么守时了。

这位老师的策略算是彻底失败了。他失败的原因在哪里呢?

根本的原因在于：在王老师的方案之下，付出代价（时间被浪费）的是准时到达的学生，而不是迟到的学生。他应当制定怎样的策略，才能使活动准时开始，且大家都满意呢?

在这个问题中，存在着老师与学生、学生与学生之间的博弈，实际上就是一个多个人的“囚徒困境”。因为每个学生都知道，其他学生的优势策略是到达集合地点的时间既不能太早，以免白白浪费等待的时间，又不能太晚，以免承担耽误大家时间的责任。

要破解这个困境，老师有两个选择：一是只要过了集合的时间，就不再等下去，让迟到的同学独自承担责任。这种责任和相应的惩罚，会对同学造成很大的损失，他们就不会再迟到了。二是如果迟到的学生比较多，那么等某个数量的学生到齐以后马上出发，而让其他迟到的同学承担责任。

一般说来，博弈中双方合作时得益最大，但若一方不遵守合作约定，必定是另一方吃亏，所以便引入惩罚机制：谁违约，以后就要处罚他，使他不敢违约。

所以，只有对迟到的学生进行惩罚，迟到问题才能解决。

前面已经分析过，如果“囚徒困境”只是一次性的博弈，那么签订协议是毫无意义的。可以签订协议的一个最基本的条件，就是博弈需要重复若干次，至少大于一次。

在重复型的“囚徒困境”中，签订合作协议并不是很困难，困难的是协议对博弈各方是否具有很强的约束力。因为在任何协议签订之后，博弈参与者都有作弊的动机，因为至少在作弊的这一局博弈中，作弊者可以得到更大的收益。

霍布斯对合作协议的观点是:“不带剑的契约不过是一纸空文，它毫无力量去保障一个人的安全。”从中我们也可以悟出一条真理：合作是有利的“利己策略”，但它必须符合以下定律：按照你希望别人对你的方式来对别人，但只有他们也按同样方式行事才行。

“囚徒困境”扩展为多人博弈时，就体现了一个更广泛的问题——“社会悖论”或“资源悖论”。人类共有的资源是有限的，当每个人都试图从有限的资源中多拿一点儿时，就产生了局部利益与整体利益的冲突。人口问题、资源危机、交通阻塞等问题，都可以在“社会悖论”中得到解释。要解决这些问题，关键是要制定一定的游戏规则来控制每个人的行为。

在这种情况下，可以通过法制手段，以法律的惩罚代替个人之间的报复，来规范社会行为。事实上，从博弈论的角度看，法律就是通过第三方实施的行为规范，其功能首先是改变博弈的结果——改变当事人的选择空间，其次通过法律不改变博弈本身，而改变人们的信念或对他人的行为预期，从而改变博弈的局面。

用道德来保证均衡

道德也是对某些不合作行为的惩罚机制，这种机制的出现使得人类从“囚徒困境”中走了出来。

带剑的契约对于保证合作关系是有效的，但是在更多的情况下，我们根本找不到，或者不值得用“剑”也就是法律来保证合作，那么在这种情况下，有没有其他办法来达到均衡呢？

答案是肯定的，如果法律是保证人与人关系的唯一武器，那么博弈策略也就没有什么价值了。作家吴思在《潜规则》中曾经讲了这样一个故事，可以作为一个引子。这个故事来自《明史》，是一个监察官员的故事。

崇祯元年（1628年），朱由检刚刚当上皇帝，经常召见群臣讨论国事，发出了“文官不爱钱”的号召。户科给事中韩一良对这种号召颇不以为然，就给皇上写了份上疏，说道：如今何处不是用钱之地？哪位官员不是爱钱之人？本来就是靠钱弄到的官位，怎么能不花钱偿还呢？……我这两个月辞却了别人送我的出书费用五百两银子，我交往少尚且如此，其余的可以推想了。伏请陛下严加惩处，逮捕处治那些做得过分的家伙。

崇祯读了韩一良的上疏，大喜，立刻召见群臣，让韩一良当众念这篇东西。读罢，崇祯拿着韩一良的上疏对阁臣们说：“一良忠诚耿直，可以当佥都御史。”这时，吏部尚书王永光请求皇帝，让韩一良点出具体人来，究竟谁做得过分，又是谁送他银子。韩一良吞吞吐吐，显出一副不愿意告发别人的样子，于是崇祯让他密奏。等了五天，韩一良谁也没有告发。崇祯再次把韩一良和一些廷臣召来，当面追问。然而韩一良就是不肯点名。崇祯让韩一良点出人名，本来是想如他所请的那样对那人严加惩处，而韩一良最后竟推说是风闻有人要送。崇祯训斥韩一良前后矛盾，撤了他的职。

韩一良宁可叫皇帝撤掉自己的官职，断送了当大臣的前程，甚至顶着皇帝发怒将他治罪的风险，硬是不肯告发那些向他送礼行贿的人，他背后必定有强大的支撑力量。这是一种什么力量？难道只是怕得罪人？作为给事中，检举起诉和得罪人乃是他的本职工作。因此，恐怕还是一种外在规则的压力，或者说外在规则在其内心中形成的“道德”在起作用，使其坚决不肯背叛向他行贿的人。

上面这个历史故事讽刺性地告诉我们：在现实环境中，确实存在着一些道德因素，可以化解个人理性与群体理性的矛盾，以维系整个社会体系的稳定。

有一群猴子被关在笼子里，在笼子里的上方有一条绳子，拴着一个香蕉，绳子连着一个机关，机关又与一个水源相连。猴子们发现了香蕉，纷纷跳上去够这个香蕉。当有猴子够到时，与香蕉相连的绳子带动了机关，于是一盆水倒了下来。尽管够到香蕉的猴子吃到了香蕉，但所有猴子都被淋湿了。

这个过程重复进行，猴子们发现，吃到香蕉的猴子是少数，而其余的大多数猴子只会被淋湿。经过一段时间，每当有猴子去取香蕉，就有其他的猴子愤怒地主动去撕咬那个猴子，久而久之，猴子们产生了合作，再也没有猴子敢去取香蕉了。

在这个故事里，猴子间产生了“道德”。如果这群猴子构成一个社会，它们也繁衍下一代，它们会将它们的经历告诉下一代。渐渐地，猴子们便认为取香蕉的后果对其他猴子不利，从而认为去取这个香蕉是“不道德的”，它们也会主动地惩罚“不道德的”猴子。

与法律一样，道德也是对某些不合作行为的惩罚机制，这种机制的出现使得人类从“囚徒困境”中走了出来。

道德感自然地使得人们对不道德的或不正义的行为进行谴责，或者对不道德的人不采取合作，从而使得不道德的人遭受损失。这样，社会上不道德的行为就会受到抑制。因此只要社会形成了道德或不道德，或者正义或非正义的观念，它们就会自动地产生调节作用。

但是在日常生活的交际中，单纯依靠对手的道德自律来达成合作是不保险的。针对这个问题，我们可以通过结合对道德因素的考虑，把交际变成长期的、多边的，从而形成诚实守信的动力与压力。

长期交往的合作压力

合作的基础与其说是信任和友谊，还不如说是关系的可持续性。只有当人们有着值得重视的未来，才能保证稳定持续的合作。

我们已经知道，一次性博弈往往会引发不合作行为，带剑的契约和道德，可以有效降低这种不合作的动力。然而在很多重复博弈中，一方在遭到另一方背叛之后，往往没有一种外在的机制来对背叛者进行惩罚，这时候仍然需要求助于博弈策略的力量。

《笑林广记》中有这样一则笑话。

有一个人去理发铺剃头，剃头匠给他剃得很草率。剃完后，这人付给剃头匠双倍的钱，什么也没说就走了。

一个多月后的一天，这人又来理发铺剃头，剃头匠还想着他上次多付了钱，觉得此人阔绰大方，为讨其欢心，便竭力为他剃头，事事周到细致，多用了一倍的工夫。剃完后，这人便起身付钱，反而少给了许多钱。剃头匠不愿意，说："上次我为您剃头，剃得很草率，您尚且给了我很多钱；今天我格外用心，您为何反而少付钱呢？"

这人不慌不忙地解释道："今天的剃头钱，上次我已经付给你了；今天给你的钱，正是上次的剃头费。"

说完，他大笑而去。

在上面的故事中，剃头匠为什么会上当呢？

在现实世界里，所有真实的博弈只会反复进行有限次，但正如剃头匠不知道客人下一次是否还会光顾一样，没有人知道博弈的具体次数。既然不存在一个确定的结束时间，那么这种合作关系就有机会继续下去。

这个故事说明，有限次的"囚徒困境"不同于无限次的"囚徒困境"的重复博弈。当临近博弈的终点时，参与者采取不合作策略的可能性会加大。即使参与人以前的所有策略均为合作策略，在得知下一次博弈是最后一次时，那么双方肯定会采取不合作的策略。

有博弈论学者指出，合作的基础与其说是信任和友谊，还不如说是关系的可持续性。只有当人们有着值得重视的未来，才能保证稳定持续的合作，就是说，长远的未来使得持续关系具有价值，而不存在未来就很难合作。

如果你会在某次博弈中选择合作，唯一可能的原因，就是为了让对手在下一次也选择合作，不过，最后一次显然不必考虑后面的行动。如果你知道重复博弈的次数是100次，那么在第100次博弈时，你肯定会选择不合作。但你必须知道，你的对手也会考虑这么做。

既然如此，你在第99次应该怎么选择？你在第99次选择不合作一定可以得到比较高的收益，如果你不想在第99次选择不合作，唯一的理由就是为了让对手在第100次对你采取合作策略。但前面已经说过，无论怎么样，你的对手在第100次都会对你不合作。因此，双方在第99次应该都会选择不合作。

因为双方在第99次和第100次一定会选择不合作，你可以按这个逻辑往前推，便会证明你在第一次就应该选择不合作！因此，就算这个“囚徒困境”博弈进行100次、1000次或是10亿次，理性的局中人在第一次都应该“理性”地选择不合作，只要这个博弈有确定的最后一次。

然而，在现实的博弈中，有很多人的“非理性”都超过了应有的程度，以致两人皆合作的结果甚至可能延续到最后一次。其中的原因，也许正如哈佛大学著名心理学家丹尼尔·吉尔伯特所说:“在通过自己预见性的望远镜来窥探未来的时候，近处的清晰和远处的模糊会让我们犯下各种错误。”

他举了一个例子来说明这个问题：很多人都情愿等待一年得到20美元而不是等第364天得到19美元，因为很久之后的那一天等待，在现在看来并不是什么大问题。然而，大部分人情愿今天就得到19美元，而不愿意等到明天拿20美元，因为从现在看来，不久的将来要等的这一天是不可忍受的折磨。

不管一天的等待能够造成多大的痛苦，无论什么时候经历它，它的痛苦程度都应该是一样的。可是，在人们的想象中，不久的将来要忍受的痛苦是非常严重的，所以他们很愿意支付1美元来免除它；而很久之后才要忍受的痛苦则是微不足道的，他们很愿意接受1美元的报酬来忍受它。

也许，正是因为上面所指出的错误预见，使得我们陷入有限次数重复性博弈中的“囚徒困境”时，仍然选择合作。尽管对对手的理性程度有所怀疑，你仍然可能会在第一次博弈时选择合作。这并不表示合作真的对你有利，而是表现出了合作的姿态对你更有利。

也就是说，虽然隐瞒终点或者说假装没有终点的博弈策略，仍然是以背叛为基

“今天的剃头钱，上次我已经付给你了。”

础的，其目的无非是在相互背叛之前得到更多的收益，但参与者仍然会在最初一个阶段进行互利互惠的合作。因为合作一段时间会带来实实在在的好处，我们可以看作是一种“预付费”的模式。

张维迎指出，传统社会的农民要祖祖辈辈在村子里生活下去，他和他的后代要与其他村民进行无数次的重复博弈，如果他不仅关心自己的未来，也关心后代的福利，这就要求他必须讲信誉。

这样一个重复博弈，就使“父债子还”成为农村几千年的传统，如果老子赖账，儿子就难借到钱。而人们不大愿意借钱给“光棍汉”的原因就在于，因为他们没有后代，坏名声对他们的威胁小得多，因而他们追求短期利益而干一锤子买卖的可能性要高得多。

现代社会也是如此，如果双方进行的是重复博弈，那么就有动机保持诚实。不过，重复博弈并无法百分之百地确保参与者的诚实。从主观上来说，要是对方今天行骗以后，就可以赚到足够的钱，他就会舍得赔上他的信誉。从客观上来说，假如对方即将面临破产，即便他过去一向都童叟无欺，今天还是有可能会骗你。

在人际交往中，大多数人都是跟着感觉走的，想当然地凭印象判断某个人是好人或坏人。特别是如果有人一直对你很诚实，你多半会认定他是值得信赖的，而且也会以诚相待。但是博弈论的分析告诉我们：某人过去对你很诚实，是因为诚实对他有利。同样道理，他对你不诚实，也是因为不诚实对他更有利。无论在什么情况下，我们都不能用他过去的表现来判断他未来的表现，而应该随时想一想：假如对手欺骗你，他会有什么好处，会受到什么样的损失。如果你因为被欺骗而与他反目，对他的影响有多大。

费边主义的策略

一锤子买卖失败的可能性，远远大于细水长流的小笔交易。这种把一次决战变成长期交手的策略，可以称之为“费边战术”。

正是因为重复博弈能够给对方带来合作的压力，因此，我们必须学会有意识地创造重复博弈的局面。

假如你是一个商人，一个陌生人声称有一批很有升值潜力的宝石，你决定买下来。现在有两种方案供你选择：一种是一次性用100万元全部买下，二是做同样数量的买卖，但分为100次进行交易，每次交易不超过10000元价值的宝石。

仅从风险的角度考虑，你会选择哪一种呢?

很显然应该是后一种“小步慢行”的交易风险更小，因为如果一次可以得到100万元，那么对方就会认为欺骗你甚至卷款逃跑是值得的，但在后一种情况下，对方一次只能得到区区10000元，如果欺骗你的话，显然不足以弥补正常交易带来的利润。

可见，一锤子买卖失败的可能性，远远大于细水长流的小笔交易。这种把一次决战变成长期交手的策略，可以称之为“费边战术”。

在古罗马共和国和迦太基之间的第二次布匿战争中，迦太基天才名将汉尼拔率领大军进攻罗马，纵横亚平宁半岛15年未遭到败绩。

公元前217年，费边·马克西姆斯被选为罗马执政官。他知道迦太基军队远离本土，从北非的补给线又太长，不可能持久作战。因此，费边采取了避其锋芒，稳步渐进，小规模进攻的策略，不与汉尼拔正面决战，而是利用熟悉地形的优势在山区与敌人周旋，同时不断小规模骚扰南欧，干扰敌人的补给线，消耗迦太基军队的实力。

这一战术使罗马军队达到了既避免失败，又打击对方的目的，最后终于击败了汉尼拔。后来，这种缓步前进的战术就被称为“费边战术”。

1883年10月24日，英国的悉尼·韦伯和萧伯纳等知识分子组织了一个团体，认为英国社会必须通过渐进的手段达到社会主义，而不是通过激进和暴力的革命。第二年，一位新加入者从“费边战术”得到启发，建议把这个团体命名为费边社。从此以后，费边主义成为对历史影响巨大的一种思潮，核心主张是用缓慢渐进的策略来达到改革社会的目的。后来的英国工党就主张费边主义，多次成为英国的执政党。

其实，“费边战术”不仅在政治和军事领域影响深远，它在其他领域也大有用武之地。

乌克兰撑杆跳高选手布勃卡号称“撑杆跳高沙皇”，他9岁时开始练习撑杆跳。1983年，布勃卡在芬兰首都赫尔辛基举行的世界田径锦标赛上以5米70的成绩夺得了撑杆跳冠军。

在布勃卡之前，男子撑杆跳高的纪录从3米跃至4米，再到5米，终于在5米70的高度徘徊不前，于是，一个预言式的结论诞生了：6米的高度是人类撑杆跳高的极限。

1985年，在法国巴黎第一届世界室内田径锦标赛上，布勃卡前无古人地飞越了6米的高度，打破了这一极限预言，缔造了“布勃卡日”。从此，他开始了其在这个项目上长达20余年的统治。

在1984年到1988年之间，他将撑杆跳的世界纪录提升了21厘米。然而，这21厘米的成绩提高，让这位被称作“乌克兰鸟人”的奇才，十分策略地变成了打破世界纪录的一门艺术——每次只把成绩提高那么一点点：他25次把世界纪录提高了1厘米，7次提高了2厘米，2次提高了3厘米，只有一次提高了6厘米。

布勃卡每次打破世界纪录，都能收到数目可观的奖金和价值不菲的奖品，所以他得到了一个可爱的外号“一厘米先生”。

在生活中，如果能够综合运用“费边战术”，可以避免很多不必要的背叛。比如你装修一座房子，可是又不了解装修公司的底细，如果提前付款的话，对方可能会偷工减料或者敷衍了事。然而如果要求完工再付款的话，对方又担心你会拒绝付款。这种情况下，你就可以要求双方每周或每月按工程进度来结算，这样，即使发生问题，对方面临的最大损失不过是一周（或者一月）的劳动或工程款。

然而生活中很多人喜欢“毕其功于一役”，但问题在于“成功以后的情况是怎样的”。在很多情况下，这反而是一个最重要的问题。如果不能解决这一问题，大功告成之日，也可能就是历史回到原点之时。

相反，稳扎稳打、积小胜为大胜的战术，却可以最大程度地避免背叛。这种化整为零、小步前进的策略，相应地缩小了规模，因而也更容易实行。不仅如此，“费边战术”还可以让我们“摸着石头过河”，不仅对过程而且可以对目标进行调整和修订。正因为这一点，在生活中擅长运用“一哭二闹三上吊”战术的野蛮女友或者妻子，往往比动辄提出分手的女性更容易制服男人。

宽恕会导致更多背叛

如果在博弈一开始的时候就能做出可信的报复威胁，使背叛者认为最后一定不会被宽恕，反而会达到不出现背叛的效果。

有这样一个笑话。有一个绝代美女背叛了她的丈夫，结果招致审判。

辩护者说：“她毕竟年龄还小，不知者不为罪，应该原谅。”

丈夫说:“不杀不足以平民愤，替她辩护的人不怀好意!”

经过权衡轻重，法官最后说：“判处死刑，立即枪毙!”

丈夫说:“慢！一枪打死就太便宜她了，把她交给我来处置吧!”

法官认为反正她也是死，于是就把她交给丈夫任其处置了。满腔怒火的丈夫举起一把枪，顶在了美女妻子的脑门上，然后对她说:“只要你答应以后不再背叛我，我不会杀你的。”

在这里，宽恕妻子是丈夫符合理性的选择，但却埋下了再次遭到背叛的种子。因为，虽然与美女继续生活会使丈夫受益，但是只要妻子知道了宽恕策略对丈夫更有利，她就可能会选择背叛。

遗憾的是，以私人代价对背叛者进行惩罚，本身就是一种劣势策略：如果这种惩罚成功地使背叛者在以后采取合作，那么事实得益的是整个集体，而惩罚者的所得只占其中的一部分。台湾作家龙应台有一篇作品，叫作《中国人，你为什么不生气》，引发了无数人的共鸣。不过懦弱自私并不是这个问题的真正答案，更准确的答案是：生气或者惩罚犯规者，对个体来说是一个劣势策略。

鉴于此，可能遭遇背叛的一方，如果在博弈一开始的时候就能做出可信的报复威胁，使背叛者认为最后一定不会被宽恕，反而会达到不出现背叛的效果。从一开始就不出现背叛，终归是比宽恕更好的局面。

在雨果的名著《悲惨世界》中，讲述了这样一个感人的故事。

冉阿让自幼失去双亲，由贫苦的姐姐抚养成人。他因为忍受不住饥饿，偷了一片面包，结果被判了5年苦役。服刑中，他四次试图逃跑，结果被加重惩处，服了19年重刑。好不容易熬到出狱，被释放回家时，他的通行证却又被盖上了“服过苦刑”“千万警惕”的字样。这样，没有人让他留宿，更没有人给他工作。

这时，有一个神父热情地接待了他，为他提供了一张温暖柔软的床。但冉阿让的生活经历，从未告诉他什么是信任和如何对待信任。夜里，他企图偷盗神父家，被神父发现后还打昏了神父，并盗走了银餐器逃到街上。

结果，运气不好的他被警察捉住，又押回来见神父。神父说:“我这里最值钱的是那对银烛台，我不是也送给你了吗？你为什么忘了把它们一起带走呢？”

一句话解救了冉阿让，使他免受二次入狱之苦。不仅如此，神父的宽恕也让冉阿让觉醒了，使他脱胎换骨成为一位充满慈爱之心的、有教养的绅士，并在事业上获得了成功。

但是问题在于，有多少宽恕可以唤起伤害者沉睡的“良心”和“爱”呢？

答案是令人悲观的。

我们可以考虑一下冉阿让和神父的博弈。神父会主动收留那些无家可归的人们，但不幸的是贫穷往往使人们的自制力降低，冉阿让必须做出很大努力才能控制自己的欲望。如冉阿让认为一旦偷窃，神父一定会让警察惩罚自己，那么他就会尽最大努力来克制偷窃的欲望。但要是冉阿让认为神父会原谅偷窃，那么他肯定会选择偷窃。

见图5–1，冉阿让先在A点选择是否偷窃，那么在B点神父就要决定是否要让警察惩罚他。

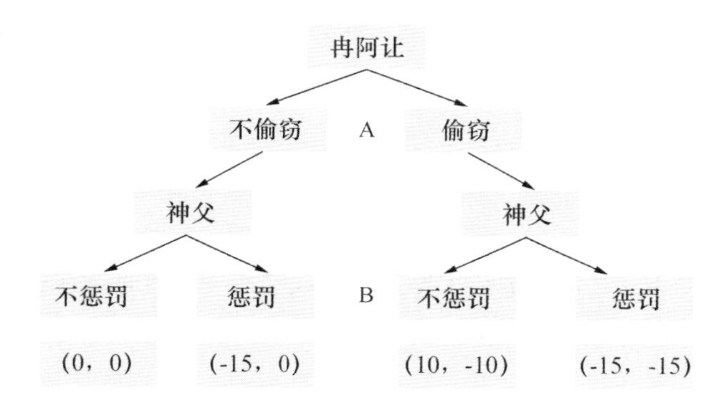

图5–1　冉阿让与神父的博弈

我们假设，如果冉阿让偷窃而不坐牢的话，他的得益为10，而神父的得益为–10；如果冉阿让被关进牢里，他的得益为–15，而神父因为精神上的痛苦，得益为–15。

但是，在B点，宽恕冉阿让虽然会对神父造成损失，但是这却符合他的价值观和救赎动机，因为原谅偷窃行为可以使一个人得到自新的机会，要是冉阿让被关进监狱，这种机会就会失去了。神父的确可以提前放出狠话，表示对偷窃行为绝不宽容，但这种威胁不可信，偷窃仍然会发生。那么要赢得这场博弈，神父应该怎么办呢？

答案是：只有想办法营造对偷窃者比较严厉的名声。为了避免放纵犯罪，神父不应该就这么宽恕冉阿让，而应该让对方相信他在愤怒之下，可以做出违背价值观的事情，而且最受不了别人的欺骗。

因此我们说，神父宽恕冉阿让是一个动人心扉的精彩故事，但却不是一个好的博弈策略。因为如果它在现实生活中发生的话，用不了多久，神父就会被络绎不绝的被收留者偷得精光，从而出现更多的犯罪。

博弈论告诉我们，有望在将来能得到你宽恕的人，反而更可能背叛你。

有人举例说，在史前时代的一些村落中，生活着一群盗贼，他们经常到各个村落来偷食物。理性的村落一般选择宽恕，只有在不至于付出太高的代价时，才会去抓捕盗贼。而报复心强的村落，则会不计代价地去抓捕这些人。这样，盗匪会更愿意对理性的村落下手。因此，拒绝宽恕和进行报复也就有了演进的优势。

在生活中，有拒绝宽恕名声的人，在谈判中也能够带来收益。现代人都会试着通过法律来报复，只是请律师必须要花一大笔钱。因此要是有人已经对你造成轻微伤害，把它忘掉往往会比采取法律行动更好。可是如果人们相信你会非理性地上法庭讨回公道，那么他们就会避免让你找到反击的借口。最好的策略就是让别人相信，如果有人确实侵犯了你的合法权利，你会一拼到底地对对方进行报复。

合作来自于报复能力

最好的办法是向你的敌人显示，你能够在一场打击后还击，而不是向他表明你能在打击后幸存。

作家李唯有一篇小说《腐败分子潘长水》，里面有一段十分精彩的情节。

老潘和小商合谋收取巨额贿赂17万元，检察院立案审查事实清楚后，送交法院等候判决。老刘代表单位党委，依照程序来将这一决定通知老潘，并跟老潘做了最后一次个人之间的谈话。

老刘说："你还记得好多年以前，'文革'以前，有一本特别流行的小说叫《平原枪声》，你还记得不记得？"

老潘说："我不知道，我不看小说。"

老刘说："你真是不看书不看报，要不你怎么就能犯事进去了哩！那小说里有个人物叫肖飞，是个侦察员，后来还改成快板书，叫'肖飞买药'，你记得不记得？

"肖飞有两把枪，一把是明的，平时掂在手里的，是20响的驳壳枪，一把是暗的，平时藏在裤兜里不轻易掏出来的，是马牌橹子。你知道肖飞为什么要有两把枪吗？

"那马牌橹子是为了保护那驳壳枪的。如果肖飞的驳壳枪让人缴了，他马上就把暗藏的马牌橹子掏出来对准缴他枪的人，这样就能把驳壳枪又夺回来。有马牌橹子的保护，肖飞才敢胆壮地掂着驳壳枪到处走。你想，枪是杀人的，本身就已经够厉害的了，可枪还要用枪来保护，你想想这里面对你有什么启发吗？

“这就说到你这次搞钱，你事先有没有想过：你搞到钱后拿什么来保护这个钱？你有什么本事不让这个钱又被人收走还把你关进去？你有什么能耐保证这个钱搞到手后就安安稳稳是你自己的？钱是好东西，可不是什么人都有资格去搞的！老潘，我告诉你，现在抓出来的，都是又想搞钱又没有本事去保护钱又搞了钱的人！真正有本事的都是抓不出来的。你没那个资格去搞钱你搞的什么钱？抓的就是你们这些人！你可不就活该坐牢嘛！老潘，咱俩共事这么长时间，关系不错，我才跟你这么说的，你好好想想吧。”

然后老刘严肃起来，正式代表单位党委宣布，开除老潘的党籍。

这个故事，其实也验证了谢林在1960年出版的《冲突的策略》中的一个观点：报复的能力比抵抗攻击的能力更为重要。肖飞的马牌橹子代表着报复能力，它所起的作用往往是驳壳枪所无法替代的。至于现实生活中的“老潘”们会不会由这个故事变得更为狡猾，那就不在本书的讨论范围之内了。

2005年9月，印度海军参谋长阿龙·普拉卡什上将表示，印度要确保其二次核打击具有“不可抵抗的毁灭性”。他说：“核威慑必须要根植于对手的心中。为了阻止某人，你必须让他确信，使用核武器的后果是极其可怕和具毁灭性的，这样才能使他永远不会考虑动用核武器。”

2006年4月13日，俄罗斯热力工程研究所负责人尤里·所罗门诺夫对美联社记者说，俄军年内将部署首套移动型“白杨-M”导弹，潜射型“圆锤”也将于2008年服役海军。有意思的是，所罗门诺夫专门强调俄罗斯未来的核力量不是建立在核平衡的原则上，而是基于合理的最低限度原则。而这种所谓的最低限度指的其实就是“二次打击能力”。

因此，所罗门诺夫特意强调这些导弹的抗打击能力，以及它能够轻而易举穿透任何导弹防御系统的攻击力：“这将使俄罗斯人在2040年前高枕无忧。‘白杨-M’和‘圆锤’……肯定能穿透导弹防御系统，这些新型导弹将能经受住附近核爆炸和激光的影响，世界上没有其他导弹具有这种能力。”

印度、俄罗斯对待核武器的策略，与博弈论学者谢林的基本逻辑有着一脉相承之处：核武器的作用来自于其巨大的威慑力，而不是其先发制人的能力。

这就像在幼儿园，一个弟弟为了避免受其他小朋友的欺负，并不会让其能打架的哥哥首先去教训所有的小朋友，哥哥的价值在于：如果遇到其他小朋友的欺负，他就可以让哥哥出面对其他小朋友实施报复。因为首先教训所有小朋友，很可能会遇到更具报复力的小朋友，那就麻烦了。

正是基于这种观点，谢林认为：一国防范核战争的最好措施，是保护自己的武器，而不是自己的人民。因为一个国家如果认为自己能够经受住一场核战争，就比较可能会挑起核战争。所以，最好的办法是向你的敌人显示，你能够在一场打击后还击，而不是向他表明你能在打击后幸存。也就是说，和平的希望不能寄托在裁军或躲避核辐射的庇护所上，而是寄托于二次打击能力，例如把导弹安装在潜艇上。

影片《奇爱博士》也用戏剧化的手法，反映了谢林的这一观点。影片中的那台“末日毁灭机”，是由埋藏在地下的巨大的原子弹组成的，一旦引爆就会释放出巨量辐射，足以消灭地球上的所有生物。一旦苏联遭到入侵，这台机器就会自动引爆。当美国总统米尔顿·莫弗利询问，这么一个自动引爆开关究竟有没有可能制造出来时，奇爱博士答道:“不仅有可能，而且不可缺少。”

这台机器是一个绝妙的阻吓手段，它会使一切背叛性行动都变成自杀。本来，假如苏联遇到美国入侵，其总理迪米特里·基索夫很有可能犹豫，不愿意实施报复或者冒同归于尽的风险。只要苏联总理还有不做反应的自由，美国就有可能冒险发动进攻。现在有了这台“末日毁灭机”，苏联的反应将由这台机器自动做出，其阻吓的威胁也就变得可信了。

这一点在与对手的博弈中成立，在与搭档的博弈中同样成立，甚至更为重要。

第 6 章

一报还一报：出来混迟早要还的

出来混迟早要还的
不是不还只分早晚
是你的逃也逃不掉的
出来混迟早要还的
熙熙攘攘利来利往
到头来还不是尘归尘土归土

——《出来混,迟早是要还的》歌词

合适的回报很重要

“还”也是早晚的事，这不是宿命，而是“一报还一报”策略的出发点和立足点，也是它的胜利基点。

带剑的契约对于保证合作关系是有效的，隐瞒终点也有一定的作用。但是在更多的情况下，我们根本找不到，或者不值得用“剑”也就是法律来保证合作，同时又存在着一个大家都心知肚明的终点，这时有没有其他办法来达到均衡呢?

答案是肯定的。

一天半夜，某教授正在熟睡之际，电话铃突然响了起来。他睡意蒙眬地拿起电话，听筒里传来女邻居怒气冲冲的声音:“麻烦你管一下你的狗，不要再让它叫了。”

说完，电话就挂了。教授十分生气。第二天他定好闹钟，半夜两点钟准时起床，拿起电话拨通了女邻居家。过了半天，对方才拿起听筒，带着睡意恼怒地问:“哪一位?”

教授彬彬有礼地告诉她:“夫人，昨天我忘记告诉你了，我们家没有养狗。”

这是一个反映现实人际关系的小笑话。因为一个莫须有的问罪电话，报警自然是没有必要的。但是如果不通过某种方式进行报复以示薄惩，又委实有点冤枉。在这种情况下，以牙还牙地半夜骚扰回去就成为一种不错的选择。在这个笑话中，我们发现了在没有法规和道德的约束，也没有其他外部力量强制时，对自己最有利的一种策略：一报还一报。

一报还一报的策略雏形，最早出自《圣经·旧约·申命记》。摩西受上帝之命，成为在埃及做奴隶的以色列人的领袖，他发布法令:“要以命偿命，以眼还眼，以牙还牙，以手还手，以脚还脚。”

对此，《圣经·旧约·出埃及记》第21章记录得更为详尽:“若有别害（伤害人致死），就要以命偿命。以眼还眼，以牙还牙，以手还手，以脚还脚，以烙还烙，以伤还伤，以打还打。”

《圣经·旧约·利未记》第24章也同样记载:“以伤还伤，以眼还眼，以牙还牙。他怎样叫人的身体有残疾，也要照样向他行。打死牲畜的，必赔上牲畜；打死人的，必被治死。”

但是把这一策略加以科学化和实用化的，却是美国密歇根大学一位叫作罗伯特·爱克斯罗德的政治科学家，他的研究方向是人与人之间的合作关系。

在开始研究之前，他设定了两个前提：一、每个人都是自私的；二、没有权威干预个人决策。也就是说，个人可以完全按照自己利益最大化的企图进行决策。在此前提下，要研究的问题是：第一，人为什么要合作；第二，人什么时候是合作的，什么时候又是不合作的；第三，如何使别人与你合作。

在进行研究的过程中，爱克斯罗德组织了一场计算机模拟竞赛。这个竞赛的思路非常简单：任何想参加这个计算机竞赛的人都扮演着“囚徒困境”案例中的一个囚犯的角色。他们把自己的策略编入计算机程序，进行捉对博弈。他们每个人都要在合作与背叛之间做出选择，并以单循环赛的方式玩上200次，从而逼真地反映出具有长期性的人际关系。

而且，这种重复的游戏，允许程序在做出合作或背叛的抉择时，参考对手程序前几次的选择。但如果两个程序已经交手过多次，则双方就建立了各自的档案记录与对手的交往情况。同时，它们各自也树立了或好或差的声誉。

竞赛的组织者爱克斯罗德希望从这个竞赛中了解的是：一个程序总是不管对手做何种举动都采取合作的态度吗？或者，它能总是采取背叛行动吗？它是否应该对对手的举动回报以更为复杂的举措？如果是，那会是怎么样的举措呢？

第一轮游戏有14个程序参加，其中包含了各种复杂的策略，以及爱克斯罗德自己的一个随机程序（即以50%的概率随机选取合作或不合作）。使爱克斯罗德和其他人深为吃惊的是，竞赛的桂冠属于一种被称为“一报还一报（TIT FOR TAT）”的策略，它是由多伦多大学的数学教授阿纳托·拉波波特提交上来的。

但是有意思的是，在科学家们上交的14个程序中，有8个是“善意的”，但正是这些永远不会首先背叛的“善意”程序，轻易地赢了6个非善意的程序。

为了验证上述结论，爱克斯罗德决定举行第二轮竞赛，邀请更多的人再做一次游戏，并把第一次的结果公开发表。这一次有62位科学家递交了改进的程序，其中包括多个以第一次的胜出策略为基础的改良品种。

加上爱克斯罗德自己的随机程序，63个程序又进行了一次竞赛。竞赛结果表明，在63个程序的前15名里，只有第8名的哈灵顿程序是“不善意的”，而且在第二次竞赛中夺魁的仍然是“一报还一报”策略。

这种让几十位科学家的智慧相形见绌的“一报还一报”策略，到底是怎样的呢？

说起来很简单，简单到有些不可思议：第一步合作，此后每一步都重复对方上一步的行为。对方合作就选择合作，对方背叛就选择背叛。如此简单的程序之所以反复获胜，是因为它实行了以其人之道还治其人之身的原则，并且用如下特质使它能够最有效地鼓励其他程序同它长期合作：善良、可激怒、宽容、简单、不妒忌。

第一，善良，是指它第一步总是向对方表达善意，永远不首先背叛对方，开始总是选择合作，而不是一开始就选择背叛。

第二，宽容，是指它不会因为别人一次背叛，长时间怀恨在心或者没完没了地报复，而是在对方改过自新、重新回到合作轨道时，能既往不咎地恢复合作。

第三，可激怒，是指对方出现背叛行为时，它能够及时识别并必然采取背叛的行动来报复，不会让背叛者逍遥法外，即表明自己的容忍是有限度的。

第四，简单，是指它的逻辑清晰，易于识别，能让对方在较短时间内辨识出来其策略所在。

第五，不妒忌，是指它不要小聪明，不占别人便宜，不在任何双边关系中争强好胜。

在比赛结果中，所有第一步背叛的恶意程序都未进前十名；而某些程序太过好脾气，被人背叛之后不立即反应，这就会鼓励某些狡猾的程序反复占它的便宜；某些程序对于过往关系的“好坏”太过执着，一旦被别人欺骗就绝不宽容、绝不饶恕，结果使得很多本来可能恢复的关系永久性断绝了；还有一些程序把自己搞得太复杂，总是试图通过某种机巧来占人便宜，尽管在与某些傻程序接触中得了高分，但一旦碰到个性“刚烈”的程序就会陷入困境。而从最后的总分来看，它们的小聪明是得不偿失的。

在博弈论中，“还”也是早晚的事，不过这不是什么宿命，而是“一报还一报”策略的出发点和立足点，也是它的胜利基点。

在肖洛霍夫的名著《静静的顿河》中，有这样一句谚语：不要向你走过的井里吐口水，因为你还可能再喝它的水。这样的教诲，也许经不起概率或者其他理论的分析，但是事实却证明，它对于喜欢遗忘的现代人是很有帮助的。

从一报还一报到定然律令

如果有一项行为准则是你同时也愿意它成为普遍法则的准则，那你就可以根据这项准则来行事。

德国哲学家康德，曾经将“一报还一报”思维发展为一条“定然律令”（categorical imperative）：“你愿意你的行为成为普世性法则，那你就可以将之定为你的行为准则。”康德的意思是：如果有一项行为准则是你同时也愿意它成为普遍法则的准则，那你就可以根据这项准则来行事。

实际上，对于这一点，中国春秋时代的孔子就已经认识到了。

春秋时代，鲁国国君为了显示对子民的体恤，下了一道法令规定，鲁国的人做了其他诸侯的臣子或妾仆，能够将他们赎回的人，可以到国家的府库去取赎金。

有一次，孔子的弟子子贡在别的国家赎回了鲁国人，却没有去府库取赎金。孔子说：“子贡错了。圣人做事，可以凭借它移风易俗。他的教导可以在老百姓当中实行，而不是只适合于自己的行为。如今鲁国富裕的人少而贫困的人多，有几个人能拿自己的钱去赎回鲁国人呢？领取了府库里的赎金，无损于他自己的行为，而不去取赎金，就不会再有人去赎回鲁国人了。”

不久，子路救了一个落水的人，那个人就送了一头牛来感谢他，子路接受了。孔子十分高兴地说：“鲁国一定会有更多人愿意拯救落水者。”

用平凡的眼光来看这两件事，子贡不取赏钱，似乎胜于子路接受别人的牛。而孔子却肯定子路而批评子贡，其中所包含的就是使博弈能够持续、能够变成更大范围内的重复博弈的思维：在很多博弈中，我们不仅是在为自己做决定，也是在为其他可能的参与者确立参考坐标。

也就是说，在博弈中，我们每个人都必须推测其他参与者也会进行同我们一样的逻辑推理过程。很多行动看似对其他参与者没有影响，但是事实上并非如此。

1996年去世的心理学家阿莫斯·特沃斯基（Amos Tversky），曾经和另一位心理学家埃尔德·沙菲尔（Eldar Shafir）共同进行了一次实验。

他们把16名学生置于“囚徒困境”的局面中，但要求实验者中的一方告诉另一方他是选择背叛还是合作。结果发现，当参与者得知对方背叛他们时，只有3%的人仍然选择合作。而当他们得知对方选择合作时，有16%的人选择合作作为回应。最后结果虽然是大多数学生仍然愿意采取背叛策略，但也有为数不少的人愿意报答对方表现出来的合作行为，即使这会让他们自己付出代价。

当学生们对对方的选择一无所知时，会出现什么情况呢?

很多人认为合作的比率会在 3%~16%之间，但结果让人大吃一惊：选择合作的人数增加至37%。从某种程度上来说，这显然毫无道理。既然他在得知对方背叛的情况下选择不合作，在得知对方合作的时候也选择不合作，那么为什么会在根本不知道对方的选择时，反而会选择合作呢?

特沃斯基和沙菲尔把这种现象称为“拟奇想式”思考：人们认为通过采取某种行动，能够影响对方的行动。一旦人们被告知对方的选择，反而会意识到自己不可能改变对方已经做出的决定。

但是，如果对方的选择仍然悬而未决或者保密，那么他们就会假设自己的行动会对对方产生一些影响，或者对方也正采取与自己相同的推理链，并得出相同的结果。既然合作—合作优于背叛—背叛，参与人当然选择合作了。

在重复博弈中，如果参与者都了解孔子和康德的想法，都进行这样的“拟奇想式”的思考，那么他们也许会从“囚徒困境”中摆脱出来，从彼此的互动中获得更好的结局。这也许就是孔子和康德的想法对于社会进步的作用吧。

再一再二不能再三

开始合作，继续合作，计算在你合作的情况下对方看上去背叛了多少次，假如这个百分比变得令人难以接受，转向一报还一报策略。

一报还一报的策略，解释了一个纯粹自利的人选择合作，只因为合作是自我利益最大化的必要手段。如果对方知道你的策略是一报还一报，将不敢采取不合作策略。

但是正如社科院研究员赵汀阳所指出的，这一策略能够胜出，是有一个十分关键的条件的，那就是它要能够成为博弈的初始条件之一。假如以“无知之幕”和经济人为竞争的初始条件，那么人们是否能够在实践经验中摸索出一报还一报策略，就很难说了。偶然出现的少数一报还一报策略，恐怕在头几轮博弈中就会被吃掉了。

进一步讲，即使是有了这个初始条件，我们也无法保证合作能够继续。因为双方可能会发生误解，或者由于一方发生技术性的错误，哪怕是无意的，也会导致双方均采取不合作策略。也就是说，这种策略不给对方一个改正错误或解释错误的机会。

在这里，一报还一报策略反映出了其局限性。两个以牙还牙者会从合作开始，然后，由于双方反应一致，合作似乎注定可以永久地持续下去。但是，一旦出现误会，双方将问题复杂化与澄清误会的可能性一样大。这么一来，一报还一报策略其实就跟扔硬币决定合作还是背叛的随机策略差不多。

由于资源的约束，在现实中没有人能拿出足够的时间、精力来辨识和维持对别人的各种回报，尤其是当他有很多博弈对手的时候。但是，由于各种偶然的因素，误解随时随地都有可能发生。

如何做到回报的“相称”又是一个问题：对手偶然背叛了你，你通过行动来显示你对此介意，你自己觉得这是适度的“警告”，但对手很可能认为你反应过度，小题大做。因而会出现这样一种情况：极其微小的误解一旦发生，一报还一报策略的双赢就会土崩瓦解。

这个缺陷，在人工设计的电脑锦标赛中并不明显，因为此种情况下根本不会出现误解。但是，一旦将一报还一报策略用于解决现实世界的问题，误解就难以避免，结局就可能是灾难性的。一方对另一方的背叛行为进行惩罚，从而引发连锁反应，对手不甘示弱，进行反击，这一反击又招致了第二次惩罚。由此将形成一个循环，惩罚与报复就这样自动而永久地持续下去了。

从这个角度来说，一报还一报策略在现实世界中会出现两种缺陷：第一，矛盾容易被激发起来；第二，它缺少一个宣布误解“到此为止”的方法。

考虑到这种随机干扰——即对局者由于误会而开始互相背叛的情形时，吴坚忠博士经研究发现，修正的一报还一报策略对双方会更有利。这种修正包括两个方面：一是“宽大的一报还一报”，即以一定的概率不报复对方的背叛；二是“悔过的一报还一报”，即以一定的概率主动停止背叛。

当某一背叛行为看上去像是一个错误而非常态举止的时候，你应该保持宽容之心。必须记住的一个重要原则是，假如有可能出现误会，不要对你看见的每一次背叛都进行惩罚，而要采取“再一再二不再三”的策略。你必须猜测一下是不是出现了误会，不管这个误会来自你还是你的对手。这种额外的宽容固然可使对手对你稍加背叛，不过，他们的善意也就不会再有人相信了。与此同时，你当然也不想太轻易地宽恕对方而被对方占了便宜。所以，如果你的对手有投机倾向，他终将自食其果。

事实上，合适的策略才能达成并保证合作。因此，我们也可以为“再一再二不再三”策略制定一些具体的操作步骤，作为迈向合作的一步。

（1）开始合作。

（2）继续合作。

（3）计算在你合作的情况下对方看上去背叛了多少次。

（4）假如这个百分比变得令人难以接受，转向一报还一报策略。

注意，此时的一报还一报策略，不是作为对对方合作行为的奖赏，而是对企图占你便宜的对手的惩罚。

这种策略的确切规则，取决于错误或误会发生的概率、你对未来获益和目前损失的看法等等。在并不完美的现实世界里，这种策略比一报还一报策略更合适。在下一节中，我们将用一个发生在战国时的故事来说明这一点。

要学会以直报怨

所谓“直”，就是公正的原则，以直报怨就是按照事情本身的是非曲直，公正地回报对方的背叛。

清朝中兴名臣曾国藩，以组建湘军打败太平天国而功成名就。有一次，曾国藩用完晚饭，与几位幕僚闲谈时事人物。他问在座的各位：“当今之世，谁是英雄？”

有一个幕僚说：“彭玉鳞是英雄。”

曾国藩问他有何根据，幕僚说：“彭玉鳞威猛，人不敢欺。”

曾国藩点头，对他的回答表示认可。

又有一个幕僚回答说：“李鸿章是英雄。因为李鸿章精敏，人不能欺。”

曾国藩也同意，又问：“你们以为我怎么样？”

众人低首沉思。这时，忽然走出一个管抄写的后生，他插话道：“曾帅是仁德，人不忍欺。”

众人听了，一齐拍手叫好。曾国藩得意地说：“不敢当，不敢当。”

后生告退，曾国藩问：“此是何人？”

有幕僚告诉他：“此人是扬州人，入过学（秀才），家贫，办事还算谨慎。”

曾国藩点头。不久，他升任两江总督，便派这位后生去扬州担任盐运使。

人与人相处时会遇到这种情况：当别人以不正当的手段对待你时，你应选择什么样的策略进行反应。

有种策略叫作“人不犯我，我不犯人；人若犯我，我必犯人”，这是“以怨报怨”。你不守信用，我也不守信用；你欺骗我，我也欺骗你。用这种方法来教训那些办坏事或破坏规则的人，他们吸取了教训或许会改辕易辙。鲁迅有一段话说:“损着别人的牙眼，却反对报复，主张宽容的人，万勿和他接近。”所主张的就是这种态度。

还有一种叫作“以德报怨”策略，就是永远允许对方采取不合作，而自己永远采取合作策略，你对我搞阴谋诡计，我仍旧对你友好。这种策略可以避免冤冤相报无穷尽，但却只可能被那些道德极端高尚的“圣人”采用，因为它是超越理性的。

基督教《新约》上说，如果有人打你的左脸，你应把右脸也让他打，用这种胸怀和博爱去感化对方。基督教相信每个人都有善的基因，只要有足够的力量去启动，坏人也能变为好人。

法国作家雨果的名著《悲惨世界》中，主人公冉阿让偷了神父的东西被警察抓住，神父却为他开脱。神父所采取的就是这种策略，并且产生了巨大的道德感召力，使冉阿让重归正途。但是一般情况下，这个策略对采取者最为不利，因为博弈中多数对手并不是冉阿让，而且一旦知道了你采取的这种策略后，他们会永远采取背叛策略。

上述两种办法截然相反，但都有它们的道理。有没有既非以怨报怨，又非以德报怨的办法?

事实上，我们还可以在中国古典文化道德传统中找到一报还一报策略的改善策略。孔子在几千年前就说出了“以德报德，以直报怨”的策略，所谓“直”，就是公正的原则，以直报怨就是按照事情本身的是非曲直，公正地回报对方的背叛。

这种改善了的一报还一报策略，改善的是报复的程度，本来会让你损失5分，现在只让你损失3分，从而以一种公正审判来结束代代相续的报复，形成文明。

孔子反对以德报怨，因为对坏人也施以德，实际上是纵容了对方，有可能造成恶行泛滥。孔子提出的以直报怨包含两重意思：一是要用正直的方式对待破坏规则的人；二是要直率地警示对方，你什么地方办错了事，以及需要为这件事付出什么样的代价。

我们用著名经济学家茅于轼的一段经历，来说明人与人相处时的一个原则问题：当受到别人不公正的对待时，你应选择什么样的策略进行反应。

有一天，茅先生陪一位外国朋友去北京西郊戒台寺游览。他们叫了一辆出租车，来回90多公里，加上停车等待约两个小时，总计价245元。

但茅先生发现，司机的这个价钱不合理，因为他没有按来回计价。按当时北京市的规定，出租车行驶超过15公里之后每公里从1.6元加价到2.4元。其理由是假定出租车已驶离市区，回程将是空车。但对于来回行驶，因不会发生空驶，全程应按1.6元计价。显然，出租车司机多收费了。

此时茅先生有三种选择。一是"以怨报怨"，拒绝付款，司机将不得不屈从。因为如果茅先生去举报他的违规行为，他将被处以停驶一段时间的处罚，损失更大。

还有一种方法是"以德报怨"策略，也就是容忍司机搞阴谋诡计，按他的要价付钱，甚至还出于悲悯再给他一点小费。

上述两种办法截然相反，但都有它们的道理。但茅于轼先生当时却采取了理性的策略，也就是一报还一报策略的改善策略:"以德报德，以直报怨"。他指出司机的违规行为，但仍按规定向他付了他应得的180元车费，另加停车场收费5元。

尽管以直报怨的策略并不是最优的，在充满了随机性的现实社会里有这样或那样的缺陷，但相对以德报怨和以怨报怨来说，无论从哪个角度来说其都是相对优势的策略。

回到本节开头的故事，曾国藩虽然对"人不忍欺"的评语颇为得意，但是在治军中却法度严明，明察秋毫，其成功明显得力于他的坚持原则，使对手"不敢欺"和"不能欺"。从这一点上来说，以直报怨也确实是一种能够让人成功的优势策略。

吃小亏占大便宜

要做到输战役，赢战争，就必须有全局优先的观念。老子说：夫唯不争，故天下莫能与之争，所反映的就是这种智慧。

千百年来，楚汉相争一直是中国历史上一个令人荡气回肠的片断。自司马迁在《史记》中把项羽描绘成"力拔山兮气盖世"的英雄以后，历代文人墨客往往都同情出身将门的项羽，而嘲贬出身平民的刘邦，李清照"生当作人杰，死亦为鬼雄"的诗句，更是把这种崇仰推到了极致。

力能举鼎的项羽败给文不知诗书、武不能阵战的刘邦，很多人和李清照一样，都把原因归咎于偶然失手或一念之差，其实这是一种十分肤浅的认识。项败刘胜恰恰说明，在任何一场战争中，只有战略的胜利者才是最后的胜利者，是真正的胜利者。

项羽起兵后，一直以“八千子弟”为骨干。这“八千子弟”纵横天下时，战斗力虽胜过诸侯之兵，却有焚杀劫掠的恶习。项羽正是在这批人簇拥的环境下，制造了坑秦军降卒、攻城后焚烧洗劫一类暴行。项羽在关中不敢久留，是因当地百姓对他恨之入骨；而初到关中便“约法三章”的刘邦，却赢得了人心。

刘邦每败后都能恢复元气，关键是有关中作为后方，其能源源不断地为他供应粮食和补充兵员。战胜之际论功行赏时，刘邦把“抚百姓，给馈饷，不绝粮道”的萧何列为三大功臣之一。项羽却从不注重建设后方，主要靠兵威四处索粮掠物，所得不多又失民心，自然不能持久。

正因如此，两军对决时，项羽只能速战速决，在一地相持日久，就会出现“汉兵盛食多，项王兵罢食绝”。虽然刘邦每次战役都没有能战胜对手，但是随着战争的进行，实力却日益增强。相反，项羽能够从一场场战役中获得一些胜利，但是实力却愈战愈衰。在垓下关键一战中，楚军又因“兵少食尽”军心动摇，听到“四面楚歌”便随之瓦解。

这段看似奇特的历史启示我们，即使每一次交手中最优策略都吃亏，它最后还是能赢得全局的胜利。要做到输战役，赢战争，就必须有全局优先的观念。老子说：夫唯不争，故天下莫能与之争，所反映的就是这种智慧。

美国第九届总统威廉·哈里逊小时候沉默寡言，家乡的人们甚至认为他是个傻孩子。

一次，有人拿他开玩笑，拿一枚五美分硬币和一枚一美元的硬币放在他的面前让他挑，他挑哪个就送他哪个。哈里逊看了看，挑了一枚五美分的硬币。这一举动逗得人们哈哈大笑。

这事很快在当地传开了，很多人以为哈里逊是个傻小孩，都饶有兴致地来看这个“傻小孩”，并经常拿来五美分和一美元的硬币让他挑。每次，哈里逊都是拿那枚五美分的。一位妇女看他这样可怜，就问他：“你难道真的不知道哪个更值钱吗？”

哈里逊彬彬有礼地回答说：“当然知道，夫人。可是我拿了一美元的硬币，他们就再不会把硬币摆在我面前，那么，我就连五美分也拿不到了。”

在博弈中，也许从某一次合作的局部看可能是吃亏的，但是这些合作对全局发展却起到了极大的作用，那么这种亏是值得吃的。这正是俗语所谓“吃小亏占大便宜”，细细一想的确十分传神。

顾维钧是近代中国著名的外交家，他有一段关于吃亏的论述十分精彩。顾维钧认为中国的事情难办，尤其外交难办。因为内政的对象是人民，外交的对象是外国。在内政上有时候可以开大价钱，可以开空头支票，反正人民无知无力，对你也无可奈何。至于外交，那就得货真价实，不能假一点，不能要大价钱，否则就会自讨没趣，自食其果。

他曾经不无惋惜地说:“中国的外交，从巴黎和会以来，我经手的就很多。所犯的毛病，就是大家乱要价钱，不愿意吃明亏，结果吃暗亏；不愿意吃小亏，结果吃大亏。”

其实，又何尝只是国际交往呢，在生活中的很多事情上，分辨明亏和暗亏、小亏与大亏，都是我们走向成功的必要智慧。

有一个年轻人大学刚毕业就进入一家出版公司做编辑，他的文笔很好，但更可贵的是他的工作态度。那时出版公司正在进行一套丛书的出版，每个人都很忙，但老板并没有增加人手的打算，于是编辑部的人也被派到发行部、业务部帮忙。整个编辑部几乎所有人去过一两次就抗议了，只有那个年轻人愿意接受老板的指派。

他要帮忙包书、送书，像个苦力工一样。后来他又去业务部，参与销售的工作。此外，取稿、跑印刷厂、邮寄……只要开口要求，他都乐意帮忙。

两年过后，他自己成立了一家出版公司，做得很不错。

原来他在吃亏的时候，把一家出版公司的编辑、发行、直销等工作都摸熟了。由此看来，他这下真的占到了便宜!

吃亏，可能会让你得到比其他人更多的工作经验，更多的发展机会，那么吃亏也就是占便宜。

赢家通吃并不理性

赢家通吃是不理性的，因为这必然会导致背叛。即便现在不背叛，也必然会在未来出现。

战国时，赵惠文王得到了一个稀世之宝——和氏璧，秦昭襄王知道后，派使者带着书信去见赵王，表示愿意拿出15座城来换那和氏璧。赵王怀疑秦王的诚意，但是又不敢拒绝，于是派蔺相如出使秦国。

秦王在离宫的章台接见蔺相如，高兴地把和氏璧传给侍臣和美人们观赏，却绝口不提交换城池的事。蔺相如走上前说:“这块玉璧上有点儿小毛病，请让我指给大王看。”

于是，秦王就把璧还给了他。蔺相如拿到玉璧，后退几步站到柱子旁，怒发冲冠地说:“当初大王派使者出使我国，说是情愿拿15座城来换这块和氏璧。赵王诚心诚意地斋戒了五天，然后派我来到秦国为大王献璧。可大王不在宫廷的正殿而是在离宫别馆接见我，态度傲慢，拿了璧又传给周围的美女玩赏。我看大王根本就没有诚意，所以才拿回了玉璧。大王要是逼我的话，我宁可把脑袋和璧同时碰碎在这根柱子上!”

他说完，高举着璧对着柱子要摔。秦王连声向他道歉，让官员把地图拿来，在图上指出准备割让给赵国的城池。蔺相如说:“赵王送璧时先斋戒五天，大王您也应该斋戒五天，在大殿上备设隆重的九宾大典，我才敢把和氏璧献上。”

秦王答应了，叫人把蔺相如送到宾馆去休息。蔺相如回到宾馆，悄悄让随行人员怀里藏着和氏璧，化装后从偏僻小道偷偷地逃回了赵国。

经过五天的斋戒后，秦王在朝廷中备设了九宾大礼，请蔺相如上殿。当他得知蔺相如已把和氏璧送回赵国了，就命令将他绑起来。蔺相如摆了摆手说：“慢，天下诸侯都知道赵弱秦强。如果秦国真能先将15座城割给赵国，赵国怎么会为了一块璧而得罪大王呢?”

有大臣对秦王说:“我们把蔺相如杀了，既不能追回和氏璧，还会加深两国矛盾，更重要的是会给诸侯留下以强欺弱的印象，不如把他放了，以后再做打算。”

秦王想了半天，最终下令放蔺相如回国。

完璧归赵的故事千百年流传下来，人们都赞扬蔺相如智勇双全。然而，从博弈论的角度来看，能使蔺相如完成任务并且活着离开秦国的关键，更在于秦国担心这样做所传递的信号，会造成其他诸侯更加不信任秦国。

以当时的秦赵实力对比，事实上秦国是完全可以赢家通吃，既扣下和氏璧，又不给赵国城池，而且还可以杀掉蔺相如。它之所以没有这样做，是因为意识到这样做不仅与赵交恶，更会影响到与其他诸侯国的关系。秦王所面临的，也许正是后来美国学者卡尔·多伊奇所说的:“国际关系太重要了，以至我们不能忽视它；然而国际关系又太复杂了，很难一下子掌握它。”

暂且放下国际关系，仅从博弈论的角度分析，赢家通吃其实也并不是一种理性的策略。如果他们总能赢，而且让人知道了他们一定能赢，也就意味着没有人再相信他们。如果他们对于任何一次涉及利益的合作活动，都可以说话不算数，这也就使其与别人的博弈陷入了一个“囚徒困境”：因为我知道你一定会背叛我，因此我必须要背叛你。

所以，如果得势的人让人知道自己一定会占优势，他的处境反而不好。

很多人有一个从教科书中得来的印象：资本主义社会是由一些大垄断财团所控制的，一切制度也是为他们的利益服务的，因此对于人民是绝对不公平的。

暂且不论这种说法有没有事实依据，即便是从“囚徒困境”的逻辑上来看，这也是不可能的：假如大财团建立了一种只为他们的利益服务的制度，那么它背叛时就不会受到任何惩罚，因而也就意味着每个人在与大财团交易时最后一定会吃亏。

问题出现了，在这种情况下，还有谁会去和他们交易呢？如果没有人和他们进行交易，这种制度安排是好事还是坏事呢？

在传统相声里有这样一首定场诗，说的就是一个企图占尽对方便宜的人的心态：

我被盖你被，你毡盖我毡。

你若有钱我共使，我若无钱用你钱。

上山时你扶我脚，下山时我扶你肩。

我有子时做你婿，你有女时伴我眠。

你依此誓时，我死在你后；

我违此誓时，你死在我前。

可以想见，这种盟誓是没有人愿意与他立的，这种人也是没有人敢与他交往的。任何一种制度安排，都不能允许赢家通吃，而必须建立在某种程度的公平之上，哪怕是表面上的。

然而，在一定的时空之内，能够分配的利益总量是既定的，当一些人分得的过多时，别人就肯定很少。特别是如果这种瓜分不是通过一种生产的方式，而是通过一种私权相授的转移，那么，就会出现富者越富、贫者越贫的“马太效应”。

而如果坐视此种现象发生，甚至有意无意地加以助长，“囚徒困境”就会普遍发生，社会就会丧失最基本的互信，资源就会投入到无效益的地方，从而降低全社会的福利水平，大家一起滑向一种无效率的状态。

赢家通吃是不理性的，因为这必然会导致背叛。即便现在不背叛，也必然会在未来出现。这样做的结果，用作家王鼎钧的一句话说就是：聪明人一向占尽便宜，处处得意，不知道临事而惧，最后往往一败涂地。

第 7 章

酒吧博弈：成功属于明白人

过去我不知世界有很多奇怪
过去我幻想的未来可不是现在
现在才似乎清楚什么是未来
噢……
不是我不明白，这世界变化快
——《不是我不明白》歌词

世界是不可预测的

对于处身于一个混沌系统中的个体来说，在无法预测的过程中采取恰当的策略，往往可以趋吉避凶。在这样的策略中，少数者策略是值得重点关注的。

“酒吧问题”（Barproblem）是美国人阿瑟（W.B.Arthur）1994年提出来的。阿瑟是斯坦福大学经济学教授，同时也是美国著名的圣塔菲研究所的研究员。“酒吧问题”的模型是这样的。

假设一个小镇上有100人，每个周末要决定是去酒吧活动还是待在家里。

这个小镇上只有一间酒吧，接待60人时的服务最好，气氛最融洽，最能让人感到舒适。第一次，100人中的大多数去了这唯一的酒吧，导致酒吧爆满，他们没有享受到应有的乐趣。多数人抱怨，还不如不去；那些选择没去的人反而庆幸，幸亏没去。

第二次，很多人根据上一次的经验，决定不去了。结果，因为多数人决定不去，这次去的人很少，所以去的人享受了一次高质量的服务。没去的人知道后，又后悔了。

那么，这些人该如何做出去还是不去的决定呢？

这是一个典型的动态群体博弈问题。前提条件还做了如下限制：每一个参与者只能根据以前去酒吧的人数归纳出此次行动的策略，没有其他的信息参考，他们之间更没有信息交流。

在这个动态博弈中，每个参与者都面临着这样的困惑：如果多数人预测去的人数超过60，而决定不去，那么酒吧的人数反而会很少，多数人做出的这个预测就错了。反过来，如果多数人预测去的人数少于60，因而去了酒吧，那么去的人会很多，超过了60，此时他们的预测也错了。

理论上说的确如上述所言，但是实际情形会是怎样呢？

阿瑟教授通过计算机模拟和对真实人群的考察两种方法，得到了两个不同的有趣结果。

计算机的模型实验的情形是：开始，不同的行动者是根据自己的归纳来行动的，并且去酒吧的人数没有一个固定的规律，然而，经过一段时间以后，去酒吧的平均人数很快达到60。即经过一段时间，这个系统中去与不去的人数之比是60:40，尽管每个人不会固定地属于去酒吧或不去酒吧的人群，但这个系统的比例是不变的。也就是说，行动者自发地形成了一个生态稳定系统。

然而，对真实人群的考察发现，去酒吧的人数如表7–1。

表 7–1　　　　酒吧问题对真实人群的实验数据

周别	i	$i+1$	$i+2$	$i+3$	$i+4$	$i+5$	$i+6$	$i+7$	…
人数	44	76	23	77	45	66	78	22	…

从上述数据看，实验对象的预测呈有规律的波浪形态。虽然不同的行动者采取了不同的策略，但是其中有一个共同点是：这些预测都是用归纳法进行的。我们完全可以把实验的结果，看作是现实中大多数“理性”人做出的选择。在这个实验中，多数人是根据上一次其他人做出的选择，做出其本人“这一次”的预测。然而，这个预测已经被实验证明一般是不正确的。

对于“酒吧问题”，由于人们根据历史来预测以后去酒吧的人数，过去的历史就很重要。然而，过去可以说是“任意的”，未来就不可能得到一个确定的值。

“股票买卖”“交通拥挤”以及“足球博彩”等问题，都是酒吧博弈模型的延伸。

这个结论也可以用在股市上。每一位股民都在猜测其他股民的行为，并努力与大多数股民不同。如果多数股民处于“卖”股票的位置，而你处于“买”的位置，股票价格低，就是赢家；而当你处于少数的“卖”股票的位置，多数人想“买”股票，那么你持有的股票价格将上涨，就获利。

但是股民采取什么样的策略，完全是根据以往的股市表现归纳出来的。但相同的股市表现，股民所采用的策略如何，则完全是不确定的，也无法预测，因而任何股民都无法肯定地预测自己是否处于“少数”赢利者的地位。

酒吧博弈的研究，对于我们的现实启示在于：

第一，从一个非线性的系统的整体来说，其变化往往是不可预测的。要做出正确的决策，必须了解其变化规律。所谓非线性的混沌系统，可以这样理解，二是一的两倍，但是一百万却并不是一的一百万倍，一亿也并不是一的一亿倍。后者是一个无法准确了解的系统，因为我们不知道量变在哪个地方成为质变，并且改变了变化方式。在下面几节，我们会重点讨论一个混沌系统的临界点对于策略思维的价值。

第二，对于处身于一个混沌系统中的个体来说，在无法预测的过程中采取恰当的策略，往往可以趋吉避凶。在这样的策略中，少数者策略是值得重点关注的。

一加一未必等于二

要想把哪个东西搞坏，不要骂它，不要臭它，而是让它无限制地繁殖泛滥，结果它自然就名声扫地了。

一户人家喂养了一只猫，觉得自己的猫比别人家的猫能捉老鼠，就给它起了个威武的名字，叫虎猫。这天，他家来了一个客人，谈论起这只猫，说道："虎的确很勇猛，但不如狮，狮是万兽之王，就请改名为狮猫吧。"主人拍掌称妙，于是虎猫改成狮猫了。

可是第二天，家里又来了个客人，听了给猫改名字的事情，不以为然地说："狮虽然比虎强，但只能在地上跑；而龙可以在天空行走，比狮更神奇，不如改名龙猫吧。"主人频频点头，照此办理。

隔了些天，又有一位客人来他家，听说虎猫改成龙猫了，忙说："龙虽然比虎神气，但龙升天要靠浮云，不如叫云猫吧。"从此，龙猫改叫云猫了。

又过了些日子，一位客人听说龙猫改成了云猫，他认为不好，对主人说："满天云气，经不住一阵狂风就吹散了。风的威力大，就叫风猫吧。"于是，云猫变成了风猫。

又过了几天，一位客人听说云猫改成风猫了，就向主人建议说："再大的风，一堵墙就能挡住，叫墙猫再合适不过了。"这样，风猫又改成墙猫了。

再过几天，一位客人对墙猫这个名字很有意见。他找上门来对主人说："墙很结实固然不错，你想过没有，老鼠会在墙上打洞，打了洞的墙，很快就会倒塌，还是起名叫鼠猫吧。"

从单个客人的逻辑来看，从虎到狮到龙，再到云到风到墙，始终是在做加法，一加一加一再加一，是沿着一个共同的目标前进的，那就是让猫的名字更加威武。每个客人都没有错，但问题在于，为什么会出现"鼠猫"这个令人啼笑皆非的名字呢？

博弈论对这个黑色幽默故事的解释是：举凡未经协调的一系列行动，都有可能相互影响，造成让全体行动者一致感到遗憾的结果。而当结果出现以后，我们才恍然发现，不知从哪一个行动开始，加法开始变成了减法，整个进程在不知不觉中偏离了目标。

也许从被改叫狮猫的那一刻，所有客人就开始走上了无法回头的荒唐路。研究这种结果的形成机制，我们就可以从一开始有所行动，从而避免出现对大家都不利的情况。

许多国家运用关税、配额以及其他方法限制进口，保护本国产业。但是这样的政策会抬高价格，损害国内所有使用受保护产品的消费者的利益。经济学家估计，假如美国运用进口配额保护钢铁、纺织或制糖产业，导致大家不得不购买价格更高的产品，换算过来，相当于每保住这些产业一个职位，美国国内其他人就要付出10万美元的代价。这是一种比把猫叫作“鼠猫”更为荒唐的结局：极少数人的利益，压倒了绝大多数人的损失而得到了优先考虑。

这种荒唐结局是怎样出现的呢？其秘密在于用大家能够接受的幅度，进行了加法运算：一加一加一再加一，每次只加一而不是十。

首先，美国制鞋产业的1万个职位面临着威胁。要想挽救这些职位，国内其他人就得付出1亿美元，或人均付出4美元。谁不愿意付出4美元保住1万个职位呢？即便素昧平生的陌生人也会愿意的吧，尤其是在把外国人当作现成的诅咒目标之际。

接着就轮到服装产业、钢铁产业、汽车产业等等。没等人们明白过来，他们已经点头同意付出500多亿美元，相当于人均付出200多美元，或每个家庭付出1000多美元。一系列的加法，最终做成了整体受损的减法。

假如事前可以看穿整个加法的过程，大概人们会想：这个代价是不是太高了，还是让上述各个产业自己承担国际贸易带来的风险吧，就像他们承担任何其他经济风险一样。

就个案逐项进行决策的加法运算，可能导致最终结果与初衷南辕北辙。实际上，一项决定即便获得了多数人的赞成，仍然有可能导致一个在每个人看来都很糟糕的结果。之所以会出现这些问题，是因为短视的决策者没能看远一点，他们看不到全局。

明朝灭亡后，朱明皇室的一些藩王相继在江南建立了反清的政权，历史上称它们为南明。福王朱由崧被凤阳总督马士英等人拥立，在南京即位。朱由崧终日享乐，政事都交给马士英。马士英选拔了大量人员入朝，一时间出现了满地是官的景象。拥有这么多官吏，而福王只做了一年皇帝。

大学者钱钟书说过这样一句意味深长的话：要想把哪个东西搞坏，不要骂它，不要臭它，而是让它无限制地繁殖泛滥，结果它自然就名声扫地了。与钱钟书的话有异曲同工之妙的是，一位研究苏共党史的专家说：前苏共20万党员时打垮了沙皇的反动统治，200万党员时打垮了希特勒的法西斯进攻，而2000万党员时却打垮了自己。

早在1583年，作为药理学家的帕拉斯尔萨斯，就说过一句极其中肯而精彩的话："只有剂量能决定一种东西没有毒。"直到今天，这句话仍然不失其意义。从整个社会来考察也是这样，对作为个体的每个人来说也是如此，姑且不论中国民间"是药三分毒"的说法，就是人们一般不可须臾离开的果腹之物——食物，也并非是"韩信点兵，多多益善"。食物如果过多，也可能产生副作用和引起中毒，正所谓过犹不及，适得其反。

那么从哪一个时刻起，加法变成了减法，美味的食物变成了毒药呢？这种神秘的变化又是怎样发生的呢？

千里长堤溃于蚁穴

一个非线性的混沌系统，一旦超越了它的多样化临界点，就会发生爆炸性的变化；而且原来的平衡一旦被打破，就不可能自行恢复。

自牛顿以来，直线和简化的思想，在我们的头脑中一直占据着主导地位。然而近年来，很多科学家在各自的领域中发现，其实这个世界并不是那么简单，它并非是直线发展的，而是相互关联和相互进化的。

也就是说，这个世界上充满着不可预测的混沌，这是直线思维所无法理解的。多数生态危机的形成都是这样，物种的灭绝也是如此，开始时通常不易被发觉，物种是在慢慢地加速衰退一段很长的时期后，接着很快绝迹的。

美国前副总统小艾伯特·阿诺德·戈尔，在其《平衡中的世界：生态与人类精神》一书中，介绍了美国物理学家Per Bak和Kan Chen所做的一个研究。

在研究中，他们让沙子一粒一粒落下，形成逐渐增高的一堆，借助慢速录影和电脑模拟，精确地计算出在沙堆顶部每落一粒沙，会连带多少沙粒移动。在初始阶段，落下的沙粒对沙堆整体影响很小。但是当沙堆增高到一定程度之后，即使落下一粒沙，也可能导致整个沙堆发生坍塌。Bak和Chen由此提出了一种“自组织临界”（Self-organized criticality）的理论。

沙堆达到“临界”时，每粒沙与其他沙粒就处于“一体性”状态。那时每粒新落下的沙都会产生一种“力波”，尽管微细，却能通过“一体性”的接触贯穿沙堆整体，将碰撞传给所有沙粒。那时沙堆的结构将随每粒沙落下逐渐变得脆弱。说不定哪一粒落下的沙就会导致沙堆整体发生结构性失衡——坍塌，也可以说是崩溃。

这就类似于那句来自阿拉伯文化的谚语:“压垮骆驼的最后一根稻草。”往一匹健壮的骆驼身上放一根稻草，骆驼毫无反应；再添加一根稻草，骆驼还是丝毫没感觉……一直往骆驼身上加稻草，当最后一根轻飘飘的稻草放到了它身上后，骆驼最终不堪重负瘫倒在地。在社会学里，有人把这种作用的原理取名为“稻草原理”。

对于这种现象，科学家们经过研究认为，在线性系统中，整体正好等于所有部分的相加，因此比较容易做数学分析。而在非线性系统中，整体并不等于所有部分的相加，它可能大于所有部分的相加，因为系统中的一切都是相关联的。

简单的组成因素自动地在相互发生作用，整个组织就不那么简单了：一个系统的组成个体用无数可能的方式在相互作用。

正是由于这些无数可能的相互作用，非线性系统展现出了一系列与我们以往的认识全然不同的特点，突破了我们最为大胆的想象。其中最能够给我们带来启示，也最富有科学内涵和哲学魅力的结论是：一个非线性的混沌系统，一旦超越了它的多样化临界点，就会发生爆炸性的变化；而且原来的平衡一旦被打破，就不可能自行恢复。

我们可以用它来观察发生在人类社会的很多现象，远的如稳定地保持了几百万年的古代物种，为什么会在距今约6亿年前的寒武纪时期发生物种大爆炸？近的如为什么一度强大的苏联政权会在几个月之内轰然坍塌，并且导致这个超级大国本身也在其后不到两年的时间内分崩离析?

在问题被注意到的时候，或许已经太晚了。而起因，只是一粒沙子或一根稻草。每一个相关对象的偶然性因素，都包含了对象必然发展的结果的信息。一个十分微小的诱因，在各种内外因素的参与下，有时会产生极其大、极其复杂的后果。

更重要的是，我们还可以把这种观察与博弈理论结合起来，指导我们如何在混沌系统中采取更好的策略。

剧变的脚步无声息

世界上何以“物以类聚，人以群分”？为什么在加州的海滩上，喜欢冲浪的人与喜欢游泳的人是不同的人群？

实验室中的临界点变化，可能有其迷人的美学色彩，但是在现实生活中，却可能需要我们绞尽脑汁去加以避免或者推动。

“物以类聚，人以群分”在现实生活中是司空见惯的现象，但了解“稻草原理”之后，我们就可以发现更宏观的观察视野。不仅可以从更宏观的层面上发现其内在的变化规律，而且其也更有助于我们找到应对方法，实现社会的和谐与多元化。

2001年诺贝尔奖得主斯宾塞表示，自己从事信息博弈与细分策略研究，是从在午餐桌上与托马斯·谢林的对话得到灵感的。谢林当时问他的问题是：世界上何以“物以类聚，人以群分”？为什么在加州的海滩上，喜欢冲浪的人与喜欢游泳的人是不同的人群？

这个问题，实质上点出了真实世界里人群细分背后的机制。我们在这里举的是另一个更为接近现实生活的例子。

今天，居住在城市里的美国人，大多赞成种族混居的社区模式。然而现实是，在美国城市中没有几个种族混合居住的社区。原因在于，即便人们实际上都能接受一定的种族混居，但每个家庭对住所的选择所形成的博弈均衡，使其直接走向了隔离。谢林指出：假如一个地方的黑人居民的比例超过一个临界水平，这个比例很快就会上升到接近100%；假如这一比例跌破一个临界水平，这里很快就会变成白人社区。

不同的人，对于最佳的混合比例是多少有着不同的见解。很少有白人坚持认为社区的白人比例应达到95%甚至99%；但大多数白人在一个白人只占1%或5%的社区会感到没有归属感。多数人都愿意看到一个介于上述两个极端之间的比例。

我们可以借助一张图说明居住人群发展的情况，见图7–1。

图7–1中纵轴表示一个刚刚迁入的新住户是白人的概率，这一数字以目前的种族混合比例为基础。曲线右上方表示假如一个社区变成了完全的种族隔离，即全是白人，那么下一个迁入的住户就很有可能是白人。假如种族混合比例降到白人只有

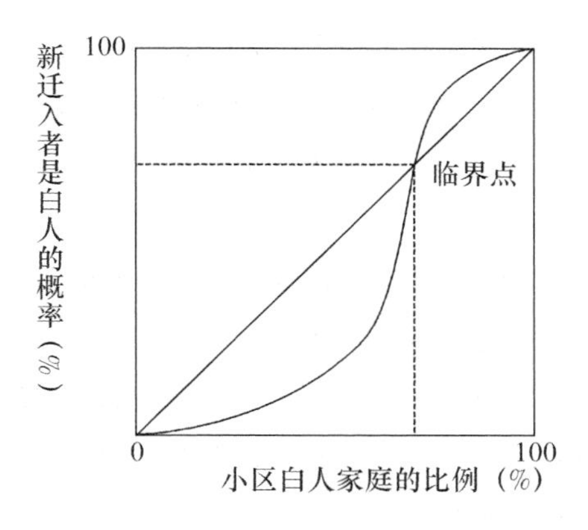

图7–1　不同种族居住人群发展情况

95%或90%，下一个迁入的住户是白人的概率会很高。假如种族混合比例沿着白人减少这个方向继续变化，那么下一个迁入的住户是白人的概率就会急剧下降。最后，随着白人的实际比例降至0，这个社区就变成了另外一种极端的种族隔离，即住户全是黑人，那么下一个迁入的住户也很可能是黑人。

在这种情况下，只有当地人口种族混合比例恰好等于新迁入住户种族混合比例时，才会出现均衡，并且保持稳定。然而，社会动力将一直推动整个社区向一个极端的均衡移动。谢林将这一现象称为“颠覆”。现在我们就来看看，为什么会出现这种现象。

假定中间的均衡是70%的白人和30%的黑人。偶然地，一户黑人家庭搬走了，搬进来一户白人家庭，于是这一社区的白人比例就会稍稍高出70%，那么下一个搬进来的人也是白人的概率就会高于70%。这个新住户加大了向上移动的压力。假设种族混合比例变成75:25，“颠覆”的压力继续存在。

这时，新住户是白人的概率超过75%，我们可以预计整个社区将会变得越来越隔离。这一趋势将一直发展下去，直到新住户种族比例等于社区人口种族比例。如图7–1所示，这一情况只在整个社区变成全白人社区的时候出现。反之亦然。

问题的根源，在于一户人家的行动对其他人家的影响。从70:30的比例开始，若有一户白人家庭取代一户黑人家庭，这个社区对打算搬进来的黑人家庭就会减少一分吸引力。但造成这一结果的人，不会受到任何惩罚。

要阻止这个“颠覆”过程的加速，必须借助于某些公共政策的实施。

美国芝加哥橡树园作为一个种族和谐混居社区，提供了一个绝妙的样板。这个样板社区采用了两种手段：一是禁止在房屋前院使用写有“出售”字样的招牌，二是该镇提供保险，保证住户的房屋和不动产不会由于种族混合比例改变而贬值。

第一项政策的作用在于，使有人搬离这种有可能被视为坏消息的信息不会扩散，因而在这所房屋真正出手之前，没有人知道有这么一所房屋要出售，从而避免了恐慌。

然而如果只有第一项政策，业主们可能还会觉得他们应该趁着还能出手的时候卖掉自己的房屋。因为他们担心如果等到整个社区“颠覆”以后再卖，房屋已经大大贬值了。然而，第二项政策的保险，消除了住户们会加速“颠覆”过程的经济上的恐惧。实际上，如果能够阻止“颠覆”过程，那么不动产的价值就不会下跌，因而保险公司也就不会付出任何赔偿。

不要忽视细微力量

一个组织的奋起，也许就是开始于一个员工敲开了一扇普通的门。千万不要轻视了细微的力量，更要坚持将一丝一毫的力量积累成最后的成功！

东晋时，有人将大将桓温与王敦相提并论，桓温很不高兴，因为他最愿意与西晋的将领刘琨比较。刘琨曾经北伐，桓温也曾北伐为东晋争得大片土地。刘琨在后世并不如桓温有名，但他有风度有雄才，是英雄人物的标杆。

桓温北伐的时候，遇到一个老婢女。他一问，得知她是刘琨家从前的歌伎，非常高兴，赶紧回屋披上最威武的盔甲，再去喊那个老歌伎来，让她仔细瞧瞧，自己是不是真的很像刘琨。

这个老歌伎随口道出了一连串可爱而尖锐的排比句:“脸面很像，可惜薄了点；眼睛很像，可惜小了点；胡须很像，可惜红了点；身材很像，可惜矮了点；声音很像，可惜细了点。”桓温听了大受打击，回屋一阵风似的把身上的披挂剥下，好几天闷闷不乐。

为什么？因为这位歌伎用了五个“像”字，最终得出的结论却是不言而喻：不像。因为每一个“可惜”虽然只有那么一点点改变，但是加起来却完全推翻了桓温与刘琨相像的前提。

头上掉了一根头发，很正常；再掉一根，也不用担心；还掉一根，仍旧不必忧虑……长此以往，一根根头发掉下去，最后秃头出现了。哲学上把这种现象称为“秃头论证”。

一群蚂蚁选择了一棵百年老树的树底安营扎寨，为建设家园，蚂蚁们辛勤工作，挪移一粒粒泥沙，又咬去一点点树皮……有一天，一阵微风吹来，百年老树轰然溃倒，逐渐腐烂，乃至最终零落成泥。生物学中，这种循序渐进的过程也有个名字，叫“蚂蚁效应”。

第一根头发的脱落，第一粒泥沙的离开，都只是无足轻重的变化。当数量达到某个程度，才会引起外界的注意，但还只是停留在量变的程度，难以引起人们的重视。一旦量变达到临界点时，突变就不可避免地出现了。

在一组博弈中，一部分参与者做了一个选择，另一部分参与者做了另一个选择，但若是把全体参与者作为一个整体，从这个整体的立场出发考察，这些选择可能会产生所有人都意料不到的效果。原因在于，其中一个选择可能对其他人产生了更大的影响，而做出这个选择的个体并没有预先将这个影响考虑在内。我们可以用多米诺骨牌来形容这个过程。

大不列颠哥伦比亚大学物理学家怀特海德，曾经制作了一组骨牌，共13张。第一张最小，长9.53毫米，宽4.76毫米，厚1.19毫米，还不如小手指甲大。以后每张扩大1.5倍，这个数据，是按照一张骨牌倒下时能推倒一张1.5倍体积的骨牌而选定的。最大的第13张长61毫米，宽30.5毫米，厚7.6毫米，牌面大小接近于扑克牌，厚度相当于扑克牌的20倍。

把这套骨牌按适当间距排好，轻轻推倒第一张，必然会波及第13张。第13张骨牌倒下时释放的能量，比第一张牌倒下时整整要扩大20多亿倍。因为多米诺骨牌效应的能量是按指数形式增长的。若推倒第一张骨牌要用0.024微焦的能量，倒下的第13张骨牌释放的能量可达到51焦。

这种效应的物理原理是：骨牌竖着时，重心较高，倒下时重心下降，倒下的过程中，其重力势能转化为动能，它倒在第二张牌上，这个动能就转移到第二张牌上，第二张牌将第一张牌转移来的动能和自己倒下过程中由本身具有的重力势能转化来的动能之和，再传到第三张牌上……所以每张牌倒下的时候，具有的动能都比前一张牌大，因此它们的速度一个比一个快，推力一个比一个大。

不过怀特海德毕竟没有制作出第32张骨牌，因为若制出来它将高达415米，两倍于纽约帝国大厦。如果真有人制作了这样的一套骨牌，那摩天大厦就会在一指之力下被轰然推倒!

芝加哥橡树园社区可以通过对“颠覆”进程的干预，避免出现实质上的“种族隔离”。那么反过来，我们有没有办法通过对一种不好的均衡状态的干预，使其向我们期望的方向发生逆转呢？

答案是肯定的。也许，下面这个故事可以为我们提供一种不错的思路。

有一个好心人发现一个村子卫生习惯非常差，整个村子脏乱不堪。他想改变他们的习惯，但却很难说服村民们。他想了很久，最后买了一条很漂亮的裙子送给了村里的一位小女孩。

小女孩穿上裙子后，她父亲发现她脏兮兮的双手和蓬乱的头发与漂亮的裙子极不协调，就给她好好地洗了个澡，并把她的头发梳理整齐。这样，小女孩穿着裙子就十分干净漂亮了。但她父亲发现，家里脏乱的环境很快就把女孩的双手和裙子弄脏了，于是就发动家人好好地打扫了一遍，整个家都变得洁净亮堂了。很快，这位父亲又发现从干净的家里出来，门口满是垃圾的过道让人十分别扭，于是他又发动家人把门口过道好好地打扫了一遍，并开始注意保持卫生，不再乱倒垃圾了。

不久，女孩的邻居发现隔壁洁净的环境太令人舒服了，于是也发动家人，把屋里屋外都打扫了一遍，并开始注意保持卫生了……后来，那位好心人再到村里的时候，他发现整个村子变了样：村民们都穿着洁净的衣服，村里的道路打扫得干干净净！

上述理论也适用于我们生活中的其他领域。一个组织的奋起，也许就是开始于一个员工敲开了一扇普通的门。千万不要轻视了细微的力量，更要坚持将一丝一毫的力量积累成最后的成功！

不要去挤独木桥

资源都是有限的，唯有另辟蹊径，找到多数人没有注意到的那个“生门”，才可能绝处逢生，甚至获得比挤上独木桥的千军万马更高的收益。

《吕氏春秋》中记载了这样一个故事。

春秋时，孙叔敖深受楚庄王的器重，为楚国的中兴立下了很多功勋。他虽然身为令尹，但生活非常俭朴。庄王几次封地给他，他都坚持不受。

后来，孙叔敖得了重病，临死前特别嘱咐儿子孙安说：“我死后，你就回到乡下种田，千万别做官。万一大王要赏赐你，楚越之间有一个地方叫寝丘，地方偏僻贫瘠，地名又不好，楚人视之为鬼域，越人以为不祥。你就要求那块没有人要的寝丘。”孙安当时没有听明白，但是他知道父亲这么安排肯定有他的道理，就答应了。

不久，孙叔敖过世了，楚庄王悲痛万分，便打算封孙安为大夫。但孙安却百般推辞，楚庄王只好让他回老家去。孙安回去后，日子过得很清苦，甚至无以为继，只好靠打柴度日。后来，楚庄王听从了优孟的劝说，派人把孙安请来准备封赏。孙安遵从父亲遗命，只肯要寝丘那块没有人要的薄沙地。庄王答应了他。

按楚国规定，封地延续二代，如有其他功臣想要，就改封其他功臣。因为寝丘是贫瘠的薄地，一直没有人要封在那里，因而一直到汉代，孙叔敖子孙十几代都可拥有这块地，借以安身立命。

其他功臣勋贵因为那些肥沃的良田而争得不亦乐乎，而孙叔敖却要一块薄地，这里他所用的就是“少数派策略”。

资源都是有限的，争夺的焦点都在有限的几种事物上，每个人面临的处境都是十分艰难的。唯有另辟蹊径，找到多数人没有注意到的那个“生门”，才可能绝处逢生，甚至获得比挤上独木桥的千军万马更高的收益。

市场经济初期，有一个山村里的村民们开山把石块砸成石子运到路边，卖给建筑公司当建材。然而其中有一个小伙子，却直接把奇形怪状的石块运到城里，卖给装饰公司和奇石馆。三年以后，小伙子成了村子里第一个盖起瓦房的人。

后来，政府为了保护环境，规定不许开山，只许种树。于是，这儿成了果园。因为这儿的梨汁浓肉脆，梨子被云集的八方客商运往城市，甚至发往韩国和日本。

然而，就在村里的人们为小康生活而欢呼雀跃时，那个小伙子却砍掉梨树，改种了大片的速生品种的柳树。因为他发现，来这儿的客商不愁挑不到好梨子，只愁买不到盛梨子的筐。5年后，他成为村中第一个在城里买房子的人。

再后来，一条铁路从这儿贯穿南北。小村落开始对外开放，就在一些人开始集资办厂的时候，还是那个小伙子，却在自己的地头砌了一垛3米高、100米长的墙。这垛墙面向铁路，背依翠柳，两旁是一望无际的万亩梨园。坐车经过这儿的人，在观赏盛开的梨花时，会突然看到四个大字“可口可乐”。

据说这是五百里山川中唯一的广告，小伙子凭着这垛墙，每年都有不菲的固定收入。

这个故事，也为我们提供了一个跳出人云亦云、人求亦求怪圈的途径，那就是改变以自己的需求为中心的传统想法，另辟蹊径。

第 8 章

枪手博弈：打仗弱的不一定输

是谁开始先出招
没什么大不了
见招拆招才重要
敢爱就不要跑
——《爱情三十六计》歌词

打仗不一定弱的输

一个人的实力再弱，只要没有弱到不堪一击的地步，那么他就有可能通过合适的策略，成为笑到最后的人。

2000年5月，美国哥伦比亚广播公司（CBS）推出了一档真人秀节目——《幸存者》，在短时间内取得了巨大成功，播出的第二周即成为全美收视率第一的节目。

《幸存者》的戏剧冲突，主要是通过两种方式得以实现的，一是人与自然环境的冲突；一是人与人的冲突。为强化人与自然环境的冲突，节目播出的地点都选在了荒无人烟的地方。幸存者们为了生存，不得不用尽各种招数，像当年鲁滨孙那样自己砍柴、生火、搭房、造筏，过着吃昆虫老鼠、被虫咬、受蛇蝎惊吓的生活。由生存危机带来的冲突，为节目的刺激性奠定了基础。

但更刺激的，还是人与人之间的对立上。游戏规则要求每隔三天，所有人就要进行一次匿名投票，以决定谁将被驱逐出局。最后剩下四人进入半决赛，再从四人中选出两人进入决赛。然后由早先出局的7名参赛者组成裁判团，秘密投票选出最后的“幸存者”。最后的获胜者将获得100万美元的奖金，其他参赛者也会按照被逐出的先后顺序，得到6500美元至10万美元不等的安慰奖。

在游戏规则和巨额金钱的诱惑下，参赛者采取了除谋害等手段以外的诸如造谣中伤、妖言惑众、拉拢欺骗等各种阴谋诡计……

在《幸存者第1季：婆罗洲岛》中，Kelly、Richard、Rudy三位幸存者迎来了整个游戏的最后一次豁免权竞赛。

Kelly，23岁，一位机智的女性水上救生员，同时也是这次比赛中最年轻的参赛者。

Richard，39岁，一位通信顾问，强壮有力，富于心机而且具有号召力。

Rudy，72岁，美国海军退伍军人，是此次比赛最年长的参赛者。

豁免权竞赛是一场耐力比赛，三人同时用手扶着一根豁免神像柱，看谁坚持的时间最长。这次，首先失败的是Richard，顽强的Rudy也没能坚持多久，最终，最年轻的参赛者Kelly赢得了这次豁免权，同时也是整个游戏的最后一次豁免权。

由于整个游戏只剩下三个人了，当晚的族会上，只有得到豁免权的人可以投票，其他两人因为不能投获得豁免权的kelly，只能互投，因此也就只能等待命运的安排。换言之，当晚Kelly投票给谁，谁就被淘汰。最终，Kelly选择了Rudy。

这位老海军终于不得不熄灭自己的火炬离开，他对主持人说:“我没想到我能走这么远，我已经很满足了。”

比赛到了最后阶段，最终的“幸存者”将从救生员Kelly和通信顾问Richard中间产生。

按照游戏的规则，最终的较量将不再进行任何比赛，代之以将此前被淘汰的7名族人请回，并组成一个“陪审团”，由这个七人陪审团投票选举，谁的票数多谁就是最终的幸存者。其实到现在为止，应该说Kelly和Richard都是获胜者，也都是幸存者，而最终谁能拿走那100万美元，只有祈求造物主了。

结果Kelly三票，Richard四票，最终年富力强而老谋深算的Richard获胜，成为最后的“幸存者”，并获得了那100万美元的奖金。

有人说Richard获胜实在不公平。不过从博弈论的角度来看，Kelly没能利用最后一次豁免权淘汰Richard是个错误。因为如果那次她投票淘汰了Richard，最后站在七人陪审团面前的将是她和Rudy。对于陪审团来说，显然Kelly比Rudy更有吸引力，那时Kelly肯定能拿走那100万美元的奖金。但所有这些议论都已经不可能发生了，事实就是Richard获胜。

这就是不懂得博弈论所造成的遗憾，代价是100万美元。

对于这个问题，在博弈论中有一个专门的模型来描述，那就是“枪手博弈”。

在美国西部一个小镇上，有三个快枪手反目成仇，而且彼此之间的仇恨都到了不可调和的地步，不可能结成任何联盟。这一天，他们三个人在街上不期而遇，每个人的手都握住了枪把，气氛紧张到了极点。因为每个人都知道，一场生死决斗马上就要发生。

三个枪手对于彼此之间的实力都了如指掌：枪手老大枪法精准，十发八中；枪手老二枪法不错，十发六中；枪手老三枪法拙劣，十发四中。那么，我们来推断一下，假如三人同时开枪，谁活下来的机会大一些？

假如你认为是枪手老大，结果可能会让你大吃一惊：最可能活下来的是老三——枪法最拙劣的那个家伙。

这是为什么呢？在这个世界上，最激烈、最残酷的竞争，往往是在人们的大脑里决定胜负的。现在，我们把这个枪战过程复原一下，大家就会明白了。

假如这三个人彼此痛恨，都不可能达成联盟，那么作为枪手老大，他一定要对枪手老二开枪。这是他的最佳策略，因为此人对他的威胁最大。这样，他的第一枪不可能瞄准老三。

同样，枪手老二也会把老大作为第一目标：很显然，一旦把老大干掉，下一轮（如果还有下一轮的话）和老三对决，他的胜算较大。相反，如果他先打老三，即使活到了下一轮，与老大对决也是凶多吉少。

老三呢？自然也要对老大开枪，因为不管怎么说，枪手老二尽管比自己强，可到底比老大枪法差一些。如果一定要和某个人对决下一场的话，他当然选择枪手老二。

于是，一阵乱枪过后，老大还能活下来的机会少得可怜，只有将近一成，老二是两成，而老三则有十成把握活下来。也就是说，老三很可能是这一场混战的胜利者。

分析完这场混战，我们再回头来分析开头《幸存者》里的片段。很显然，救生员Kelly、通信顾问Richard和老海军Rudy三个人，最后也在进行一场枪手博弈，而得到豁免权的Kelly的实力，实际上是处于三个当中老二的地位，她的影响力和号召力超过了老海军，而不如年富力强的通信顾问。

如果她意识到这一点，那么她就应该把握住淘汰对手之一的机会，把对自己威胁最大的老大——通信顾问淘汰掉，这样在最后的决胜局里，她就有希望胜出而获得100万美元。

实际上，即使影响力处于最末位，她也应该把枪口对准实力最强的Richard，而不应该先把Rudy淘汰掉。因此，我们说，她选择的策略无论如何都是很不明智的，白白错失了大好的机会。

回到三个枪手的模型，现在如果换一种玩法（在很多情况下，规则决定结果）：三个人轮流开枪，谁的机会更大？

比如说，顺序是老大、老二、老三。老大一枪干掉了老二，现在，就轮到老三开枪了——尽管枪法不怎么样，但这个便宜还是很大的：那意味着他有将近一半的机会赢得这次决斗（毕竟老大也不是百发百中）。如果老二幸运地躲过了老大的攻击呢？他一定要回击老大，这样即使他成功，下一轮还是轮到老三开枪，自然，他的成功概率就更大了。

最有意思的一个问题来了：如果三人中首先开枪的是老三，他该怎么办？他可以朝老大开枪，即使打不中，老大也不太可能回击，毕竟这家伙不是主要威胁。可是万一他打中了呢？下一轮可就是老二开枪了……

三个枪手对决，枪法最差的活下来的概率最大

可能你会感到有点奇怪：老三的最佳策略是乱开一枪！只要他不打其中任何人，不破坏这个局面，他总是有利可图的。见图8-1。

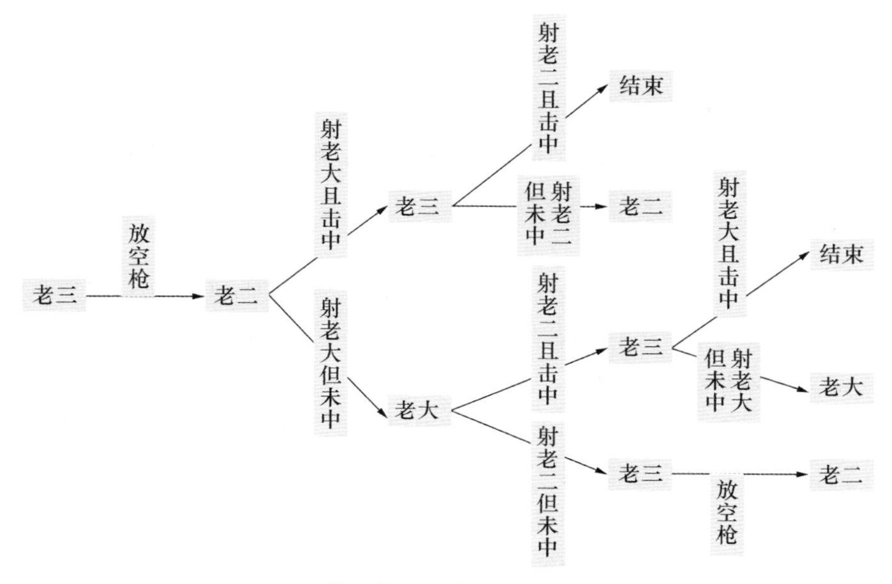

图8-1　枪手博弈：赢的不一定是最强的

这个故事告诉我们：在多人博弈中，常常由于复杂关系的存在，而导致出人意料的结局。一位参与者最后能否胜出，不仅仅取决于他自己的实力，更取决于实力对比关系以及各方的策略。

类似这样的博弈，现实中并不少见。所以，当你面对多个强大对手时，不要马上放弃，要认真分析一下，或许有一种策略能让你笑到最后。同样的，如果你觉得自己在参与者中实力最强时，也不要掉以轻心，因为虽然实力最强，但并不意味着你获胜的概率最大。当然，如果老三的命中率只有 1/30甚至更差，老大、老二的命中率不变，那无论老三采用什么样的策略，都无法改变其存活率最低的状况。

奥地利经济学家R.H·鲁尼恩曾经总结出一个“鲁尼恩定律”：赛跑时不一定快的赢，打仗时不一定弱的输。如果说赛跑对于个人实力的依赖还比较大的话，那么打架，特别是在打群架时，实力对于结果的影响有时远不如策略大。一个人的实力再弱，只要没有弱到不堪一击的地步，那么他就有可能通过合适的策略，成为笑到最后的人。

在认识到这种情况的前提下，如何采取恰当的策略就成为关键。下面我们将根据上面所说的同时开枪和相继开枪两种情况，分别论述其应采取的最佳策略。

怎样选择优势策略

假如你有一个优势策略，请照办，不要担心你的对手会怎么做；假如你没有一个优势策略，但你的对手有，那么就当他定会采用这个优势策略，相应选择你自己最好的做法。

博弈，实际上就是互动的策略性行为。在每一个利益对抗中，人们都是在寻求制胜之策。博弈的精髓在于参与者的策略是相互影响、相互依存的。这种相互影响或互动通过两种方式体现出来。

第一种互动方式是同时发生，比如“囚徒困境”故事的情节。参与者同时出招，完全不理会其他人走哪一步。但每个人都知道这个博弈游戏存在其他参与者，因此每个人必须设想一下若是自己处在其他人的位置，会做出什么反应，从而预计自己应如何选择策略，以及其会带来什么结果。

无论对方如何行动，自己均应采取最优策略。如何找到最优策略，正是博弈论研究的主题。为了理解这一点，我们看一个新闻大战的案例。

每个星期，美国的两大杂志《时代》和《新闻周刊》都会暗自较劲——要做出最引人注目的封面故事。一个富有戏剧性或者饶有趣味的封面，可以吸引站在报摊前的潜在买主的目光。因此，每个星期，《时代》的编辑们一定会举行闭门会议，选择下一个封面故事。他们这么做的时候，很清楚《新闻周刊》的编辑们也在开会，选择下一个封面故事。同时，《新闻周刊》的编辑们也知道《时代》的编辑们正在做同样的事情。

于是，这两家新闻杂志投入了一场策略博弈（见表8-1）。由于《时代》与《新闻周刊》的行动是同时进行的，双方不得不在毫不知晓对手决定的情况下采取行动。

假定本周有两个大新闻：一是国会就预算问题吵得不可开交；二是发布了一种对艾滋病有特效的新药（见表8-1）。

编辑们选择封面故事的时候，首要考虑的是哪一条新闻更能吸引报摊前的买主。在买主当中，假设30%的人对预算问题感兴趣，70%的人对艾滋病新药感兴趣。这些人只会在自己感兴趣的新闻变成封面故事的时候掏钱买杂志。假如两本杂志用了同一条新闻做封面故事，那么感兴趣的买主就会平分两组，一组买《时代》，另一组买《新闻周刊》。

现在，《时代》的编辑可以进行如下推理："假如《新闻周刊》采用艾滋病新药做封面故事，那么我采用预算问题，就会得到整个'预算问题市场'（即全体读者的30%）；假如我采用艾滋病新药，我们两家就会平分'艾滋病新药市场'（即我得到全体读者的35%），因此，艾滋病新药为我带来的收入就会超过预算问题。假如《新闻周刊》采用预算问题，那么，假如我采用同样的故事，我会得到15%的读者。假如我采用艾滋病新药，就会得到70%的读者。第二个方案同样会为我带来更大的收入。因此，我有一个优势策略，就是采用艾滋病新药做封面。无论对手采用哪一个新闻，我的优势策略结果都会比其他策略更胜一筹。"

表 8-1　　《时代》与《新闻周刊》的博弈

《时代》/《新闻周刊》	《新闻周刊》艾滋病新药	《新闻周刊》预算问题
《时代》艾滋病新药	35%/35%	70%/30%
《时代》预算问题	30%/70%	15%/15%

图8-2更形象地表现出编辑的推理过程。

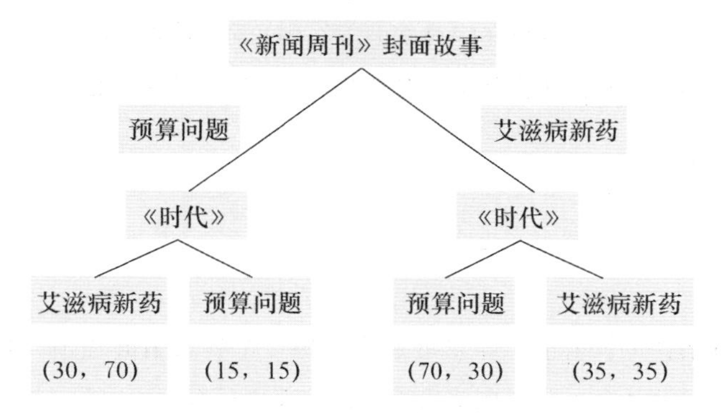

图 8-2　《时代》与《新闻周刊》的封面故事的博弈

在每个参与者都有优势策略的情况下，优势策略均衡是非常合乎逻辑的。但遗憾的是，在诸如上述新闻大战之类的大多数博弈中，优势策略均衡是不存在的。

因为很多时候，某参与者有一个优势策略，其他参与者则没有。只要略微修改一下《时代》与《新闻周刊》的封面故事大战的例子，就可以了解这种情形（见表8-2）。

假设读者略偏向于选择《时代》。两个杂志选择同样的新闻做封面故事，喜欢这条新闻的潜在买主当中有60%的人选择《时代》，40%的人选择《新闻周刊》。

对于《时代》，艾滋病新药仍然是优势策略，但对于《新闻周刊》，如果也做同

表 8-2　　优势策略均衡不存在时的博弈

《时代》/《新闻周刊》	《新闻周刊》艾滋病新药	《新闻周刊》预算问题
《时代》艾滋病新药	42%/28%	70%/30%
《时代》预算问题	30%/70%	18%/12%

样选择，那么只能得到28%的读者，小于选择预算问题的30%。

假如《时代》选择艾滋病新药，则《新闻周刊》选择预算问题就能得到更好的销量。对于《新闻周刊》，预算问题市场总比新药市场要大。

《新闻周刊》的编辑们不会知道《时代》的编辑们将会选择什么，不过他们可以分析出来。因为《时代》的优势策略，一定就是他们的选择。因此,《新闻周刊》的编辑们可以推断《时代》已经选了艾滋病新药，并据此选择自己的最佳策略，即预算问题。

由此可见，在那些不存在策略均衡的博弈中，我们仍然可以根据优势策略的逻辑找出均衡。

我们可以把这些例子，归纳为一个指导同时行动的博弈的法则。假如你有一个优势策略，请照办，不要担心你的对手会怎么做；假如你没有一个优势策略，但你的对手有，那么就当他定会采用这个优势策略，相应选择你自己最好的做法。

向前展望　倒后推理

相继出招的博弈有一个总的原则：每一个参与者必须预计其他参与者接下来会有什么反应，据此盘算自己的最佳招数。

除同时出招之外，还有一种互动方式是参与者的行动相继发生，即参与者轮流出招。

相继出招的博弈有一个总的原则，就是每一个参与者必须预计其他参与者接下来会有什么反应，据此盘算自己的最佳招数。这种向前展望、倒后推理的方法非常重要，值得我们作为确定策略时的一个基本准则。

我们可以用发生在两大媒体之间的一场“战争”作为案例来说明。不过，这一次双方“交火”的“武器”是价格。

在美国报界，纽约两家报纸《纽约邮报》和《每日新闻》堪称是一对劲敌。《纽约邮报》批评《每日新闻》是“每日白日梦”。而后者也反唇相讥，将其贬得一钱不值。两家报纸不仅热衷这种口水战，而且还会经常为拼抢市场份额而斗智斗勇。

1994年，《纽约邮报》的老板罗伯特·默多克，将它的零售价从原来的40美分提高到了50美分。他认为，纽约的报纸想要平衡运营的话，零售的合适价位应该是50美分，于是率先采取了行动。

然而，令他没有想到的是，对手《每日新闻》却并没有跟进提价，而是仍然把价格停留在40美分。这样，它就相当于变相地展开了一场价格战。结果，《纽约邮报》由于提高零售价，失去了不少读者和由此带来的广告收入。

默多克认为对方坚持不了太久就会跟进涨价。可是令他恼火的是，对方却一直按兵不动。默多克认为，是时候让对方明白：如果有必要，《纽约邮报》有能力发动一场报复性的价格战。

当然，显示报复能力的最可信的证明，就是真的发动一场全面的价格战。但是，这样必然也会对自己造成损失，形成两败俱伤的局面。默多克的目标是，既要让对方感受到威胁的可信性，又不至于使自己伤筋动骨。

于是，默多克又将《纽约邮报》的价格从50美分降回到40美分，并且扬言会进一步降价。但《每日新闻》仍然没有任何反应。不久，默多克果然将邮报在纽约的斯泰顿岛（Staten Island）地区降到了25美分，它的销量立竿见影地上升了。

纽约市以曼哈顿区为中心，还包括布鲁克林、凯恩斯、布隆克斯和斯泰顿岛等4个区。应该说，在斯泰顿岛区降价，只是《纽约邮报》向对手进行的一次试探性的示威。这一行动终于让《每日新闻》意识到：对方的威胁有可能升级为一场价格战。它既不敢也不愿激怒默多克，再者涨价对它来讲也并不吃亏。于是，《每日新闻》放弃了借机抢占市场的投机心理，将报纸的零售价提高到50美分。不久，默多克重新将《纽约邮报》的价格提高至50美分。至此，在经过互动的试探与推理之后，两个对手终于找到了新的平衡点。一场剑拔弩张的价格战，就此偃旗息鼓了。

从这个博弈过程中我们可以看出，两者的博弈需要向前展望、倒后推理，见招拆招。如果参与博弈的不止两方，会出现什么情形呢？下一节我们就会对此进行分析。

敌人的敌人是朋友

朋友的朋友是朋友，朋友的敌人是敌人，敌人的朋友是敌人，敌人的敌人是朋友。

上面我们已经知道，在相继出招的动态博弈中，每一位参与者的策略都必须基于对另一方策略的预测。可是在现实世界的博弈中，参与者往往并非两个。这时候，除了预测对手的行动之外，还必须对第三方的策略有清醒的认识。

在《三国演义》中，有这样一段故事。东吴大将陆逊火烧连营，大败了蜀军，然后率数万大军追击刘备。吴军一直追到鱼腹浦，忽见前面的一个乱石堆挡住去路，一阵杀气冲天而起，可是却不见一兵一卒。

陆逊问当地的人，一位老者告诉他们："这里叫鱼腹浦。诸葛亮入川的时候，用石头排成阵势于沙滩之上。"陆逊心中诧异，于是带了人马去阵中观看，忽然狂风大作，飞沙走石，遮天盖地。

陆逊回寨，叹了口气："孔明真'卧龙'也，我比不上他啊！"

他急忙下令班师。

但是，今天我们只能把这个故事作为一段美丽的传说来看了。实际上，使陆逊放弃追击刘备的，并不是诸葛亮，而是曹丕。

在当时，魏、蜀、吴三国就像三个实力各不相同的枪手，在两两火并之前，必须同时小心第三方。此时刘备大军几乎全军覆没，面临吴国入侵乃至被吞并的危险。假如当时没有曹魏的存在，阻止吴军长驱直入几乎是不可能的事情。

尽管蜀国面临灭亡的危险，但曹魏的存在构成了必要的制约。

假如吴军真要长驱直入攻打蜀国，就必须从北部与曹魏接壤的边境抽调兵力。曹魏虽然不会贸然入侵全副武装的吴国，不过，如果陆逊率大军深入蜀地之后，曹丕必定难以抗拒这种诱惑。借机一举干掉这个曾经让他父亲从赤壁狼狈逃窜的麻烦邻居，这样的大好机会他绝不会放过。

陆逊正是（其实吴国的决策者也应该）通过倒后推理，预计到一旦他们进攻蜀国，曹魏军必然大举南下，因此才迅速回兵。不久，他果然听说了曹魏调兵遣将的消息。

这实际上是一个典型的三方博弈。早在冯·诺伊曼和摩根斯坦创作《博弈论与经济行为》时，就已经对三方博弈进行了研究。在三方博弈中，两个参与者有可能联合起来对抗第三方，而这在两方博弈中是不可能发生的。在博弈论中，把协调相互策略的参与者们称为联盟。

我们用表8–3这个矩阵来表示三国的博弈，矩阵中的数字为各国的收益，顺序为曹魏/西蜀/东吴。假设三个国家的势力相对平衡，一方受到另两方合攻的收益为–2，组成联盟合攻一方而受到对方反攻的收益为1，组成联盟合攻一方而不受攻击时的收益为3。例如在最左上角的策略组合中，曹魏和东吴同时攻蜀，而蜀国进攻吴国，则曹魏/西蜀/东吴的收益为3/–2/1。进攻一方同时也受到一方进攻的收益为0。例如在最右上角的策略组合中，魏攻蜀，蜀攻吴，吴攻魏，则三国的收益均为0。

表 8–3　　　　魏、蜀、吴三方博弈

魏/蜀/吴		东吴			
		攻蜀		攻魏	
		西蜀		西蜀	
		攻吴	攻魏	攻魏	攻吴
曹魏	攻蜀	3/–2/1	1/–2/3	–1/1/3	0/0/0
	攻吴	3/1/–2	0/0/0	–2/3/1	1/3/–2

这是一场存在多个纳什均衡的博弈，在现实中出现哪一个是不确定的。由于三国大联盟不是一个纳什均衡，因此两方结盟对付第三方是肯定会出现的。也正因如此，三国时期的两大战略家诸葛亮和鲁肃，都以维护吴蜀联盟为追求。

但仅仅把思考停留在只有三个对手的情况下，仍然是一种相对简单的模式。现在让我们考虑一下，假如三个敌人可以达成稳定状态，四个又如何呢？

现在我们在上面魏、蜀、吴的例子中加入辽东的公孙渊。假如曹魏要打吴国的主意，很有可能遭到公孙渊的入侵。如果当时公孙渊的力量足够强大，这确实是曹魏面临的一个严重威胁。如果是这样，吴国就不必担心曹魏入侵，因为曹魏一想到公孙渊就不敢大意。因而西蜀也就不可能指望曹魏来抑制吴国的吞并野心。但是公孙渊当时鞭长莫及，倒后推理的链条在曹魏这里中断了，而西蜀最终也因此得到了安全。

这个例子，让我们可以把国与国之间的复杂关系考虑在内，从而得到更多细节。

不过，还有一个重要的结论：博弈的结果在很大程度上取决于参与者的人数。

参与的人越多越好，参与的人越少越糟，即便在同一个博弈里也是如此。但是，两个敌对国家难以和平共处，三个敌对国家就能恢复稳定局面的结论，并不意味着若有四个敌对国家就更好。在三国的那个例子里，四个的结果跟两个是一样的。

集中优势才能获胜

红军尽管在总兵力上劣于蓝军，但实际上它只要运用谋略，攻其不备，其获胜的可能与蓝军是相同的。

如果在多方参与的博弈中，我们已经决定了要对对手中的一个展开进攻，但是自己又未能占据实力上的优势，这时候应该怎么办呢？

下面这个故事可以给我们一些启发。

民国时期，广西出现了三足鼎立之势：黄旭初和李宗仁合在一处有两万多人，陆荣廷有三万多人，沈鸿英有两万多人。不久，陆荣廷与沈鸿英在桂林鏖战，相持三个多月不分胜负。

这时，坐山观虎斗的李宗仁忽闻陆、沈开始媾和。他认为，陆沈双方和议不成，则广西仍是三分之局；陆、沈若要合而谋我，决不能坐失良机。于是与白崇禧及黄旭初商讨有关战事。白崇禧对李宗仁说："陆、沈相争，已达三个多月，我们隔岸观火，现在火势将熄，我们若不趁火打劫，就会失去大好时机。"黄旭初说："李总司令、健生兄，你们认为陆、沈二人，我们先打陆好呢，还是先打沈好呢？"

李宗仁认为："就道义来说应先讨沈，因为沈氏反复无常，久为两粤人民所唾弃，对他大张挞伐，定可一快人心。至于陆荣廷，广西一般人士无多大恶感。"

白崇禧说："我认为应先打陆，有三条理由。第一，陆驻在桂林、南宁，为广西政治中心，防务空虚，易于进攻。第二，陆与湖南相通，湖南又得吴佩孚援助，应于其支援未至时，出其不意，攻其不备。第三，攻打沈鸿英，胜了，陆之势力犹在，广西仍然不能统一；败了，则更不能打陆、吴。我们之处境如楚汉相争之韩信，联陆则沈败，联沈则陆败，我们应当联弱攻强，避实击虚。"

黄旭初说："我也认为应当先打陆荣廷。陆、沈交战，陆荣廷将其主力调至桂林增援，其后方南宁必定空虚，因此，我军袭击南宁必定成功。而且陆荣廷在桂林被围三个月，已气息奄奄，我们如攻沈，就等于救了他的命。而且我们纵然将沈军击败，伤亡也必大。”

三人经过充分的协商，最后做出“先陆后沈”的决策，决定先攻陆荣廷。

李宗仁于5月23日领衔发出通电，请陆荣廷下野。通电发出以后，黄李联军遂分水陆两路向南宁所属地区分进合击。6月25日，李宗仁指挥的左翼军兵不血刃占领南宁。由白崇禧指挥的右翼军于扫荡宾阳、迁江、上林之敌后，即向左回旋进击武鸣，也未遭激烈抵抗，两军会师南宁。

被围于桂林的陆荣廷，失去南宁的根据地，只得逃入湖南。随后，李宗仁趁热打铁，和黄绍竑、白崇禧合作，在不到三年的时间里将沈鸿英、谭浩明等一一剪除，于1925年秋统一广西。

这场以少胜多的著名战役，给了历代研究者无数启示。但是实际上，这场胜利除了当时的有利环境等因素外，李宗仁和白崇禧对于攻击方向和先后顺序的安排，也充满了博弈论的智慧。

美国普林斯顿大学博弈论课程中有这样一道练习题。

在一次军事演习中，红军要用两个师的兵力，攻克蓝军占据的一座城市。而蓝军的防守兵力是三个师。红军与蓝军每个师的装备、人员、后勤等完全相同，自然战斗力相同。

由于一个红军师与一个蓝军师的战斗力完全相同，因此两军相遇时，人数居多的一方取胜；战争中都是“易守难攻”，因此当两方人数相等时，守方获胜。同时，军队的最小单位为师，不能够再往下分割。只要红军可以突破防线，就算红军胜利；反之，则蓝军胜利。

不妨假想，红军进攻蓝军有两个方向，分别是A、B两个方向。相应地，蓝军的防守方向也是这两个。这样，进攻方红军的战略有三个：

（1）两个师集中向蓝军防线的A方向进攻。

（2）兵分两路，一个师向蓝军防线的A方向进攻，另一个师向蓝军防线的B方向进攻。

（3）两个师集中向蓝军防线的B方向进攻。

防守方蓝军则有四种不同的防守策略：

（1）三个师集中防守A方向。

（2）两个师防守A方向，一个师防守B方向。

（3）一个师防守A方向，两个师防守B方向。

（4）三个师集中防守B方向。

集中自己的优势，才有可能以弱胜强

我们依次用排列组合来罗列双方各种策略组合下的结果，见表8–4。

表 8–4　　红蓝双方博弈矩阵

蓝军策略 红军策略	（1）	（2）	（3）	（4）
（1）	蓝军胜	蓝军胜	红军胜	红军胜
（2）	红军胜	蓝军胜	蓝军胜	红军胜
（3）	红军胜	红军胜	蓝军胜	蓝军胜

这个博弈中，红军没有劣势策略，而蓝军有劣势策略。很明显，蓝军选择第一种策略，也就是派三个师防守A方向劣于第二种策略，也就是派两个师防守A方向，一个防守B方向。因为，蓝军选择第二种策略的任何一个结果，都不比选择第一种策略的结果要差。在表中能够看出三种结果：红军选择第一种策略时，蓝军选择第二种策略与第一种策略结果相同，都是蓝军胜利；红军选择第二种策略时，蓝军选择第二种策略是蓝军胜利，而选第一种策略则是红军胜利，自然选择第二种策略要好；红军选择第三种策略时，蓝军选择第一、第二策略结果相同，都是红军胜利。

由此可见，蓝军选择第二种策略自然好于第一种。同理，蓝军选择第三种策略也好于第四种策略的结局。也就是说，蓝军策略选择中的第一种和第四种都是劣势策略。

劣势策略是从理性人的角度来看蓝军一定不会采用的策略，红军知道蓝军不会选择第一、第四种策略，红军和蓝军都知道，博弈可以简化成如表8–5所示的博弈。

表 8–5　　简化后的红蓝双方博弈矩阵

蓝军策略 红军策略	（2）	（3）
（1）	蓝军胜	红军胜
（2）	蓝军胜	蓝军胜
（3）	红军胜	蓝军胜

这个简化的博弈中，蓝军反而没有劣势策略，红军却有一个劣势策略，也就是第二种策略，选择分兵两路进攻防线。很明显，红军选择第二种策略的结局就是根本不可能胜利，理性的红军自然不会选择这个劣势策略。博弈矩阵得到了进一步的简化，见表8–6。

表 8-6　　再次简化后的红蓝双方博弈矩阵

蓝军策略 红军策略	（2）	（3）
（1）	蓝军胜	红军胜
（3）	红军胜	蓝军胜

这个时候，红蓝双方的形势是相同的，即红军尽管在总兵力上劣于蓝军，但实际上它只要运用谋略，攻其不备，其获胜的可能与蓝军是相同的。

在博弈论中，“以弱胜强”的道理就是这样。正如在中国春秋时期的城濮之战中，总兵力占优势的楚国联军，并不能保证在某个局部（比如右军）拥有优势；而总兵力处于弱势的晋军，却可以巧妙地集中优势兵力，在楚军的右军方向取得头一场战斗的胜利，然后再击败其左军，通过歼灭其两翼，使楚军大败。

在企业竞争中也是一样的。资本、规模、品牌、人力等都处于劣势的企业，可以在某个局部市场上，集中自己所有的资源并加以整合，造成在细分市场上对强势企业的优势，从而成为市场竞争的赢家。

学会置身于事外

学会了置身事外，你的处世水平当然就上升到了一个更高的档次。英文中有一句谚语叫作：涉入某件事比从该事脱身容易得多。

即使是枪手博弈，在枪弹横飞之前甚至之中，也仍然会出现某种回旋空间。这时候，对于尚未加入战斗的一方来说是相当有利的。因为当另外两方相争时，第三者越是保持自己的含糊态度，保持一种对另外两方的中立态势，其地位越是重要。这种可能介入但是尚未介入的态度，能确保他的优势地位和有利结果。

这就启示我们，人在很多时候都需要一种置身事外的艺术。如果你的两个朋友为了小事发生了争执，你已经明显感到其中一个是对的，而另一个是错的，现在他们就在你的对面，要求你判定谁对谁错，你该怎么办？

一个精明的人在这时候不会直接说任何一个朋友的不是。因为这种为了小事发生的争执，影响他们做出判断的因素有很多，而不管对错，他们都是朋友。当面说一个人的不是，不但会极大地挫伤他的自尊心，让他在别人面前抬不起头，甚至很可能会因此失去他对你的信任；而得到支持的那个朋友虽然一时会感谢你，但是等明白过来后，也会觉得你帮了倒忙，使他失去了与朋友和好的机会。

《清稗类钞》中记载的一个故事，可以说是一个绝妙的例子。

清朝末年，湖广总督张之洞与湖北巡抚谭继洵关系不太融洽，遇事多有龃龉。谭继洵就是后来大名鼎鼎的“戊戌六君子”之一谭嗣同的父亲。

有一天，张之洞和谭继洵等人在黄鹤楼举行公宴，不少官员都在座。座客里有人谈到了汉水江面宽窄的问题，谭继洵说是五里三分，曾经在某本书中亲眼见过。张之洞沉思了一会儿，故意说是七里三分，自己也曾经在另外一本书中见过这种记载。

督抚二人相持不下，在场僚属难置一词。双方借着酒劲儿戗戗起来，谁也不肯丢自己的面子。于是，张之洞就派了一名随从，快马前往当地的江夏县衙召县令来裁决。

当时江夏的知县是陈树屏，听来人说明情况后，急忙整理衣冠飞骑前往黄鹤楼。他刚进门还没来得及开口，张、谭二人就同声问道:“你管理江夏县事，汉水在你的管辖境内，知道江面宽是七里三分，还是五里三分吗?”

陈树屏早就知道他们这是借题发挥，对两个人这样闹很不满，但是又怕扫了众人兴，再说这两方面是谁都得罪不起的。他灵机一动，从容不迫地拱拱手，言语平和地说:“江面水涨就宽到七里三分，而水落时便是五里三分。张制军是指涨水而言，而中丞大人是指水落而言。两位大人都没有说错，这有何可怀疑的呢?”

张、谭二人本来就是信口胡说，听了陈树屏这个有趣的圆场，抚掌大笑，一场僵局就此化解。

学会了置身事外，你的处世水平当然就上升到了一个更高的档次。英文中有一句谚语叫作：涉入某件事比从该事脱身容易得多。可以说是对置身事外的智慧的一种反向总结。

也许会有很多人认为，这种置身事外，谁也不得罪的做法是一种墙头草的行径，大丈夫敢作敢为，必须敢于挺身入局表明自己的立场。其实这是对置身事外的策略的一种误解。置身事外不过是一种博弈手段，其目标是为了在冲突的最初阶段更好地保护自己，并且在将来挺身入局的时候，能够占据更为有利的地位，进而更好地掌握这个局面。

第 9 章

猎鹿博弈：合作是为了利益最大化

没理英超的赛果
记忆里只得这场风波
留低双输结局
静坐并没人抚摸
——《天下太平》歌词

合作比公平更有价值

人们争执不下甚至造成两败俱伤，根本原因之一就在于各方的行动都是相互独立的。缺乏协调，往往会使双方失去共赢的机会。

有一个在犹太人中广为流传的经典故事。

两个孩子得到一个橙子，对于如何分这个橙子，两个人吵来吵去，最终达成了一致意见：由一个孩子负责切橙子，而另一个孩子选橙子。最后，这两个孩子按照商定的办法各自取得了一半橙子，高高兴兴地拿回家了。

一个孩子回到家，把半个橙子的皮剥掉扔进了垃圾桶，把果肉放到果汁机中榨果汁喝。另一个孩子回到家，却把半个橙子的果肉挖出来扔进了垃圾桶，把橙子皮留下来磨碎了，混在面粉里做蛋糕吃。

我们可以看出，虽然两个孩子各自拿到了一半，获得了看似公平的分配，但是他们各自得到的东西却没有能够物尽其用。这说明，他们事先并未做好沟通，也就是并没有申明各自利益所在，导致双方盲目地追求形式上和立场上的公平，结果双方各自的利益并未达到最大化。

在社会生活中，很多“橙子”也是这样被“公正”地分配和消耗掉的。人们争执不下甚至造成两败俱伤，根本原因之一就在于各方的行动都是相互独立的。缺乏协调，往往会使双方失去共赢的机会。

我们试想，如果两个孩子充分交流了各自所需，或许会有多种解决方案。可能的一种情况，就是想办法将皮和果肉分开，一个拿到果肉去榨果汁，另一个拿果皮去做蛋糕。

要了解合作为什么能够带来收益，以及它比公平更能实现利益最大化的机制，我们就要从“猎鹿博弈”说起。

“猎鹿博弈”的理论，最初来自于启蒙思想家卢梭在其著作《论人类不平等的起源和基础》中的论述。他所描述的个体背叛对集体合作起阻碍作用，后来被学者们称为“猎鹿博弈”。

设想在古代的一个村庄里有两个猎人。为了简化问题，假设主要的猎物只有两种：鹿和兔子。在古代，人类的狩猎手段比较落后，弓箭的威力也有限。在这样的

要么分别打兔子，每人吃饱 4 天

要么合作打鹿，每人吃饱 10 天

条件下，我们可以假设，两个猎人一起去猎鹿，才能猎获1只鹿。如果一个猎人单兵作战，他只能打到4只兔子。

从填饱肚子的角度来说，4只兔子能保证一个人4天不挨饿，而1只鹿却差不多能使两个人吃上10天。这样，两个人的行为决策，就可以写成以下的博弈形式：要么分别打兔子，每人得4；要么合作，每人得10（平分鹿之后的所得）(见表9–1)。

这样“猎鹿博弈”有两个纳什均衡点，那就是：要么分别打兔子，每人吃饱4天；要么合作猎鹿，每人吃饱10天。

表 9–1　　　　平分战果的猎鹿博弈

猎人乙 猎人甲	猎人乙猎鹿	猎人乙打兔子
猎人甲猎鹿	10/10	0/4
猎人甲打兔子	4/0	4/4

两个纳什均衡，就是两个可能的结局。两种结局到底哪一个最终发生，这无法用纳什均衡本身来确定。比较［10/10］（第一个数代表甲的满意程度或者得益，第二个数代表乙的满意程度或者得益）和［4/4］两个纳什均衡，我们只看到一个明显的事实，那就是两人一起去猎鹿，比各自去抓兔子可以让每个人多吃6天。

按照经济学的说法，合作猎鹿的纳什均衡，比分头抓兔子的纳什均衡具有帕累托优势。与［4/4］相比，［10/10］不仅有整体福利改进，而且每个人都得到了福利改进。换一种更加严密的说法就是，［10/10］与［4/4］相比，其中一方收益增大，而其他各方的境况都不受损害。［10/10］对于［4/4］具有帕累托优势的关键，在于每个人都得到了改善。

在这里，要简单地解释一下，何谓帕累托效率和帕累托优势。

帕累托效率准则是：经济的效率体现于配置社会资源以改善人们的境况，主要看资源是否已经被充分利用。如果资源已经被充分利用，要想再改善任何人都必须损害别的人了，这时候就说一个经济系统已经实现了帕累托效率。

相反，如果还可以在不损害别人的情况下改善任何一个人，就认为经济资源尚未被充分利用，就不能说已经达到帕累托效率。在“猎鹿博弈”中，两人合作猎鹿的收益［10/10］，相对于分别猎兔的［4/4］，明显可以使两个猎人的境况在不伤害任何人的情况下得到改善，因此分别猎兔没有实现帕累托效率。而合作猎鹿得到［10/10］，比较原来的［4/4］，就是得到了帕累托改善。

可是，上面的情况是假设双方平均分配猎物，但是实际上未必如此。如果一个猎人能力强、贡献大，他就会要求得到较大的一份。

我们假设，如果按照能力来分配合作成果，甲和乙猎鹿的得益为 [14/6]。这时，虽然乙的收益不如甲，但是比他自己单独打兔子的收益还是得到了提高，合作猎鹿仍然是他的优势策略（见表9–2）。

表 9–2　　按能力分配战果的猎鹿博弈

猎人乙 猎人甲	猎人乙猎鹿	猎人乙打兔子
猎人甲猎鹿	14/6	0/4
猎人甲打兔子	4/0	4/4

但是如果按照能力来分配合作成果，甲和乙猎鹿的得益为 [17/3]。这时，显然猎人乙从合作中得到的收益，还不如单独打兔子，合作就成了他的劣势策略。这样，双方显然无法达成合作，而只能各自打兔子（见表9–3）。

表 9–3　　不能合作的猎鹿博弈

猎人乙 猎人甲	猎人乙猎鹿	猎人乙打兔子
猎人甲猎鹿	17/3	0/4
猎人甲打兔子	4/0	4/4

但有一点是确定的，要想形成合作，能力较差的猎人的所得，至少要多于他独自打猎的收益，否则他就没有合作的动力。为了改善双方的境况，就需要能力较强的猎人甲有全局眼光，把自己的一部分所得让给乙。这看上去似乎有点不公平，但是换来的合作对双方的好处，却是不言自明的。

危机源于信任崩盘

当看到许多人去银行提款时，出于个体理性，人们也会纷纷去银行拿回存款。这样，挤兑就会出现。

因为个体理性与群体理性的冲突，而导致集体优化难以实现的情况，不仅在打猎这样的层面上出现，在更宏观的范围内也同样存在。银行挤兑导致金融危机，就是一个很明显的例子。

2010年10月，法国前球星坎通纳在网上发出号召，呼吁民众用提光银行存款的方式，进行一场“银行革命”，以惩罚银行业在金融危机中的罪行，表示对银行家的不满。他说：去你家那边的银行取出钱，假如2000万人同时这么做，那么整个系统都将崩溃。法国《世界报》报道，号召得到很多网民的支持，已有27000人表示将行动起来。

然而当12月7日真正来临，来到银行挤兑的人潮并未出现。法国的银行家们虚惊了一场。不过坎通纳也没有说错，因为挤兑确实可以让银行破产。在127年前发生的一次挤兑风波，就曾经让当时中国最大的银行（当时叫钱庄）一夜倒闭。

那场风波发生在1883年，主角是上海阜康钱庄。挤兑的结果，是钱庄的主人——晚清时期名声显赫、身家高达3000万两白银的红顶商人胡雪岩，在一夜之间宣布破产，所有的钱庄、银号尽数倒闭。这中间到底发生了什么呢？

最常见的一种说法是，胡雪岩的阜康系的倒塌，虽然是从他的阜康钱庄被挤兑开始的，但这场金融地震的震源，却是胡雪岩与洋商做蚕丝生意时研判商情失误，发生了严重的亏损。

胡雪岩于1870年开始进入生丝业。从1881年开始，他不断地囤积生丝。到了1882年，已经囤积了8000包，超过了上海生丝全年交易量的2/3。不出他所料，市面的生丝价格果然被抬上去了。但是胡雪岩仍然不满足，他自恃手上控制着阜康钱庄和当铺，俨然“金融控股公司”，后备资金充足，所以不但不抛出生丝，反而继续囤积，增加自己在这场生丝豪赌中的优势。

胡雪岩的判断是：缫丝工厂如果买不到生丝（原材料），工厂就无活可干，无货可卖，所以，他们迟早要买生丝；而中国的生丝，一半都抓在他手里，要想买生丝，就必须得买他胡雪岩手上的生丝。

但就在胡雪岩几乎胜券在握之际，他的生意对手放出风声，说胡雪岩囤积生丝大赔血本，只好挪用阜康钱庄的存款，如今尚欠巨额外国银行贷款，阜康钱庄倒闭在即。所谓大风起于青苹之末，消息一传出，存户争相前往胡雪岩的钱庄和银号挤兑，上海阜康钱庄首先出现了挤兑风潮，很快传遍了全国各地。随着挤兑风波的扩大，胡雪岩在各地的钱庄都受到牵连，在杭州的泰来钱庄首先倒闭。

1883年12月1日，阜康上海总号宣布倒闭，消息传开，各地分号相继关门。一场全国性的金融危机由此引发，扬州连续倒闭钱庄17家，福州倒闭6家，宁波钱庄

相信谣言令银行产生挤兑，最终大家都产生损失

从31家减为18家，镇江的60家只剩15家，汉口只有几家钱庄挨过了旧历年关，北京也不能幸免，两周内44家钱庄破产。

在这场危机中，“三大商帮”中的徽商和江浙商人损失惨重，从此一蹶不振。

为了了解龙卷风一样的银行挤兑风潮，我们来看这样一个简单的例子，从而分析银行挤兑现象发生的机理。

假设现在有A和B两个朋友，都借给朋友C 100万元人民币做生意，C拿到这200万元在第一年进行投资，第二年才可以赚得利润。假设第一年的时候，A和B索要借款，C的生意就会赔本，只能还给两人各70万元；若是A和B并不是那么急着用钱，给C两年的时间，则连本带利可以获得280万元。

对于A、B两人来说，第一年要回借款，各得70万元；若其中一个人索要借款，而另一个人没有去索要，则索要的人先来一步得到100万元本钱，另一个人则只能拿到剩下的40万元；如果两人都在第二年才索要借款，则各得140万元；在第二年，只有一个人索要借款，另一个人并没有催着C还钱的情况下，先催款的人得到180万元，另一个人只能拿到原来的本钱100万元。

在这种情况下，就是一个两阶段的动态博弈，见表9-4和表9-5。

表 9-4　　　　第一年的索款博弈矩阵

A B	A 索款	A 等待
B 索款	70/70	40/100
B 等待	100/40	都等到第二年

表 9-5　　　　第二年的索款博弈矩阵

A B	A 索款	A 等待
B 索款	140/140	100/180
B 等待	180/100	140/140

动态博弈都是用倒推法进行分析，我们在这里仍然采用倒推法。首先看第二年时，A和B作为理性人会如何选择行动策略。假如A和B都将资金借给C用到第二年，这个时候，博弈均衡点是双方都索要自己的资金，A和B各得到140万元的还款，利息率高达40%。从博弈论的角度来看，整个均衡点是A、B两人理性博弈的唯一可能结果。

我们回过头来看，第一阶段也就是第一年双方的博弈情况。由于在第一年时，双方都不抽回资金的策略将产生第二阶段的均衡结果，因此，第一阶段的博弈矩阵可以改写成表9-6所示的矩阵。

表 9-6　　简化的索款博弈矩阵

A B	A 索款	A 等待
B 索款	70/70	40/100
B 等待	100/40	140/140

假定A和B都是理性人的条件下，第一阶段的纳什均衡点很明显有两个：一个是双方都索要借款，这时双方都只能拿回70万元；另一个就是双方在第一年都不索要借款，这时根据我们在第二阶段的分析，双方各能收到140万元的回报。很显然，对于A和B来说，后一个纳什均衡比前一个纳什均衡要好得多。

遗憾的是，没有什么可以保证A、B双方一定会在第一年不索要借款。而且因为A和B对于C的经营能力还不了解，信任基础尚不稳固，所以同时索回借款的可能性是很高的。

在现实生活中，这个模型中的C就相当于是一家银行，而A和B就是银行的存款客户。当不利于银行的谣言四起时，存款客户不再放心将钱放在银行中。不过如果他们一致同意不去挤兑，谣言过去后，他们就不会有任何的损失。

然而，因为没有这种协调机制，当他们看到有人去银行提款时，出于个体理性，也会纷纷去银行拿回存款。这样，挤兑就会出现。在很短的时间内，银行又无法筹措大量的现金，最终的结果就是银行倒闭。很多人只能抽回银行存款的一部分，甚至是一分存款都拿不到。

如何保护公共资源

如果社会上每一个人都在追求自己的最大利益，毁灭将成为大家不能逃脱的命运。

以上几节对于集体优化的讨论，只限于分配层面，下面我们来看一下博弈论中对于管理层面的分析。

《郁离子》是明代刘基的一本寓言散文集，包括多篇具有深刻警世意义的作品，其中有一篇是讲官船的故事。

瓠里子到吴国拜望相国，然后返回粤地。相国派一位官员送他，并告诉他说：“你可以乘坐官船回家。”

瓠里子来到江边，放眼望去，泊在岸边的船有1000多条，不知道哪条是官船。送行的官员微微一笑，说道：“这很容易。你沿着岸边走，只要看到那些船篷破旧、船橹断折、船帆破烂的，就一定是官船了。”

瓠里子照此话去找，果然不错。

这个故事中所讲的就是公共资源的悲剧。这一理论最初是由加利福尼亚生物学家加勒特·哈丁提出来的，因此又被称为“哈丁悲剧”。

1968年，加勒特·哈丁在《科学》杂志上发表了《公地悲剧》一文，提出了一个著名论断：“公共资源的自由使用，会毁灭所有的公共资源。”

哈丁设想，古老的英国村庄有一片公地，牧民可以在草场上自由地放牧。但随着放牧的牛逐渐增多，就会导致草地逐渐耗尽，而奶牛因为不能得到足够的食物就只能挤少量的奶，甚至饿死。

尽管如此，每个牧民还是想再多养一头牛。因为多养一头牛其增加的收益归这头牛的主人所有，而增加一头牛带来的草量不足的损失，却分摊到了在这片草场放牧的所有牧民身上。

对于每个牧民而言，增加一头牛对他的收益是比较划算的。这样，更多的牲畜加入到了公共草地上，结果便是草地彻底被毁坏，奶牛被饿死，便发生了“公地悲剧”。

其实，古希腊时期的哲学家亚里士多德早就已经发现：“凡是属于最多数人的公共事务，常常是最少受人照顾的事务，人们关怀着自己的所有，而忽视公共的事务；对于公共的一切，他至多只留心到其中对他个人多少有些相关的事务。”

在几乎所有的公有资源例子中，都存在与“公地悲剧”一样的问题。哈丁研究了人口爆炸、污染、过度捕捞和不可再生资源的消耗等问题，指出：“在共享公有物的社会中，每个人，也就是所有人都追求各自的最大利益，这就是悲剧的所在。每个人都被锁定在一个迫使他在有限范围内无节制地增加牲畜的制度中，毁灭是所有人都奔向的目的地，因为在信奉公有物自由的社会当中，每个人均追求自己的最大利益。”

在不同情况下，“公地悲剧”可能会成为多人“囚徒困境”（每一个人都养了太多的牛）或一个超出负荷问题（太多人都想做畜牧者）。可是无论哪一种情形，如果社会上每一个人都在追求自己的最大利益，毁灭将成为大家不能逃脱的命运。

哈丁的结论是，世界各地的人民必须意识到，有必要限制个人做出这些选择的自由，接受某种“一致赞成的共同约束”。

防止“公地悲剧”的办法有两种：第一种是制度上的，即建立中心化的权力机构，无论这种权力机构是公共的还是私人的——私人对公地的拥有即处置便是在使用权力；第二种是道德约束，将道德约束与非中心化的奖惩联系在一起。

确立产权，一度是经济学家最热衷的解决“公地悲剧”的方案。事实上，这也是十五六世纪在英国“圈地运动”中曾经出现过的历史事实：土地被圈起来，变成了当地贵族或地主手里的私有财产，主人可以收取放牧费，为使其租金收入最大化，将减少对土地的使用。这样，那只“看不见的手”就会恰到好处地关上“公地悲剧”的大门。

此举改善了整体经济效率，同时也改变了收入的分配。放牧费使主人更富有，使牧人更贫穷，以至于有人把这段历史控诉为“羊吃人”。

另外，确立产权在其他场合也许并不适用。公海的产权很难在缺少一个国际政府的前提下被确定和执行，控制携带污染物的空气，从一个国家飘向另一个国家也是一个难题。基于同样的理由，捕鲸和酸雨问题都需要借助更直接的控制才能处理，但建立一个必要的国际协议却很不容易。

除了确立产权即卖掉使之成为私有财产外，还可以作为公共财产保留，但准许进入，这种准许可以以多种方式来进行。有时候，假如集团规模足够小，自愿合作可以解决这个问题。

若有两家石油或天然气生产商的油井钻到了同一片地下油田，两家都有提高自己的开采速度、抢先夺取更大份额的激励。假如两家都这么做，过度的开采实际上会降低他们可以从这片油田收获的产量。在实践中，钻探者意识到了这个问题，看上去也有办法达成分享产量的协议，使从一片油田的所有油井开采出来的总产量保持在一个适当的水平。

这些方案都有合理之处，也都有经不起推敲的地方。但是哈丁指出，像公共草地、人口过度增长、武器竞赛这样的困境，“没有技术的解决途径”。所谓技术的解决途径，是指“仅在自然科学中的技术的变化，而很少要求或不要求人类价值或道德观念的转变”。

“公地悲剧”的正反面

放开二胎，不仅不会加剧男女比例失调，反而可以遏制新生儿男女性别比偏高的势头。也就是说，可以避免未来出现更多的光棍儿。

“公地悲剧”在我们的生活中屡见不鲜，而人口爆炸也经常被作为一个典型现象来研究。哈丁指出：人口是一个更加艰巨的难题。

2007年，学者易富贤出版了他的著作《大国空巢》，引发了一场关于当前生育政策的反思与争论。事实上，如果我们多了解一些“公地悲剧”的知识，就可以更为明晰地看到问题的本质。

一方面，生育从来就不仅仅是人的本能冲动的产物，而更是一项具有明确目的的经济行为，其目的在于增进家庭的福利。这种福利可能体现在经济、社会关系、精神与心理各个层面。因此，凡是出生到这个人间的孩子，都是父母认为自己需要、也有能力养活，并能增进整个家庭福利的孩子。

从家庭的角度看，根本就没有超生这回事。诚如鲍尔所说：“父母为自己的家庭规模制定着计划，其所拥有的孩子的数目通常正是他们所意欲的。”

另一方面，生育又是一种具有较强外部性的行为，其成本和效用都会“外溢”，会对他人和社会产生影响。多出生一个人口，就意味着其会多占有一份公共资源，其他人享有的资源就会相对减少。如果一个家庭的大部分生育成本和收益都外化在社会中，那么外部性就比较强。

一度在中国受到严厉批判的人口学家马尔萨斯认为，人口若不受到抑制，便会以几何比率增加，而生活资料却仅仅是以算术比率增加，从而会导致人口过剩。更为重要的是，马尔萨斯还有下文，他说：只要私人产权得到明确界定，则个体与社会层面的人口抑制机制就会自然地发挥作用，从而使人口增长与生活资料供应的增长完全适应。

他的这个下文所指出的解决之道，和其他很多类似的“公地悲剧”的出路是大同小异的。但他的这个观点，却被人有意无意地忽略了。

在中国，还有一种奇特的观点反对这一解决之道：一旦用这种方式解决生育政策，比如放开二胎，重男轻女的传统思想可能会导致严重的男女比例失调。

事实上，对于这个问题，博弈论专家托马斯·谢林早就指出其荒谬性了。如果每对夫妻生男孩和女孩的可能性都是50%，而每对夫妻都是重男轻女的，只想要男孩，只有生了男孩之后才会停止生育，那么男孩和女孩的比例将会是多少呢？

任何这样的“停止规则”，根本不会影响男女的最终比例。比如头胎生了男孩就停止下来。在第一轮中，一半婴儿是男孩；在第二轮中，只有一半的家庭还会生孩子，但是仍然是一半男孩；又生了女孩的家庭还会接着生第三胎，而且由于是50:50的假设，还是一半男孩一半女孩。如果每一轮中都是一半男孩一半女孩，无论生育什么时候停下来，那么最终的比例也必定是一半男孩一半女孩（如图9–1所示）。

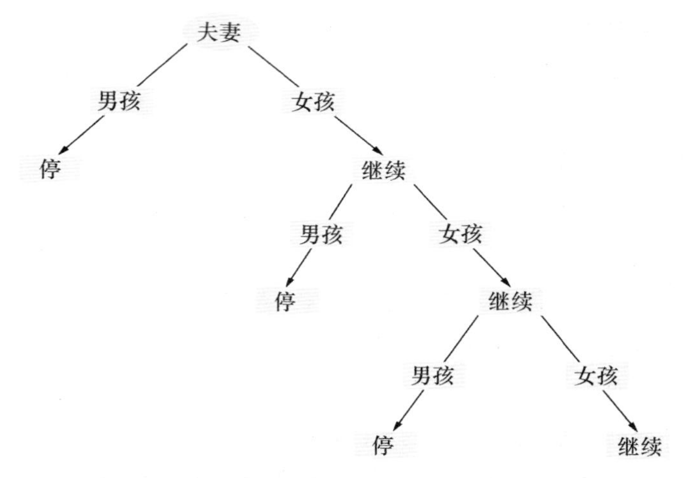

图9–1　生了男孩才会停止的情况下男女比例图

现实也证实了谢林的分析。根据人口普查与国家计生委生育政策地区分类数据的研究表明，在我国的少数民族地区以及甘肃酒泉、山西翼城、河北承德等生育政策相对宽松（二胎加间隔）的地区，出生人口性别比都在基本正常的范围内。而执行“一孩半”政策的地区2000年新生儿性别比高达124.7，比“二孩”政策下的新生儿性别比高出15.7个百分点。

所谓“一孩半”，就是第一胎为男孩的农村夫妇不得再生育，而第一胎为女孩的农村夫妇允许生育第二胎。按照人口专家曾毅教授的统计，目前全国执行“一孩”政策的人口占35.4%，执行“一孩半”政策的人口占53.6%，“二孩”政策的人口占9.7%，“三孩”政策的人口占1.3%。

“一孩半”政策之所以会导致新生儿男女比例失调，是因为在“一孩半”的地区，如果第一胎是女孩，那么夫妻会想尽一切办法，比如用B超进行人工性别选择

（尽管这是违法的）等方式来保证第二胎要生个男孩。

由此，我们就会得出一个截然相反的结论：放开二胎，不仅不会加剧男女比例失调，反而可以遏制新生儿男女性别比偏高的势头。也就是说，可以避免未来出现更多的光棍儿。

与那些“想当然”的看法相比，这个结论或许是更接近真实的。这个分析从另一方面也说明了决策者学习博弈论的必要性：如果可能出现“公地悲剧”，就要用针对“公地悲剧”的方法来解决。错误或过时的观念和方法，有时比“拍脑袋”的危害更大。

第10章

智猪博弈：事半功倍的顺风车

我不想荒废也不想累赘，
怕的是这一切全都白费
活的疲惫活的受罪，
这个世界为什么让我这么累

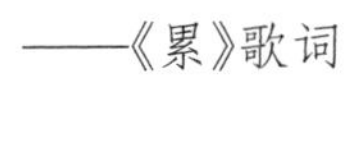
——《累》歌词

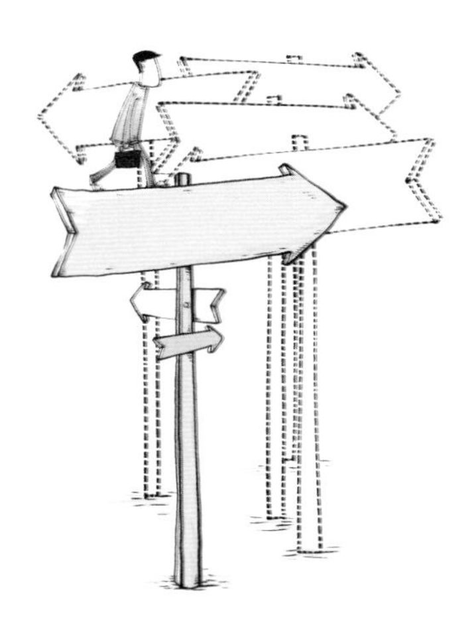

小猪占大猪的便宜

每个人都有着各自的利益、意愿和优势资源，要满足每个人的利益在逻辑上永远不可能，因此公正问题是无解的。绝对意义上的公正是个伪命题，任何可能的制度都是不公正的。

公元前529年，晋国在平丘会集天下诸侯，举行会盟。

各国使臣依次坐定以后，郑国代表子产劈头就向晋君提出减少会费分摊的问题。他说："自古以来，缴纳给天子的献款都依照爵位的等级而定，我们郑国的等级是伯男，却要负担起公侯级的义务，我们这般小国，实在负担不起。举行会盟的目的，无非是为了维持小国的生存，会费的负担若使小国灭亡，岂不是有违会盟的宗旨吗？务请慎重考虑。"

这样的理由提得有理有据，确实也反映了当时郑国的身份与义务不相符的现实。但是晋国担心其他的小国也会提出同样的要求，因此一口拒绝。

然而，子产作为一名出色的外交家，深谙死缠烂打的交涉手法。最后晋君没办法，只好接受了子产的这项要求。

在上面的故事中，子产用来说明郑国要减少献款的理由就是：郑侯的等级是伯男，却按公侯的级别承担义务，这是不合适的。其实他在这里所运用的理论，用现代人的眼光来看，是一种称为"智猪博弈"的博弈策略。

猪圈里有两头猪在同一个食槽里进食，一头大猪，一头小猪。我们假设，它们都是有着认识和实现自身利益的充分理性的"智猪"。

猪圈很长，一头安装了一只控制饲料供应的踏板，饲料的出口和食槽却安在另一头。猪每踩一下踏板，另一边就会有相当于10份的饲料进槽，但是踩踏板以及跑到食槽所需要付出的"劳动"，加起来要消耗相当于2份饲料的能量。

两头猪可以选择的策略有两个：自己去踩踏板、等待另一头猪去踩踏板。如果某一头猪做出自己去踩踏板的选择，由于踏板远离饲料，它将比另一头猪后到食槽，从而减少吃到饲料的数量。假定：若大猪先到（即小猪踩踏板），大猪将吃到9份的饲料，小猪只能吃到1份的饲料；若小猪先到（即大猪踩踏板），大猪和小猪将分别吃到6份和4份的饲料；若两头猪同时踩踏板，同时跑向食槽，大猪吃到7份的饲料，小猪吃到3份的饲料。若两头猪都选择等待，那就都吃不到饲料。

“智猪博弈”的收益矩阵如表10-1所示。表中的数字表示不同选择下，每头猪所能吃到的饲料数量减掉前去踩踏板的成本之后，得到的净收益水平。

表 10-1　　智猪博弈的收益矩阵

大猪/小猪	小猪踩踏板	小猪等待
大猪踩踏板	5/1	4/4
大猪等待	9/-1	0/0

那么，这个博弈的均衡解是什么呢？就是大猪踩踏板，小猪等待（作弊）。这时，大猪和小猪的净收益均为4个单位。这是一个“多劳不多得，少劳不少得”的均衡。

在找出上述“智猪博弈”的均衡解时，我们实际上是按照“重复剔除严格劣策略”的逻辑思路进行的。这一思路可以归纳如下：首先找出某参与者的严格劣策略，将它剔除，重新构造一个不包括已剔除策略的新博弈；然后，继续剔除这个新的博弈中某一参与者的严格劣策略；重复进行这一过程，最后剩下的参与者策略组合，就是这个博弈的均衡解，称为“重复剔除的优势策略均衡”。

在“智猪博弈”收益矩阵中可以看出：小猪踩踏板只能吃到1份，不踩踏板反而可能吃上4份。对小猪而言，无论大猪是否踩动踏板，小猪将选择“搭便车”策略，也就是舒舒服服地等在食槽边，这是最好的选择。

由于小猪有“等待”这个优势策略，大猪只剩下了两个选择：等待就吃不到；踩踏板得到4份。所以，“等待”就变成了大猪的劣势策略，当大猪知道小猪是不会去踩动踏板的，自己亲自去踩踏板总比不踩强，只好为自己的4份猪食，不知疲倦地奔忙于踏板和食槽之间。

也就是说，无论大猪选择什么策略，选择踩踏板对小猪都是一个严格劣策略，我们首先加以剔除。在剔除小猪踩踏板这一选择后的新博弈中，小猪只有等待（作弊）一个选择，而大猪则有两个可供选择的策略。在这两个策略中，选择等待对大猪是一个严格劣策略，我们再剔除新博弈中大猪的严格劣策略等待。剩下的新博弈中，只有小猪等待、大猪踩踏板这一个可供选择的策略，这就是“智猪博弈”的最后均衡解，从而达到了重复剔除的优势策略均衡。

“智猪博弈”与“囚徒困境”的不同之处在于：“囚徒困境”中的犯罪嫌疑人都有自己的严格优势策略；而“智猪博弈”中，只有小猪有严格优势策略，而大猪

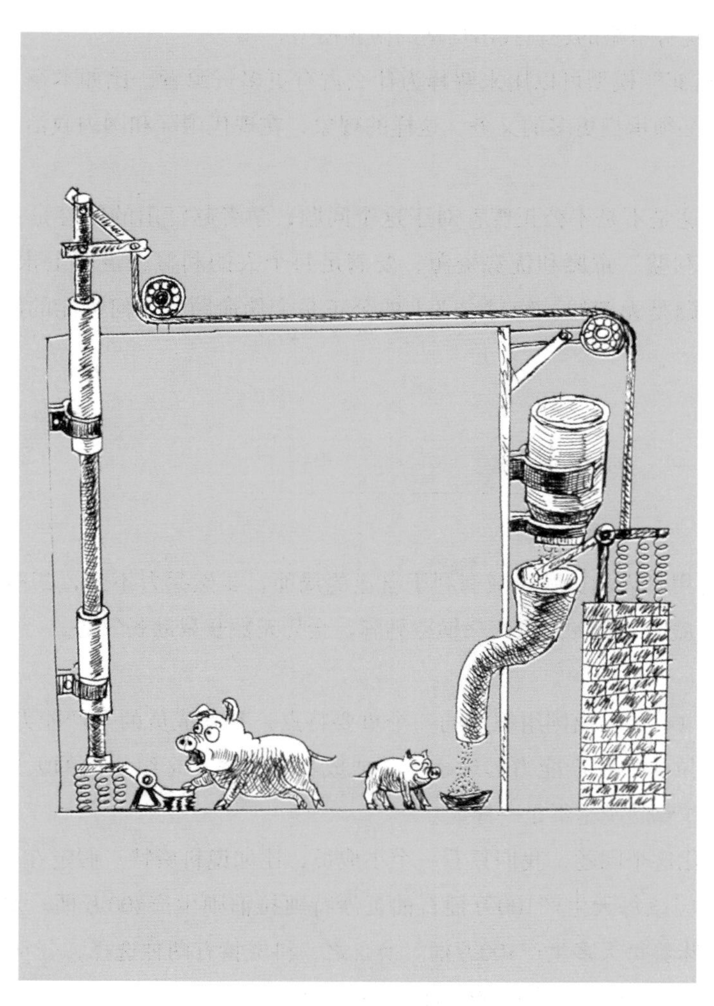

多劳不一定多得，“搭便车”是小猪的最优选择

没有。

在一场博弈中，如果每个参与人都有严格优势策略，那么严格优势策略均衡是非常合乎逻辑的。但在绝大多数博弈中，这种严格优势策略均衡是不存在的，而只存在重复剔除的优势策略均衡。所以，“智猪博弈”听起来似乎有些滑稽，但它却是一个根据优势策略的逻辑找出均衡的博弈模型。

“智猪博弈”模型可以用来解释为什么占有更多资源者，比如本章开头的故事中的晋国，必须承担更多的义务。这样的现象，在现代国际和国内政治生活中都十分普遍。

那么，这是不是不公正呢？对于这个问题，学者赵汀阳的回答是：每个人都有着各自的利益、意愿和优势资源，要满足每个人的利益在逻辑上永远不可能，因此公正问题是无解的。绝对意义上的公正是个伪命题，任何可能的制度都是不公正的。

小猪要学会借光

利用别人的优势造成有利于自己的局面，虽然兵力不大，却能发挥极大的威力。正如大雁高飞横空列阵，全凭无数长翼助长气势。

欧佩克（石油输出国组织）的一个重要特点，是其成员的生产能力各不相同，比如沙特阿拉伯的生产能力远远超出其他成员。同属一个组织内的大成员和小成员，它们的作弊激励是不是一样大?

为了简化这个问题，我们只看一个小成员，比如说科威特。假定在合作的情况下，科威特应该每天生产100万桶石油，沙特阿拉伯则生产400万桶。对于它们两家，作弊意味着每天多生产100万桶。换言之，科威特有两种选择，分别是100万桶和200万桶；沙特阿拉伯则为400万桶和500万桶。

基于双方的不同选择，投入市场的总产量可能是500万桶、600万桶或700万桶。假定相应的边际利润（每桶价格减去每桶生产成本）分别为16美元、12美元和8美元。由此得出下面的利润矩阵（如表10-2所示）。其中每一个格子里，左边的数字是沙特阿拉伯的利润，右边的数字是科威特的利润。

表 10-2 沙特阿拉伯与科威特的利润 单位：万美元/天

沙特阿拉伯/科威特	科威特 100 万桶	科威特 200 万桶
沙特阿拉伯 400 万桶	6400/1600	4800/2400
沙特阿拉伯 500 万桶	6000/1200	4000/1600

科威特有一个优势策略：作弊，每天生产200万桶。沙特阿拉伯也有一个优势策略：遵守合作协议，每天生产400万桶。因此，沙特阿拉伯一定会遵守协议，哪怕科威特作弊也一样。

“囚徒困境”就此破解：因为沙特阿拉伯出于纯粹的自利心理，有一个合作的激励。假如它生产一个较低数量的石油，则市场价格攀升，欧佩克全体成员的边际利润上扬。假如它的石油产量只占欧佩克总产量的一个很小的份额，它自然不会发现，原来向整个组织提供这种“公共服务”对自己也有好处。不过，假如它占的份额很大，那么，上扬的边际利润会有很大一部分落在它自己手里，因此牺牲一些产量也是值得的。

这个例子描述了走出“囚徒困境”的另一个途径：找出一个大“慈善家”，让它遵守合作协议，并容忍其他人作弊。比如在许多国家内部，一个大政党和一个或多个小政党必须组成一个联合政府。大政党一般愿意扮演负责合作的一方，委曲求全，确保联盟不会瓦解；而小政党则坚持它们自己的特殊要求，选择通常可能偏向极端的道路。

在国际生活中，正如亨利·基辛格在《大外交》中所指出的：几乎是某种自然定律，每一世纪似乎总会出现一个有实力、有意志且有知识与道德动力，希图根据其本身的价值观来塑造整个国际体系的国家。而这样的国家，也就责无旁贷地担当起了国际事务中的“大猪”角色。

从17世纪到18世纪，“大猪”的位置先后由法国和英国占据，到了19世纪，梅特涅领导下的奥地利则重新建构了“欧洲协调”，但是这种主导地位不久又让给了俾斯麦主政下的德国。到了20世纪，最能左右国际关系的国家则非美国莫属。再没有任何一个国家能够像美国一样，如此一厢情愿地认定自己负有在全球推广其价值观的责任，因而也没有任何国家像美国一样对海外事务的介入达到如此高的程度，美国在防务联盟开支中如此自愿地承担一个不恰当比例的份额，大大便宜了西欧和日本。美国经济学家曼库尔·奥尔森将这一现象称为“小国对大国的剥削”。

在社会生活的其他领域也是如此。在一个股份公司当中，所有股东都承担着监督管理人员的职能，但是大小股东从监督中获得的收益大小不一样。在监督成本相同的情况下，大股东从监督中获得的收益明显大于小股东。因此，小股东不会像大股东那样去监督管理人员，而大股东也明确无误地知道小股东会选择不监督（这是小股东的优势策略）。可大股东明知道小股东要搭大股东的便车，但是他别无选择：大股东选择监督管理人员的责任、独自承担监督成本，是在小股东占优选择的前提下必须选择的最优策略。这样一来，与“智猪博弈”一样，从每股的净收益（每股收益减去每股分担的监督成本）来看，小股东要大于大股东。

这样的客观事实，就为那些“小猪”提供了一个十分有用的成长方式，那就是“借”。兵法《三十六计》第二十九计为：“树上开花，借局布势，力小势大。鸿渐于陆，其羽可用为仪也。”这是指利用别人的优势造成有利于自己的局面，虽然兵力不大，却能发挥极大的威力。正如大雁高飞横空列阵，全凭无数长翼助长气势。

20世纪50年代末期，美国的佛雷化妆品公司雄风十足，几乎独占了黑人化妆品市场。尽管有许多同类厂家与之竞争，却无法动摇其霸主地位。这家公司有一名营销员名叫乔治·约翰逊，他邀集了三个伙伴自立门户，经营黑人化妆品。伙伴们对自己的实力表示怀疑，因为很多比他们实力更强的公司都已经败下阵来。约翰逊解释说：“我们只要能从佛雷公司分得一杯羹就能受用不尽啦！佛雷公司越发达，对我们越有利！”

约翰逊果然不负伙伴们的信任，当化妆品生产出来后，他就在广告宣传中用了经过深思熟虑的一句话：“黑人兄弟姐妹们！当你用佛雷公司的产品化妆之后，再擦上一次约翰逊的粉质膏，将会收到意想不到的效果！”

这则广告用语确有其奇特之处，它不像一般的广告那样，尽力贬低别人来抬高自己，而是貌似推崇佛雷的产品，其实质是推销约翰逊的产品。

借着名牌产品的这只“大猪”替新产品开拓市场的方法果然灵验，通过广告将自己的化妆品同佛雷公司的畅销化妆品排在一起，消费者自然而然地接受了约翰逊粉质膏。接着这只“小猪”进一步扩大业务，生产出一系列新产品，经过几年努力，终于将佛雷公司的化妆品挤出了黑人家庭的化妆台，成了黑人化妆品市场的新霸主。

先下手不一定为强

抢占先机、率先出手，虽然可能有机会影响其他参与者的行动，但却会暴露你的行动，其他参与者可以观察你的选择，同时做出自己的决定，并努力利用这一点占你的便宜。

在《孙子兵法·虚实篇》中，对先机的争夺进行了十分精辟的论述："凡先处战地而待敌者佚，后处战地而趋战者劳。故善战者，致人而不致于人。"

然而，先一步下手固然可以获得一定的优势，但是如果不能把这种优势转化为最后胜利的一部分，反而会陷入被动，给对方造成机会。

看一下"智猪博弈"就能明白这一点，小猪的优势策略就是坐等大猪去踩踏板，然后从中受益。换句话说，小猪在这个博弈中具有后动优势，大猪踩不踩踏板，小猪的损失都不如大猪的多。大猪不踩，双方都没得吃；大猪踩踏板，小猪可以多吃。

不过在现实中，选择后发策略的未必就是实力较弱的小猪。《水浒传》中有一段描述，在柴进家中，洪教头与林冲较量，使出毕生功夫，大叫着向林冲进攻。林冲退后几步，看准洪教头的破绽，飞快地一脚踢上去，立时把洪教头踢翻在地。

这是对后发制人生动而传神的描写。下面我们用生活中的一个案例来说明这一点，这个例子来自于美国的一本博弈论著作《策略思维》。

该书作者之一巴里毕业的时候，参加了剑桥大学的五月舞会（大学正式舞会）。现场活动包括在赌场下注。参加者每人都得到了20元的筹码，截至舞会结束之时，收获最大的那位将免费获得下一年度舞会的入场券。到了准备最后一轮轮盘赌的时候，巴里手里已经有了700元的筹码，独占鳌头。第二名是一位拥有300元筹码的英国女子，他们的决赛将是怎样的呢？

为了帮助大家更好地理解接下来的策略行动，我们先来简单介绍一下轮盘赌的规则。轮盘赌的输赢，取决于轮盘停止转动时小球落在什么地方。典型的情况是，轮盘上刻有0~36共37个格子，一般玩法是赌小球落在偶数还是奇数格子（分别用黑色和红色表示），赔率是一赔一，比如一元赌注变成两元，取胜的机会是18/37。假如小球落在0处，就算庄家赢了。

在这种玩法下，即便那名英国女子把全部筹码押中，也不可能稳操胜券。因此，她选择了一种风险更大的玩法，她把全部筹码押在小球落在3的倍数上。这种玩法的赔率是二赔一（假如她赢了，她的300元就会变成900元），但取胜的机会只有12/37。

现在，那名女子把她的筹码摆上桌面，表示她已经下注，不能反悔。

那么，巴里应该怎么办？巴里应该跟随那名女子的做法，同样把300元筹码押在小球落在3的倍数上。这么做可以确保他领先对方400元，最终赢得那张入场券：假如他们都输了这一轮，巴里将以400:0取胜；假如他们都赢了，巴里将以1300:900取胜。那名女子根本没有其他选择。即使她不赌这一轮，她还是会输，巴里照样取胜。

相反，如果巴里不押3的倍数，那么他有一半的机会以大比数胜出，同时也有一半的机会输掉。巴里的目标是战胜对方，而不是尽可能赢得筹码，因此他不应该冒这种险，而应该采取稳赢不输的跟随策略（见表10–3）。

表 10–3　　巴里和女子在不同情况下的筹码分布

巴里/女子	女子押 3 的倍数	
	开出 3 的倍数	未开出 3 的倍数
巴里 300 元押 3 的倍数	1300/900	400/0
巴里 300 元不押 3 的倍数	400 /900	1300/0

而从女子的角度考虑，她唯一的希望是巴里先赌。假如巴里先在黑色下注200元，她应该怎么做？她应该把她的300元押在红色上。把她的筹码押在黑色对她没有半点好处，因为只有巴里能赢，她才能赢（而她只有600元，排在巴里的900元后面，这种赢显然毫无意义）。

自己赢而巴里输，才是她唯一的反败为胜的希望所在，这就意味着她应该在红色下注。而从表10–4中我们可以看出，女子唯一能胜过巴里的情况，在矩阵的右下角，也就是她押中了红色的时候。

表 10–4　　巴里和女子在不同情况下的筹码分布

巴里/女子		女子 300 元押黑色	女子 300 元押红色
巴里 200 元	开黑色	900/600	900/0
押黑色	开红色	500 /0	500/600

在这个关于轮盘赌的故事里，先行者处于不利地位。那名女子先下注，巴里可以选择一个确保胜利的策略。假如巴里先下注，那名女子也可以选择一个具有同样取胜机会的赌法。

在博弈游戏里，抢占先机、率先出手，虽然可能有机会影响其他参与者的行动，但却会暴露你的行动，其他参与者可以观察你的选择，同时做出自己的决定，并努力利用这一点占你的便宜。可你却未必能准确推算出你的对手将会采取什么行动。第二个出手可能会使你处于更有利的策略地位。

每一步都要预估成本

真正的博弈高手，绝对是捕捉时机的高手，会根据参与者各方具体情形的变化，灵活地选择先动还是后动。

战国时，齐王和将军田忌等人赛马。

一场比赛共分三局，每局的赌注为黄金1000两。每次比赛，双方都不自觉地把马分为上、中、下三等，依次出赛。由于田忌每一等的赛马都比齐王同等级的马略逊一筹，所以每次比赛基本都是齐王赢得3000两黄金。

看到这种情况，孙膑对郁闷不已的田忌说："下次您只管下大赌注，我能让您取胜。"

田忌答应了他，与齐王约定再举行一次赛马。比赛即将开始，孙膑说："现在用您的下等马对付他们的上等马，拿您的上等马对付他们的中等马，拿您的中等马对付他们的下等马。"

比赛开始，第一局齐王的马以极大的优势取得了胜利，但在第二、三局中却败于田忌的马。这一轮最后算下来，齐王反而输了1000两黄金。

齐王为什么会在平均优势比较强的情况下输掉比赛？

"田忌赛马"的策略，用诸葛亮的话说叫作"三驷之法"，在我们看来则是一个典型的博弈问题。

田忌与齐王赛马，每场比赛分为三局。第一局，田忌虽以牺牲三等劣马的办法，使齐王的一等良马未能发挥出它的最大效能，然而，倘若第二局齐王以相对较优的中等马应对田忌的中等马，结果仍将是齐王二胜一负，田忌只能以失败告终。所以，孙膑的获胜策略背后，其实是考虑了双方赛马出场顺序的所有可能性的。

如果齐王和田忌都是理性的，并且能够自由安排赛马出场顺序的话，那么他们各自的策略其实都有6种：（上、中、下）、（上、下、中）、（中、上、下）、（中、下、上）、（下、上、中）、（下、中、上）。在表10–4中，策略格中所列的是赛马出战的等级和顺序，而收益格则是双方获胜的局数，搭配起来就有36种可能的博弈局面。其中，齐王赢3000两黄金的格局有6种，赢1000两黄金的格局有24种，只有6种才会输1000两黄金。

由此可见，齐王与田忌赛马，从博弈论角度分析远远不止《史记》所载的只有一种局势，而是双方各有6个纯策略所组合成的36种局势；田忌可能赢得1000两黄金的，也不是只有一个（下、上、中）的纯策略，而是有6个纯策略均有同样的机会。可见，在博弈论中，齐王与田忌的赛马情况远比《史记》所载复杂得多（见表10–5）。

表 10–5　　孙膑的赛马策略演进矩阵

田忌/齐王	上中下	上下中	中上下	中下上	下上中	下中上
上 中 下	0/3	1/2	1/2	2/1	1/2	1/2
上 下 中	1/2	0/3	2/1	1/2	1/2	1/2
中 上 下	1/2	1/2	0/3	1/2	1/2	2/1
中 下 上	1/2	1/2	1/2	0/3	2/1	1/2
下 上 中	2/1	1/2	1/2	1/2	0/3	1/2
下 中 上	1/2	2/1	1/2	1/2	1/2	0/3

不过我们考察孙膑的赛马策略可以发现，关键在于第一场，也就是齐王轻松获胜的那一场。在这场比赛中，齐王虽然取得了胜利，但是却为此付出了巨大的成本——由于每局只计胜负而不计分，结果上等马与下等马的实力差距被白白浪费掉了，并使其输掉了后面两场。孙膑实际上是通过增加齐王在局部的成本，来改变双方的总体实力对比，并最终取得胜利的。反过来说，田忌则是以最小的成本投入造成了对方最大的实力消耗，使自己的局部优势转变成了整体优势。

所以，在整体弱势的情况下，只要策略得当，田忌仍然有1/6的赢面。这个结论，和我们在“枪手博弈”一章中所探讨过的红军从不同方向进攻蓝军的问题，都说明了“打架时不一定弱的输”的道理。

在这里，有一个很重要的原则是：在一次行动中，我们在前面付出的成本越大，后面的局势就越不利。反之，我们让对方在一次行动中付出的越多，战胜他的可能性就越大。

在围棋中也有类似的技巧，任何好的棋手都不希望把棋“走重”，因为这样不但效率低，而且包袱沉重。一块重棋在遭到攻击时是很难办的：苦苦求活吧，难免会受到对手的百般盘剥，可干脆放弃又损失太大，所以这种棋往往被称为“愚形”，真正的高手一定会尽量避免这样走。

因此，我们在对任何工作进行决策之前，必须经过一定的“成本估算”：如果先出招得大于失，就值得运用先发制人；如果得失相抵，甚至得不偿失，就不要干这种“吃力不讨好”的事了。

上面所说的成本，不仅包括实际付出的代价，而且包括因为率先出手而被对手所观察到的信息，这也是一种成本。

在经典战争理论方面，“三十六计”中的以逸待劳、减灶诱敌、欲擒故纵、开门揖盗、假痴不癫都是后发制人。

曾国藩认为，战争双方所处的地位，如强弱、胜负、攻守、主客等，在一定条件下是可以向其对立面转化的。他尤为注意主客关系的变化，常对部下说：“凡扑人之墙，扑人之壕，扑者客也，应者主也。敌人攻我壕墙，我若越壕而应之，则是反主为客，所谓致于人者也。我不越壕，则我常为主，所谓致人而不致于人者也。”

为防止反主为客或为了达到反客为主的目的，曾国藩主张以静制动、后发制人。临阵则按兵不动，诱敌先发；攻城则挖筑双层壕墙以围之，“蓄养锐气先备外援，以待内之自敝”。这样，曾国藩往往变被动为主动，变不利为有利，最后取得胜利。

历史上后发制人的战例极多，如毛泽东在《中国革命战争的战略问题》一文中列举的楚汉成皋之战、新汉昆阳之战、袁曹官渡之战、吴魏赤壁之战、吴蜀彝陵之战、秦晋淝水之战等有名的战例。

总之，在实际的博弈中，既有先动优势策略，也有后动优势策略。由于双方情况千变万化，一方如果墨守成规，胶柱鼓瑟，最后只能使自己坐失良机。因此，真正的博弈高手，绝对是捕捉时机的高手，会根据参与者各方具体情形的变化，灵活地选择先动还是后动。

占优势时更应保守

> 跟在别人后面第二个出手有两种办法：一是一旦看出别人的策略，你立即模仿，好比帆船比赛的情形；二是再等一等，直到这个策略被证明成功或者失败之后再说。

1983年美洲杯帆船赛决赛前4轮结束之后，丹尼斯·康纳的“自由号”在这项共有7轮比赛的重要赛事当中，暂时以3胜1负的成绩排在首位。

那天早上，第5轮比赛即将开始，整箱整箱的香槟被送到了“自由号”的甲板上。而在他们的观礼船上，船员们的妻子全都穿着美国国旗红、白、蓝三色的背心和短裤，迫不及待地要和她们的丈夫在夺取美国人失落了132年之久的奖杯后合影留念。可惜事与愿违。

比赛一开始，由于“澳大利亚二号”抢在发令枪响之前起步，不得不退回到起点线后再次起步，这使“自由号”获得了37秒的优势。

澳大利亚队的船长约翰·伯特兰打算转到赛道左边，他希望风向发生变化，帮助他们赶上去。丹尼斯·康纳决定将“自由号”留在赛道右边。

没想到，这一回伯特兰大胆押宝押对了：风向果然按照澳大利亚人的心愿偏转，“澳大利亚二号”以1分47秒的巨大优势赢得了这轮比赛。人们纷纷批评康纳，说他策略失败，没有跟随澳大利亚队调整航向。再赛两轮之后，“澳大利亚二号”赢得了决赛冠军。

这次帆船比赛，是研究“跟随”策略的一个很有意思的反例。

成绩领先的帆船，通常都会照搬尾随船只的策略。一旦遇到尾随的船只改变航向，那么成绩领先的船只也应该照做不误。实际上，即便尾随的船只采用了一种显然非常低劣的策略时，成绩领先的船只也应该照样模仿。

为什么？因为帆船比赛与在舞厅里跳舞不同，在这里，成绩接近是没有用的，只有最后胜出才有意义。假如你成绩领先了，那么，维持领先地位的最可靠的办法就是看见别人怎么做，你就跟着怎么做。但是如果你的成绩落后了，那么就很有必要冒险一击。

在一次欧洲篮球锦标赛上，保加利亚队与捷克斯洛伐克队相遇。当比赛剩下8

尾随在后的对手改变了航向，跟还是不跟？

秒钟时，保加利亚队以2分优势领先，一般来说已稳操胜券。但是，那次锦标赛采用的是循环制，保加利亚队必须赢球超过5分才能取胜。可要用仅剩下的8秒钟再赢3分，谈何容易。

这时，保加利亚队的教练突然请求暂停。暂停后，比赛继续进行。球场上出现了令人意想不到的事情：只见保加利亚队员突然运球向自家篮下跑去，并迅速起跳投篮，球应声入网。

全场观众目瞪口呆，全场比赛结束时间到了。但是，当裁判员宣布双方打成平局需要加时赛时，大家才恍然大悟。保加利亚队这出人意料之举，为自己创造了一次起死回生的机会。

加时赛的结果，保加利亚队赢了6分，如愿以偿地出线了。

股市分析员和经济预测员也会受到这种模仿策略的感染，业绩领先的预测员总是想方设法随大流，制造出一个跟其他人差不多的预测结果。这么一来，大家就不容易改变对这些预测员的能力的看法。另一方面，初出茅庐者则会采取一种冒险的策略：他们喜欢预言市场会出现繁荣或崩溃。通常他们都会说错，以后再也没人听信他们。不过，偶尔也会有人做出正确的预测，得以一夜成名，跻身名家行列。

产业和技术竞争提供了进一步的证据。在技术竞赛当中，就跟在帆船比赛中差不多，追踪而来的新公司总是倾向于采用更加具有创新性的策略，而龙头老大们则更愿意模仿跟在自己后面的公司。

在个人电脑市场，IBM的创新能力远不如其将标准化的技术推向大众市场的本事那么闻名。新概念更多是来自苹果电脑、太阳电脑和其他新创立的公司。冒险性的创新，是这些公司脱颖而出夺取市场份额的最佳策略，大约也是唯一的途径。

这一点不仅在高科技产品领域成立，在日用品市场同样成立。宝洁作为儿童纸尿裤行业的老大，也会模仿金佰利发明的可再贴尿布黏合带，以再度夺回市场统治地位。

跟在别人后面第二个出手有两种办法：一是一旦看出别人的策略，你立即模仿，好比帆船比赛的情形；二是再等一等，直到这个策略被证明成功或者失败之后再说，好比电脑产业的情形。而在商界，越有耐心越有利，这是因为，商界与体育比赛不同，这里的竞争通常不会出现赢者通吃的局面。结果是，市场上的领头羊们，只有当它们对新生企业选择的航向同样充满信心时，才会跟随这些企业的步伐。

局面不利要冒险换牌

当我们在博弈中处于不利地位时，冒更大的风险去换牌是优势策略。而当自己处于有利地位时，采取保守策略，跟着对方出牌则是明智的。

在一个游戏节目里，主持人指出标有1、2、3的三道门给你，而且明确告诉你，其中两扇门背后是山羊，另一扇门后有名牌轿车。你要从三个门中选择一个，就可以获得所选门后的奖品。既然是三选一，很清楚，选中汽车的机会就是1/3。

在没有任何信息帮助的情况下，你选了一个（比如1号门）。但主持人并没有立刻打开1号门，而是打开了3号门，门后出现的是一只羊。这时，主持人问你是否要改变主意选2号门。

现在你就面临着一个策略难题了：改还是不改？

这个难题是杂志专栏作家赛凡特女士在一篇文章中提出来的。她的思路大致如下：如果你选了1号门，你就有1/3的机会获得一辆轿车，但也有2/3的机会是车子在另外两扇门后。接着，好心的主持人让你确定车子确实不在3号门后，1号门有车子的概率还是维持不变，而2号门后有车子的概率变成了2/3。实际上，3号门的概率转移到了2号门上，所以你当然应该改选。

这个游戏以及赛凡特的推理，一经刊登就引来了数以千计的读者来信。读者多半认为她的推论是错的，主张1、2号门应该有相同的概率，理由是你已经把选择变成了2选1，也不知道哪扇门背后有车，因此概率应该跟丢掷铜板一样。

有趣的是，赛凡特又提供了一项有用的资讯：一般大众的来信里，有90%认为她是错的；而从大学寄来的信里，只有60%反对她的意见。在后续的发展里，一些统计博士加入自己的意见，且多半认为概率应该是1/2。赛凡特很惊讶，不过仍坚持己见。

把现实问题抽象为数学问题尤其是与概率相关的问题时，一定要万分小心，因为它有时并没有想象中的那么简单。

这个问题用现实模拟一下，是最简单不过的验证方法。每个人都可以理解，也可以亲自验证。我们用3张盖起来的牌当作门，一张A，两张鬼牌，分别当作车子和山羊，连续玩十几次看看。很快你就可以发现：换牌是比较有利的，就和赛凡特说的一样。

那么，在3号门出现山羊后1、2号门的概率变化，为什么会引发如此激烈的争论呢？是不是所有参与争论的人，都有一些自己没有意识到的假设，即使用扑克牌模拟也是如此？

在游戏一开始，每个门的初始概率都是1/3。你选了1号门，因为你一无所知，所以猜对的概率是1/3。但是主持人打开了3号门，而没有人问他为什么要开3号门。这一点并不是无关紧要的，而是十分关键的。

这里有几种可能性。第一种可能，主持人并不知道汽车在哪个门后面，而只是想玩玩票，只要你选1号，他就一定开3号门，不管3号门后是不是车。如果3号门后面出现羊，那你的运气不错；如果是车，那么游戏就告一段落，你就输了。

在这种可能性下，3号门后不是车，并不改变1号和2号门后有车的概率。你可换选，也可不换。

第二种可能是，主持人并没有玩票，而是知道汽车在哪扇门后面，并且知道绝不能打开有车子的那扇门。因为这会破坏悬疑气氛，提早结束游戏，使观众失去兴趣。

在这种可能性下，若车子在1号门后面，他就可以随便开2号或3号门。若车子没在1号门后面，那他开的一定是没有车子的那扇门，开3号门相当于告诉你车子在2号门后面，因此2号门就有2/3的机会。这时，你就应该赶快换。虽然换选未必保证你一定会获胜，但把获胜机会加倍了（见表10-6、表10-7）。

表 10-6　　最初的选择是你与命运的对赌

你/汽车	汽车在 1 号	汽车在 2 号	汽车在 3 号
你选 1	1/0	0/1	0/1
你选 2	0/1	1/0	0/1
你选 3	0/1	0/1	1/0

表 10-7　　打开 3 号门的动作，替你删除了部分可能性

	主持人				
	不知道车在哪个门后		知道车在哪个门后		
你/汽车	汽车在 1 号	汽车在 2 号	汽车在 1 号	汽车在 2 号	汽车在 3 号
你选 1 号	1/0	0/1	1/0	0/1	
你选 2 号	0/1	1/0	0/1	1/0	
你选 3 号					

也就是说，因为对主持人掌握的信息所做的假设不同，各种答案都可能是对的。如果主持人开门是随机的，车子又不在他开启的那扇门的后面，那么剩下的两个门的概率就真的各有50%，你换选不会有任何的损失。如果他知道车子在哪扇门后，一开始就决定在这个阶段绝不去开有车的那扇门，那么他让你先看3号门后是什么的同时，你就应该利用这项信息而换选。

我们把这个故事和巴里赌博的故事结合起来，就会发现一个比较有普遍意义的启示：当我们在博弈中处于不利地位时，冒更大的风险去换牌是优势策略。而当自己处于有利地位时，采取保守策略，跟着对方出牌则是明智的。

“星期二男孩”问题

当人观察和描述一个事物时，由于观察者的影响，它已经不是原来的样子了。

在上一节中，主持人所掌握的信息，是我们判断汽车在2号门后面概率的重要依据。为了使大家能够更清晰地理解这个结论，我们再来看一个更容易理解的例子。

有这样一个名为“星期二男孩”的题目：如果一个家庭有两个小孩，其中一个是生于星期二的男孩，那么请问另一个孩子是男孩的概率是多少？

很多朋友刚看到这道题时，第一个反应是回答50%：两个孩子的性别是独立的，不论一个孩子的性别是什么，都不会影响到另一个，至于题目中的“星期二”，大概是一个迷惑人用的无用信息吧。但事实真的是如此吗？

概率的计算和人口统计是截然不同的。把二者等同起来，是很多人在思考概率问题时容易陷入的误区。因为样本的大小问题，所以现实的男女比例，在回答这道题时没有意义。

虽然一个小孩的性别与另一个小孩没有关系，但是由出题者提供的信息所形成的隐藏条件，却是解答这道题的关键。

既然有朋友认为星期二是一个干扰条件，那么让我们去掉这个条件，简化一下问题：一个家庭有两个小孩，已知其中一个是男孩，那么另一个是男孩的概率是多少？我们可以用穷举法来回答这个问题，列一个表格（见表10-8）。

表 10-8　　用穷举法测算第二个孩子的性别

编　号	第一个孩子	第二个孩子
A	男	男
B	男	女
C	女	男
D	女	女

在这个表格中，这个家庭有两个孩子，一个孩子是男孩的情况一共有3种（与此对应，其中一个孩子是女孩的情况也有3种），分别是情况A、B、C。而这三种情况中，只有在情况A下，一个是男孩，另一个孩子也是男孩。也就是说，另一个孩子也是男孩的概率是1/3，而不是我们直觉所认为的1/2。

理解这个问题的关键，是把有两个孩子的家庭分成了4种情况，而不是3种。也就是说，因为存在着先生男孩或后生男孩的可能性，把它视为了一种排列问题。对于这个问题，威廉·费勒在他的《概率论及其应用》（胡迪鹤译，中国邮电出版社）中，有一段很有启发性的叙述，有兴趣的朋友可以找来一读。

有人把上面的这个问题，混淆为以下的问题：如果一个家庭只有一个男孩，再生一个孩子也是男孩的概率是多少？对于这个问题，再生一个孩子是男孩的概率是50%，是女孩的概率也是50%。

但是，这和上面简化版本中已经有两个小孩的情况的不同之处在于：后面的这个问题，对应的其实是上面表格中编号为A 和B 的情况，显然再生一个也是男孩的概率是 1/2。而简化版的问题，对应的是上表中编号为A、B、C的三种情况，另一个孩子也是男孩的概率只有 1/3 。

这种穷举法的解答很好理解，但是我们从博弈的角度思考就会发现，上面两个问题之所以答案不同，原因在于出题者所提供的信息不同。后面的问题只提供了第一个孩子的性别信息，出题者对另一个孩子的性别也是完全未知的；而简化版的问题，已经包含了第二个孩子的性别信息了，也就是说他已经知道两个孩子的性别——事实上已经帮你删除了表格中编号为D的情况（即两个孩子都是女孩的情况），所以最终的概率受到了影响。

因此，我们就得出了与上一节相同的结论，最终的答案取决于出题者掌握了多少信息：他只知道一个孩子的性别并且刚好这个孩子是男孩，还是知道两个孩子的性别，然后告诉你其中一个是男孩。

理解了这一点，“星期二男孩”的问题也就迎刃而解了。

首先，我们还是依照上面的方法，利用穷举法列一个14×14的表格，14=2×7，2是男女，7是一星期的7天。这样的话会出现196个方格，这时删去所有不含周二男孩的方格，剩余的方格为27个，而在这27个中另一个孩子也是男孩的有13个，所以是13/27。

出题者提供信息形成的隐藏条件，是找到正确答案的关键所在。在“星期二男孩”的问题中，其实也隐藏了一个条件，就是出题者已经观察了两个孩子的性别以及出生在星期几，在出题的时候已经删除了一些可能性（两个孩子都是女孩或没有一个孩子出生在星期二的情况）。所以，此时我们面对的当然也就不是所有的可能性，而只是所有可能性中的一个部分，所以概率不是 50%，而是13/27。

当然，如果把题目改成如下问题：一个家庭只有一个星期二出生的男孩，再生一个孩子也是男孩的概率是多少？

答案自然就是50%了。

综合赛凡特的问题和“星期二男孩”的问题，在博弈中我们应该注意：出题者掌握了多少信息，以及他掌握的信息是否在事实上删除掉了一些可能性。

对于这一点，懂一些量子力学的朋友更容易理解。1927年，玻尔做了“量子公设和原子理论的新进展”的演讲，提出了著名的互补原理。他指出，在物理理论中，平常大家总是认为可以不必干涉所研究的对象，就可以观测该对象。但从量子理论看来却不可能，因为对原子体系的任何观测，都将涉及所观测的对象在观测过程中已经有所改变。

把这个原理应用到博弈中，我们可以说，任何人都不可能客观地观察和描述一个事物，因为任何观察和描述都是对事实的一种改造。当人观察和描述一个事物时，由于观察者的影响，它已经不是原来的样子了。不过也正因如此，它也为我们捕捉描述者的隐含信息提供了一条幽径。甚至，它还可以帮助你赢得大奖。

管理中要杜绝“搭便车”

最好的奖励并非人人有份，而是直接针对个人（如业务按比例提成），既节约了成本（对公司而言），又消除了“搭便车”现象，能实现有效的激励。

在“智猪博弈”的模型中，“小猪等着大猪跑”的现象是由于故事中的游戏规

如何让大猪、小猪都干起活来是一个制度的问题

则所导致的。但是在现实生活中，这种“搭便车”的现象却是不合理的。

在一个群体当中，“小猪搭便车”时的社会资源配置并不是最佳状态。因为假如“小猪”的策略总是对的话，那么“大猪”就必将越来越少了。

为使资源得到最有效的配置，规则的设计者是不愿看见有人“搭便车”的，政府如此，公司的老板也是如此。

从规则制定者的角度来看，“智猪博弈”是一则激励失效的典型案例。看完这个故事，几乎所有的管理者都会自然而然地提出这样一个问题：怎样才能激励小猪和大猪去抢着踩踏板呢？

事实上，能否尽可能杜绝“搭便车”现象，就要看游戏规则的核心指标设置是否合适了。在“智猪博弈”的模型中，其规则的核心指标是：每次落下的食物数量和踏板与投食口之间的距离。

如果改变一下核心指标，猪圈里还会出现同样的“小猪等着大猪跑”的景象吗？我们来试试看。

改变方案一：减量方案，投食量仅为原来的一半。结果是小猪、大猪都不去踩踏板了。小猪去踩，大猪将会把食物吃完；大猪去踩，小猪也会把食物吃完。谁去踩踏板，就意味着为对方贡献食物，所以谁也不会有踩踏板的动力了。

如果目的是想让猪们去多踩踏板，那么这个游戏规则的设计显然是失败的。

改变方案二：增量方案，投食量为原来的两倍。结果是小猪、大猪都会去踩踏板。谁想吃，谁就会去踩踏板，反正对方不会一次把食物吃完。小猪和大猪相当于生活在物质相对丰富的“共产主义”社会，都有足够的食物，所以竞争意识都不会很强。

对于游戏规则的设计者来说，这个规则的成本相当高（每次提供双份的食物）；而且因为竞争不强烈，想让猪们去多踩踏板的目的没有达到。

改变方案三：减量加移位方案。投食量仅为原来的一半，但同时将投食口移到踏板附近。结果呢，小猪和大猪都在拼命地抢着踩踏板。等待者不得食，而多劳者多得。

对于游戏设计者来说，减量移位方案是一个最好的方案。成本不高，而收获最大，可以说是一个最佳的方案。

我们用“智猪博弈”来分析一下公司的激励制度设计。如果奖励力度太大，又是持股，又是期权，公司职员个个都成了百万富翁，成本高不说，员工的积极性并不一定很高。这相当于“智猪博弈”增量方案所描述的情形。但是如果奖励力度不大，而且见者有份（作弊的“小猪”也有），一度十分努力的“大猪”也不会有动

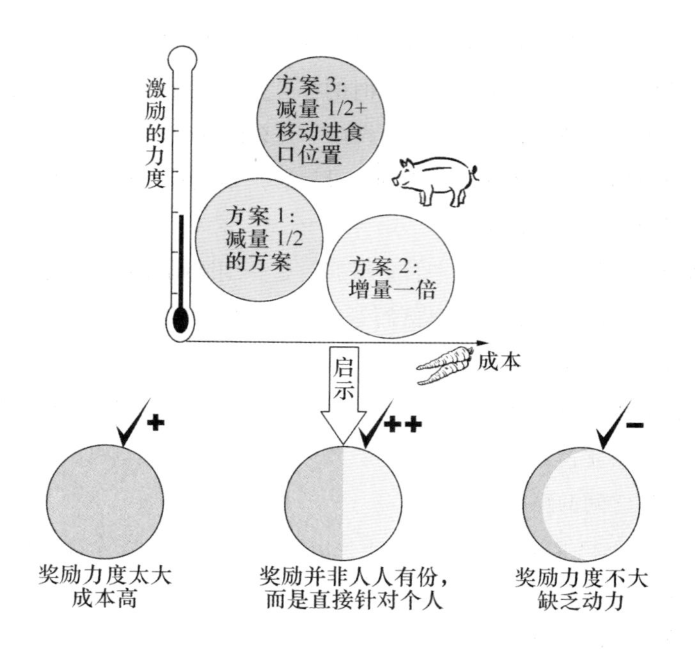

图10-1　智猪博弈中的激励方案

力了——就像“智猪博弈”减量方案所描述的情形（见图10-1）。

最好的激励机制设计就是减量加移位的办法，奖励并非人人有份，而是直接针对个人（如业务按比例提成），既节约了成本（对公司而言），又消除了“搭便车”现象，能实现有效的激励。

这个办法的总体思路，就是提高“小猪”的等待成本。

现实中，许多人并未读过“智猪博弈”的故事，但是却在自觉地使用着“小猪”的策略。如股市上等待庄家抬轿的散户；产业市场中等待出现具有赢利能力的新产品，继而大举仿制牟取暴利的游资；公司里不创造效益但分享成果的人；等等。

然而，世上的事不会总是这么简单。譬如股市“小猪”特别多，都想让“大猪”来拉动股价以从中获利。然而股市里的“大猪”往往也是些“大鳄”，他们“踩动踏板”的同时会设置大量的陷阱，以提高“小猪”们的投机成本。如此一来，又会引出许许多多的问题，稍有不慎，大的动荡便随之而来。

除了杜绝“搭便车”以外，如何平衡“大猪”和“小猪”之间的利益关系，也是需要各个领域中的专家们深入思索的问题。

因此，对于制定各种管理规则的人来说，必须深谙“智猪博弈”指标改变的个中道理。

第11章

警察与小偷博弈：猜猜猜与变变变

每双眼睛在看看看

看到我我我快要不行

每颗心都在猜猜猜

谁会带来伟大爱情

每个人都在换换换

换了他她他还是不行

——杜德伟《绕绕绕》歌词

让对手捉摸不透你

策略应当是随机的，不能让对方知道自己的策略，哪怕是策略的倾向性。一旦对方知道自己采用某个策略的可能性增大，那么自己在游戏中输的可能性也就增大了。

据报道，2006年初杭州市民孙海涛在该市知名论坛上建立了一个电子版“防小偷地图”，点开该地图，只要动动鼠标，就能知道杭州哪里最容易遭贼。这张地图问世以后，点击率颇高。此外，除了地图上已标注的那些易被盗的地点外，网民还可以把自己认为是小偷出没的地方，随意地在上面进行标注。

这张电子版的“防小偷地图”是一个三维的杭州方位图，上面较准确地反映了杭州的各条大街小巷及商场建筑。通过点击标注，网民们可以看到放大的该路段，具体可以详细到某一幢大楼的名称。被标注小偷较多的地方，多数在杭州老城区，几乎所有标注后都有跟帖描述遭贼经历。在小偷出没比较密集的地方，地图制作者的标注特别详细，连小偷的活动时间、作案惯用手法都标注得十分详细。

针对网民的防盗地图，《南京晨报》的文章追问：“为何没有‘警方版防偷图’？”按说，小偷的情况，警察了解得肯定比普通市民多，他们怎么就没有想到设计一个防偷图呢？

问题没有这么简单。《时代商报》的评论就指出，警方如果公布了类似的“小偷地图”，很可能会打草惊蛇：小偷看到地图的时候，他们肯定会转移战场。

这个回答指出了问题的另一个侧面，但是并不足够。要想把这个问题说清楚，我们要用到博弈论中的一个模型——警察与小偷博弈（见表11–1）。

某个小镇上只有一名警察，他要负责整个镇的治安。现在我们假定，小镇的一头有一家酒馆，另一头有一家银行。再假定该地只有一个小偷，要实施偷盗。因为分身乏术，警察一次只能在一个地方巡逻；而小偷也只能去一个地方行窃。若警察选择了小偷偷盗的地方巡逻，就能把小偷抓住；而小偷选择了没有警察巡逻的地方偷盗，就能够偷窃成功。

假定银行需要保护的财产价格为2万元，酒馆的财产价格为1万元。

警察怎么巡逻才能使效果最好？

一种最容易被警察采用而且确实也更为常见的做法是，警察对银行进行巡逻。这样，警察可以保住2万元的财产不被偷窃。但是此时，假如小偷去了酒馆，偷窃一定成功。可见，这种做法并不是警察的最好做法。

我们完全可以通过博弈论的知识，对策略加以改进。

警察的一个更好的做法是，抽签决定去银行还是酒馆。因为银行的价值是酒馆的两倍，所以用两个签代表银行，比如抽到1、2号签去银行，抽到3号签去酒馆。这样警察有2/3的机会去银行进行巡逻，1/3的机会去酒馆。

而在这种情况下，小偷的最优选择是：同样以抽签的办法决定去银行还是去酒馆偷盗。与警察不同的是小偷抽到1、2号签去酒馆，抽到3号签去银行。这样小偷有1/3的机会去银行，2/3的机会去酒馆。

表 11-1　　警察与小偷博弈

小偷/警察	警察巡逻银行	警察巡逻酒馆
小偷偷银行	小偷被抓	小偷窃走 2 万元
小偷偷酒馆	小偷窃走 1 万元	小偷被抓

警察与小偷之间的博弈，就如同“石头、剪刀、布”的游戏。

在这个游戏中，不存在纯策略均衡。对每个小孩来说，采取出“剪刀”、“布”还是“石头”的策略应当是随机的，不能让对方知道自己的策略，哪怕是策略的倾向性。一旦对方知道自己采用某个策略的可能性增大，那么自己在游戏中输的可能性也就增大了。因此，每个小孩的最优混合策略，是采取每个策略的可能性是1/3。在这样的博弈中，每个小孩各取三个策略的1/3是纳什均衡。

还有一种常见的混合策略博弈，就是猜硬币游戏。比如在足球比赛开场，裁判将手中的硬币抛掷到空中，让双方队长猜硬币落下后朝上的一面是正面还是反面。由于硬币落下朝上面的一面正反是随机的，概率都是1/2。那么，猜硬币游戏的参与者选择正反的概率都是1/2，这时博弈就达到了混合策略纳什均衡。

这类博弈与“囚徒困境”博弈案例有一个很大的差别，就是没有纯策略纳什均衡点，只有混合策略均衡点。这个混合策略均衡点下的策略是每个参与者的最优（混合）策略选择。

在每个参与者都有优势策略的情况下，优势策略均衡是非常合乎逻辑的。一个优势策略优于其他任何策略，同样，一个劣势策略则劣于其他任何策略。但通过警察与小偷博弈我们看到，并非所有博弈都有这样的优势策略，哪怕这个博弈只有两个参与者。实际上，优势策略只是博弈论中的一种特例，特别是当博弈是零和博弈，即一方所得是另一方的所失，此时只有混合策略均衡，对于任何一方来说，都不可能有纯粹的优势策略。

看到这里，我们就可以明白，“警方版”的防小偷地图，从博弈策略的角度来考察并不是一个很好的办法。

随机抽查的威慑

对违规行为的惩罚不仅要与其过失相称，而且要与抽查被抓住的概率结合在一起考虑。

三个数学家和三名经济学家结伴同行。数学家买了三张车票，他们精于计算，一人一票，三人三票。经济学家则另有打算，三个人只买了一张票。

数学家知道了，怀着幸灾乐祸的心情静候好戏上演。因为他们知道三个经济学家分享一张票，一定会被稽查捉个正着，罚款免不了。

稽查来查票了，经济学家远远看见他逐个座位查票，于是一窝蜂地挤入了洗手间。当稽查敲厕所门时，一位经济学家从门缝中扬了扬手中的车票，稽查看了看车票，走开了。

翌日，他们换车，这一回数学家学乖了，三人只买一张票，但经济学家连一张票也不买。数学家心情兴奋，因为估计经济学家这一趟肯定无法过关。

当稽查远远走来时，和昨天经济学家的做法一样，三名数学家第一时间挤进洗手间。当数学家听到有人敲门时，一个数学家从门缝中扬了扬手中的车票。不料，门外是经济学家冒充的稽查员，他悄无声息地把这张车票没收了。

经济学家取得这张票，以最快的速度躲进另一个厕所，当稽查来敲门时，经济学家扬了扬手中的车票而过关，但数学家因为没有票而被罚款。

笔者讲这个故事，并不是为了炫耀经济学家的机智，而是想由此分析一个近几年来在中国热得发烫而又沉重无比的词儿——春运。

2009年1月7日，杭州火车站的售票大厅里，一位大伯通宵排队买票而猝死。虽然不能说这位大伯的死全得赖到春运的头上，但不能否认的是，春运期间一票难求，通宵熬夜忍冻排队的人绝不在少数。年轻力壮的小伙子还能撑得住，但60来岁的老伯身体熬得住才怪！

买票之难，使人到了为一张票而失去生命的地步。也许任何一个国家的人民都无法想象，中国人为此所付出的代价。而与此同时，从“黄牛党”手里却总是能用高价买到票。难道就没有办法解决这个问题吗？

学者和媒体热议的是实名购票制，而有关部门的答复是逐一查验会增加拥堵。葛剑雄在《南方都市报》上发文反问：多年前我就主张春运期间买票采用实名制，有关部门至今强调“中国国情”，斥为不现实，但有没有进行过认真研究呢？……实名制购票不一定逐人检核，像印度等国对实名制所购车票只进行抽查，进站与登车时根本无人检票，并不费多少人力。如果采用实名制售票，进出站和在车上抽查一部分，难道也不可行？

事实证明，在车站和车上抽查车票和税务局查偷漏税一样，是完全现实并且能够形成有效监管的。

在生活中，抽查作为监管方的一种随机策略，能够以较低的监管成本促使人们遵守规定，因此已经被广泛应用到了很多领域当中。

在深圳，违章停车的罚金是停车场收费的很多倍。多数地方停车场的收费标准是10元，那么按照每次违停20元的标准进行处罚，能不能使司机都不再违停呢？有可能。不过，条件是交警必须在司机每次违停时都抓到他们。如果违停两次以上才被抓住一次，那么违停就是司机的优势策略。很显然，这种监管方式虽然严格，但是成本过高，把深圳的交警数量增加几倍也是不够用的。

在这种情况下，抽查就成了一个同样管用的策略，前提是提高罚金的数目，使其高达每次200元。哪怕20次违停只有1次会被逮住，已经足够让司机乖乖把车开到停车场了。这样，既能用现有数量的交警完成这项工作，同时又能达到使多数司机不敢违停的目的。

交警选择这样一种随机策略，比任何有规则的行动都更为理性而成功。而且，他们还可以在违停现象异常增加的时候，通过调整巡查的频率，来提高抓获违停的概率，从而遏制这种现象的增加。此策略成功的关键，在于监管者的行动让违规者无法预测。

实行实名售票制以后，在车站和车上抽查车票和身份证，与交警监管违停有很多相同之处。如果在进站时让每位乘客都接受检查，从而确定是不是有人没有用身份证购票，不仅浪费时间，费用高昂，而且确实也没有必要。而随机的抽查，不仅可以查出那些违规者，还能有效地阻吓潜在的以身试法者。不过，这么做和处罚违章停车一样，其成功的关键在于提高处罚的力度，甚至在实行初期使其处罚力度超出其所犯过失也是可行的。

也就是说，对违规行为的惩罚不仅要与其过失相称，而且要与抽查被抓住的概率结合在一起考虑。因为被抓住的概率低，所以要进行比必然被抓住的过失更高的惩罚。

事实上，如果连厕所也抽查的话，不仅开头故事中被抓住的数学家，就是经济学家也不敢再逃票了。

与女友会面的策略

博弈分析的目的是为了预测均衡，而均衡的多重性将使博弈分析的价值大打折扣，而聚点概念，则可以在一定程度上缓解上述两方面的矛盾。

在警察与小偷的博弈中，双方采取混合策略的目的是为了战胜对方，是一种对立者之间的斗智斗勇。实际上，即便在双方打算合作的时候，也会出现混合策略博弈。

小汪和小花是大学校园里的一对恋人。一次两人电话打到一半突然断线了，该怎么办？假如小汪马上再给小花打电话，那么小花应该留在电话旁（且不要给小汪打电话），好把自家电话的线路空出来。可是，假如小花等待小汪给她打电话时，小汪也在等待，那么他们的聊天就永远没有机会继续下去。

一方的最佳策略，取决于另一方会采取什么行动。这里又有两个均衡，一个是小汪打电话而小花等在一边，另一个则是小花打电话而小汪等在一边。

这两个人需要进行一次谈话，以帮助他们确定彼此一致的策略，也就是应该选择哪一个均衡达成共识。一个解决方案是，原来打电话的一方再次打电话，而原来接电话的一方则继续等待电话铃响。这么做的好处，是原来打电话的一方知道另一方的电话号码，反过来却未必是这样。

另一种可能性是，假如一方可以免费打电话或者电话费用比另一方低廉，而另一方则没有这样的优越条件（比如小汪的电话是包月套餐，而小花用的是计时收费电话），那么，解决方案是由前者负责第二次打电话。

但是在更多的情况下，双方并没有上面的约定或条件，那就只有自己决定是不是应该给对方打电话。那么，这种随机行动的组合就成了第三个均衡：假如我打算给你打电话，有一半机会可以打通（这时你恰巧在等我打电话），还有一半机会发现电话占线（这时你也在给我打电话）；假如我等你打电话，那么，我同样会有一半机会接到你的电话（这时你恰巧给我打电话），还有一半机会接不到你的电话（你也在等我的电话）。

在这些例子中，选择怎样的协定并不重要，只要大家同意遵守同一协定即可。

对混合策略概念的传统解释是，局中人应用一种随机方法来决定所选择的纯策略。这种解释在理论与实际上均不能令人满意。约翰·查里斯·哈萨尼（John C. Harsanyi）对此提出了更确切的解释方法。

他认为，每一种真实的博弈形势，总是受到一些微小的随机波动因素影响的。在一个标准型博弈模型中，这些影响表现为微小的独立连续随机变量，每个局中人的每一策略均对应一个。这些随机变量的具体取值仅为局中人所知，这种知识即为私有信息，而联合分布则是博弈者的共有信息。哈萨尼把这称为"变动收益博弈"。

变动收益博弈适用于不完全信息博弈理论，各随机变量的取值类型影响着每一个参与者的收益。在适当的条件下，变动收益博弈所形成的纯策略组合，与对应无随机影响的标准型博弈的混合策略组合恰好一致。哈萨尼证明，当随机变量趋于零时，变动收益博弈的纯策略均衡点，也就转化为对应无随机影响的标准型博弈的混合策略均衡点。

变动收益博弈理论提供了对混合策略均衡点具有说服力的解释：局中人只是表面上以混合策略进行博弈，但是实际上，他们是在各种略为不同的博弈情形中以纯策略进行博弈。这种解释是具有重大意义的概念创新，也是哈萨尼对博弈论所采用的贝叶斯研究方法奠定的一块基石。

举例来说，小汪接到小花的电话，说十分钟后在校园见面，但尚未说到见面地点，小花的手机就没电了。任何一个地方，图书馆、餐厅、自习室或者小树林边，只要两个人来到同一地点就行，否则男孩就准备迎接女友的电闪雷鸣吧（见表11–2）。

表 11–2　　　　约会博弈

小汪/小花	图书馆	餐　厅	自习室	小树林边
图书馆	皆大欢喜	失　败	失　败	失　败
餐　厅	失　败	皆大欢喜	失　败	失　败
自习室	失　败	失　败	皆大欢喜	失　败
小树林边	失　败	失　败	失　败	皆大欢喜

这引出了一个典型的协同博弈，其有多个纳什均衡，那么该筛选出哪一个呢？

谢林出的主意是，有一些均衡，由于两人所共知的特征而格外显眼，它是个焦点：如果今天是他们定情两周年的日子，那就到女孩子答应他求爱的小树林吧；如果没有什么特殊的情况，现在快到午饭的时候，也许餐厅就是不错的选择。

谢林把在众多的均衡（纳什均衡）中实际更可能发生的均衡，称为聚点（focal-point）。他还指出，文化、宗教、社会规范和历史传统等有助于聚点的形成。博弈分析的目的是为了预测均衡，而均衡的多重性将使博弈分析的价值大打折扣，而聚点概念，则可以在一定程度上缓解上述两方面的矛盾。

乱拳打死老师傅

采取混合或者随机策略，并不等同于毫无策略地“瞎出”，这里面仍然有很强的策略必要性。其基本要点在于，运用偶然性防止别人利用你的有规律行为占你的便宜。

一位学艺归来的拳师与老婆发生了争执，老婆摩拳擦掌，跃跃欲试。拳师心想：“我学武已成，难道还怕你不成？”

没承想，他还没摆好架势，老婆已经张牙舞爪地冲上来，三下五除二，竟将他打得鼻青脸肿，招架不住。

事情过后，有人问他：“你既然学武已成，为何还败在老婆手下？”

拳师说：“她不按招式出拳，我怎么招架？”

其实，民间早就有“乱拳打死老师傅”的说法，意即如果一切都没有章法，连老师傅都无法招架呢。这里的“乱拳”，可以看作是随机混合策略的一种形象的叫法。

有一个游戏叫作“一、二、三射击”或者“手指配对”。在这个游戏中，其中一个选手选择“偶数”，另外一个选手则得到“奇数”。数到三的时候，两个选手必须同时伸出一个或者两个手指。假如手指的总数是偶数，就算“偶数”选手赢；假如手指的总数是奇数，就算“奇数”选手赢。

那么怎样才能保证自己不被对手所赢呢？

有人的回答是“瞎出”。这话说对了一半，从博弈论的角度来看，“瞎出”也存在着一种均衡模式，必须加以计算。因为只有奇、偶两种格局，整个局面是如此对称，以至于各个选手的均衡混合策略应该都是50:50。我们验证一下：假如“奇数”选手出一个指头和两个指头的机会是各一半，那么，“偶数”选手无论选择出一个还是两个指头，到最后都无法战胜对手。

表 11-3　　　　猜手指博弈

偶数选手/奇数选手	奇数选手出一个指头	奇数选手出两个指头
偶数选手出一个指头	1/-1	-1/1
偶数选手出两个指头	-1/1	1/-1

由表11-3可知，假如“偶数”选手的策略也是50:50，那么他的平均所得就是0。同样的证明反过来也适用。因此，两个50:50混合策略对彼此都是最佳选择，它们合起来就是一个均衡。

这一解决方案就是混合策略均衡，它反映了个人随机混合自己的策略的必要性。

《三国演义》有一段写到孙、刘、曹三家赤壁鏖兵，周瑜和诸葛亮共同制定破曹之策。两人各自在掌心中写一字，同时展开，发现都是“火”字，可谓英雄所见略同。然而，在《三国志平话》中，却记载了这场博弈的另外一个版本。

《三国志平话》“赤壁鏖兵”一章说，在赤壁决战前，周瑜会集众将商议破曹之策，命众人各将意见写于掌心。结果发现众将和周瑜写的都是“火”字，只有诸葛亮写了个“风”字。他说，火攻必须要有风助，自己愿助一场大风。周瑜不信：“风雨者，天地阴阳造化，尔能起风?”

诸葛亮说，自从有天地以来，只有三人会祭风，一个是帮助轩辕黄帝降伏蚩尤的风后，一个是帮助舜帝困住三苗的皋陶，再一个就是他诸葛亮，到时他愿助东南风一阵。几天后，到了决战之日，黄盖驾诈降船进发，点起火来。诸葛亮披着黄衣，披头跣足，登上祭风台。望见西北方向火头已起，他立刻叩牙作法，其风大发。结果，曹军大败。

后面这个故事，把诸葛亮和周瑜之间的斗智写得更为精彩。其实对于诸葛亮来说，掌心里写火或风都没有关系，关键在于要和周瑜不同，以便显示出自己作为西蜀代表的独特作用来。而周瑜自然要显示他并不比诸葛亮笨，尽量要使双方的计策相同。我们假设，诸葛亮和周瑜都彼此知道双方必然会在“火”和“风”这两个字中选择，如果两个人写的一样，诸葛亮输；而如果写的不一样，周瑜输。这样，双方就形成了表11-4这样一个博弈。

表 11-4　　赤壁定策博弈

周瑜/诸葛亮	诸葛亮写火	诸葛亮写风
周瑜写火	1/-1	-1/1
周瑜写风	-1/1	1/-1

而事实上，只要周瑜写的时候，在火和风之间采取50:50的均衡混合策略，诸葛亮的输赢比也就是50:50。不过这样一来，就没法突出诸葛亮“多智近妖”的特点了。

很多情况下，我们不应该将不可预测性等同为输赢机会相等，而是应该通过系统地偏向一边来改善自己的表现，只不过这样做的时候应该确保不被识破。这与输赢机会相同的手指配对游戏是不同的。

在警察与小偷博弈中，警察系统地偏向银行，就是一种合理而且容易理解的改善方法。但是同时，警察必须打乱自己的巡逻顺序，让小偷永远处于猜测之中，没有办法获得准确预测的优势。这样，他才能降低小偷赢的概率。

从警察和小偷的不同角度计算最佳混合策略，会得到一个有趣的共同点：两次计算会得到同样的成功概率。也就是说，警察若采用自己的最佳混合策略，就能将小偷的成功概率降到他们采用自己的最佳混合策略所能达到的成功概率。

这并非巧合，而是利益严格对立的所有博弈的一个共同点。

这个结果被称为“最小最大定理”，由数学家约翰·冯·诺伊曼（John Von Neumann）创立，是博弈论的第一个里程碑。这一定理指出，在二人零和博弈中，参与者的利益严格相反（一人所得等于另一人所失），每个参与者尽量使对手的最大收益最小化，而他的对手则努力使自己的最小收益最大化。他们这样做的时候，会出现一个令人惊讶的结果，即最大收益的最小值（最小最大收益）等于最小收益的最大值（最大最小收益）。双方都没办法改善自己的地位，因此这些策略形成了这个博弈的一个均衡。

“最小最大定理”的普遍证明相当复杂，不过结论却很有用，应该记住。假如你想知道的只不过是一个选手之得或者另一个选手之失，你只要计算其中一个选手的最佳混合策略，并得出结果就行了。

所有混合策略的均衡具有一个共同点：每个参与者并不在意自己在均衡点的任何具体策略。一旦有必要采取混合策略，找出你自己的均衡混合策略的途径，就是让对手觉得他们的任何策略对你的下一步都没有影响。

听上去，这像是朝向混沌无为的一种倒退。其实不然，因为它正好符合零和博弈的随机化动机：一方面要发现对手有规则的行为，并相应采取行动；反过来，也要避免一切会被对方占便宜的模式，坚持自己的最佳混合策略。

因此，采取混合或者随机策略，并不等同于毫无策略地“瞎出”，这里面仍然有很强的策略必要性。其基本要点在于，运用偶然性防止别人利用你的有规律行为占你的便宜。

不可预测才最可怕

真正有效的激励机制，是禁止预先宣布任何顺序，而采用随机抽取。其关键一点在于可以实施惩罚的数目，完全不必接近需要激励的人群的数目。所谓杀一儆百，即惩罚一千名违法者，可以对数以百万计可能违法的人群产生阻吓作用。

公元690年，武则天废掉唐睿宗，自称圣神皇帝，改国号为周，定都洛阳。

随后，武则天利用来俊臣等酷吏，展开了一场大清洗。如意元年，尚书狄仁杰、同平章事任知古、裴行本、司礼卿崔宣礼、尚书左丞卢献、御史中丞魏元忠、潞州刺史李嗣真等七大臣，被来俊臣诬告图谋造反，被拘捕收审。

来俊臣怕武则天不信，便把伪造的狄仁杰自供状拿给武则天看，武则天还是不信，疑心是来俊臣刑讯所致，便派身边一个亲信宦官到牢里去察看狄仁杰是否受了委屈。宦官来到牢房，一眼便看到昏黄的灯光照耀下与环境极不相称的、穿着华彩绸衣安详端坐的狄仁杰。

武则天不相信狄仁杰、魏元忠这些人会谋反，但也不好无缘无故驳回来俊臣的控告。

武则天召见了前宰相乐思晦的儿子乐颖。来到大殿上，年仅九岁的乐颖神态自若，不卑不亢。乐颖就狄仁杰等人的案子说：“来俊臣凶残毒辣，罔上欺下，无恶不作。狄仁杰等人一定是被来俊臣及其党羽陷害。不信就请陛下试一下。您写一封密告狄仁杰的信，随便签上个名字派人交给来俊臣。到最后您所告的这些罪状肯定都会成立。”

武则天茅塞顿开，随意编造了狄仁杰的几条罪状，派人匿名送给了来俊臣。不久，来俊臣汇报说，狄仁杰对这些罪状都供认不讳。武则天这才知道狄仁杰等人是被冤枉了，便把他们都释放了。不久，来俊臣被全家抄斩。

乐颖的这个建议可谓是以毒攻毒。他之所以成功，原因就在于他深刻把握住了混合策略博弈的精髓。对于来俊臣来说，武则天派宦官视察监狱等方式，都是有办法预测的，他完全可以通过设计来掩人耳目，但是他做梦也想不到武则天会用“帮助”他的方式来试探他，对于这种无法预测的探察，他是防不胜防的。

策略的随机性，是博弈论早期提出的一个深谋远虑的观点。

众所周知，一个国家的军队每年都需要源源不断地征召到年龄的青年入伍。如果普通百姓大规模地违反征兵法，因为法不责众，对违法者进行处罚就成了不可能的任务。这样，如何激励到了法定年龄的青少年去登记，应征入伍，就成了一个很需要博弈智慧的工作。

不过，政府掌握着一个有利的条件：规矩是由它制定的。我们不妨想象政府有权力惩罚一个没有登记的人。那么，它怎样才能利用这一手段促使大家都去登记呢?

政府可以宣布它要按照百家姓的顺序追究违法者。所以排在第一位的每一个姓赵的人知道，假如他不去登记就会受到惩罚。惩罚的必然性已经足以促使他乖乖去登记。接下来，排在第二位的每一个姓钱的人就会认为，既然所有姓赵的都登记了，惩罚就会落到自己身上。这么依次分析下去，那些稀有姓氏欧阳、公孙和诸葛家的人也都会乖乖就范。

可是，问题在于人数是如此众多，政府数不到诸葛，甚至等不到数前几个姓，一定会发现有人没有登记，并且进行惩罚。于是后面的人就不必担心被追究了。在人数众多的情况下，可以预计到会有一个很小数目的人群出差错。如果一场博弈的参与者按照某种顺序排列，通常就有可能预计到排在首位的人会怎么做。这一信息会影响到下一个人，接下去影响到第三个人，如此沿着整个行列一直影响到最后一个人。

真正有效的激励机制，是禁止预先宣布任何顺序，而采用随机抽取。其关键一点在于可以实施惩罚的数目，完全不必接近需要激励的人群的数目。所谓杀一儆百，即惩罚一千名违法者，可以对数以百万计可能违法的人群产生阻吓作用。

我们不妨再举一个例子。在剃须刀市场上，假设吉列公司定期举行购物券优惠活动，比如每隔一个月的第一个星期天进行，那么毕克公司可以通过提前一个星期举行购物券优惠活动的方式予以反击。

当然，这么一来毕克的路数也变得具有可预见性了。吉列可以照搬毕克的策略，将自己的优惠活动提前到毕克前面去。这种做法最终会导致残酷竞争，双方的利润都会下跌。假如双方都采用一种难以预见或者多管齐下的混合策略，才有可能降低竞争的惨烈程度。

使用随机策略本身既简单，又直观，不过要想使它在实践当中发挥作用，我们还得做一些细致的设计。比如，对于网球运动员，光是知道应该多管齐下，时而攻击对方的正手，时而攻击对方的反手，还是不够的。他还必须知道，他应该将30%的时间还是64%的时间用于攻击对方的正手，以及应该怎样根据双方的力量对比做出调整。

在橄榄球比赛里，每一次贴身争抢之前，攻方都会在传球或带球突破之中选择其一，而守方则会把赌注押在其中一个选择上，做好准备进行反击。在网球比赛里，发球一方可能选择接球一方的正手或反手，而接球一方则准备在回击的时候，选择打对角线或直线。

在这几个例子里，每一方都对自己的优点和对方的弱点有所了解。假如他们的选择可以同时考虑到怎样利用对方所有的弱点，而不是仅仅瞄准其中一个弱点，那么，这个选择应该算是上上之策。

球员都很明白，必须要多管齐下，来些出其不意的奇袭。理由在于，假如你每次都做同样的事情，对方就能集中全部力量最大限度地还击你的单一策略，而且还击效果会更好。

不过，多管齐下并不等于说要按照一个可以预计的模式交替使用你的策略。若是这样的话，你的对手也能通过观察得出一个模式，从而最大限度地利用这个模式进行还击，其效果几乎跟你使用单一策略时一样好。

要记住，实施多管齐下的随机策略，成功的诀窍在于不可预测性。

运气是算不出来的

想赢别人一定要先把赢的每一个环节都考虑周到，不能让对手发现任何真实的规律。否则，想赢别人的时候，往往也正是你的弱点暴露得最明显的时候。

《清稗类钞》中记载，清代文学家龚自珍嗜赌如命，喜欢押宝赌博。在他的蚊帐顶部写满了“一、二、三、四”等数字，没事的时候，他就仰卧在床上，研究蚊帐顶上不同数字的消长之机。他逢人便自称能够以数学预测骰子的点数，夸赞自己对赌学的精通，说能够闻声揣色，十猜八九。

然而，他每次下赌场却必输无疑。有朋友取笑他说："你自夸赌技精湛，可为什么却屡赌屡输呢？"

龚自珍表情凄惨地回答："有的人才华赶得上司马迁、班固，学识可与郑玄、孔颖达并驾齐驱，可却屡屡在科考中失利，这实在是因为天上的魁星不照应他；我精于赌术却屡博屡负，大概是因为财神不照应我吧。"

难道真的是龚自珍得不到财神的照应，最后才落得赌场失意吗？实际上，这种带有宿命色彩的解释，不过是一种无奈的敷衍。

为什么这么说呢？因为押宝就像掷硬币一样，是没有什么倾向性的规律可循的。在这种情况下，就算财神爷再想照应，也没有办法改变概率的影响。

心理学家发现，人们往往会忘记这样一个事实，即投掷硬币翻出正面之后再投掷一次，这时翻出正面的可能性与翻出反面的可能性相等。这么一来，他们连续猜测的时候，就会不停地从正面跳到反面，或从反面换为正面，很少出现连续把宝押在正面或反面的情况。

在很多情况下，人们因为前面已经有了大量的未中奖人群，就去买彩票或参与累计回报的游戏。殊不知，每个人的"运气"都独立于他人的"运气"，并不是因为前人没有中奖你就多了中奖的机会。大奖就像是没有出世的孩子，在诞生之前，他的性别和生日没有人确切知道。

假如我们抛10次硬币，没有一次抛出正面，下一次抛出正面的可能性就大于上次吗？抛硬币出现正反的决定性因素有很多，包括硬币的质地和你的手劲。第11次投掷硬币翻出正面的机会，还是跟翻出反面的机会相等，根本没有"反面已经翻完"这回事。

拉斯维加斯赌场很多的老虎机上都顶着跑车，下面写着告示，告诉赌客已经有多少人玩了游戏，车还没有送出，只要连得三个大奖，就能赢得跑车云云。但得大奖的规则并无变化，每人是否幸运和前面的"铺路石"毫无关系。同样，在六合彩中，上周的号码在本周再次成为得奖号码的机会，跟其他任何号码相等。这告诉我们什么呢？

有很多东西根本是不可预测的，与其让主观猜测干扰我们的决策，不如采取纯粹的随机方式。

居住在加拿大东北部布拉多半岛的印第安人，早就意识到了这一点。这些靠狩猎为生的人们，每天都要面对一个问题：选择朝哪个方向进发去寻找猎物？

他们寻找答案的方式在文明人看来十分可笑。其方法类似于中国古代的烧龟甲占卜：把一块鹿骨放在火上炙烤，直到骨头出现裂痕，然后请部落的"专家"来破解这些裂痕中包含的信息，裂痕的走向就是他们当天寻找猎物应去的方向。令人惊异的是，这种完全是巫术的决策方法，竟然使他们经常能找到猎物，所以这个习俗在部落中沿袭了下来。

在每一天的决策活动中，印第安人无意中将波特所说的“长期战略”运用在了其中。若按通常的做法，如果头一天满载而归，那么第二天就应该再到那个地方去狩猎。在一定时间内，他们的生产可能会因此出现快速增长。但正如彼得·圣吉说的，有许多快速增长常常是在缺乏系统思考、掠夺性利用资源的情况下取得的，其增长的曲线，明显呈抛物线状在迅速到达顶点后将迅速地下滑。如果这些印第安人过分地看重他们以往取得的成果，就会陷入因过度猎取猎物而使之耗竭的危险之中。涸泽而渔，焚林而猎，所说的就是这种情形。

可以说，正是由于测不准原理的影响，如果我们刻意选择随机，反而有可能无法超越真实与谎言的对立，从而泄露出策略的某种规律性。要克服这一点，我们虽然没有鹿骨可以使用，但是仍然可以选择某种固定的规则，来使自己的策略无法被预测。

但这种规则必须是绝对秘密而且足够复杂，使对手很难破解的。反过来，假如我们真能发现博弈对手打算采取一种行动方针，而这种行动方针并非其均衡随机混合策略，那你就可以利用这一点占他的便宜。

博弈的特点就是相互猜测，你对对手的策略进行猜测，对手也在对你的策略进行猜测。取胜的基本思路是要考虑对手的思路，同时还必须考虑到对手也在猜测你，无时不在寻找你的行动规律，以便有的放矢地战胜你。

稳健是博弈的要务，想赢别人一定要先把赢的每一个环节都考虑周到，不能让对手发现任何真实的规律。否则，想赢别人的时候，往往也正是你的弱点暴露得最明显的时候。如果没有真正了解对手的策略就仓促出手，对手就可能乘机抓住你的弱点。不过反过来说，我们可以通过释放诱骗信息，而让对手以为找到了我们的规律而上当。

别被虚张声势所骗

如果对手的进攻是多方向的，战略选择是多元的，那么干扰信息就会奏效，因为它虽然会透露出你的担心，但同时也会使对手无法决定具体的进攻路线。

东晋安帝复位后，刘裕掌握了朝中大权，决定发动北伐。

公元409年，刘裕从建康出发，先出兵包围了南燕（十六国之一）的国都广固（今山东益都西北）。南燕的国主慕容超急了，向在北方势力比较大的后秦讨救兵。

后秦国主姚兴派了一名使者，到晋军大营去见刘裕，威胁说："燕国和我们秦国是友好邻国。我们已派出十万大军驻扎在洛阳。若你们一定要逼燕国，我们不会坐视不救。"

刘裕听了使者这番威胁的话，冷笑一声说："你回去告诉姚兴，我本来打算灭掉燕国之后，休整三年再来消灭你们。现在既然你们愿意送上门来，那就来吧！"

使者走了以后，参军刘穆之对刘裕说："您这样回答他，只怕激怒了姚兴。如果秦兵真的来攻，我们怎么对付？"

刘裕泰然说："你就不懂得这个理儿。俗话说，'兵贵神速'，他们如果真的要出兵救燕，必然会封锁消息，偷偷地出兵，决不会先派人警告我们。既然警告，那就恰恰说明姚兴在虚张声势，吓唬我们。我看他自己也顾不过来，哪有什么能力救人呢。"

不出刘裕所料，那时候后秦正跟另一个小国夏国互相攻打，还吃了败仗，更谈不上出兵救南燕了。没过多久，刘裕就把南燕消灭了。

博弈的过程，实际上也是参与者相互揣摩与试探的过程。在多数情况下，阻止竞争对手获得有用的信息是理性的策略。刘裕恰恰是基于对这一点的认识，判断出姚兴的反常举动不过是试图发出干扰信息。

我们来分析一下这个过程。

姚兴在接到南燕的求救信息以后，并不知道刘裕是否真的会在后秦插手的情况下继续用兵。为了达到阻止刘裕用兵的目的，姚兴发出了自己一定插手的干扰信息。发出这种信息是正确的策略吗？

如果你可以通过暗中做手脚，以虚张声势的方法吓退对手，那么在竞争中就算是占到了上风。但是问题在于，你在发出信息的时候，对手也在观察这种信息的真实意图。如果在做手脚的时候被对手发现了，情况会怎么样？

对于姚兴来说，在自顾不暇的情况下派使者发出威胁的信息，似乎可以让刘裕搞不清楚自己到底要面对多少敌人。不过，要判断效果如何，却要看刘裕在没有任何信息的情况下会怎么做。

假如刘裕已经下定了决心要扫平南燕，有90%的可能性他会继续用兵。后秦是否会出兵，只会成为其考虑战争进度的一个因素。那么在这种情况下，姚兴进行如此明显的信息干扰，显然会使刘裕更加坚定继续用兵的决心。

而假设刘裕由于各种原因，已经准备从南燕撤兵，后秦是否会出兵救援，只是他判断南燕是不是已经脆弱到难以支撑的一个因素。在这种情况下，姚兴的威胁信息会不会有效地促使其撤兵呢？十分遗憾的是，如果刘裕真的已经准备撤兵，姚兴如此大张旗鼓地进行干扰，反而会适得其反。因为此举会使他得到十分宝贵的信息，发现南燕已经十分脆弱，而且后秦也十分害怕。他反而会停止撤兵，而继续进攻。

也就是说，姚兴的干扰信息，无论在哪种情况下都无法阻止刘裕继续用兵。

不过，这并不是说发出干扰信息没有一点用处。如果刘裕是同时发兵几路来北伐，需要得到多方面的信息，那么干扰信息就可能使他不知道先攻哪一路最为有利，从而很难制定出进攻的策略和路线。

也就是说，如果你的对手面临的只是攻还是退的二元选择，你的干扰信息很难发挥效用。因为无论他的决心如何，这种干扰信息都会告诉他，继续进攻是理性的选择。而如果对手的进攻是多方向的，战略选择是多元的，那么干扰信息就会奏效，因为它虽然会透露出你的担心，但同时也会使对手无法决定具体的进攻路线。

有这样一个故事，一名交警把警车停在一间以客人酗酒而闻名的酒吧外面，准备随时逮捕那些酒后驾车的司机。

待了一会儿，他看见一个年轻人摇摇晃晃地从酒吧里走了出来，费了半天劲才找到自己的车钻了进去，然后开始发动汽车。警察得意地点了点头，全神贯注地观察着那个年轻人，准备随时出击。

然而，他却全然没有发觉酒吧里陆续有不少人出来，开着车离开了。等到停车场上的汽车几乎全部都走完了，那个年轻人还没有把车发动起来。这名警察实在忍无可忍，冲过去把那个年轻人从驾驶室里揪了出来，对他进行酒精测试。

然而测试结果令人震惊，酒精含量是0。警察怒气冲冲地要那个年轻人解释这一切，年轻人笑着说："今天我的任务是负责吸引你的注意。"

这个局的主谋一定是一位博弈论高手，因为他知道：警察既然来了，信息干扰是难以让他离开的，不过因为他要逮的并不是某一个具体的司机，让年轻人装作酒鬼来虚张声势，却可以成功地干扰他的攻击方向。

第12章

斗鸡博弈：让对手知难而退

离开你不会是一种噱头
我只是要一点呵护还嫌太多
任何结果没有谁有把握
但请你让一条路让大家好走
——《不要乱说》歌词

二虎相争必有一伤

正是因为谁也不愿意做“胆小鬼”，很多人便做了枪下之鬼。

试想，有两只实力相当的斗鸡遇到一起，每只斗鸡都有两个选择：一是退下来，一是进攻。如果斗鸡甲退下来，而斗鸡乙没有退，那么乙获得胜利，甲则很丢面子；如果斗鸡乙也退下来，则双方打个平手；如果斗鸡甲没退，而斗鸡乙退下去，那么甲则胜利，乙失败；如果两只斗鸡都前进，那么将会两败俱伤。

两只实力相当的斗鸡遇到一起，是进攻，还是撤退？

对每只斗鸡来说，最好的结果是，对方退下去，而自己不退。但是这种选择却可能导致两败俱伤的结果。

不妨假设两只斗鸡均选择前进，结果两败俱伤，这时两者的收益是-2个单位，也就是损失为2个单位；如果一方前进，另外一方后退，前进的斗鸡获得1个单位的收益，赢得了面子，而后退的斗鸡获得-1的收益即损失1个单位，输掉了面子，但没有两者均前进受到的损失大；两者均后退，两者均输掉了面子，获得-1的收益，即损失1个单位。当然这些数字只是相对的值。具体如表12-1所示。

表 12-1　　斗鸡博弈的收益矩阵

甲/乙	乙前进	乙后退
甲前进	-2/-2	1/-1
甲后退	-1/1	-1/-1

由此看来，“斗鸡博弈”描述的是两个强者在对抗冲突的时候，如何能让自己占据优势，力争得到最大收益，确保损失最小。

“斗鸡博弈”在日常生活中非常普遍。在《吕氏春秋》中，有这样一个看似荒唐但却颇有代表性的故事。

齐国有两个自吹为勇敢的人，一个住在城东，一个住在城西。有一天两人在路上不期而遇。住在城西的说：“难得见面，我们去喝酒吧。”另一个爽快地答应：“行。”

于是两人踏进酒铺喝起酒来。酒过数巡后，住在城东的说：“弄一点肉来吃吃怎么样？”

两只实力相当的斗鸡遇到一起，是进攻，还是撤退？

这时，住在城西的说："你我都是好汉，你身上有肉，我身上有肉，还要另外买肉干什么？"另一个听了一咬牙说："好！好！"

于是，他们叫伙计拿出豆豉酱作为调料，两人便拔出刀来，你割我身上的肉吃，我割你身上的肉吃。纵然血流满地，他们还是边割边吃，最后，两个人都送掉了性命。

《吕氏春秋》中讲完这个故事，感慨地评论说："勇若此，不若无勇。"意思是说，要是像这样也算勇敢的话，还不如没有勇敢的好。

从割肉相啖的提议一出口，他们就已经进入了“斗鸡博弈”中。在现实生活中很少有人傻到像上面两位“勇士”一样，但是放眼周围，类似互不示弱而两败俱伤的故事却并不少见。

“斗鸡博弈”最为典型的例子，莫过于俄罗斯轮盘赌（Russian roulette）了。

有关它的起源说法众多。一说是19世纪俄罗斯狱卒逼囚犯玩的赌命游戏，还打赌哪个囚犯会没命；另一说则是在第一次世界大战时，战败的沙俄士兵在军营里用这种游戏排遣苦闷。但不管怎样，这种赌博方式起源于俄罗斯是没有疑问的。

与其他使用扑克、骰子等赌具的赌局不同的是，俄罗斯轮盘赌的标的是人的性命。其规则很简单：在左轮手枪的六个弹槽中放入一颗或多颗子弹，任意旋转转轮之后，关上转轮。游戏的参加者轮流把手枪对着自己的头，扣动扳机。中枪的当然是自动退出，怯场的也为输，坚持到最后的就是胜者。旁观的赌博者则对参加者的性命压赌注。

正是因为谁也不愿做“胆小鬼”，很多人做了枪下之鬼。1978年，美国芝加哥摇滚乐队的首席歌手特里·卡什在参加这种游戏时，被子弹夺去了性命。在扣动扳机之前，他嘴里不停地念叨着“没事，这一发没装子弹”。

在国际关系中，20世纪美苏两个超级大国之间的军备竞赛，用“斗鸡博弈”来解释则是最合适不过的了。

如何避免两败俱伤

如果凡事一定要争个输赢胜负，那么必然会给自己造成不必要的损失。

在“斗鸡博弈”中，如果一方前进而另一方后退，那么前进的一方可以获得最大的收益值，而后退的一方也不会损失太大，因为失去面子总比伤痕累累甚至丧命要好得多。

在自然界中，所有的动物都有四种先天性的本能：觅食、性、逃跑和攻击。作为一种先天行为，同物种间的相互攻击是有一定的积极意义的：胜者可以获得更多的异性和食物。而从种群的角度来看，争斗也可以在客观上使个体的空间分布更为合理，不至于因为过于密集而耗尽食物。但攻击也有消极后果，即种族的衰落乃至消亡。因此，如何恰当地使用攻击手段是一切动物必须解决的问题。

其最主要的手段，是将同种间的攻击变成“仪式化”行为。两只公牛交锋时，各自用其巨大的牛角将地皮铲得尘土飞扬，以显示自己的力量。弱势者往往从这一仪式中认识到自己的弱势，及时退却，而强势者从不追赶。

哺乳类动物中最嗜杀的狼，也有最好的抑制能力，从不向同类真正地实施武力。如果没有了这种抑制力，狼很可能早就灭绝了。

人类作为一种高级的社会动物，除了食物与异性之外，还要追求心理的满足，包括社会地位等，这也就决定了争斗的理由比其他动物要复杂百万倍。阶级地位越是接近的个体，形成“斗鸡博弈”关系的可能性越高，关系的紧张程度也越高。因为阶级地位接近的动物，多是在争夺同样的资源。

但是也正因人类比其他的动物高级，我们也更能通过学习，来运用更高级的博弈智慧。或者说，我们的“仪式化”行为也更为复杂多样，从而能够成功地避免两败俱伤的结局。

春秋时代，郑国曾经派子濯孺子去攻打卫国。他战败后逃跑，卫国派庾公之斯追击他。

子濯孺子说：“今天我的痛风病发作了，拉不了弓，我活不成了。”

他又问给他驾车的人：“追击我的是谁呀？”

驾车的人回答：“庾公之斯。”

子濯孺子便说：“我死不了啦。”

驾车的不明白：“庾公之斯是卫国的著名射手，他追击您，您反说您死不了啦，这是什么道理呢？”

子濯孺子回答说：“庾公之斯跟尹公之他学的射箭，尹公之他又是跟我学的射箭。尹公之他是个正派人，他所选择的学生一定也正派。”

庾公之斯追了上来，见子濯孺子端坐不动，便问道：“老师为什么不拿弓呢？”

子濯孺子说：“我今天病了，拿不了弓。”

庾公之斯说:“我跟尹公之他学射，尹公之他又跟您学射。我不忍心拿您的技巧反过来伤害您。但是，今天我追杀您，是国家的公事，我也不能完全放弃。”

于是，庾公之斯抽出箭，在车轮上把箭头敲掉，用没有箭头的箭向子濯孺子射了四次，然后回去了。

在华容道上，关羽截住了曹操，曹操就是用自己之前对关羽的一番照顾，加上一句:“将军深明《春秋》，岂不知庾公之斯追子濯孺子之事乎?”从而为自己解了围。由此可见，这种仪式化的攻击观念，是深入人心并且被很多人运用过的。

人在社会上也是如此，如果凡事一定要争个输赢胜负，那么必然会给自己造成不必要的损失。在这方面，西方政坛上“费厄泼赖”式的宽容，也就是网开一面避免把对手逼入死角的政治斗争，相形之下显得更为可取。

这不仅是一种感性和直观的认识，而是有着博弈论的依据的。这种依据就是“斗鸡博弈”，其中只有一方先撤退，才能双方获利。特别是占据优势的一方，如果具有这种以退求进的智慧，提供给对方回旋的余地，也将给自己带来胜利，那么双方都可成为利益的获得者。

只是有时候，双方都明白“二虎相争，必有一伤”的道理，也都不愿意成为牺牲者，可是他们往往又过于自负，觉得自己会取得胜利。所以，只要把形势说明，让他觉得自己没有稳操胜券的能力，僵持不下的“斗鸡博弈”可能就化解了。

由此我们可以看出，在现实中运用博弈论中的“斗鸡定律”，是要遵循一定条件和规则的。哪一只斗鸡前进，哪一只斗鸡后退，不是谁先说就听谁的，而是要通过实力的比较，以及双方策略的运用。在策略的运用过程中，很重要的工具就是承诺和威胁。如果承诺和威胁运用得好，就可以在保护自己的前提下有效地影响对手的行动，从而不战而屈人之兵。

行人莫与路为仇

水为什么能够达到目的，直指大海?就因为它不会与路为仇，能巧妙地避开所有的障碍，并且把障碍转化为前进的势能。

赫格利斯是古希腊神话里著名的大力士，从来都是所向披靡，无人能敌。

有一天，他行走在一条狭窄的山路上，突然一个趔趄，险些被绊倒。定睛一看，原来被脚下的一只袋囊绊着。他猛踢一脚，那只袋囊非但纹丝不动，反而膨胀起来。

赫格利斯恼怒了，挥起拳头又朝它狠狠地一击，但它却更加迅速地胀大着。赫格利斯暴跳如雷，拾起一根木棒朝它砸个不停，但袋囊却越胀越大，最后将整个山道都堵死了。赫格利斯累得气喘吁吁地躺在地上，气急败坏却又无可奈何。

过了一会儿，走来一位智者。赫格利斯懊恼地说:“这个东西真可恶，存心跟我过不去，把我的路都给堵死了。”智者淡然一笑说:“朋友，它叫‘仇恨袋’。当初，如果你不理会它，或者干脆绕开它，它就不会跟你过不去，也不至于把你的路给堵死了。”

在生活中，我们在路上遇到的非理性的对手，有时就像这个“仇恨袋”。如果我们同对方一样采取对抗策略，就会出现僵局。

在宁波四明山归隐的梅福，把这一道理总结为：存人所以自立也，壅人所以自塞也。即成就别人实质上是成就自己，挡别人路的最后把自己的路也堵死了。

假如你和对手的车在路上进入了“斗鸡博弈”，并且确定对手不会让路，却仍然迎着对手一直开过去，结果只能是撞得头破血流。当然，除此以外，还有另外几种方案：第一，换一辆泥头车，将对手的车压扁；第二，可以叫来一辆推土机，将对手的车推到一边。

如果可能的话，这都是可以选择的策略。然而，当对方的车被压扁或被推开以后，即便对手失去了报复能力，你也会发现自己已经为这种南辕北辙的行动浪费了很多时间：毕竟，你的目的并不在于对方的车，而是为了赶路。

经典影片《猎杀U429》(In Enemy Hands)，为我们理解这一观点提供了一个形象的样本。

在第二次世界大战的大西洋战场上，一艘美国潜艇“箭鱼号”在击沉了一艘德国潜艇后也受到了重创，被迫弃船。结果，船员们被另一艘德国潜艇U429救起做了俘虏。被俘的“箭鱼号”船员刚开始登上U429时，两边人员互相敌视，德舰船员埋怨有限的粮食还得分配给美军战俘。

然而，U429也被一艘美国驱逐舰攻击受创，无法驶回德国的基地。而被救上U429的美国船员，感染了致命的传染病脑膜炎，结果导致同处于U429内的敌对双方船员大量死亡，剩下的人必须合作，才能有足够的人力继续驾驶这艘潜艇。

于是，U429的舰长决定寻求原是战俘的美国船员共同合作，将潜艇驶向距离最近的美国海岸，因为“战争会结束，我们不能跟着死”！

最后，U429同时碰上了前来追杀的德国潜艇与美国驱逐舰。美国驱逐舰击沉了德国潜艇，U429沉没，所有船员被美国驱逐舰救起。

在这部片子中所凸显的“求生存”的基本价值中，其实就包含了“行人莫与路为仇”的智慧。如果用仇视杀戮的心去揣摩对手，最后的结果只能是玉石俱焚。

也许，这已经不是“斗鸡博弈”。不过，有时我们确实会被一些对手和阻碍所折磨，我们无力解决，身心疲惫，那么为什么不试着化解？

黄龙慧南禅师有一首开悟偈：“杰出丛林是赵州，老婆勘破有来由。而今四海清如镜，行人莫与路为仇。”

水为什么能够达到目的，直指大海？就因为它不会与路为仇，能巧妙地避开所有的障碍，并且把障碍转化为前进的势能。这一点我们也可以做到。生活中应该学会绕路，更应学会化解，这是比硬碰硬更为理性的策略。

横的也怕不要命的

越愿意走到战争边缘的一方，越能够提高自己的谈判优势。这里的胆量，并不仅仅是视死如归的决心，还包括实施冒险策略的魄力。

在“斗鸡博弈”中，只会有一方获胜，双赢是不存在的。因此，它更多的是零和博弈。因此，双方在一定程度上就要比“胆量”：硬的怕横的，横的怕不要命的。

自古以来，山西霍泉在洪洞和赵城之间，两地百姓为了争夺用水权经常大打出手，轻的断腰断腿，重的一命呜呼。两地人越打越狠，后来双方断绝了一切关系，除了打架时见面之外，老死不相往来。据《山西通志》记载：“洪赵争水，岁久，至二县不相婚嫁。”

到了唐朝，上级责成两地官员想办法解决纷争。洪赵两地官员也不知道是谁出了个馊到家的主意：举办一个挑战赛，在煮沸的油锅里放十枚铜钱，两地各选代表捞钱，捞几枚就得几分水。两地官员担任挑战赛评委，当然不会在油锅里加醋、硼砂等材料玩骗人的鬼把戏，所有比赛道具都是真材实料的。

两地老百姓为了生存，只得来到比赛现场。洪洞的人们虽然不服气，但还想观望一下赵城的人有没有胆量去捞铜钱。就在此时，一名赵城的青年抢前一步走到油锅前。他大喝一声，一伸手就从油锅里捞出了七枚铜钱。

洪洞的人见状，只好服输。然而，这名青年也因严重烫伤而死。为了纪念这名青年，赵城人修建了一座好汉庙。现在当地还有这样的民谣：“洪赵二县人性硬，为争浇地敢拼命，油锅捞钱断输赢，分三分七也公平。”

这个故事印证了“横的也怕不要命的”这句话。但是在现实世界中，有很多看似疯狂甚至不计后果的举动，往往不是出自视死如归的勇士，而恰恰出自一些善于精打细算的超级战略家。因为这种表现，总是更容易使别人对他的威胁信以为真。他们老奸巨猾，精通马基雅弗利式的权力政治，善于用孤注一掷式的自杀策略，获得或者企图获得理性的策略不可能得到的利益。

1973年的10月，埃及、叙利亚等阿拉伯国家与以色列爆发了著名的“赎罪日战争”。鲜为人知的是，与此同时，美苏两个超级大国的舰队也剑拔弩张，在地中海上演了一场超级海上对峙。

当时，苏联因向叙利亚提供补给的船队遭到以色列飞机的袭击，实际上已加入了战争。作为牵制，美国3个航母战斗群从10月20日开始挑衅性地向苏联舰队逼近。

苏联舰队的“伏尔加号”、“格罗兹尼号”巡洋舰，3艘“卡辛”级驱逐舰均拥有威力强大的反舰巡航导弹，它们采用被美国人称为“自杀性”的队形，把反舰导弹全部瞄准了在场的美军的3艘航母和2艘两栖攻击舰，只要一声令下即会发起攻击，其他美军舰艇仅是次要目标。

换言之，苏海军一开始就没有打算在交战中生存下来，他们的任务就是在被击沉前发射尽可能多的导弹。

美国人也知道，早在1973年2月，苏海军已向新闻界全盘托出了其“打航母”的战法。时任地中海分舰队参谋长的萨莫诺夫少将，将其概括为“首战齐射法”：“苏军攻击舰艇编队将使用所有的舰载武器——导弹、火箭、火炮、鱼雷——向来犯的航母和舰载机开火。原因很简单，等到空袭之后什么也剩不下了，我们搞的就是自杀式进攻。”

10月25日，苏联舰队向美军发出信号：“如果美国干预苏联运输补给行动，将会遭到苏方武力回击。”

千钧一发之际，美国总统尼克松下达了撤退的命令，美海军第6舰队在严阵以待的苏联舰队面前转舵西去！

不可否认，在实力相对弱小而又不得不卷入关系到自身生死存亡的博弈时，实力弱的一方若胆量过人，也许还有胜的可能，如果胆量也弱，则必败无疑。越愿意走到战争边缘的一方，越能够提高自己的谈判优势。这里的胆量，并不仅仅是视死如归的决心，还包括实施冒险策略的魄力。在很多情况下，后者比前者更重要。

硬的怕横的，横的怕不要命的

不计后果的战略家

当种种迹象表明，你心里最想的实际并不是你的最优策略时，铤而走险的对手就会出现。

普特南是美国独立革命战争期间的重要将领之一，早期参加过法国和印度之间的战争。

在法印战争期间，有一位英国少将向普特南提出决斗。普特南知道对方的实力，如果真刀真枪地打起来，自己取胜的可能性很小。

于是，他邀请这位颇有实力的英国少将到他的帐篷里，采用另一种决斗方式——两个人都坐在一个很小的炸药桶上，每个炸药桶外都有一根烧得很慢的导火线，谁先移动身体就算谁输。

在导火线燃烧时，不少人跑了出去。导火线烧了一半的时候，英国少将显得烦躁不安，而普特南则悠然地抽着烟斗。不一会儿，旁观的人全都跑出了帐篷。少将再也受不了了，一下子从小桶上跳了起来，承认自己输了。

后来，普特南偷偷地告诉对方说："这桶里装的是洋葱，不是炸药。"

在这里，普特南获胜的秘密在于对边缘策略的运用：将双方一起置于一个灾难的边缘，迫使对方撤退！

所谓边缘策略，简单说就是创造并控制发生灾难的风险，借此迫使对手让步。在这个过程中，必须先形成"不确定的威胁"，某种程度地丧失掌握全局的自由度。由于灾难会使双方受到很大的损伤，所以才能借此改变对手的行动。

上面的这个故事，可能会让很多人认为，视死如归或者失去理性是赢得"斗鸡博弈"最关键的因素。但事实上，比失去理性更重要的是对赌局的判断和采取的策略。

我们可以用电影《王牌对王牌》中的一个情节来说明这个问题。

谈判专家丹尼劫持了警署人员以后，警方找了一个谈判员法利来和丹尼谈判。

丹尼知道法利只是个二流货色，他想要另一位著名谈判专家克里斯·西比来帮自己洗清冤屈，于是决定先逼走法利："知道吗？法利，永不能对绑架者说不，这是规矩。来，我们练习一下。我能见克里斯吗？"

法利回答："是的。"

丹尼马上接口说:“好，很好，你学得很快。能给我一支机枪吗?”

法利一时不知如何回答。丹尼追问:“快给我答案，你怎么像个小学生?”

法利继续踌躇着。

丹尼换了一个问题:“喂，你知道安芝吗? 安芝是个小姑娘，你听说过吗?”

法利下意识地顺口回答:“噢，不。”

丹尼:“怎么，不? 你又说不了，好，游戏结束了。”

室内传来“砰”的一声枪响，接下来便是一片死寂。过了一会儿，屋里传来了助理塞勒的声音:“我们都还好，只是拜托别再说‘不’了，否则我们就都没命了。”

警方马上屈服了。几分钟以后，克里斯终于赶到了。

越是敢于说出“游戏结束了”这几个字的一方，越是容易占到谈判中的上风。因为他表现得更加不怕两败俱伤。

在博弈中，左右我们判断的是经验，一种并不太科学的“归纳法”。当失败的主观概率加大时，我们会想办法避免。当种种迹象表明，你心里最想的实际并不是你的最优策略时，铤而走险的对手就会出现。当他们猜对了的时候，这种赌徒精神就会赋予那些胜利者一点传奇色彩。

但是这样做，赢的概率毫无疑问会比较低。所以，大多数人有过一两次不愉快的体验后就老实了，那种一条道走到黑的“二杆子”精神，毕竟只属于少数疯子。电影《东邪西毒》里面的欧阳锋说“要让别人不拒绝你，你就要先拒绝别人”。欧阳锋不是疯子，但是他被看作疯子这一点，却可以使他在博弈中更好地达到目标。

因为同样一个威胁，如果是由以疯狂闻名的人发出，就可以成功奏效，可是如果换了一个头脑正常、沉着冷静的人发出这样的威胁，人们就会觉得难以置信。从这个意义上讲，明显的不合理性可以变成良好的策略理性。在某些特殊情况下，甚至可以有意培育不理性的名声。

通过浪费来赚钱

也许吓退对手的收益，远远无法与“浪费”的钱相比，但除了“浪费”，确实没有更多的策略可以达到这样的效果了。

在明代冯梦龙的《智囊》中，记载了这样一个故事。

东海的钱翁本来住在小房子里，致富以后，想在城里居住。有人告诉他有一栋很不错的房屋，不少人准备买，已经有人出到700金的价钱了，房主也认同了。

钱翁看过房屋以后，竟然以1000金与卖家订了契约，并事先把300金作为定金交给了卖家。交易成功以后，他的儿子们说："这栋房屋已经议好价了，现在忽然增加300金，我们这不是在浪费金钱吗？"

钱翁笑着说："你们不了解，我们是小户人家，卖家违约把房屋卖给我们，不稍微加些钱给他，怎能堵住众人的嘴？人的欲望得不到满足，争端就不会平息。我们用千金买得700金的房屋，卖家的欲望得到了满足。这样一来，我们家就可以在这所房子里生老病死，把它作为钱氏世世代代的产业，没有意外之患了。"

果然，后来当地有不少房屋的卖主都因有人出更高的价，而要求买主补贴或转让，甚至打起了官司，只有钱氏买的这栋房子没出现问题。

故事的结局验证了钱翁向儿子所说的道理，不过这种结果的获得，并不仅仅在于卖家的欲望得到了满足，而是因为钱翁看似荒唐的"浪费"，有效地吓退了其他的竞买者。

这里面的博弈智慧在于：有时候"浪费"反而能获得战略利益。显然，在买房的博弈中，钱翁和潜在的竞买者都希望能够得到房子，且对手相信自己是一个不折不扣的男子汉，比如说如果竞买者相信钱翁买下房子的决心，那么他就会退出。而钱翁，宣告自己决心的方式就是"浪费"。

在这场交易中，交了定金以后再退出是严格愚蠢策略，如果钱翁当初要退出，就不要交300金的定金，这样对他比较有利。但也正因意识到了这一点，对手就会明白，既然钱翁已经把300金交给了卖家，他就一定会以1000金的价格把房子买到手。

钱翁出价1000金并交出300金的定金，相当于发出他一定要买下房子的信息。在这种形势下，对手就会选择退出，宁可当胆小鬼。

2007年公映的好莱坞电影《三百壮士》,所描写的是第二次希波战争时期的温泉关战役。

公元前480年，当时波斯国王薛西斯一世率46个属国的50万大军，水陆并进，迅速占领了希腊北部，8月中旬南进至温泉关。

因为这一年恰逢古希腊的奥运会，所以希腊人只派出了7000人来迎战。其中斯巴达国王李奥尼达带领了300人前来。由于波斯军获悉了潜入希腊联军背后的小径，使联军腹背受敌，李奥尼达随即命令联军后撤，自己则带着300名壮士死守隘口拒敌。

在《三百壮士》中，有这样一个发人深省的情节：波斯国王薛西斯一世与李奥尼达在战场上相见，双方进行对话。薛西斯劝李奥尼达投降，他威胁说："想要对抗我，不是很聪明的举动。因为我的敌人全死得很惨，因为我为了获胜，会很乐意牺牲手下……"

李奥尼达毫不犹豫地回答说："而我，会为了我的手下牺牲自己！"

很多观众会为李奥尼达的英雄气概所感动，但是从博弈论的角度来看，薛西斯的话反映了他能够攻略希腊的原因：乐意牺牲手下。

实际上，一个统帅乐意牺牲手下来消灭敌人，比乐意牺牲自己的策略更具有威慑力。薛西斯的策略，从本质上看也是一种更为残忍的烧钱策略——他愿意烧掉的是士兵的生命。现代社会中也存在着很多这样的博弈，比如花巨资请明星做广告、竞投黄金时段的标王等。

这些公司的老板并非不明白，广告对于销售的促进价值并没有那么大。也就是说，请明星并不值得花那么多钱。然而他就是要通过这样人人皆知的浪费，来展示自己争夺市场的决心。用这样的决心来吓退对手，才是他的真正目的。

也许吓退对手的收益，远远无法与"浪费"的钱相比，但除了"浪费"，确实没有更多的策略可以达到这样的效果了。

是狮子就要大开口

当两方都无法完全预测对方实力的强弱时，就只能通过试探才能知道。而在试探的时候，既要有分寸，更要有勇气。

两只实力相当的斗鸡，如果它们双方都选择前进，那就只能是两败俱伤。在对抗条件下的动态博弈中，双方可以通过向对方提出威胁和要求，找到双方能够接受的解决方案，而不至于因为各自追求自我利益而无法达到妥协，甚至两败俱伤。

但是这种严格优势策略的选择，并不是一开始就能做出来的，而是要通过反复的试探，甚至是激烈的争斗后才能做出来。

哪一方前进，不是由两只斗鸡的主观愿望决定的，而是由双方的实力预测所决定的。当两方都无法完全预测对方实力的强弱时，就只能通过试探才能知道。而在试探的时候，既要有分寸，更要有勇气。

如果你是一位职场人士，那么你与老板之间所进行的最为惊心动魄的博弈，一定是围绕薪水展开的。你们一个要让收入更适合自己的付出，而另一个则要让支出更适合自己的赢利目标，就像两只斗鸡在办公桌前迎头相遇。

首先，作为员工，如果想要让老板给你加薪，那么就必须主动提出来。你不提，不管用什么博弈招数都没用。

在向老板要求加工资时，除了把加工资的理由一条一条摆出来，详细说明你为公司做了什么贡献而应该提高报酬之外，最重要的应该是确定自己提出的加薪数额。你提出的数额，应该超过你自己觉得应该得到的数额。注意，关键是“超过”。鉴于你与老板之间的地位不平等，这就需要试探的勇气。事先一定要对着镜子好好练习一下这个“超过”的数额，这样见了老板就不会欲言又止、吞吞吐吐了。

一般人请老板涨工资，提的数额都不多，但是这种低数额的要求对他们是有害无益的。

你如果不在乎别人小看，就别要求涨工资，或者要求很小的幅度。那样，你会发现被分配的工作最苦最累，办公室最差，停车位最远，工作时间最长。总之，你要是不重视自己，也别指望老板会看重你。你要求的数额低，就是小看自己。

其实，在你与老板之间形成的博弈对局中，老板会综合对你的能力和价值的了解，判断出该给你加薪的幅度，并以此作为讨价还价的依据。如果你的理由充分，又有事实根据，可能跟老板对你的看法有出入，即心理学中所谓的“认知不一致”，老板会设法协调一下这两种不一致的看法。

但是，如果你不把这种“认知不一致”暴露出来，在加薪的对局中你就会处于下风，因为他一直抱着成见。你提供了不同的看法，就迫使他重新评价你，以新的眼光看待你，最后达成和解的可能性反而更高。

这就是如何在避免两败俱伤的前提下为自己争取利益的智慧，正如本节开头所说的，在需要勇气的同时，更需要揣摩与试探的策略。

和而不同的均衡

欲达而达人、欲富而富人，既是中国历史上的一种道德游戏，同时也是博弈中的一项生存规则。

在李汝珍的《镜花缘》中，讲到一个叫“君子国”的地方，这里的人个个以自己吃亏为乐事。

有一个士兵买东西，只见他拿着要买的东西在跟货主讨论:“老兄的东西这么好，价钱又这么低，真是价廉物美。你一定要把价钱加一倍，我才能买，要不然买了我也不心安。”

卖主连连摆手:“我开的价钱已经太高了，自己都觉得不好意思，想不到老兄还说我价廉物美，实在让人惭愧。你不但客气，还要加倍给钱，我无论如何不能接受。”

士兵愤愤不平地说:“明明是价廉物美，你反而说我客气，这不是颠倒黑白吗?凡事都要讲究公平合理，你可别把我当傻瓜。”

接下来，士兵要加倍给钱，但货主怎么也不答应，两个人争执起来。最后，士兵赌气，照货主的开价给钱，但只拿了一半的东西就要走。货主急了，一边嚷着一边拦住他不让他走:“钱给多了，给多了。”

无奈之下，他们只好请路边的一个老人来评理。好说歹说，最后决定让士兵以八折的价钱把东西拿走，这才算平息了纠纷。

在日常生活中，我们买东西的时候总是希望价钱越低越好，而卖主总是希望价钱越高越好。但上面故事里“君子国”的人正好相反，买东西的人要抬价，卖主却要压价，确实是名副其实的“君子国”。

不过，这两种矛盾都是“斗鸡博弈”的不同变形，而且“君子国”只能存在于小说中。著名经济学家茅于轼在他的作品中也引用了这个故事，并且指出：以自利为目的的谈判具有双方都同意的均衡点，而以利他为目的的谈判则不存在能使双方都同意的均衡点。在一个社会中，如果每个人都大公无私，奉行完全的利他主义，不仅避免不了纠纷，而且这个社会根本就无法运转和存在。

反过来说，多数人把博弈看成是你死我活的竞争，必欲除去对手而后快。就像打乒乓球时，你给对手的球越刁钻，对手打回来的也越刁钻。但无论处于什么样的地位，对手都是打不死的。如果非要赶尽杀绝，那么对手就会以命相拼，使出同归于尽的招数，比如公布行业的黑幕。

为了取得真正的长远的胜利，你必须用一种新的思维和策略，使你的成功建基于对手的利益之上。

台湾的“经营之神”王永庆先生，于1916年1月出生于台北市，15岁辍学当学徒，16岁开了一家米店。创业初期，16岁的王永庆靠一家家地走访附近的居民，才说动了一些住户同意试用他的米。为了打开销路，王永庆努力为他的新主顾做好服务工作。

他主动为顾客送货上门，还注意收集人家用米的情况。家里有几口人，每天大约要吃多少米，估计哪家买的米快要吃完了，他就主动把米送到那户人家去。这种服务方式大为成功，经过一年多的客户积累，他的米店的营业额大大超过了同行，越来越兴旺。

学者赵汀阳曾经受春秋时期出现的“和而不同”思想的启发，提出了一个使双方利益关系绝对挂钩的策略，他称之为“和策略”：对于任意两个博弈方X、Y，和谐是一个互惠均衡，它使得X能够获得属于X的利益x，当且仅当，Y能够获得属于Y的利益y；同时，X如果受损，当且仅当，Y也受损；并且X获得利益改进x+，当且仅当，Y获得利益改进y+，反之亦然。于是，促成x+ 出现是Y的优选策略，因为Y为了达到y+ 就不得不承认并促成x+，反之亦然。

在“和策略”的互惠均衡中所能达到的各自利益改进均优于各自独立所能达到的利益改进。从逻辑结构上看，“和策略”是一个互相依存、互为条件的关系，大概相当于逻辑中的互蕴关系。

事实上，对于这个策略，古人另有一种表达：以富而能富人者，欲贫不可得也；以贵而能贵人者，欲贱不可得也；以达而能达人者，欲穷不可得也。

这句话的意思是说，发了财后能让别人也发财的，想穷也穷不了；当了官后能让别人也当官的，想下也下不来；交了好运后能让别人也交好运的，想倒霉也倒霉不了。

肯·宾默尔在其《博弈论与社会契约》中指出：哲学家喜欢研究对生活问题的道德解决，并且把道德想象成康德式的理性先验绝对命令，但道德游戏终究必须同时是生存游戏，否则根本行不通。如果道德原则在生存博弈中是没有效率的，那么就是坏的原则。

也就是说，欲达而达人、欲富而富人，既是中国历史上的一种道德游戏，同时也是博弈中的一项生存规则。历史证明，这个规则屡试不爽。

保护自己的武器

站在别人的立场上想一想，就是为自己未来的遭遇着想。

有一个天才的工程师死后到天国报到，天国守门人看了看他的档案，说：“你走错地方了，所有的工程师都应该到地狱报到。虽然我也觉得不太对劲，你还是乖乖地到地狱去报到吧。”

在地狱住了几天之后，他觉得地狱的温度太高，住起来相当不舒服，于是动手设计了一套空调系统，使得地狱不再水深火热了。过了一阵子，他又觉得地狱的运输系统不方便，所以又设计了一套地铁系统。然后他又觉得地狱生活太无聊，于是又设计了有线电视和互联网。

地狱的生活水准经过他的改进之后，已变得相当舒服了。为了向上帝夸耀地狱的进步，撒旦用最先进的影像电话打电话到天国。上帝接起电话，看到撒旦之后，纳闷地问：“你的气色看起来好极了，到底怎么回事？”

撒旦说：“我们这里最近收了一个工程师，他把我们这里改进得比天国还舒服呢！”

上帝说：“不对呀，工程师都应该上天堂的。你们一定在手续上动了手脚。”

撒旦说：“不，这是一个意外。如果你想要回这个工程师的话，拿1吨金子来吧。”

上帝说：“我劝你最好赶快把他送过来，不然我要找律师告你！”

撒旦听了忽然大笑不已。上帝很纳闷，问撒旦：“你在笑什么？”

过了半天，撒旦好不容易才止住笑，反问上帝：“你以为律师都在哪里？”

这是一个笑话，可是从博弈的角度来看，却发现其中大有玄机。

一方面，多数谈判中，如果双方没有达成一致，虽然无法获得交易所带来的利益，但东西的价值不一定会被破坏。另一方面，只有当局中人可能遭遇意外，而且这种意外必然造成伤害时，才可能出现“斗鸡博弈”。

在上面的故事中，当上帝发现天堂可能因为地狱条件改善而失去吸引力，成为意外拒绝工程师的牺牲品时，他就向撒旦发出了打官司的威胁。这时，双方就形成了“斗鸡博弈”。

图12-1所表示的就是这样一个博弈局面。双方在谈判时都可以选择强势或者弱势。如果上帝必须仰赖地狱的条件恶劣才能维持自己的吸引力，不能让地狱像天堂一样舒适时，那么双方都很强硬（左上角的方格），上帝将遇到很大的麻烦。

假设这个天才的工程师对上帝来说顶多价值半吨的金子，那么，在正常情况下上帝最多会拿半吨金子来赎回他。但是我们再进一步假定，如果撒旦通过改善地狱的条件，有办法使上帝再损失两位天才工程师，那么他便可以威胁说：如果你不拿一吨金子的话，我就会继续给你制造损失。撒旦知道，有能力找麻烦可以无形中增加谈判的优势。他相信，如果有更多的人被吸引到地狱里来，上帝的麻烦就大了。因此上帝会愿意出高价赎回这个天才工程师。

不过反过来说，如果撒旦高估了自己伤害上帝的能力，而要价太高，那么上帝

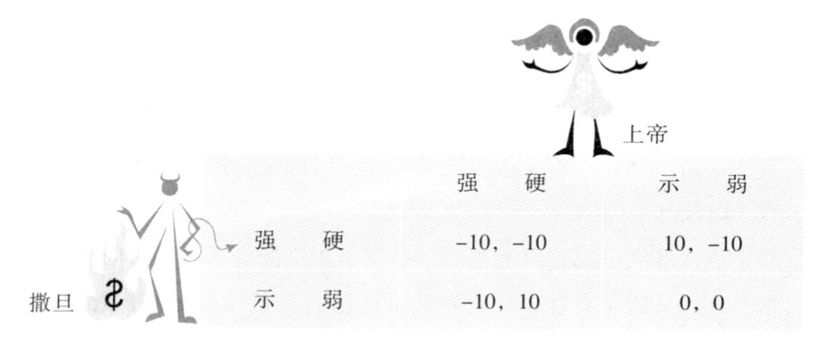

	强硬	示弱
强硬	-10，-10	10，-10
示弱	-10，10	0，0

图12-1　上帝与撒旦的博弈

注：10代表获得工程师的收益，-10代表双方开战的收益，0代表保持现状的收益。

可以很快采取措施，把天堂布置得比以前更为舒适，这样就可以大幅降低因为这次意外事件所造成的损失。等他重新巩固了天堂对地狱的优势之后，便可以撤销原本对这个天才工程师的出价了。

需要注意的是，在上帝与魔鬼之间的这场谈判中，虽然一方得到工程师就意味着另一方会失去他，但是这并不意味着双方就要进行你死我活的竞争。因为双方都知道，假如双方谈判破裂而导致开战的话，双方都会遭到更大的损失。

上面这场博弈给了我们两个方面的启示。

一方面，上帝与魔鬼之间的博弈，和很多博弈一样，都是对立与共存同时存在的，他们是一条绳上相互依存的两只蚂蚱，尽管处于对立地位，但双方的关系属于长期关系。在长期的关系中，一般不应通过直接找麻烦来进行威胁，以试图增加自己的短期收益。但同时上帝也应意识到，如果撒旦认为地狱的条件已经无以为继，自己即将破产，那么他就会想尽量最大化其短期得益，根本不在乎长期的损失。

从这个博弈中可以看到，只有当你的对手还没到山穷水尽的地步，仍然在乎长期的收益，你才能相信他不会为了短期的收益而撕破脸皮。著名作家米兰·昆德拉说：站在别人的立场上想一想，就是为自己未来的遭遇着想。事实上，通过上面的分析我们可以发现，站在对手的立场上想问题，不仅仅是一种美德，更是一种赢的策略。

另一方面，在博弈时，每一方只要在遭受敌方第一次袭击后有还手的能力，而且这种二次打击能力足够置先进攻的一方于死地，那冲突就不会发生。因此，在“斗鸡博弈”中，如果你想通过威慑战略保护自己，那么关键在于保护好你的武器，而不是你的收益。关于这一点，我们将在下一章详细讨论。

第13章

协和谬误：有舍有得的人生策略

欲罢不能

无论喜与悲

与我同醉

笑看人生看淡那是与非

——《把酒当歌》歌词

不要在失败中越陷越深

我们常常由于想挽回已经无法收回的东西，而做出很多不理性的行为，从而陷入沉没成本的泥潭。

小亚莉的妈妈花2000元给亚莉买了一架电子琴，可亚莉生性好动，对音乐没有什么兴趣，电子琴渐渐落了灰。

不久，亚莉妈妈的同事介绍说，有一位音乐学院钢琴专业的老师可以给亚莉做家教。亚莉妈妈决定请家教，理由是："电子琴都买了，当然要好好学，请一个老师教教，要不这个琴就浪费了！"

于是，以每月500元的付出又坚持了半年，最终不得不放弃了。为了不浪费2000元的电子琴，亚莉妈妈继续浪费了3000元的家教费。

当你进行了一项不理性的购买后，应该忘记已经发生的购买行为和你支付的成本，只需要考虑这项消费之后需要耗费的精力和能够带来的好处，再综合评定它能否给自己带来正效用。如果发现答案为否，应该及早停掉，不要吝惜已投下去的各项成本：精力、时间、金钱……

亚莉妈妈所陷入的困境，在博弈论上称为"协和谬误"。

20世纪60年代，英法两国政府联合投资开发大型超音速客机，即协和飞机。该种飞机庞大豪华并且速度快。开发这种巨型飞机可以说是一场豪赌，单是设计一个新引擎的成本就可能高达数亿元。想开发这种飞机，实际上是等于把公司作为赌注押上去了，难怪政府也会牵涉进去，竭力要为本国企业谋求更大的市场。

项目开展不久，英法两国政府发现：继续投资开发这样的机型，花费会急剧增加，但这样的设计定位能否适应市场还不知道；然而停止研制也是可怕的，因为以前的投资将付诸东流。随着研制工作的深入，他们更是无法做出停止研制工作的决定。协和飞机最终研制成功，但因耗油大、噪音大、污染严重以及成本太高等问题，并不适合市场竞争，最终被市场淘汰，英法政府为此蒙受了巨大的损失。

在飞机的研制过程中，如果英法政府能及早放弃飞机的开发工作，本来可以使损失减少，但他们没能做到。直到协和飞机被迫退出民航市场，才算是从这个无底洞中脱身。

在这里，我们说英法政府是遇到了“沉没成本效应（Sunk Cost Effects）”。所谓沉没成本，又称沉落成本、旁置成本，是指业已发生或承诺、无法回收的成本支出，比如因失误造成的不可收回的投资。凡是你在正式完成任务之前投入的成本，无论是金钱还是时间和精力，一旦任务不成功，就会白白损失掉，成为沉没成本。如果对沉没成本过分眷恋，只会继续原来的错误，造成更大的亏损。

沉没成本会对决策有如此重大的影响，以至于很多聪明一世的人都无法自拔。对于这一点，炒股的朋友更容易理解。因为他们或多或少都有由浅入深被套的经历，原因就在于最初的“不甘心”。如果在股票发生亏损后能够及时止损，就可以把损失降到较低的限度。而一旦犹豫不决，沉没成本就会越来越大，就更不愿意做壮士断腕之举，导致最终难以自拔。

从理性的角度来说，沉没成本不应该影响我们的决策，更不应影响我们的生活。然而，我们常常由于想挽回已经无法收回的东西，而做出很多不理性的行为，从而陷入沉没成本的泥潭。

对沉没成本的解释

人们往往在把预算内的钱扔完之后，继续补充预算，扔进更多“无辜”的钱。

对于为什么会出现“沉没成本效应”，很多学者都尝试进行解释。概括起来，主要有以下几种比较有代表性的说法。

阿克斯和布鲁纳认为，这是避免浪费资源的动机使然。我们投入了很多资源，一旦不再考虑这些投资成本，就会变成一种资源浪费。一般情况下，不愿意让资源浪费，是“沉没成本效应”大量出现的心理原因之一。因为虽然可以有更好的选择，但是浪费资源给人的感觉总归是“不道德”的。

而美国经济学家布鲁克纳等人则认为，“沉没成本效应”是因为我们“掉进了陷阱”。所谓掉进陷阱，是指我们必须通过连续投入实现最终目标时，往往认为未来再承受较小的损失是值得的。以等待公共汽车为例，在长期等待之后，是否需要换乘出租车呢？这与金钱的沉淀情形一致，因为等待的时间已经支付出去了，我们就不愿意乘坐出租车，而是愿意继续等待公共汽车：反正已经等了一个小时，再等半个小时与改乘出租车相比较起来，就成了一种比较小的损失。因此，陷阱理论对于“沉没成本效应”的解释很重要，这是因为连续的损失，可以通过未来的投资得到补偿。

美国社会心理学家利昂·费斯汀格提出的“认知不一致理论”，也可以对这一效应进行解释。这一理论说，我们一旦对某项目的大量任务进行了支出，那么任务的重要性就会被重新高估。与以前没有投资支出的时候相比，这种高估会导致我们对项目进一步扩大资源支出。在这种情况下，与没有沉没成本的人相比，有沉没成本的人往往会过高估计项目成功的可能性。因此，人们往往在把预算内的钱扔完之后，继续补充预算，扔进更多“无辜”的钱。

这一解释，与我们要重点介绍的“期望理论”的解释十分契合。

“期望理论”是由曾经获得诺贝尔经济学奖的美国经济学家丹尼尔·卡尼曼和阿莫斯·特沃斯基所创立的，它从人自身的心理特质、行为特征出发，揭示了影响选择行为的非理性心理因素，为研究不确定情况下的人为判断和决策方面做出了突出贡献。

他们认为，可供选择的结果与某些重要的参照状态比较时，会导致估价收益和损失具有相对意义而不是绝对意义。“期望理论”的三个命题，可以用来解释沉没成本对决策的影响。首先，假设个人能够依据参照点估计收益和损失的结果；其次，假设个人受确定性效应的影响，确定的结果要比可能的结果好；最后，对于收益的效用函数假设是凹的，而损失的效用函数是凸的，并且比收益陡峭。

“期望理论”对于收益和损失总是有一个参照点，在给定项目情况下，参照点将是投资成本与总资源支出量的比例关系。此时，我们用沉没成本与某个总预算支出的比率形式表示，即给定同样的成本支出，当且仅当沉没成本在预期预算中有较高比例，个人才应该继续投资。同时，人们对各种刺激的敏感性是不同的，当连续行动决策受沉没成本影响时，连续的可能性将是沉没成本数量的函数。

价值函数是关于风险决策的一种描述性模型，主要特征之一是人们并不根据最终资产，而是根据一个参照点对选择进行评估。如果一个选择的结果在参照点之上，这个选择就被视为盈利；相反在参照点之下，选择的结果就被认为是损失。

因为边际效用递减，价值函数对盈利来说是凹的，而对损失则是凸的。价值函数的这种S形状，表明人们在盈利条件下通常是风险厌恶的，而在损失条件下是风险寻求的。价值函数的另一个特征是它对损失比对盈利更陡峭。这意味着损失显得比盈利更突出。例如100美元盈利的压力，要比100美元损失的压力小很多。参照点通常与现有资产相关，即与现状有关。然而，他们指出“一些情形下，人们对损失和盈利的认识，与不同于现状的期望或渴望水平有关”。

“期望理论”对“沉没成本效应”的解释，意味着以前的投资没有被全部折现。在这些事例中，人们的期望不是从现状开始（图13-1中的A点），而是从价值函数损失的一侧开始（图13-1中的B点）。根据这一解释，以前的投资被看作是损失，当决策者评估下一次的行为时，仍存在于决策者的大脑中。

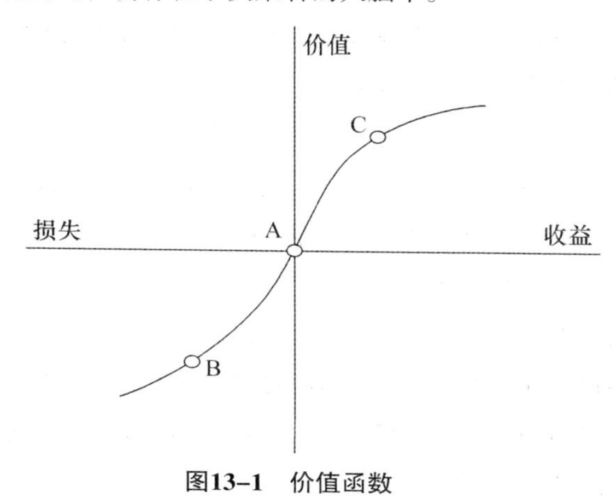

图13-1　价值函数

因为价值函数对损失来说是凸的，进一步的损失不会引起价值的更大规模减少。相反，从B点开始，盈利会引起价值的大规模增加。希望有好的结果（也可能使损失进一步增加）而向沉没成本增加资金，这种有风险的再投资比完全撤出投资（会导致肯定的损失）更有可能发生。

以上各种心理解释，都指出了“沉没成本效应”存在的合理性。除非风险相同，否则，消除风险偏好，可以避免出现“沉没成本效应”。

决策中学会归零

无论沉没成本是由自己还是别人的原因造成的，既然已经无可挽回，那么我们都不应纠缠不休，而应该权当什么也没发生，尝试以一种归零的心态来进行下一步的决策。

有一个人在他23岁时被人陷害，坐了9年的牢。后来冤案告破，他走出了监狱。

出狱以后，他开始了多年如一日的反复控诉和诅咒:“我真不幸，在最年轻有为的时候竟遭受冤屈，在监狱里度过了人生最美好的一段时光。我不明白，上天为什么不惩罚那些陷害我的家伙，即使将他千刀万剐也难以解我心头之恨啊！我真后悔当初怎么会相信这些人面兽心的家伙……”

在怨悔交加中，他活到73岁，终于卧床不起。一位牧师来到他的床边，说:“可怜的孩子，去天堂之前，忏悔你在人世间的一切罪恶吧……”

牧师的语音刚落，病人就声嘶力竭地叫道:“我没有什么需要忏悔，我需要的是诅咒，诅咒那些造成我不幸命运的人……”

牧师问:“您因受冤屈在监牢待了多少年？离开监狱后又生活了多少年?”

他将数字告诉了牧师。牧师叹了一口气:“可怜的人，您真是世上最不幸的人，对您的不幸，我真的感到万分同情和悲痛！但别人害您被囚禁了9年，您却用仇恨、抱怨和诅咒囚禁了自己整整41年!”

发生在我们身上的任何一种损失，一定有我们自身的原因在里面。如果问题发生以后，我们不仅不知反省，反而花加倍的时间来为自己开脱，只能使自己的损失更加扩大。为一件事情发火，不惜损人不利己，不惜血本、不惜时间地进行报复，不是一样无法从沉没成本中自拔吗?

无论沉没成本是由自己还是别人的原因造成的，既然已经无可挽回，那么我们就不应纠缠不休，而应该权当什么也没发生，尝试以一种归零的心态来进行下一步的决策。

那么具体来说，怎么才能让自己摆脱沉没成本的羁绊呢?

一个比较明智的做法是，在一些事情的沉没成本变得不可接受之前，及时放弃它。具体来说，一是在进行一项工作之前的决策要慎重，要在掌握了足够信息的情况下对风险进行全面的评估；二是沉没成本一旦形成，就必须要承认现实，认赔服输，避免造成更大的损失。

在很多情况下，我们就像伊索寓言里的那只狐狸，想尽了办法，付出了努力，但却由于客观原因最终没有吃到那串葡萄。这时，即使坐在葡萄架下哭上一天，暴跳如雷也是无济于事的，反而不如用一句“这串葡萄一定是酸的，让馋嘴的麻雀去吃吧”来安慰自己，求得心理上的平衡。

因此我们可以说，酸葡萄心理不失为一种让我们摆脱沉没成本的困扰，接受现实的好方法，而且可以消除心理紧张，缓和心理气氛，减少因产生攻击性冲动和攻击行为而造成的进一步的损失。

1934年，神学家尼布尔写下了一篇著名的祷告文：My God grant me the serenity to accept the things I can not change.The courage to change the things I can.And the wisdom to know the difference.

这段话翻译过来就是：祈求上天赐予我平静的心，接受不可改变的事；给我勇气，改变可以改变的事；并赐予我分辨此两者的智慧。

事实确实如此，生活中最大的效率其实在于：真正有勇气来改变可以改变的事情，有度量接受不可改变的事情，有智慧来分辨两者的不同。

既然错了就面对现实

当你知道自己已经做了一个错误的决策时，就不要再对已经投入的成本斤斤计较了，而要看对前景的预期如何。

母亲让孩子拿着一个大碗去买酱油。孩子来到商店，付给卖酱油的人两角钱，酱油装满了一碗，可是提子里还剩了一些。卖酱油的人问这个孩子："孩子，剩下的这一点酱油往哪儿倒？"

"请您往碗底倒吧！"说着，这孩子把装满酱油的碗倒过来，用碗底装回剩下的酱油。碗里的酱油全洒在了地上，可他全然不知，捧着碗底的那一点酱油回家了。

孩子的本意是希望母亲赞扬他聪明，善用碗的全部。而妈妈却说："孩子，你真傻。"

实际上，很多人都在扮演这个故事中的孩子，自作聪明地企图把碗的全部空间都用上，期望可以把酱油全部拿回家，最后却因小失大。

这就像黑熊掰玉米的故事一样。当我们企图把所有的赢利空间都运用殆尽，想尽可能多地获得一些东西时，一定要考虑一下，你是不是也像只有一只碗的孩子，或者只有两只胳膊的黑熊。

本节开头那个孩子打酱油的故事还有第二部分。

他端着一碗底的酱油回到家里，正在做饭的母亲问道："孩子，两角钱就买这么点酱油吗？"

他很得意地说："碗里装不下，我把剩下的装碗底了。你着什么急呀，这面还有呢！"

说完，孩子把碗翻过来，把碗底的那一点酱油也洒光了。

我们做任何事情都是有代价和成本的，就像用碗底装酱油的代价就是碗里的酱油都洒掉了。不过，既然已经做错了，把酱油洒掉了，接下来所能做的，就只有保护碗底的这点酱油不再洒掉。可惜的是，我们在很多时候都像这个傻孩子一样，因为无知或者挽回错误的冲动，把碗又翻过来看，把碗底的酱油也洒掉了。

古人说，人非圣贤，孰能无过。但做错了事以后如何面对，却直接关系到为错误付出的代价。

一旦做错了一件事，这件事也就算结束了，我们在检讨过之后，就必须全力以赴地去做下一件事。人生就像跨栏赛，我们不应该碰倒栏杆，只要在最短的时间内跳过去就是了。但如果碰倒了，也只能由它去，如果一味地为碰倒的栏杆而惋惜和后悔，那么最终的成绩必然会大受影响。我们必须要有“不悔”的勇气与智慧，放弃那些已经无可挽回的东西。

我们可以换一个角度来看问题，考虑一下：在没有付出成本或者付出成本比较低的情况下，你会如何决策。

比如说，你以每股8元买进一只股票，但现在的价格是每股6元，你应该抛售吗？

做这个决策时，你要换位思考一下：假如我手里没有这只股票，我会买吗？假如我是以每股4元或者每股2元买入这只股票的，在已经赢利的情况下会继续持有吗？如果这两个答案是肯定的，那么即使现在已经赔了2元，你也不应把它出手。假如答案是否定的，那就证明你对这只股票的前景并不看好，所以最好还是割肉抛了它。

也就是说，应当把这两种情景（购买和抛售）当作一体的两面来思考。在一些大的项目上面，实际上也应该运用这种思维方式。

亿万富豪张果喜曾经在海南投资两亿元，兴建果喜大酒店。在工程兴建一半时，由于海南投资过热，正赶上国家宏观政策调控，投资热马上冷了下来，结果海南的旅游市场也随之变得不景气了。张果喜说：“当时我意识到，海南的旅游市场还需要几年的调整期，此时如按计划继续投资，定会给企业带来高额亏损。”

当你知道自己已经做了一个错误的决策时，就不要再对已经投入的成本斤斤计较了，而要看对前景的预期如何。而对前景的观望，使张果喜做出了一个明智的决定：停止投资。

当我们知道有些酱油已经洒掉了，无法挽回的时候，最明智的做法就是抑制住自己把碗再翻过来的冲动。因为这种冲动，有可能把剩在碗底的那一点酱油也搭进去。

亏了就要果断止损

要让自己摆脱沉没成本的羁绊，有一样东西是十分重要的，那就是勇气。有勇气在一些事情的沉没成本变得不可接受之前，及时放弃它。

所谓“鳄鱼法则”，原意是假定一只鳄鱼咬住了你的脚，如果你用手去试图帮助你的脚挣脱，鳄鱼便会同时咬住你的手。你越挣扎，被咬住的就越多。实际上，明智的做法是，一旦鳄鱼咬住了你的脚，你唯一的办法就是牺牲一只脚。“鳄鱼法则”告诉我们：当你发现自己的行动背离了既定的方向，必须立即止损，不得有任何延误，不得存有任何侥幸。

美国通用公司的前CEO杰克·韦尔奇，曾经把许多业绩不在业界前两名的事业部门关闭，某家银行把700多亿元的不良资产出售给资产管理公司，这些都是痛苦的决定。但为了整体的利益，他们都当机立断，拿出勇气和魄力来进行壮士断腕式的放弃。可很多人在生活中，却会下意识地“把手伸进鳄鱼嘴里”，无法放弃或停止已经失去价值的事情。

我们要让自己摆脱沉没成本的羁绊，有一样东西是十分重要的，那就是勇气。有勇气在一些事情的沉没成本变得不可接受之前，及时放弃它。麦肯锡资深咨询顾问奥姆威尔·格林绍说：“我们不一定知道正确的道路是什么，但一定不要在错误的道路上走得太远。”这句话可以说是对“鳄鱼法则”的经典概括。

唐代李肇的《国史补》中有这么一则故事。

通往渑池的路很窄，有一辆载满瓦瓮的车由于陷进了泥坑，堵塞了这条道路。正值天寒，冰封路滑，进退不得。拖延到黄昏，车后面积聚了数千车辆无法通行。

这时，一位叫刘颇的商人从队伍的后面扬鞭而至，看到瓮车的主人仍然在做着近乎徒劳的努力，企图拉出在泥坑里越陷越深的车。

刘颇上前询问车的主人：“你车上载的瓮一共值多少钱?”

主人回答说：“七八千。”

刘颇马上吩咐仆从取来自己车上载的粗帛，按这个价钱付给车的主人，然后命人登车解绳，把车上的瓮全部推落路边的崖下。车辆空载以后马上出了泥坑向前行，道路也就立刻畅通了。

当机立断，以七八千钱解数千车辆困厄，此事显示出了古人刘颇出众的眼界和气魄。后来诗人元稹在《刘颇诗》中赞叹说："一言感激士，三世义忠臣。破瓮嫌妨路，烧庄耻属人。迴分辽海气，闲踏洛阳尘。傥使权由我，还君白马津。"其中"破瓮嫌妨路"一句，指的就是这个典故。

愚蠢的坚持无益处

一个非得把每件事都做完不可的人，驱动力过强，可能导致他的生活没有规律、太过紧张、太过狭窄。这就远远背离了生命的原意。

有一人在农村老家旧屋子的麦缸里发现了一只死老鼠。经过一番勘察，他明白了这起"悲剧"的前因后果——

这只老鼠因为偷吃麦子，掉进了缸里爬不出来。但这是一只坚强而有主见的老鼠，它开始在缸底咬起来，终于在缸底咬了一个洞。

但它没有想到的是，它咬透的洞正好被一根粗大的圆木顶住了。于是它又开始咬这条粗木。可是它咬的方向却是顺着圆木的中心。它咬了二尺多深，终于又饿又渴，精疲力竭地退回到缸里，力竭而死。

在为这只坚忍不拔的老鼠惋惜的同时，我们也得到一些启示：有时放弃比坚忍不拔更重要。当我们在人生的路上举步维艰时，所要做的或许并不是坚持到底，一条路跑到黑；而是停下来观察一下，问一问自己：选择的这个方向对不对？是不是已经到了应该放弃的时候？管理学家菲尔茨说：如果一开始没成功，再试一次，仍不成功就应该放弃，愚蠢的坚持毫无益处。

心理学研究发现，人们做事天生有一种有始有终的驱动力。请试画一个圆圈，在最后留下一个小缺口。现在请你再看它一眼，你有没有要把这个圆完成的冲动。这种心理叫作"趋合心理"，是形成人们完成一件事的内驱力的原因之一。

1927年，心理学家蔡戈尼做了一个试验。她将受试者分为甲乙两组，让他们同时演算相同的并不十分困难的数学题。让甲组一直演算完毕，而在乙组演算中途，突然下令停止，然后让两组分别回忆演算的题目。其结果是，乙组的记忆成绩明显优于甲组。这是因为尽管人们在面对问题时会全神贯注，但一旦解开了就会松懈不再在意，因而会很快忘记。而对解不开或尚未解开的问题，则要想尽一切办法去解开它，因而其会一直潜藏在大脑里。

这种深刻记忆解答未遂的问题的心态，叫“蔡戈尼效应”：人们会忘记已完成的工作，因为欲完成的动机已经得到满足；如果工作尚未完成，动机因未得到满足而会使之留下深刻印象。

对大多数人来说，“蔡戈尼效应”是推动他们完成工作的重要驱动力。但是有些人会走向极端，因内驱力过强，非得一口气把事做完不可。比如被一本间谍小说迷住了，哪怕明天早上还有一个重要会议，读到凌晨4点也手不释卷。如果是这样，你就需要调整这种过强的内驱力，否则它就可能成为你进行决策的障碍。

一个从不把工作做完的人，至少能够扩展自己的生活，使之变得更加丰富多彩；而一个非得把每件事都做完不可的人，驱动力过强，可能导致他的生活没有规律、太过紧张、太过狭窄。这就远远背离了生命的原意。

对于第二种人来说，只有减弱过强的驱动力，才可以一面做事一面享受人生乐趣。在工作方面，不做完不罢休的人可能是个“工作狂”。如果把这种态度缓和一下，不仅使你能在周末离开办公室，还会使你有时间去应付因“工作狂”带来的问题：自我怀疑，感觉自己能力不够或不能应付紧张，等等。

为了避免半途而废，我们很可能把自己封死在一份没有前途的工作上。兴趣一旦变成狂热，就可能是一个警告信息，表示过分强烈的完成驱动力正在渐渐主宰你的生活。有人会强迫自己织完一件毛衣，结果虽然不喜欢那件毛衣，但觉得非穿它不可。对于某些事，不应该害怕半途而废。

以下几个问题可以告诉我们是应该坚持还是该放弃：可以获得更多的信息和帮助吗？是否有无法克服的阻力？

比如我们希望在一个公司里步步高升，但是这个公司里的高层全部是家族成员。

可能的回报是多少？我们值得为10万元进行一年的努力，但却不值得在一个只能创造几元钱利润的买家身上浪费3个小时。未完成计划或维持现状需要花多少钱？是否有足够的本钱等待回报？

是否在维持一种必然没有回报的现状？很多人在巨大回报出现之前的那一刹那

倒下，因为其没有足够的资本坚持等待。

如果一个同事答应帮助我们最后却食言，那么我们就要调查一下他是否经常食言。如果是，就应该断绝这种高代价的关系；如果不是，那么就宽容一次。

是否在参加结局早已决定的竞争？在有些比赛和选拔中，早就有了内定人选，无论我们有多努力也没有胜算，那么就别在这种不诚实的竞争中陪绑。

我们要想成功，必须学会把脱缰之马一般的完成驱动力抑制住。首先，在看事物的时候运用自己的价值观标准。如果我们发现一个工作计划不值得做，那么就要勇敢地放弃它。

我们可以先从一件小事来训练自己，比如强迫自己在洗碗槽里留下几只碟子不洗；看一本书的时候，尝试停一下，想想自己是否在浪费时间和精力，如果是的，还要不要继续看下去。

根据分量进行取舍

当生活令你沮丧，当你以为自己是世上损失最大的人，请记住：损失只是暂时的，如果不知取舍，可能会因小失大。

有一位外国作家曾经说：生活就如一袋豌豆，说不定什么时候它会撒落在地，但这不是什么大不了的事情。起初，你可以将那些容易看见的豌豆拢到一起，装入口袋；此后，随着时间的推移，你会慢慢地发现那些藏身隐秘角落、不易找到的豌豆；最后，你会把所有散落的豌豆收入袋中。

宋代女词人李清照和她的丈夫赵明诚，是中国历史上有名的收藏家。他们生活在一个江河日下、风雨飘摇的时代，大宋王朝经过168年的和平繁荣之后，富丽堂皇的迷梦被金兵呼啸而来的马蹄踏得粉碎。

徽、钦二帝被掠，皇亲贵族仓皇南逃，国家支离破碎，到处物是人非。李清照夫妇也饱受国破家亡之苦，辗转南渡，流离几千里，时间长达8个月之久。他俩穷半生之力，费无数心血所收藏起来的金石、书画、典籍，带不走只好任其失散。

过江以后，在兵荒马乱中，夫妻又要分开。根据《金石录后序》记载，建炎三年（1129年），李清照与赵明诚告别时，不得不问，世道不靖，万一碰上兵燹，该如何处理侥幸带出来的一点东西？

赵明诚告诉妻子，如果时局愈来愈紧，不得不跟着大家一块儿逃难，为了轻便，可以先把辎重钱财丢掉，然后抛弃衣被；如果还不得已，即将收藏中的书册卷轴扔掉；再不得已，只好牺牲古器物，唯有最后一点金石，必须要随身携带，万不得已时宁可抱着跳江，也不能将之失去。

所有的损失都会造成痛苦，而且这种痛苦不会在一夜之间消失。但挫折会被你一点点克服，最终你会发现自己焕然一新，生活依旧美好。当生活令你沮丧，当你以为自己是世上损失最大的人，请记住：损失只是暂时的，如果不知取舍，可能会因小失大。

刘宝瑞先生在一首定场诗中，很诙谐地描绘了一个不知权衡轻重得失的老头儿：

六月三伏好热天，

京东有个张家湾。

老两口院里头正吃饭，

来了个苍蝇惹人嫌。

（这个）苍蝇叼走一个饭米粒儿，

老头子一怒追到四川。

老婆儿家中等了仨月，

书没捎来信没传。

请来个算卦的先生算一算，

先生说——

按卦中断，伤财惹气赔盘缠！

除了这种艺术化的夸张，我们在生活中经常会遇到的，是那些为顾全大局而必须牺牲小处的情况。这时，我们仍然必须不断地权衡轻重得失，以决定牺牲的分量和等级。很多时候如果舍弃不了蝇头微利，就无法获取大的利益。为了工作我们可以牺牲娱乐，为了孩子我们可以牺牲睡眠，诸如此类，无不需要理性的权衡。

夏天，一个孩子看到一枚闪亮的硬币躺在路边。他把硬币拾起来紧紧握在手里，心里充满自豪:“这枚硬币是我的了，而我什么代价也不用付出。”

从此，这个孩子无论走到哪里，总是喜欢低着头，眼睛盯着地面，希望发现更多的珍宝。功夫不负有心人，一生中他捡到了302枚一分硬币，24枚5分硬币、41枚一角硬币、8枚2角5分硬币、3枚5角硬币和一张破损的1元纸币——总计12元8

角2分。

捡到这些钱，虽然他什么代价也没付出，但他为此却错过了许多人间美景：35127次壮丽的日落美景，327次绚丽的彩虹，上百片在秋风中摇曳的红枫叶，上百个在草地上蹒跚学步的儿童，在碧蓝的天空中飘过的白云，和擦肩而过的陌生人对他友好的微笑……

只是现实中有太多的人和这个无知的孩子一样，为了几个铜板，错过了无数更有价值的珍宝。他们的一生，都在平庸与无趣的泥潭中沉沦。

引导自己才能成功

既然正常人通常会陷入沉没成本误区，我们也可以巧妙地利用沉没成本谬误。

一位留学生刚到澳大利亚的时候，为了寻找一份工作，他骑着一辆自行车沿着环澳公路走了数日，替人放羊、割草、收庄稼、洗碗……

在唐人街一家餐馆打工时，他看见报纸上刊出了一家公司的招聘启事。他权衡了一下自己，就选择了一个职位去应聘。过五关斩六将，眼看就要得到那个年薪几万元的职位了，他心里不由轻松起来。最后，经理问他："你有车吗？你会开车吗？我们这份工作要时常外出，没有车寸步难行。"

在澳大利亚，公民普遍都有私家车，没车的人寥寥无几。可这位留学生一介穷书生，又刚到澳大利亚不久，哪里有钱买车学车呢？然而，为了得到这个极具诱惑力的工作，也为了验证自己，他定了定神回答道："我有！我会!"

经理说："那好吧，你被录取了。四天后，开车来上班。"

在四天的时间里买车、学车，谈何容易！但为了生存，他豁出去了。这位留学生在一位朋友那里借了几千澳元，从旧车市场买了一辆二手车。第一天他跟朋友学简单的驾驶技术，第二天在朋友屋后的那块大草坪上摸索练习，第三天歪歪斜斜地开着车上了公路，到了第四天，他居然驾车去公司报了到。时至今日，他已是这家公司的业务主管了。

当你面对一堵很难攀越的高墙时，不妨先把帽子扔过墙去。这就意味着你别无选择，为了找回帽子，必须翻越这堵高墙。正是面临这种无退路的境地，人们才会集中精力奋勇向前，在当今社会激烈的竞争中争得属于自己的位置。不给自己留退路，从某种意义上讲，也是给自己一个向梦想冲锋的机会。

本章谈到那么多例子，都是因为沉没成本的存在而舍不得理性地放弃。既然正常人通常会陷入沉没成本误区，我们也可以巧妙地利用沉没成本谬误。上面这个故事，我们可以视其为利用沉没成本来强迫自己成功的一个例子。碰到一些不理性的放弃行为时，沉没成本又可以把你往理性的方向拉一把，使人们的行为更加具有目的性。

例如，很多女性都会为自己制定一个健身计划，比如每周至少去三次健身俱乐部跳有氧操，但她们中大多数人不能按计划实施。为了帮助你有计划、有规律地进行锻炼，可以给自己设置一个沉没成本。在每月初甚至每个季度初将所有的费用预先支付，并且不可以退费，这样当你嫌麻烦不愿去锻炼的时候，也会因为已经付了钱而改变主意，还是会去健身。

一旦在某个城市找到工作，换一个地方重新安置下来的代价就会变得很高；一旦买了一台电脑，学会了怎样使用其操作系统，再去学另一种操作系统，其代价就会变得很高。因此，如果你是公司老板，就可以利用员工搬家成本高，向他们支付较低薪水或降低加薪幅度。如果你是卖电脑的，那么就可以给新面市的外围设备标出更高的价码。

还有一个有趣的例子。女孩子非常喜欢她的男朋友，想把男朋友永远留在自己身边，她该怎么做呢？当然，她有很多的办法，但是有一个一举两得的办法是适当地让男朋友请她吃饭，给她买东西。久而久之，她的男朋友会觉得，自己已经在这个女孩子身上投入了这么多的“成本”，就更加舍不得离开她了。

有舍才能有得

> 那些不愿意放弃任何小事情的人，让他们自己选择往往是一件很痛苦的事，他们宁愿没有选择的权利。不愿意放弃很多机会成本并不高的小事情，因而也就无法选择那些真正对人生有益的大事。

东汉陈蕃，汝南平舆人。他少年时期曾经在外地求学，独居一室，整天读书交友而顾不上收拾屋子，院子里长满杂草，而且满地都是碎石。他父亲的朋友薛勤前来看望他，见到这种情景就开始批评他，问他:“你为什么不把院子打扫干净?”

陈蕃笑了笑说道:“大丈夫处世，当扫除天下，安事一屋?”

薛勤听了生气地反驳道:“一屋不扫，何以扫天下?”

一般人讲这个故事，就到此为止了，接下来大都会申明“做好大事就要从做好小事开始，不愿做小事的话，大事也肯定做不好”的道理。但是人们都忽略了后来发生的故事。如果不知道后事如何，很容易就将陈蕃当作了反面典型。

事实上，陈蕃史称“不凡之器”，其言其行可圈可点之处很多。《世说新语》开篇第一句话就是:“陈仲举（陈蕃字仲举，用字称呼是为了表示礼貌和尊敬）言为士则，行为世范，登车揽辔，有澄清天下之志。”

意思是说，陈蕃的言谈是读书人的榜样，行为是世间的规范，可见他为世人所仰慕的程度。而且，他出任过豫章太守，后来官至太傅，为人耿直，为官敢于坚持原则，并广为搜罗人才，士人有才德者皆大胆起用，一时间使政事为之一新。可以说，陈蕃将天下也扫得不错，在历史上留下了赫赫英名。

而那位因批评陈蕃而留下“一屋不扫，何以扫天下”千古名言的薛勤，反倒不知道他后来完成了什么了不起的事业。这不能不说是一种绝妙的讽刺。为什么陈蕃一屋不扫能做成一番事业，而薛勤熟知清扫庭院的道理最终却籍籍无名呢?

答案很简单：做任何事情都有机会成本，做小事所付出的机会成本是完成大事，而做大事的机会成本是每件小事做得都完美。

在经济学上，机会成本的严格定义是：选择最优方案放弃的次优方案的价值。从更宽泛的角度来理解，机会成本是选择某一特定方案时，所放弃的其他各种可行方案的可能收益之平均值。

比如说，将10万元钱投资于房地产可获得利润20万元，投资于股票市场可获得利润15万元。如果把这10万元钱投资于房地产，那么可以从股票市场得到的15万元就是其机会成本，如果把这10万元投资于股票，那么可以从房地产投资中获得的20万元就是其机会成本。

事实上，机会成本并不会真的出现在我们的任何财务账面上，但它是我们选择某一方案、方向、道路时应考虑的重点因素之一。

在生活中，因为资源的稀缺性，在几件事无法彼此兼容的情况下，我们会选择一个净收益（收益减去成本）最大的事情。所谓“鱼，我所欲也；熊掌，亦我所欲也；二者不可得兼，舍鱼而取熊掌也”。我们愿意做任何事的前提，都是认为这件事的收益大于成本，但是收益大于成本的事情很多，这时我们就需要做出选择。

有些选择在生活中很常见，不过似乎并不重大，比如是继续工作，还是先去吃饭；是在这家商店买衣服，还是在那家商店买衣服；是买红色的衣服，还是蓝色的衣服或者黑色的衣服。小事情，意味着收益比较小，或者决策正确与决策失误导致的收益的差别不大，考虑太多必然付出精力，最后得不偿失，用经验或直觉来选择就可以了。

但一些大事与小事之间，选对与选错的收益相差非常大，有时甚至关系到我们一生的走向。正如作家柳青所说，“人生的路很漫长，但紧要关头常常只有几步”。

选择哪一个，放弃哪一个，就必须认真权衡。如果没有选择的“机会”，就不会有机会成本，就意味着没有选择的自由。但是有选择的自由权利也并非就会令人幸福，因为可供选择的道路越多，选择某一特定道路的机会成本就越大，因为所放弃的机会数量和价值也越多了。人生的机会成本有时会很高，而机会成本越高，选择就越困难。

那么，在这个权衡的过程中，我们又应该如何计算机会成本呢？

对于那些不愿意放弃任何小事情的人来说，让他们自己选择往往是一件很痛苦的事，他们宁愿没有选择的权利。也正因如此，他们往往会做出各种逃避的选择，做一些顺理成章的事情，不愿意放弃很多机会成本并不高的小事情，因而也就无法选择那些真正对人生有益的大事。

不久前，由中国人力资源开发网牵头在全国范围内开展了一次“工作幸福指数调查”，结果如下：

(1) 超过60%的人认为自己所在单位的管理制度与流程不合理。

(2) 超过50%的人对薪酬不满意。

(3) 超过50%的人对直接上级不满。

(4) 接近50%的人对自身的发展前途缺乏信心。

(5) 接近40%的人不喜欢自己的工作。

(6) 40.4%的人对工作环境和工作关系不满意。

(7) 33.6%的人认为工作量不合理。

(8) 26.3%的人工作与生活存在冲突。

(9) 19.6%的人工作职责不明确。

(10) 16.4%的人与同事的关系不融洽。

（11）11.6%的人工作得不到家人和朋友的支持。

（12）11.5%的人对工作力不从心。

明知道自己现在所从事的工作根本无益身心，而且价值很低，会腐蚀我们的精力与精神，但是却无法摆脱。没有什么事可做，并不是说无所事事，是因为坚持着毫无价值的事情，却付出了完成真正属于自己的大事业的机会成本。在这个世界上，难道还有比这个更高的成本吗？

第14章

蜈蚣博弈：从终点出发的思维

回头想想心情已经停摆太久
除了爱似乎我一无所有
不是逃离不是刻意追求什么
只听见风中有声音呼唤我
——《回头想想》歌词

倒后推理才能发现真相

> 在相继行动的博弈里，存在一条线性思维链：假如我这么做，我的对手可以那么做，反过来我应该这样应对……

围棋，是对弈双方相继按照一先一后的次序行动的博弈。对于相继行动的博弈，每个参与者都必须向前展望或预期，揣摩对手的意图，从而倒后推理，决定自己这一步应该怎么走。也就是说，在相继行动的博弈里，存在一条线性思维链：假如我这么做，我的对手可以那么做，反过来我应该这样应对……

这种博弈，可以通过描绘博弈树来进行研究。只要遵循"向前展望——倒后推理"的法则，就能找出最佳行动方式。这种法则在博弈论中有一个名字，叫作"倒推法"。

大多数人基于社会常识，预测一场谈判的结果会是相互妥协，这种结果的好处是能够保证"公平"。我们可以证明，对于许多常见类型的谈判，一个50:50的妥协也是倒后推理的结果。但具体的推理过程会是怎样的呢？我们通过下面的模型来分析一下。

有5个强盗抢得100枚金币，在如何分赃问题上争吵不休。最后他们决定按以下程序来分配金币：

（1）抽签决定各人的号码1、2、3、4、5。

（2）由1号提出分配方案，然后5人表决，如果方案超过半数同意就被通过，否则他将被扔进大海喂鲨鱼。

（3）1号死后，由2号提方案，4人表决，当且仅当超过半数同意时方案通过，否则2号同样被扔进大海。

（4）以此类推，直到找到一个每个人都接受的方案（当然，如果只剩下5号，他当然接受一人独吞的结果）。

假定每个强盗都是经济学假设的"理性人"，都能很理智地判断得失，做出选择。为了避免不必要的争议，我们还假定每个判决都能顺利执行。那么，如果你是第一个强盗，你该如何提出分配方案才能够使自己的收益最大化？

据说，凡在20分钟内答出此题的人，有望在美国赚取8万美元以上的年薪，还

5 个强盗分 100 枚金币，什么方案才能使自己的收益最大化？

有人干脆说这其实就是微软员工的入门测试题。

希望拿到年薪8万元或者进入微软的大有人在，你可能也是其中之一。如果是这样，你不妨先停下阅读，花上20分钟好好做做这道题。如果你没有这份耐心，就接着往下看。

这道题十分复杂，严酷的分配程序给人的第一印象是：如果自己抽到了1号，那将是一件特别倒霉的事。因为头一个提出方案的人，能活下来的机会微乎其微：即使他自己一分不要，把钱全部送给另外4人，那些人可能也不赞同他的分配方案，那么他只有死路一条。

如果你也这样想，那么答案会大大出乎你的意料。经过博弈分析，最优的方案是：1号强盗分给3号1枚金币，4号或5号强盗2枚，独得97枚。分配方案可写成［97，0，1，2，0］或［97，0，1，0，2］。

只要你没被吓坏，你就可以站在这四人的角度分析：显然，5号是最不合作的，因为他没有被扔下海的风险，从直觉上说，每扔下去一个，潜在的对手就少一个；4号正好相反，他生存的机会完全取决于前面还有人活着，因此此人似乎值得争取；3号对前两个的命运完全不同情，他只需要4号支持就可以了；2号则需要3票才能活，那么，你……思路对头，但是太笼统了，不要忘了我们的假设前提：每个人都十足理性，都不可能犯逻辑错误。所以，你应该按照严格的逻辑思维去推想他们的决定。

从哪儿开始呢？前面我们提过“向前展望，倒后推理”，推理过程应该是从后向前，因为越往后策略越容易看清。

5号不用说了，他的策略最简单：巴不得把所有人都扔下海喂鲨鱼（但要注意：这并不意味着他要对每个人都投反对票，因为他也要考虑其他人方案通过的情况）。

来看4号：如果1~3号强盗都喂了鲨鱼，只剩4号和5号的话，5号一定投反对票让4号喂鲨鱼，以独吞全部金币。所以，4号唯有支持3号才能保命。

3号知道4号和5号的策略，就会提出［100，0，0］的分配方案，对4号、5号一毛不拔而将全部金币归为己有，因为他知道4号一无所获还是会投赞成票，再加上自己一票，他的方案即可通过。

不过，2号推知3号的方案，就会提出［98，0，1，1］的方案，即放弃3号，而给予4号和5号各1枚金币。由于该方案对4号和5号来说，比在3号分配时更为有利，他们将支持他，而不希望他出局而由3号来分配。这样，2号将拿走98枚金币。

不过，2号的方案会被1号所洞悉，1号将提出［97，0，1，2，0］或

［97，0，1，0，2］的方案，即放弃2号，而给3号1枚金币，同时给4号或5号2枚金币。

对于3号和4号或5号来说，由于1号的这一方案相比2号分配时更优，他们将投1号的赞成票，再加上1号自己的票，1号的方案可获通过，97枚金币可轻松落入腰包。这无疑是1号能够获取最大收益的方案了！

难以置信，是不是？难道上面的推理真是毫无破绽吗？应该说，还真有一个模糊不清之处：其实，除了无条件支持3号之外，4号还有一个策略（这是许多专家都没有考虑到的）：那就是提出［0，100］的方案，让5号独吞金币，换取自己的活命。

如果这个可能成立的话（不要忘了"完全理性"的假定，既然可以得到所有钱，5号其实并不必杀死4号），那么3号的［100，0，0］策略就显然失败了。4号如果一文不得，他就有可能投票反对3号，让他喂鲨鱼。

你可能要反对：作为理性人，4号干吗要做"损人不利己"的事呢？而且，这多少还要冒着可能被扔下海的风险。

可是，如果大家都是理性人，5号在得钱后可以不杀死4号，那么对4号来说，投票赞成和投票反对3号都是一样的，也就是说，无论他怎么选择都可以。3号当然不应该把希望寄托在4号的随机选择上。因为5号还是可能在不必要的情况下杀死4号（别忘了他们是海盗），那么4号是不该冒这个风险的。

同理，3号也不该冒没有必要的风险。无论哪种情况，他都应该给4号1枚金币，使其得到甜头，支持自己。这样3号的"保险方案"就是［99，1，0］；相应地，2号的方案也要修改一点，比3号多给4号1枚，使其支持自己，也就是［97，0，2，1］。

对于1号来说倒是不必多掏钱，而是减少了2枚金币收买4号这一种可能性。也就是说，前面所说的"标准答案"只剩下了一种，即［97，0，1，0，2］。当然，他也可以选［96，0，1，3，0］，但是由于收买4号要比收买5号多花1枚金币，所以也就算不上最优策略了。

早下手不一定为强

我们一旦学会倒后推理就会发现，很多看上去步骤让人眼花缭乱的对局，都有着一种必然的输赢逻辑在里面。

有这样一个笑话，说是甲乙两个人一起吃饼，而且都想比对方多吃。

桌子上一共有两大一小三张饼，甲先拿，他伸手就拿了一张大饼开始吃。乙想了一下，却拿了那张小饼。

不一会儿，乙就把小饼给吃完了。他对刚吃了一半大饼的甲微微一笑，伸手把剩下的那张大饼拿了过去，慢条斯理地吃了起来。

这则故事虽然简单，但无论在理论上还是在实践上，都不失为一个能展示倒后推理思想的典型案例。在第一轮开始取饼吃的时候，参与者其实就应该考虑怎样才能使自己成为下一轮的先行者。

在美国哥伦比亚广播公司（CBS）拍摄的真人秀节目《幸存者第5季：泰国》中，有一个类似的故事。

这一季的拍摄场地，设在泰国的一个叫达鲁岛的地方，是首次由选手组织部落的赛季。两名最老的选手，Jake与Jan选出自己的队员，组成两个名为Sook Jai和Chuay Gahn的部落。在这一季中，设置了这样一个考验双方推理能力的游戏。

在两个部落之间的地面上插着21面旗，两个部落轮流移走这些旗。每个部落在轮到自己时，可以选择移走1面、2面或3面旗，不允许不移或者移走超过3面。拿走最后1面旗的一组获胜，无论这面旗是最后1面，还是2面或3面旗中的一面。输了的一组必须淘汰掉自己的一个组员。

在游戏开始前，每个部落都有几分钟时间让成员们讨论。在Chuay Gahn部落的讨论过程中，软件开发人员泰德·罗格斯（Ted Rogers）指出：“最后一轮时，我们必须留给他们4面旗。”

这种预见是明智的，因为如果对手面对4面旗时，只能移去1面、2面或者3面旗，这样，己方在最后一轮只要相应地分别移走剩下的3面、2面或1面旗，就可以取胜。事实上，Chuay Gahn就是这样做的，在倒数第二轮中面对6面旗时，拿走了2面。

不过，同样在这一轮，就在Sook Jai从剩下的9面旗中拿走3面返回后，他们中的一个成员斯伊·安（Shii Ann）也意识到了这个问题：“如果Chuay Gahn现在取走2面旗，我们就糟了。”但是为时已晚。Sook Jai本来应该醒悟得更早一些：怎样才能在下一轮时给对方留下4面旗呢？方法是在前一轮中给对方留下8面旗！当对方在8面旗中取走3面、2面或1面旗，接下来轮到你时，你再相应地取走1面、2面或3面，按计划给对方留下4面旗。也就是说，只要Sook Jai在剩下9面旗时取走1面，就可以扭转败局。

但是，如果Sook Jai在前一轮面临9面旗，实际上又是Chuay Gahn部落的失误：他们在前一轮中从剩下的11面旗中取走了2面。Chuay Gahn部落本来可以再倒后一步，在面对11面旗时取走3面，留给Sook Jai 部落8面。这样，才会使Sook Jai走上必输无疑的道路。

同样，类似的推理可以再倒后一步：为了给对手留下8面旗，你必须在前一轮给对方留下12面旗。要达到这个目的，你还必须在前一轮的前一轮给对方留下16面旗，在前一轮的前一轮的前一轮给对方留下20面旗。

所以，Sook Jai在游戏开始时，应该利用先手的机会，只取走1面旗。这样的话，它就可以在接下来每轮中给Chuay Gahn分别留下20面、16面…… 4面旗，最后确保取胜。

但是在游戏中，首先行动的Sook Jai一开始拿走了2面旗，还剩下19面。从倒后推理的角度来说，这是错误的。如果对手Chuay Gahn部落中有一个策略高手，就可以反过来让Sook Jai必输无疑：在面对19面旗时取走3面，给Sook Jai留下16面旗，也就踏上了必胜之路。但是很遗憾，Chuay Gahn同样缺乏这样的策略高手。

无论是吃饼还是移旗的游戏，都告诉我们：即使是一个非常简单的博弈，也是需要推理经验的。我们一旦学会倒后推理就会发现，很多看上去步骤让人眼花缭乱的对局，都有着一种必然的输赢逻辑在里面。而且，即便是开始几轮犯了错误，我们也可以利用对手的错误重新确立自己的优势。

倒推法也是有局限的

只要倒推法在起作用，合作便不能进行下去。

一个人打算向邻居借斧子，又担心邻居不肯借给他。他在前往邻居家的路上不断胡思乱想：

“如果他说自己正在用怎么办？”

“要是他说找不到怎么办？”

“……”

想到这些，这人自然对邻居感到不满：

“邻里之间应该和睦相处，他为什么不肯借给我？”

“假如他向我借东西，我一定会很高兴地借给他。”

“可是他不肯借斧头给我，我对他也不应该太客气……”

这人一路上越想越生气，等到敲开邻居的门后，他说的不是“请把你的斧子借给我用一下吧”，而是：“留着你的破斧子吧，我才不稀罕你的东西！”

从上面这个笑话中，我们可以想象一些喜欢以己度人者在生活中遇到的尴尬。但是笑过之后，我们却发现，这个借斧头的人所运用的思维方法，居然有着倒推法的影子。

难道倒推法有什么问题吗？

答案是肯定的，这种悖论在博弈论中被称为“蜈蚣博弈悖论”。很多学者已经用科学的方法推导出：倒推法是分析完全且完美信息下的动态博弈的有用工具，也符合我们的直觉，但在某种情况下却存在着无法弥合的矛盾。

如图14–1这样一个博弈。两个博弈方A、B轮流进行策略选择，可供选择的策略有“合作”和“不合作”两种。规则是：A、B各进行策略选择一次为一轮，第一次若A选择不合作，则游戏结束，A、B都得1。若A选择合作，接下来轮到B选择，如果B选择不合作，则游戏结束，A得0而B得3；若B选择合作，则双方合作成功，各得2，下一轮就从双方的这一收益基础开始。A、B之间的博弈次数为有限次，假如说是99轮。

由于这个博弈的扩展形很像一条蜈蚣，因此被称为“蜈蚣博弈”。

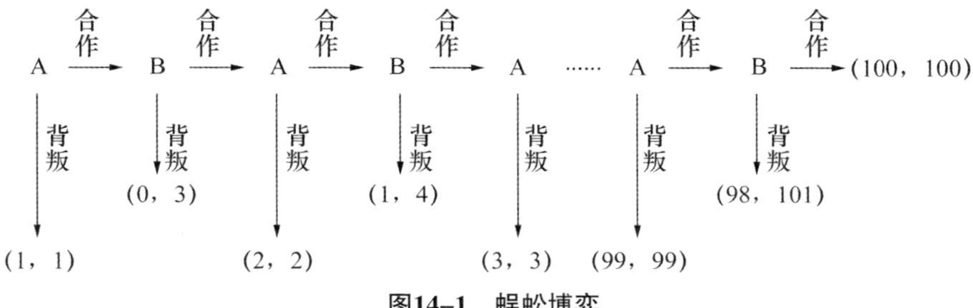

图14-1　蜈蚣博弈

现在的问题是：A、B是如何进行策略选择的？我们可用一对情侣之间的爱情博弈来说明。

爱情就其本质来说是一种交往，交往的目的在于个人效用的最大化。不管这个效用是金钱，还是愉快幸福的感觉，只要追求个人效用，就必定存在利益博弈。因而，爱情是一个典型的双人动态博弈过程，其效用随着交往程度的加深和时间推移有上升趋势。

假定小丽（女）和小冬（男）是这个“蜈蚣博弈”的主角，在这个博弈中他们每人都有两个策略选择，一是继续（合作），一是分手（背叛）。他们的博弈展开式如图14-2所示。在图14-2中，博弈从左到右进行，横向连杆代表继续交往策略，竖向连杆代表离开她（他）策略。每个人下面对应的括号代表相应的人与对方分手，导致爱情结束后各自的爱情效用收益。括号内左边的数字代表小丽的收益，右边代表小冬的收益。

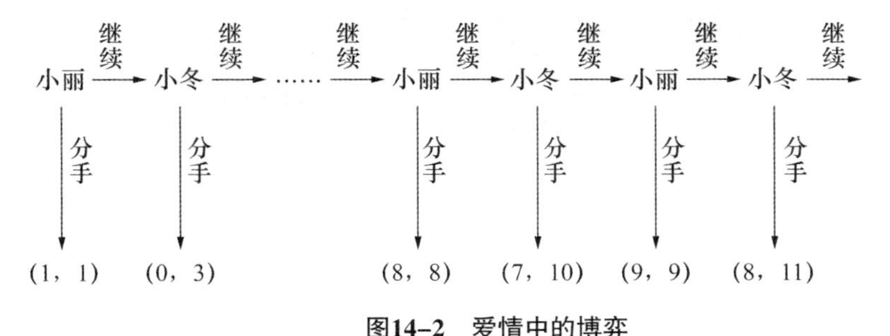

图14-2　爱情中的博弈

可以看到，小冬和小丽的分手策略，分别对应的括号里的数字每个都不同，这是因为爱情效用在不断增加。假设爱情每继续一次总效用增加1，如第一个括号中总效用为1+1=2，第二个括号则为0+3=3，只是由于选择分手策略的人不同，两人之间的分配也不同。

由于男女生理结构和现实因素不同，小丽选择分手策略只能使效用在二人之间

爱情中的博弈，难道还会如此理性吗？

平分，即两败俱伤；小冬选择分手策略则能占到便宜。显然，分手策略对于被甩的一方来说是一种背叛行为。

请看，首先交往初期小丽如果甩了小冬，则两人各得1的收益。小丽如果选择继续，则轮到小冬选择。小冬如果选择甩了小丽，则小丽遭到背叛，收益为0，小冬占了便宜收益为3，这样就完成了一个阶段的博弈。可以看到每一轮交往之后，双方了解程度加深，两人爱情总效用在不断增长。这样一直博弈下去，直到最后两人都得到10的圆满收益，为大团圆的结局——总体效益最大。

遗憾的是，若按照倒后推理的逻辑，这个圆满结局很难达到。因为“蜈蚣博弈”的特别之处是：当A决策时，他要考虑博弈的最后一步即第100步。此刻B要在“合作”和“背叛”之间做出选择，因“合作”给B带来100的收益，而“不合作”带来101的收益，根据理性人的假定，B会选择“背叛”。

但是，要经过第99步才到第100步。在第99步，A的收益是98，A考虑到B在第100步时会选择“背叛”，那么在第99步时，A的最优策略是“背叛”——因为“背叛”的收益99大于“合作”的收益98……

按这样的逻辑推论下去，最后的结论是：在第一步A将选择“不合作”，此时各自的收益为1。这个结论是令人悲伤的。

把这种分析代入上面的爱情博弈当中，我们可以发现，当双方博弈到如果分手小丽可得收益为10的阶段，小冬是很难有动力继续交往下去的。因为继续下去不但其收益不会增长，而且有被小丽抛弃反而减少收益的风险。小丽则更不利，因为她从来就没有占先的机会，她无论在哪次选择分手策略，都是两败俱伤，而且还有被小冬背叛减少收益的危险。

详细的数学可以证明，每一次交往，无论小冬还是小丽，都有选择分手来中止爱情的动机。可是我们在生活中却发现，走进婚姻殿堂的情侣数量并不像上面的推论得出的结果那样令人绝望。获得2010年诺贝尔经济学奖的戴尔·莫滕森（Dale Mortensen），曾经把爱情博弈纳入了经济模型中进行研究。正如他所发现的：“这些模型的一个最重要的结论是，即使个人充分意识到将来可能会分手，但仍然会结成一些可接受的匹配。”

从逻辑推理来看，倒推法是严密的，但结论是违反直觉的。直觉告诉我们，一开始就采取不合作的策略获取的收益只能为1，而采取合作策略有可能获取的收益为100。当然，A一开始采取合作策略的收益也有可能为0，但1或者0与100相比实在是太小了。直觉告诉我们采取合作策略是好的。而从逻辑的角度看，一开始A应采取不合作的策略。我们不禁要问：是倒推法错了，还是直觉错了？这个矛盾就是“蜈蚣博弈”的悖论。

对于“蜈蚣悖论”，许多博弈专家都在寻求它的解答。在西方有研究博弈论的专家做过实验发现，不会出现一开始就选择“不合作”策略而双方获得收益1的情况。双方会自动选择合作策略，从而走向合作。这种做法违反倒推法，但实际上双方这样做，要好于一开始就采取不合作的策略。

然而我们会发现，即使双方均采取合作策略，这种合作也不会坚持到最后一步。理性的人出于对自身利益的考虑，肯定会在某一步采取不合作策略。只要倒推法在起作用，合作便不能进行下去。也许，下面这个观点显得更为公允：倒推法悖论其实是源于其适用范围的问题，即倒推法只是在一定的条件下和一定的范围内有效。

在一定的条件下它成立的概率比较高。由于逻辑上和现实性方面的局限，它不适用于分析所有完全且完美信息的动态博弈；不恰当地运用倒推法，就会在一些博弈问题中造成矛盾和悖论。但是，不能因为倒推法的预测与实际有一些不符，就否定它在分析和预测行为中的可靠性。只要分析的问题符合它成立的条件和要求，倒推法仍然是一种分析动态博弈的有效方法。

第15章

分蛋糕博弈：把自己变成谈判高手

明白吗谁亦想跻身这童话
无奈代价还是夹杂太多其他
给你感情的升华
全部为你没意识讨价还价
——《我在乎》歌词

讨价还价创造了价值

经济学是一门最大限度创造生活的艺术。而在很多情况下，这种创造的基础就是讨价还价，或者说，讨价还价是创造生活艺术的一种具体方法。

在熙熙攘攘的街市上，我们经常会看到这样的场景。买家看中了一件东西，卖家也看出买家的兴趣。于是，讨价还价开始了。

“多少钱?”

“180元!”

“你想抢钱啊。20元!”

“160元!”

“还是太贵了。40元!”

“我让一点，140元!”

“我加一点，60元!”

“最低120元，不然没钱赚了。”

“最高80元，不然我到别家去买。”

“算了，成本价给你，100元!”

“那就100元吧，让你赚就赚吧。”

大家可以看到，他们的出价像钟摆一样，摆过来摆过去，最后停在了100元上。有人或许会问:“他们为何不一开始就以100元成交呢？两下都省事。”

实际上，100元是双方博弈后的结果。在它出现之前，谁又知道100元是成交价呢？除非有一眼能看透人心思的神仙现身，否则就只有通过讨价还价才能得到这个价格。

1960年，谢林发表了其经典著作《冲突的战略》。在这本书中，他对讨价还价做了非常细致的分析。

从博弈论的角度来看，讨价还价是一个非零和博弈。博弈当事人的利益是对立的，任何一个人效用的增加都会损害另外一个人的利益。但博弈当事人的利益也有一致的地方，博弈者都希望至少达成某种协议避免两败俱伤。这样，谈判方就需要在达成协议和争取较优结果中进行权衡。

通过对讨价还价现象的分析，谢林得出结论："在讨价还价的过程中，限制自己的选择往往引致对手让步。"也可以这样理解，对方认为自己不可能做出进一步的让步时，协议就达成了。让步是谈判达成共赢必不可少的因素，任何一方过于强势都不是最优策略。谢林还进一步描述了能够把自己锁定在有利地位的三个战略，即不可逆转的约束、威胁和承诺。

理论总是枯燥的，但放到生活中却是活色生香的。从买菜到买房子，讨价还价都进行得如火如荼，大有学问。在深圳等地，还出现了房屋导购人士，他们利用自己对房地产市场的熟悉，专事帮人在买卖房产时讨价还价从而牟利。

随着商品经济的发展，我们可以说，"革命就是讨价还价"。之所以这样说，是因为讨价还价不仅限于商品买卖，小到恋爱婚姻、子女教育，大到政策制定、外交谈判都概莫能外。讨价还价所创造出的价值，远远超过了人类历史上的一切革命。

恋爱就具有很典型的讨价还价机制，可以形成连续博弈。如果双方能产生一个一致点，那就可以结婚了；反之，则可能是分手。所以自由恋爱要比包办婚姻进步，因为可以讨价还价。而婚姻因为已经形成契约，尘埃落定，所以没有了讨价还价的机制，古训"男怕入错行，女怕嫁错郎"，就已经指出了这种后果的严重性。

父母和孩子之间也存在着讨价还价机制。按照罗登·凯德原理，任何一个父母都会引导孩子向他们期望的方向前进。但孩子在父母的"利他主义"影响下，反而被约束，没有自己的选择。这时讨价还价机制开始起作用，孩子会通过哭泣等方式，来影响父母的决定。

萧伯纳曾经说，经济学是一门最大限度创造生活的艺术。而在很多情况下，这种创造的基础就是讨价还价，或者说，讨价还价是创造生活艺术的一种具体方法。

僵持会导致一无所获

在一个漫长的讨价还价过程里，除非谈判长时间陷入僵持状态，胜方几乎什么都得不到了，否则妥协的解决方案看来还是难以避免的。

我们来看"分蛋糕博弈"这样一个讨价还价博弈的基本模型。

尽量缩短谈判过程，僵持只会一无所获

桌子上放着的是一个冰淇淋蛋糕，两个孩子在就如何分配讨价还价的时候，蛋糕在不停地融化。假设每提出一个建议或反建议，蛋糕都会朝零的方向缩小同样大小。

这时，讨价还价的第一轮由A提出要求，B接受条件则谈判成功，若B不接受条件则进入第二轮；第二轮由B提出分蛋糕的条件，A接受则谈判成功，A不接受，于是蛋糕融化，谈判失败。

对于A来说，刚开始提出的要求非常重要，如果他所提的条件B完全不能接受的话，蛋糕就会融化一半，即使第二轮谈判成功了，也有可能还不如第一轮降低条件来得收益大。因此A第一轮提出要求时，要考虑两点：首先要考虑是否可以阻止谈判进入第二阶段，其次考虑B是如何考虑这个问题的。

首先看最后一轮，蛋糕在第二阶段只有原先的1/2大小，因此，A在第二阶段即使谈判成功，最多也不过只得到1/2蛋糕，而谈判失败则可能什么都得不到。从最后一轮反推到第一轮，B知道A在第二轮时所能得到的蛋糕最多为1/2，因此当A在第一轮要求占据的蛋糕大于1/2时，他都可以表示反对，从而将这个谈判延续到第二轮。

A对B的如意算盘都很清楚，经过再三考虑，A在第一阶段的初始要求一定不会超过蛋糕1/2的。因此A在初始要求得到1/2个蛋糕时，该谈判顺利结束，这个讨价还价的结果，则是二人各吃到一半大小的蛋糕。

这种具有成本的博弈最明显的特征，就是谈判者整体来说应该尽量缩短谈判的过程，减少耗费的成本。就分冰淇淋蛋糕谈判来看，就是尽量不让蛋糕融化太多。

我们再来看看，当谈判有三个阶段时会是什么样的结果。为了便于论述，不妨假设这个时候，蛋糕每过一个讨价还价的轮次就融化1/3大小，到最后一轮结束时，由于过了两个谈判的阶段，蛋糕会全部融化。

动态博弈一般都是采用倒推法。从最后一轮看，即使谈判成功，A最多只能得到剩下的1/3个蛋糕。B知道这一点，因此在第二阶段轮到自己提要求时，要求两人平分第一轮剩下的2/3个蛋糕。A在第一轮时就知道B第二轮的想法，于是在第一阶段刚开始提要求时，就直接答应给B蛋糕的1/3大小。B知道即使不同意这个条件，进入第二轮也一样是最多得到1/3个蛋糕，到了第三轮几乎就分不到蛋糕，因此B一定会接受这个初始条件。

这个三阶段的分蛋糕谈判，最终的结果是B分得1/3个蛋糕，A分得2/3个蛋糕。

更为普遍的情况是，假如步骤数目是偶数，则双方各得一半。假如步骤数目n是奇数，则A得到（n+1)/2n，而B得到（n−1)/2n。等到步骤数目达到101，A可以先行提出条件的优势使他可以得到51/101个蛋糕，而B得到50/101个。

在这个典型的谈判过程里，蛋糕缓慢缩小，在全部消失之前有足够时间让人们提出许多建议和反建议。这表明，通常情况下，在一个漫长的讨价还价过程里，谁第一个提出条件并不重要。除非谈判长时间陷入僵持状态，胜方几乎什么都得不到了，否则妥协的解决方案看来还是难以避免的。

不错，最后一个提出条件的人似乎可以得到剩下的全部成果。不过，真要等到整个谈判过程结束，大概也没剩下什么可以赢取的了。得到了“全部”，但“全部”的意思却是什么也没有，这也就是赢得了战役却输掉了战争。

越早达成协议越好

任何马拉松式的谈判一轮轮拖而未果的原因只在于，参与谈判的双方之间还没有就蛋糕的融化速度，或者说未来利益的流失程度达成共识。

两个猎人前去打猎，路上遇到了一只离群的大雁，于是两个猎人同时拉弓搭箭，准备射杀大雁。

这时猎人甲突然说:“喂，我们射下来后该怎么吃？是煮了吃，还是蒸了吃?”

猎人乙说:“当然是煮了吃。”

猎人甲不同意煮，说还是蒸了吃好。两个人争来争去，也没有达成一致的意见。这时来了一个打柴的村夫，听完他们的争论笑着说:“这个很好办，一半拿来煮，一半拿来蒸，不就可以了?”

两个猎人觉得这个办法好，于是停止了争吵，再次拉弓搭箭，可是大雁早已飞走了。

在现实生活的谈判中，任何讨价还价的过程都不可能无限制地进行。因为讨价还价的过程总是需要成本的，在经济学上这个成本称为“交易成本”。就如同冰淇淋蛋糕会随着两个孩子之间的讨价还价过程而融化，我们不妨简单地认为融化的那部分蛋糕，就是这个讨价还价过程的交易成本。

因此有很多谈判也和分配蛋糕一样，时间越长，蛋糕缩水就越厉害。

查尔斯·狄更斯（Charles Dickens）的《荒凉山庄》（Bleak House）描述了一个极端的情形：围绕贾恩迪斯（Jarndyce）山庄展开的争执变得没完没了，以至于最后整个山庄不得不被卖掉，用于支付律师们的费用。

事实上，罗伯特·奥曼[①]与夏普利在1976年就证明：两人为分一块饼而讨价还价，这个过程初看是可以无限期地谈下去的，但只要没有一个人有动机偏离对偏离者实施惩罚的机制，没有一个人去偏离对偏离了“对偏离者实施打击”的轨道的人实施惩罚的机制，并且这种惩罚链不中断，则无限期讨价还价的谈判就会达成均衡解而结束谈判。

因此，任何马拉松式的谈判一轮轮拖而未果的原因只在于，参与谈判的双方之间还没有就蛋糕的融化速度，或者说未来利益的流失程度达成共识。

从数学上可以证明，分蛋糕博弈只要博弈阶段是双数时，双方分得的蛋糕将会是一样大小；若博弈阶段是单数时，先提要求的博弈者所得到的收益，一定会好于后提出要求的博弈者。然而随着阶段数的增加，双方收益之间的差距会越来越小，每个人分得的蛋糕将越来越接近于一半。

也就是说，向前展望、倒后推理的原理，可能在整个过程开始之前就已经确定了最后结果。

策略行动的时间还有可能提前，在确定谈判规则的时候就已经开始，预期结果是A的第一个条件能够被对方接受。谈判过程的第一天就会达成一致，谈判过程的后期阶段不会再发生。不过，假如第一轮不能达成一致，这些步骤将不得不走下去。A怎样提出刚好足够引诱对方接受的第一个条件，非常非常关键。

由于双方向前展望，可以预计到同样的结果，他们就没有理由不达成一致。也就是说，向前展望、倒后推理将引出一个非常简单的分配方式：中断谈判平分利益。

不妥协的谈判策略

只有你摆出一副宁为玉碎、不为瓦全的姿态，用自己的名声或者策略性的手段让对方相信，就算你的出价遭到拒绝，你也绝对不会考虑其他价格，“博尔韦尔策略”才会奏效。

清末民初，有一位商人开着一个卖玉的店铺。

① 罗伯特·奥曼（Robert John Aumann，1930~ ）美国和以色列双重国籍经济学家。因为“通过博弈论分析改进了我们对冲突和合作的理解”与托马斯·谢林共同获得2005年诺贝尔经济学奖。

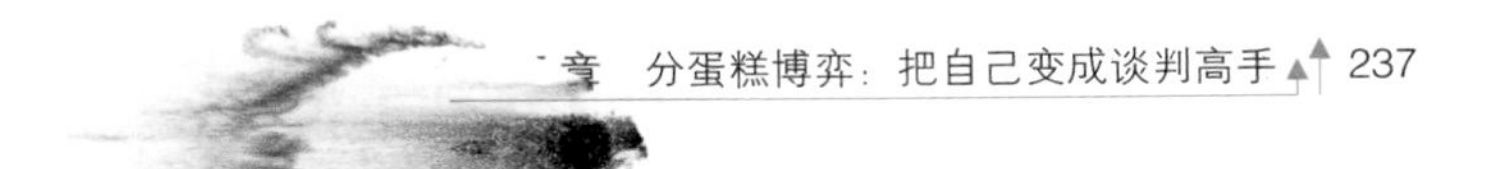

有一次，一位同样做玉生意的顾客来买货。他推荐了一套四个的精美细致玉器，每套要价800两。顾客为了压价，说只看中了其中两件，另外两件并不是太喜欢，因此只愿意出600两。

商人慢悠悠地说:“既然你不喜欢这两件，我也不好意思再卖了。”说完，他拿起一件扔在了地上。

顾客见自己喜爱的东西被摔碎了，忙阻拦商人，说愿意以600两买剩下的三件。商人不作声，又拿起另一件。顾客终于沉不住气了，请求商人千万不要再毁了，他愿出800两把这套残缺不全的玉器全买走。

在这里，我们假设有关这套玉的交易是一个可以分享的馅饼，双方都非常清楚地知道合作对双方有利，但不清楚怎样来共享合作的果实。

假设商人所拥有的这套玉器，对他自己而言价值500两银子，但对顾客而言价值1000两。在这种情况下，对双方来说都有潜在的交易利益，也就是都有交易谈判的空间。如果顾客买下了玉，成交价一定在500两到1000两之间。

当客人对玉的估价比玉器商人高时，双方一定可以从交易中得到好处。每当你想和别人讨价还价时，应该首先确定交易有没有任何所得。在上面的故事中，如果那套玉对顾客的价值不到500两，那么双方就没必要花时间去谈判了。

当客人对玉的估价比商人高时，成交价会是多少？在信息有限的情况下，我们无法回答，但是可以利用双方对产品的估价，来确定潜在的售价范围。

由于双方都不会同意对自己不利的条件，因此商人绝对不会接受500两银子以下的价格，顾客的出价也不可能超过1000两。换句话说，500两和1000两分别代表了双方的退出价格。

假定顾客和商人达成了协议，此时大家就不必退出。可是，如果有一方弃权，那么它所导致的结果，就会对双方的谈判优势造成深远的影响。正如在上面的故事中我们看到的，最不在乎谈判成功与否的一方，也就是商人会占有优势，因为至少从表面上来看，弃权对他的伤害比较小。

卖玉的商人之所以占优势，更主要的原因，是因为他运用了谈判中的“博尔韦尔策略”。

所谓“博尔韦尔策略”，是指提出合理的条件以后，就拒绝再讨价还价的策略，也就是提出一个“不买拉倒”的价格。它是以通用电气公司管理劳资关系的副总裁莱米尔·博尔韦尔的名字命名的，这套出价模型为他的立场建立了公信力。

在上面的故事中，商人把一套玉中的一件摔碎的举动，实际上就是对顾客提出了一个“不买拉倒”的价格。事实上，如果把交易的利益看作是一块易碎的玉的话，“博尔韦尔策略”完全可以被形象地称为“玉碎策略”。

如果这一“不买拉倒”的出价遭到了顾客的拒绝，那么博弈也就宣告结束。但是他这样做有一个前提，那就是出价一定要比1000两稍微低一点。既然顾客对产品的估价是1000两，因此接受任何低于1000两的出价对他都有利。诚如上面的故事所示，哪一方有办法提出“不买拉倒”的价格，他就可以把交易的利益完全归自己所有。

要有效地运用“不买拉倒”的价格，必须使自己的威胁可信：如果初始的出价遭到拒绝，你就会退出谈判。但退出的威胁多半不可信，因为如果第一次出价遭到拒绝，继续谈判对你还是有利的。

上面的玉器交易是一个特例，是因为在玉器行业有“黄金有价玉无价”的说法，而且所交易的玉器是不可复制的，摔碎一件以后，相应地也就提高了剩下的玉器的价值。在古董或者字画行业中所谓的“孤品”，实际上就是这个意思。

在另外一些场合中，运用“博尔韦尔策略”来赢得谈判，树立自己不好惹或者翻脸无情的名声，也是一个很有效的办法。

假设你正在谈判一笔必须在24小时之内敲定的交易，而且你想要运用“博尔韦尔策略”，提出一个“不买拉倒”的价格。在这种情况下，你希望对手在面对接受出价和退出交易这两种选择时，只好选择接受。然而遗憾的是，这位潜在的对手一定会回过头来，以比较不利于你的价格做出回应。

如果对手认为你达成这笔交易的意愿很强烈，那么他也会认为你不会因为他的还价而拂袖而去。在这种情况下，只有不给他还价的机会，你才可以大幅改善谈判的地位。比如说，你可以把报价告诉他，然后离开谈判桌。这样，你减少了自己的回旋余地，同时也减少了对手的选择机会。如果你无法响应对手的还价，那么对手如果还想做成这笔生意，就只好接受你的出价了。

在实践中，坚持到底、拒不妥协说起来容易可做起来难，理由有二。

第一个理由在于，讨价还价通常会将谈判议题以外的事项牵扯进来。大家知道你一直以来都是贪得无厌的，因此以后会不大愿意跟你进行谈判。又或者，下一次他们可能采取一种更加坚定的态度，力求挽回他们认为自己将要输掉的东西。在个人层面上，一次不公平的胜利很可能会破坏商业关系，甚至破坏人际关系。

第二个理由在于，达到必要程度的拒不妥协并不容易。一种顽固死硬的个性可不是你想有就有、想改变就能改变的。尽管有些时候顽固死硬的个性可能击退一个对手，迫使他做出让步，但同样也可能使小损失变成大损失。

因此，只有你摆出一副宁为玉碎、不为瓦全的姿态，用自己的名声或者策略性的手段让对方相信，就算你的出价遭到拒绝，你也绝对不会考虑其他价格，“博尔韦尔策略”才会奏效。

对手须有相当数目

中国人心目中的公平与报应，大半要靠恶人和恶人之间的自相残害。所以恶人必须辈出不穷，并且维持相当的数目。

有这样一个外国故事。

上帝把两群羊放在草原上，给羊群找了两种天敌，一种是狮子，一种是狼。他对羊群说：“如果你们要狼，就给一只。如果你们要狮子，就给两只。你们可以在两只狮子中任选一只，可以随时更换。你们自己选择吧。”

南边那群羊想，狮子比狼凶猛得多，还是要狼吧。于是它们就要了一只狼。北边那群羊想，狮子虽然比狼凶猛，但有选择权。于是它们就要了两只狮子。

哪一群羊的选择更为理性呢？

狼进了南边的羊群后，虽然一只羊就够它吃好几天，然而它很快就发现了自己独一无二的地位，每天都要咬死几只甚至十几只羊，只吃羊身上最鲜美的肉。而一头狮子到了北边的羊群以后，很快发现自己的命运操纵在羊群手里：羊群随时可以换掉它。

于是，狮子主动和羊群谈判，只吃羊群提供的死羊和病羊。有几只小羊提议干脆固定要这只狮子，不要另外一只狮子。一只老公羊提醒说：“这只狮子是怕我们把它送回上帝那里挨饿，才如此克制。万一另一只狮子饿死了，我们就没有了选择的余地，这只狮子很快就会恢复凶残的本性。”

于是，羊群每过一段时间就把狮子轮换一下。这样，两只狮子都懂得了自己的命运被操纵在羊群手里的道理，不仅在草原上时克制自己，在被送还给上帝时，还都难过地流下了眼泪……

据说，这是一个政治寓言。不过笔者认为，它更像是一个博弈论的典型案例。

如果把利益的对立和争夺视为一种恶的话，那么谈判对手可以说是不折不扣的

“恶人”。直觉告诉我们，“恶人”越少越好。可是博弈论却告诉我们，这种想法是大错而特错了。

我们回过头来看上一节卖玉器的谈判博弈。不过，现在假定在商店里出现了第二位顾客，而且他也认为那套玉器值1000两银子。再假定这两个顾客并没有共谋，而是争相向商人购买这套玉器。

对顾客A而言，这套玉器价值1000两白银；

对顾客B而言，这套玉器价值1000两白银；

对商人而言值500两白银。

当顾客B加入以后，就能够确定精确的价格。顾客A用800两来买这套玉器是否合理？

不合理，因为顾客B愿意出800两以上的价钱来买这套玉器，所以这个结果并不稳定。因此，如果这两个顾客互相竞争，顾客B绝对不会让顾客A只花800两就买走这套玉器。在这场有三个人的博弈中，只有这套玉器以1000两白银卖出才是稳定的结果。

顾客B的出现，使交易的潜在利益全部归了商人所有。因为很显然，两个顾客都需要商人，商人却只需要一位顾客。因此，如果商人可以让顾客互相竞争，他就可以把他们的利润降为零。

我们把这个博弈稍微改变一下，假设顾客B认为这套玉器只值950两。

对顾客A而言，这套玉器价值为1000两；

对顾客B而言，这套玉器价值为950两；

对商人而言，这套玉器价值为500两。

在这个博弈中，这套玉器最后会被顾客A买走，因为他的出价一定会高于顾客B，售价会落在950两到1000两之间。如果这套玉器以920两的价格卖出，这并不是稳定的结果，因为没有买到这套玉器的顾客会提出比对手更高的价格。如果这套玉器以950两到1000两之间的价格卖给顾客A，这就是稳定的结果，因为此时提出更高的价格对顾客B并没有利。

假设你是那个卖玉器的商人，在谈判前夕接到了顾客B的电话。顾客B说他不想亲自来店里，因为他知道自己最后会输给顾客A。对他来说，去参加注定会输的无用谈判纯粹是浪费时间，因此不到场是理性的做法。

但是，身为商人的你应该要对顾客B不到场的可能性感到惊慌失措，因为如果没有顾客B，价格就会落在800两到1000两之间。在这种情况下，商人应该想办法让顾客B一定到场，并在必要时付给他一定的酬劳。这样一来，就算顾客B最后没有买到这套玉器，他还是可以从谈判中得到好处。

由此可见，在这样的博弈中，“恶人”并非是越少越好，使其保持相对合适的数目反而是有利的。也许正如旅美作家王鼎钧所说：“中国人（或者说，我所知道的中国人）心目中的公平与报应，大半要靠恶人和恶人之间的自相残害。所以恶人必须辈出不穷，并且维持相当的数目。”

不要急于亮出底牌

沉住气，并不是简单地指一味地不说话，而是一种成竹在胸、沉着冷静的姿态，尤其在神态上表现出一种运筹帷幄的自信，以此来逼迫对方沉不住气，先亮出底牌。

在生活中，我们经常看到：非常急切想买到物品的买方，往往要以高一些的价格购得所需之物；急于推销的销售人员，往往也是以较低的价格卖出自己所销售的商品。

正是这样，富有购物经验的人在买东西、逛商场时总是不紧不慢，即使内心非常想买下某种物品，也不会在商场店员面前表现出来；而富有销售经验的店员们，总是会以“这件衣服卖得很好，这是最后一件”之类的陈词滥调劝说顾客。

事实上，上述做法是有博弈论的依据的。人们已经证明，当谈判的多阶段博弈是单数阶段时，先开价者具有“先发优势”，而双数阶段时，后开价者具有“后动优势”。

对于任何实际的谈判，谈判者要注意，一方面要尽量摸清对方的底牌，了解对方的心理，根据对方的想法来制定自己的谈判策略。另一方面，就是耐性，谈判者中能够忍耐的一方将获得利益，这一点凭借直觉就可以判断，越是急于结束谈判的人将会越早让步妥协。

在任何时候，特别是在激烈变化的谈判桌上，需要有“每临大事有静气”的定力。在受到对方的压迫和进逼时，一方面守住自己的原则，不慌乱手脚，另一方面等对方筋疲力尽、局面平静下来以后，再相机行事。只有这样，才能进而随缘而动，最终达到目的。

有一个人想处理掉自己工厂里的一批旧机器，他在心中打定主意，在出售这批机器的时候，一定不能低于50万美元。

在谈判的时候，有一个买主针对这批机器滔滔不绝地讲了很多它的缺点和不足，但是这个工厂的主人一言不发，一直听着那个人口若悬河的言辞。到了最后，那位买主再没有说话的力气了，突然蹦出一句："我看你这批机器我最多只能给你80万美元，再多的话，我们可真是不要了。"于是，这个老板很幸运地整整多赚了30万美元。

沉住气，并不是简单地指一味地不说话，而是一种成竹在胸、沉着冷静的姿态，尤其在神态上表现出一种运筹帷幄的自信，以此来逼迫对方沉不住气，先亮出底牌。

"静者心多妙，超然思不群。"沉不住气的人在冷静的人面前最容易失败，因为急躁的心情已经占据了他们的心灵，他们没有时间考虑自己的处境和地位，更不会坐下来认真地思索有效的对策。在最常见的谈判中，他们总是不等对方发言，就迫不及待地提出建议价格，最后让别人钻了自己的空子。

其实，这种策略完全可以转化为生活中的小诡计。设想你在公司会议上作报告。在场的有些人与其说是同事，不如说是敌人：他们老是对你的方案吹毛求疵。对付他们，你可以用这个方法：在会前发的提纲里，只简述主要内容，有意略去某些细节和解释。

你的敌人会以为你忽略了某些方面，于是在那些方面准备对你进行批评。开会时，当他们洋洋得意地把那些问题提出来后，你可以马上打开投影仪，回答得有条有理。侃侃而谈的你，显得比投影屏幕都光彩夺目。于是，你立刻成了大家心目中的英雄，对手们下次发难，就得三思而行了。

这个招数还可以用于别的情况。当你努力想改变别人对你的看法时，比如应聘面试、商业谈判和资格口试等，都可以先假装糊涂，然后再旁征博引，把各种事实一一道来。

孩子们也会利用这个招数。他们先是"忘了"告诉你他们懂的东西，但后来在你没有料到的场合，却突然说出那方面的知识，让你大吃一惊，称赞一番。

总之，在别人毫不提防的情况下，提供重要事实，或者表演你的绝招，都可以使你更引人注目。

减少你的等待成本

在讨价还价的博弈中，最终达成的协议会把较大份额归属于更有耐心的一方。在这个过程中，各方必须猜测对方的等待成本。

法国大作家巴尔扎克最善于捡便宜货。有一次，他看中了橱窗里一个花瓶。一问卖价太贵，由于店主说什么也不减价，巴尔扎克二话没说，扭头就走了。

回家以后，他找了五六个朋友，把对这个花瓶的渴望告诉了他们。大家很快想出了一个办法：先由一个人进店，比标价略低还一个价，买不下就出来。隔不多久，另一个人进去，还价比前一个还低。他的朋友们依计而行，就这样依次去砍价，最末一个人把价砍至最低。

就在店主变得越来越沮丧、越来越不自信的时候，巴尔扎克再次出现了，他的还价比前面两三个人略高一些。结果，店主喜出望外，马上按巴尔扎克的出价把花瓶卖给了他。

这办法为什么会奏效呢？原因就在于，在最初巴尔扎克与店主的谈判过程中，店主的期望值很高。但是当巴尔扎克的朋友们把价越出越低时，他感觉自己的花瓶随着时间的推移在贬值。也就是说，花瓶在他手里的时间越长，成本就越高。

在一场事关利益分配的博弈当中，决定大饼切分方式的一个重要因素是各方的等待成本。虽然双方可能失去同样多的利益，但一方可能有其他替代做法，有助于部分抵消这个损失。

举例来说，假定一家酒店的工会发动了罢工要求提高待遇，工会与老板举行谈判。在这期间，工会成员可以外出打工，每天一共能挣到300元。于是，老板的出价至少要达到300元。工会的底线为300元，因为这是其成员在外打工可能挣到的数目。

在没有罢工时，酒店正常营业每天所得利润为1000元，这样减掉必须给工会的底线300元，在复工后的分配方案中，只剩下700元可以讨价还价。一般的原则是双方平均分配，即各得350元。这样算下来，工会得到300元+350元=650元，而老板只得到350元。

之所以会出现这样的情况，就是因为工会通过让其成员在外打工而更能坚持。

而老板则处于要么得到350元，要么一无所得的境地，理性的选择只能是前者。

不过，老板也可以采取措施来改变自己的劣势地位。比如，老板一边与工会谈判，一边发动不愿参加罢工的员工维持酒店营业。不过，由于这些员工的效率比较低或者要价更高，又或者某些客人不愿意穿越工会设立的警戒线，老板每天得到的营业收入只有500元。假定工会成员在外面完全没有收入，那么与老板谈判时地位就优劣立判。这时工会一定会愿意尽快达成协议，不会坚持进行一场旷日持久的罢工。这样算下来，处于优势地位的老板在复工后的分配方案中可以得到每天750元的收入，而工会只能得到250元。

假如工会成员有可能外出打工，每天挣300元，同时老板可以在谈判期间维持酒店营业，每天挣500元。那么，在分配方案中，余下可供讨价还价的数目只有区区200元。双方再平分这200元，老板最后得到600元，而工会得到400元。

因此，一个具有普遍意义的结论是，谁能在没有协议的情况下过得越好，谁就越是能从讨价还价的利益大饼中分得更大一块。也就是说，谁等得起谁就占据优势地位。

这是因为，博弈论的观察视角为我们提供了一个充满贴现率的世界。尽管有人以为此乃平常之物而怠慢于它，但事实上，这些人不过是没有体会过它的强大威力罢了。

在《孙子兵法》中，我们也可以看到贴现思想的影子。“谋攻篇”中指出：“日费千金，然后十万之师举矣。”也就是说，战争需要一个庞大的消耗流量来支撑，消耗的流量意味着战争每进行一天，战争的得益就减少相应的数量。正因如此，孙子教给我们一个战争最重要的原则：“故兵贵胜，不贵久。”

这是理解我国历史上无数战争局势的关键所在，也是先人最擅长的智慧。在判断一场旗鼓相当的战争时，我们的先人首先看到的是战争双方的贴现率，也就是双方不耐心的冲动指数，“吾故知其败”。一场力量不对称的战争中，战争的局势极其容易演化成一方高挂免战牌，另一方求战不得之后退兵的情形。

三国时，刘备入川苦战几年最后攻到成都之下，这是一场微妙的战争。刘璋的许多下属劝刘璋把成都外围的百姓迁入成都，烧光粮食，来一个坚壁清野。刘璋没有采取这些意见，史书记载，仁慈和懦弱的刘璋选择了投降，后人读到这里不免叹息。

历史几乎不可能出错，这只能证明刘备是一个贴现率很低的怪物。刘备在荆州人多地少，没有发展土地势必会崩溃，因而时时充满着危机感，未来价值太低。虽然刘备本人有“折而不挠”的人格，是一个非常注重未来价值的人，但是时局迫使他采取了鱼死网破的策略。刘璋输得合情合理。

贴现率不是一成不变的，孙子提出“因粮于敌”可以提高自身的贴现率。“因粮于敌”后来也成了一个有名的战术，但是,“夫兵久而国利者，未之有也”。

在讨价还价的博弈中，最终得出的协议会把较大份额归属于更有耐心的一方。讨价还价的博弈把贴现率看作是耐心的度量，以此平衡现在和未来。在这个过程中，各方必须猜测对方的等待成本。由于等待成本较低的一方能占上风，各方符合自身利益的做法，就是宣称自己的等待成本很低。

不过，人们对这些说法不会按照字面意思照单全收，必须加以证明。证明自己的等待成本很低的做法是：开始制造这些成本，以此显示你能坚持更长时间；或者自愿承担造成这些成本的风险——较低的成本使较高的风险变得可以接受。

保护讨价还价能力

一定要在自己的讨价还价能力仍然存在的时候，充分利用。

旅美作家刘墉在《我不是教你诈》中讲了这样一个小故事。

小李搬进台北的高楼，可是十几盆花无处摆放，只好请人在窗外钉花架。师傅上门工作那天，他特别请假在家监工。

张师傅带着徒弟上门了。他果然是老手，17层的高楼，他一脚就伸出窗外，四平八稳地骑在窗口，再叫徒弟把花架伸出去，从嘴里吐出钢钉往墙上钉，不一会儿工夫就完工了。

小李不放心地问花架是否结实，张师傅豪爽地拍着胸口回答说，三个大人站上去跳都撑得住，保证20年不成问题。小李闻听，马上找了张纸，又递了支笔给张师傅，请他写下来，并签个名。

张师傅看小李满脸严肃的样子，正在犹豫，小李说话了:“如果你不敢写，就表示不结实。不结实的东西，我是不敢验收的。”张师傅只好勉强写了保证书，搁下笔，对徒弟一瞪眼:“把家伙拿出来，再多钉几根长钉子，出了事咱可就吃不了兜着走了。”

说完，师徒二人又足足忙了半个多钟头，检查了又检查，最后才离去。

到底花多少钱能到目的地？

这个故事告诉我们什么呢？那就是一定要在自己的讨价还价能力仍然存在的时候，充分利用。换句话说，如果你是买家，就要争取先验货或者试用再付款；如果你是卖家，应该争取让对方先支付部分款项再正式交货。

其实这种策略不仅能够运用到商业中，在生活中也可以灵活地加以应用。

一天深夜，在耶路撒冷举行的一个会议结束之后，两名美国经济学家找了一辆有牌照的出租车，告诉司机应该怎么去他们的酒店。司机几乎立即认出他们是美国观光客，因此拒绝打表，并声称自己热爱美国，许诺会给他们一个低于打表数目的更好的价钱。

自然，两人对这样的许诺颇有点将信将疑。这个陌生的司机为什么要提出这么一个奇怪的少收一点的许诺呢？他们怎么才能知道自己有没有多付车钱呢？另一方面，此前他们除了答应按照打表数目付钱之外，并没有许诺再向司机支付其他报酬。他们的如意算盘是，一旦他们到达酒店，那他们的讨价还价地位将会大大改善。

于是，他们坐车出发，顺利到达酒店。司机要求他们支付以色列币2500谢克尔。谁知道什么样的价钱才是合理的呢？因为在以色列，讨价还价非常普遍，所以他们还价2200谢克尔。司机生气了，他嚷嚷着说从那边来到酒店，这点钱根本不够用。他不等对方说话，就用自动装置锁死了全部车门，一路上完全没把交通灯和行人放在心上。两位经济学家是不是被绑架到贝鲁特去了？不是。司机开车回到了出发点，非常粗暴地把他们扔出车外，一边大叫："现在你们自己去看看，你们那2200谢克尔能走多远吧！"

他们又找了一辆出租车。这名司机开始打表，跳到2200谢克尔的时候，他们也回到了酒店。

毫无疑问，花这么多时间折腾，对于两位经济学家来说还值不到300谢克尔。但是这个故事的价值却不容忽视，因为它说明了当我们一旦面对一个不懂得讨价还价的对手，可能会出现什么样的危险。在自尊和理性这两样东西之间，我们必须学会权衡。假如总共只不过要多花300谢克尔，更明智的选择可能是到达目的地之后乖乖付钱。

这个故事还有第二个教训。设想一下，假如两位经济学家是在下车之后，再来讨论价钱问题，他们的讨价还价地位该有多大的改善。

如果是租一辆出租车，思路应该与此完全相反。假如你在上车之前告诉司机你要到哪里去，那么你很有可能眼巴巴地看着出租车弃你而去，另找更好的主顾。记住，你最好先上车，然后告诉司机你要到哪里去。

货比三家是把双刃剑

多找几家商店更好，因为卖家最拿“另有门路”的买家没办法。

1999年4月5日，美国谈判专家史蒂芬斯决定建个家庭游泳池，建筑设计的要求非常简单：长30英尺（即9.144米）、宽15英尺（即4.572米），有温水过滤设备，并且在6月1日前竣工。隔行如隔山，虽然史蒂芬斯在游泳池的造价及建筑质量方面是个彻头彻尾的外行，但是这并没有难倒他。

史蒂芬斯在报纸上登了个建造游泳池的招商广告，具体写明了建造要求。很快就有a、b、c三位承包商前来投标，各自报上了承包详细标单，里面有各项工程费用及总费用。史蒂芬斯仔细地看了这三张标单，发现其所提供的抽水设备、温水设备、过滤网标准和付钱条件等都不一样，总费用也有不小的差距。

于是4月15日，史蒂芬斯约请这三位承包商到自己家里商谈。第一个约定在上午9点，第二个约定在9点15分，第三个约定在9点30分。三位承包商如约准时到来，但史蒂芬斯客气地说，自己有件急事要处理，一会儿一定尽快与他们商谈。三位承包商只得坐在客厅里一边交谈，一边耐心等待。

10点钟的时候，史蒂芬斯出来请承包商a先生进到书房去商谈。a先生一进门就介绍说，自己建的游泳池工程一向是最好的，他建史蒂芬斯家庭游泳池实在是小菜一碟。同时，他还顺便告诉史蒂芬斯，b先生曾经丢下许多未完的工程，现在正处于破产的边缘。

接着，史蒂芬斯出来请第二个承包商b先生进行商谈。他从b先生那里又了解到，其他人提供的水管都是塑胶管，只有b先生所提供的才是真正的铜管。

后来，史蒂芬斯出来请第三个承包商c先生进行商谈。c先生告诉他，其他人所使用的过滤网都是品质低劣的，并且往往不能彻底做完，而自己则绝对能做到保质、保量、保工期。

不怕不识货，就怕货比货，有比较就好鉴别。史蒂芬斯通过耐心的倾听和旁敲侧击的提问，基本上弄清了游泳池的建筑设计要求，特别是掌握了三位承包商的基本情况：a先生的要价最高，b先生的建筑设计质量最好，c先生的价格最低。经过权衡利弊，史蒂芬斯最后选中了b先生来建造游泳池，但只给c先生提出的标价。经过一番讨价还价之后，谈判终于达成一致。

就这样，三个精明的商人没斗过一个谈判专家。史蒂芬斯在极短的时间内，不仅自己从外行变成了内行，而且还找到了质量好、价钱便宜的建造者。这种让卖家与卖家竞争的策略设计，就包含着对外部机会的深刻算计。

假如你打算买辆车，那么有两种策略：一、锁定一个代理商，对他百般纠缠，软硬兼施，要他非降价不可；二、到好几家代理商那儿转转，然后在询问价钱的时候，漫不经心地暗示，你不仅确实要买车，而且已经看了几家店。哪种策略较好呢？

这是经济学家阿尔钦在他的教科书中的一道问题。他的答案是："多找几家商店更好，因为卖家最拿'另有门路'的买家没办法。与卖家竞争的，是其他的卖家；与买家竞争的，是其他的买家；而卖家并不和买家竞争。"

这个世界上的任何商品，其价值都是因为有人争夺才产生的。阳光没人争，市价是零；空气没人趋之若鹜，市价也是零；但马尔代夫的阳光和空气，有很多人争，于是价值不菲。马尔代夫的居民就是再抠门，游客也得感谢他们为度假多提供了一个机会。到那里旅游的高价，是游客们自己造成的。

同样是由于市场的安排，无形中造成了一种竞争的环境，英特尔和AMD都不得不为它们生产的CPU标出足够低的价格；而航空公司的里程积分计划，也不得不为登记参加者提供更多的积分奖励以吸引他们；至于结了婚的夫妇，对各自利益的谋取，可能会变成一场两个人玩的博弈游戏。

在与人讨价还价的时候，要时刻记得，潜在的利益谋取者相互竞争会导致讨价还价能力的降低。因此如果你是买主，如果不是团购的话，不要与其他买主一起抢购某种商品；如果你是卖主，尽量不要把其他卖主的信息透露给潜在的顾客。

外部机会能决定胜负

在博弈中，一个参与者的外部机会越好，他能够从讨价还价当中得到的份额也就越大。

赤壁大战以后，东吴屡次向刘备讨还荆州不得，于是便设计了一个利用孙权之妹招赘并软禁刘备，要挟其交还荆州的骗局。

刘备一行到达东吴，叫500名兵卒披红挂彩，在全城采买猪羊果品等婚庆用品，逢人便说刘备入赘东吴，弄得城中百姓人人皆知。随后，刘备牵羊担酒，拜访了与东吴主孙权家有联姻之好的乔国老，叙说了前来成亲之事。乔国老听说以后，即刻进宫向孙权的母亲吴国太道喜称贺。吴国太大吃一惊，责问孙权，孙权只得如实道来。国太一听，怒不可遏。

孙权奉行孝道，只得安排吴国太和乔国老等在甘露寺会见刘备。吴国太一见刘备，大喜过望地对乔国老说："真吾婿也！"刘备与孙权之妹的婚事，就这样由国太做主当场敲定了。

孙权的"美人计"弄假成真，刘备成功地逃过一劫。在这场博弈当中，刘备一方是通过大造舆论，损害孙权方面的外部机会（个人和家族形象）来达到了自己的目的的。因为损害了对方的外部机会，就在无形中改善了自己的谈判地位。

在博弈中，一个参与者的外部机会越好，他能够从讨价还价当中得到的份额也就越大。但是与此同时，他还必须注意到，真正影响大局的，是他的外部机会与他的对手的外部机会的相对关系。

在工会与酒店谈判的例子里我们已经分析过，假如工会成员可以外出打工，每天挣300元，而老板则通过由不愿参加罢工者维持酒店营业，每天挣500元，那么在双方谈判时，讨价还价的结果是工会在达成的分配方案中得到400元，老板得到600元。

现在换一种情况，假定工会成员放弃外出打工的100元，转而加强设置警戒线，阻止客人进入酒店，导致老板每天少收200元。于是，讨价还价一开始，工会的底线是200元（300元减去100元），老板的底线则为300元（500元减去200元）。两个底线相加得到500元，那么复工后正常营业所得的利润1000元当中，只余下500元用于平均分配。

把这500元平均分配，双方各得250元，那么工会得到200+250=450元，老板得到300+250=550元。工会加强警戒线的做法，实际上等于做出要损害双方利益的威胁（只不过对老板的损害更大），它因此比通过打工挣300元而不加强警戒线的情况，在未来的分配方案中多得50元。

在甘露寺相亲的故事中，孙权的目标是神不知鬼不觉地把刘备扣为人质，以索还荆州。在这个过程中，因为牵涉到自己的妹妹，事情进行得越是秘密，对东吴的好处就越大。

但是刘备一方看破了这一点，因此他们一到东吴便四处采买婚庆用品，到处散布刘备与孙权妹妹成亲之事。可以说，声势造得越大，一旦婚事不成，刘备固然脸面无光，但是孙权为扣留甚至杀掉刘备所付出的，不仅是遭到天下人嘲笑，还会背上寡廉鲜耻的名声。也就是说，刘备这样做对孙权的外部机会损害也就越大。

尽管如此，孙权为了夺取荆州，仍然可能铤而走险。因为脸皮与地皮相比，地皮显然更为重要。所以，仅仅制造社会舆论，还无法完全阻止孙权按计行事。接下来更为关键的一步，则在于刘备通过乔国老把信息传递给了吴国太。吴国太是所有能够影响孙权决策的人当中，最关心孙权妹妹名誉与终生幸福的人，因而也是最有可能使孙权无法实施阴谋的威胁因素。所以等到甘露寺相亲她拍板定下孙刘两家的婚事以后，孙权已经没有任何牌可出，只好乖乖地认输了事。

在民国时发生的一个周妈讨债的故事，也可以帮助我们理解外部成本在谈判中的重要性，我们不妨重温一下。

袁世凯筹划称帝，湖南名士王闿运以一个名字30万大洋的价码，答应列名劝进。不料，接到袁世凯付款指令的湖南都督借口现钱不足，只付给王一半。帝制失败，袁世凯退位。王闿运却没忘记剩下的一半酬金，委派自己的情妇周妈来京索债。袁世凯与周妈谈判，劝她先回湖南，等筹足款再给她寄过去。不料周妈坚决不同意，每天去袁世凯的春藕斋吵闹。最后袁世凯勃然大怒："我就不给你钱，你能怎么样？"

周妈说："不给钱，我就不走！"

袁世凯冷笑："你不走，我就不能赶你走吗？"

周妈意志坚决："赶我也不走！"

袁世凯有点抓狂了，大喝道："莫非我就不能杀了你吗？"

这时，周妈也使出了自己的撒手锏："你杀，我让你杀！你先求我家老王，现在不给钱，还要杀我，传出去才好听哩！你能杀人，不去杀西南诸省的乱党，倒来杀我一个老婆子，什么意思嘛？到时候外面都会说'袁大总统当不成皇帝，杀一个老婆子，赖掉十来万块钱，也是高兴的'。莫忘了，我家老王还有一支史笔，你就不想想你会在历史上成一个啥人！好，要么杀我，要么给钱，你决定吧！这该死的老王，他让我来北京送死……呜呜呜呜呜……"

袁世凯一下子泄了气。周妈在这场谈判中大获全胜，意气风发地拿钱走人了。

在上面这场谈判中，手握生杀予夺大权的袁世凯败给一个乡下老婆子的关键在哪里呢？其实就两点：一个是周妈的意志比较坚定，等得起，而她的吵闹却让袁世凯不胜其扰。另外一个就是周妈向袁世凯指出，如果他敢通过杀人来解决债务纠纷的话，那么一方面社会舆论对他会更加不利，另一方面王闿运"还有一支史笔"，可以把这件事情传扬于后世，让袁世凯遗臭万年。

这种成本，对于想名留青史的袁大总统来说，自然是比区区十几万元的债务要难以承受的。因此，周妈的几句话就点到了他的死穴，达到了一招制敌的目的。

把真正的目标藏起来

谈判者应该将所有有关共同利益的问题放在一起进行讨价还价，利用各方对这些问题的重视程度的不同，达成对大家来说都更好的结果。

《三十六计》第二十五计名为“偷梁换柱”：“频更其阵，抽其劲旅，待其自败，而后乘之，曳其轮也。”在博弈中，它是指暗中更换对方所追求的利益的关键部分，就可以巧妙地改变事物的性质和内部结构，使自己轻而易举地得到对方本来会锱铢必较的关键利益。

美国著名的冲突管理专家、贝勒大学教授弗雷德·查特曾经代表一家公司与工会领袖进行谈判。在谈判中，查特教授得知，该公司总裁在与工会领袖谈话时发表了不当言论，工会领袖勃然大怒，严正提出该公司总裁应公开道歉。同时，公司总裁也觉察到了自己失言，准备公开道歉。

针对这一情况，查特对工会领袖说：“我了解公开道歉对于双方的重要性，我一定尽力去帮助你们争取，但我不能给你们什么保证。不过，如果你们希望我去争取这件事，你们是否应该在其他事情上与我合作？”

过了几天，查特教授又把他需要工会方面合作的条件明确化，即要求工会在关于增加工人工资和福利问题上做出让步。他对工会领导人说：“如果我能争取到总裁的公开道歉，有关我向你们提出的那两个问题（工资、福利），你们是否同意我的看法？”

工会当时只关注总裁是否愿意公开道歉，能否挽回自己的面子，而对于增加工人工资和工人福利这两个问题反而没有多在意。

经过双方进一步谈判，最后终于达成协议，公司方面由总裁向他们公开道歉，而工会方面却在工人工资和工人福利的要求上做出了重大让步。

上述案例中究竟是哪一方获得了成功？是公司总裁呢，还是工会方面？答案不言自明。

谈判者应该将所有有关共同利益的问题放在一起进行讨价还价，利用各方对这些问题的重视程度的不同，达成对大家来说都更好的结果。因为，许多这样的问题，虽然在理论上可以简化至等同于金钱总数的问题，但却存在一个很重要的区别，即各方对这些问题的重视程度可能各不相同。

将各种问题混合起来的做法，也使得利用其中一个讨价还价博弈创造可用于另一个讨价还价博弈的威胁成为可能。

在上面的案例中，其所以能取得这样的结果，在于查特教授抓住了公司总裁向工会方面道歉这个无关紧要的问题，和总裁本人也准备满足工会方面这一要求的情况，把它们打包成一揽子的解决方案，并且有意把道歉问题看得十分重要，而把真实的企图——降低工会方面对于工资及福利的要求——隐藏在总裁道歉之后，使工会方面没有看清问题的本质，让资方取得了实质的胜利。

如果工会方面看破了这一点，即使其十分注重道歉问题，也会坚持把道歉与工资福利方面的问题分开来解决，那么资方也不会这么容易就获得胜利。

小步慢行的策略

若是一个大的承诺或威胁不可行，我们就应该选择一个个小的承诺和威胁，并有计划地加以运用。

一个阿拉伯人带着一只骆驼在沙漠旅行。晚上，阿拉伯人睡在一个小小的帐篷里，骆驼睡在帐篷外面。半夜里，骆驼对主人说:“慈善的主人，外面很冷，我可否把我的鼻子伸到帐篷内取暖?”阿拉伯人对骆驼说:“帐篷很小，容不下你和我。”

骆驼再三恳求:“一个鼻子占不了太多空间的。”于是，主人心软了，让它把鼻子伸进来取暖。

过了一会儿，骆驼又提出要求:“慈善的主人，好心点，只是一个鼻子温暖无济于事，我的头冷，请允许我把头伸进帐篷中吧?”阿拉伯人同意了，身子缩了一下，让出一块地方。

没一会儿，骆驼又说:“慈善的主人，我的脖子冷，请允许我的脖子也伸进帐篷中吧。”阿拉伯人同意了，又蜷缩了一下身子，让出了一片地方。

就这样一步一步地，骆驼把前足、胸部、腰部，以至整个身子都挪进了帐篷里。待差不多占满了整个帐篷时，骆驼站起身来说:“主人，正如你所说的，这个帐篷太小，容不下你和我，请你出去吧。”

骆驼在故事中所使用的这个策略，在博弈论中有一个名称叫作“小步慢行”策略。谢林主张渐进式地、一步步走向与对方的公开冲突。也就是说，即使真的要进行战争，也应该让战争逐次升级，因为这样每一步投入的成本都比较小。而且，由于冲突是逐渐升级的，所以国内反对冲突升级的力量也较易于制止冲突的升级，这就会降低公开冲突发生的概率。

进一步说就是，若是一个大的承诺或威胁不可行，我们就应该选择一个个小的承诺和威胁，并有计划地加以运用。

武则天曾经对文学家陈子昂说过一件自己在太宗身边的事，其实那正是她一生中使用的最重要的权术。

当时，唐太宗得到一匹好马，却野性难驯，太宗和那些大将、驯马师都无法将之驯服。时任才人（宫廷女官的一种，兼作嫔御）的武则天自告奋勇，说只要给她三件东西，就可驯服此马，这三样东西是鞭子、钢锥和匕首。先用鞭子抽，如果不服就用钢锥刺；如果还驯不服，就用匕首杀掉。

而鞭子、钢锥和匕首，也是她政治上的“三板斧”。

对于重奖不能打动的人，武则天先是用鞭子抽——贬官，待这人知道痛了再把他调回来，一般的人就会甘心俯首了；对于比较倔强的，就用钢锥刺——贬官、放逐、下狱、复职，然后再贬官、下狱、流放、再复职，把你折腾得死去活来，尝尽痛楚，最后意识到只有归心皇上——管他大周还是大唐，才有出路，如名臣狄仁杰、魏元忠就被刺得遍体鳞伤，最后只得对武则天忠心耿耿。

至于那些唐朝宗室，根本没有改造的可能，武则天便动用匕首来诛除了。

在谈判中，小步前进缩小了威胁或许诺的规模，因而也更容易实行，更容易让对手就范。

进两步退一步的策略

解决一些次要的小矛盾，牺牲一些次要的利益，展示出退一步海阔天空的“高尚”形象。这样，表面上达成了双赢，实际上则是进一步蚕食了对方的利益，实现了自己最初要达成的目标。

“进二退一”策略，也就是在开始讨价还价的时候，明知自己的方案必然会遭到对方的反对，于是首先提出众多条件苛刻、不可达成的要求，极力将矛盾扩大化，使关键问题模糊化，从而引发更广泛的争议。然后，再退一小步，做出妥协的姿态，解决一些次要的小矛盾，牺牲一些次要的利益，展示出退一步海阔天空的"高尚"形象。这样，表面上达成了双赢，实际上则是进一步蚕食了对方的利益，实现了自己最初要达成的目标。

在生活中，我们如果放宽一下视野，完全可以运用这种思维获得事半功倍的效果。

比如，某个下属看起来不会工作，给了任务不知道该如何完成，有没有办法促使他按你的意图去做？还有，你主持的委员会老是扯皮，议而不决，有没有办法让他们早点儿做出决定？又如，你的孩子要吃巧克力，可是你不愿意让他多吃甜的，有没有办法让他满足于更有营养的东西？

答案是：当然有。你用进二退一的策略就可以应付上述难题，但是前提是必须提供不同的选择。不过，与谈判中自己进二、自己再退一的策略不同，我们要让员工或者是孩子自己"退一"。

我们先看明智的上司该怎么做。你负责一个项目，但无法掌握日常事务的每一个细节，因而需要助手帮忙。你想激励助手把项目的一大部分管起来，可是又不想放弃对整个项目的领导权，该用什么办法呢？

如果能够发现这其实也是一种博弈的话，那么我们应该采取的最好的策略之一，就是给他们选择。比如可以对他说："你看，我们的项目出现了一些问题，我觉得由你处理比较合适。你看是用甲方法好，还是用乙方法好？"

这里，谁是老板呢？下属会觉得自己是老板。其实，选择是你提出的，但下属有了选择权，就有了做主人的感觉，这种感觉会使他们更热爱工作、热爱公司，减少失职的情况。他们虽然责任更重，但是因为有了责任感，觉得自己所选的方案是最好的，因而也就会全力去完成。

你的孩子闹着要吃巧克力，如果简单地拒绝，他肯定哭得更厉害。如果在拒绝巧克力的同时，你又问他："你想吃香蕉还是草莓？"孩子会重新考虑吃巧克力的合理性，重新估计形势。

当孩子参加活动需要选择衣服时，父母也可以用同样的方法，给他两套衣服让他选择。但是要注意，小孩比成人更习惯于让别人选择，所以上述方法有时会无效。

第16章

鹰鸽博弈：让事业进入良性循环

有缘就无所谓远
是否人在旅行的时候特别想谈恋爱
惯性的束缚禁忌压抑让它全部解开
——《巴黎来的明信片》歌词

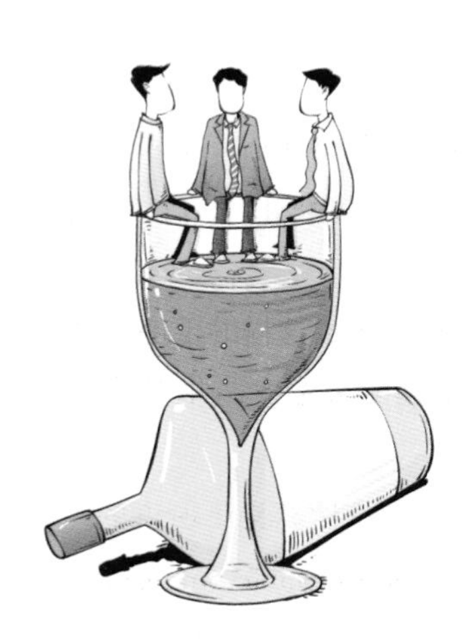

惯例是社会的纽带

我们与其相信“出淤泥而不染”，倒不如相信“近朱者赤、近墨者黑”才是符合进化规律的。

法布尔是世界著名的昆虫学家，他曾经仔细观察过松树行列毛虫的行进行为，并以它们为对象进行了一系列的实验。

他先将队长移走，结果排在它后面的那一只立刻自动补位，成为新的队长。接着他切断它们的丝路，观察会产生什么影响。结果虽被切成两队，但后面那一队的队长就会到处闻、到处找，只要追上前面，两队又会合二为一。

在他所做的实验中，最有意思的一个是引诱毛毛虫走上一个花盆的边缘。毛毛虫一走上花盆就不断沿着边缘前进，当然它们仍然不忘一面行进一面吐丝。它们的速度有时快有时慢，平均1分钟走9厘米。

令法布尔惊讶的是，这群毛毛虫当天在花盆边缘一直走到精疲力竭才停顿下来，期间它们曾经稍作休息，但是没吃也没喝，连续走了10多个小时。第二天还是埋着头继续走，第三天依然如此，就这么没头没脑地走着、走着，整整走了一个星期。

到了第八天，终于有一只毛毛虫突破困境，走出队伍爬下花盆。当晚，所有的毛毛虫才在那只毛毛虫英明的领导之下重返家园。

法布尔扣除它们休息的时间粗略地估算了一下，它们在花盆上绕圈子的时间约有84个小时，以每分钟9厘米的速度算来，这7天下来它们共走了454米，绕行花盆330圈。

放眼望去，我们的身边也充满了这样的毛毛虫队伍。很多人从中看到了“随大流的悲剧”，但是从博弈论的角度来考虑，并不尽然。这样做在很多情况下是理性的，而且是一种优势策略。

从毛毛虫身上，我们也看到了博弈论中所说的“ESS策略”的影子。所谓ESS，即进化上的稳定策略（Evolutionarily Stable Strategy），是指凡是种群的大部分成员采用某种策略，而这种策略的好处为其他策略所比不上的，这种策略就是进化上的稳定策略或ESS。

换句话讲，对于个体来说，最好的策略取决于种群的大多数成员在做什么。由于种群的其余部分也是由个体组成的，而它们都力图最大限度地扩大其各自的成就，因而能够持续存在的必将是这样一种策略：它一旦形成，任何异常的个体的策略都不可能与之比拟。

在环境的一次大变动之后，种群内可能会出现一个短暂的进化上的不稳定阶段，甚至可能出现波动。但是一种ESS一旦确立下来，就可以稳定下来，偏离ESS的行为将要受到自然选择的惩罚。

所以，我们与其相信“出淤泥而不染”，倒不如相信“近朱者赤、近墨者黑”才是符合进化规律的。也正因如此，舜出身于一个父兄凶顽的家庭却成为大圣人是值得推敲的。把舜的家庭看成是一个种群，如果一个所谓的圣人在那样的环境中，而他的行为准则和其他人相左，那他的策略就是非ESS策略，他在种群中将不占优势。而这样的历史如果是真的，那么在它之前，必然发生过促使ESS策略发生变化的事件。

在ESS策略中，往往存在着一种可以被称为惯例的共同认识：因为大家都这样做，我也应当这样做，甚至有时不得不或必须这样做。加之，在大家都这样做的前提下我也这样做，可能最省事、最方便且风险最小。这样，惯例就成了社会运行的一种纽带、一种保障机制、一种润滑剂，从而也就构成了社会正常运转的基础。

随大流，其实是一种进化上的稳定策略或ESS。美国经济学家奈特和莫廉对此有过明确论述:“一个人只有当所有其他人的行动是‘可预计的’并且他的预计是正确的时候，才能在任何规模的群体中选择和计划。显然，这意味着他人不是理性地而是机械地根据一种已确立的已知模式来选择……没有这样一些协调过程，一个人的任何实际行动，以及任何对过去惯行的偏离，都会使那些从他过去的一种行为预计他会如此行动的其他人的预期落空，并打乱其计划。”

随大流的理性一面

在吃饭、取款和其他很多环境中，排队本身就是需要排队的理由，而且这个理由很理性，也很充分。

在一间大约100平方米的办公室里，十几位白领每天按部就班地工作着。但是，平静的日子被其中一个人打破了。他做出了一件让同事们看作是离经叛道的事情：他在整齐划一的办公室的木隔板上，自作主张地增加了一块纸板，比“左邻右舍”高出了大约20厘米。尽管他处心积虑，选择了在一个夜晚来实施这一行动，并请油漆匠将纸板漆成了和隔板一致的颜色，以防止它过于显眼。但是第二天同事们上班时，还是发现了它的存在。

同事们一致抗议，理由是在这间巨大的办公室里，这块20厘米高的纸板打破了整个办公室的协调与统一。每个人的利益似乎都受到了程度不同的损害，在感情上也受到了程度不同的伤害，他们认为，这20厘米高的纸板所体现出来的独特性和个性，或者说是与众不同的东西，是对周围环境的蓄意的不协调和对整体的破坏，更是一种骨子里的自私和对于秩序的蔑视和背叛。

单位里的一位新提拔的处级干部，一大早巡视办公室，立刻发现了这一变化。尽管他并不在这间办公室里工作，这里发生的这点变化也不在他的管辖范围之内，但他马上对这个人的举措表示了不满和担忧，规劝道:“年轻人，不要标新立异，更不要别出心裁，这样是要吃大亏的!”

而同办公室的一位同事则差一点勃然大怒，竟然要越过“边界”，强行将这位同事的纸板拆除。尽管那块纸板离他的座位很远，一点儿也没有妨碍他，但他还是认为，这块纸板的存在是很霸道的，因为它打乱了办公室里完全一模一样的格局，使其某种整齐划一的形式受到了人为的破坏。

在以后的若干天里，人们来到办公室都不免要议论几句。时间一天天过去，那块起初被视作眼中钉的纸板，渐渐地在同事们眼中变得习以为常了。于是，当这个人在众人面前主动将它拆掉时，没有谁大惊小怪。因为所有人差不多都已经忘记了那块纸板，尽管当初曾那样激烈地反对过它。

在一间100平方米的大厅里，一块20厘米高的纸板所产生的美学破坏力，应该说是微乎其微的。但是这块纸板却像是一个试验品，反射出了社会中的群体是怎样被个体冒犯以及冒犯者要付出怎样的代价。

事实上，一个特立独行的人，不仅要面对被社会孤立和围攻的危险，有时还要为自己的策略付出不必要的代价。我们可以用几个生活化的例子来说明。

我们来到一个完全陌生的地方旅游，怎样选择就餐的餐厅呢?

如果时间充裕的话，你是到门可罗雀的餐厅去吃，还是到一个门外排着队的餐厅前，排在队尾呢?

如果你的口味与多数人并没有多大的差异，那么在门外排长队的餐厅等位子是明智的。因为这个长队所传达的信息，就是多数人都觉得这家餐厅不错，其中也包括曾经在这个餐厅用过餐的回头客。

也就是说，门口的长队，可以为餐厅提供其受欢迎程度的有用信息。当然，这种信息有时会受到干扰，因为有些聪明的餐厅老板会故意制造位子紧缺的假象，或者故意把很多座位隔起来，或者用虚假的订位来限制供应。

除了吃饭，还有一个在当前的经济萧条中更现实的问题：银行门外的长队。

假设你在一家银行有存款，而且这家银行的信用一向良好。然而有一天，你却发现这家银行的门前排起了提款的长队，此时你应该怎么办？

这个长队所传达的信息是，银行可能出现了危机。你的理性选择应该是马上排在队尾，以便在银行的现金被取光之前把自己的钱取出来。因为如果银行真的出现了危机，其资金可能只够支付一部分存款。这样，大家都发现银行无力还款，就会想在银行倒闭前把钱拿回来。理论上说，只要存款人都这么想，队伍会越来越长，银行的存款一定会告急，而且一定会有一部分存款人血本无归。因此，为了避免成为取不到钱的人，你一定要去排队。

在很多情况下，你知道如果没有这么多立刻取款的人，银行的周转是根本没有危机的，你是不是应该顾全大局，不再取出自己的存款呢？

假设银行的现金只够支付一部分存款，其余的资金则已经用于贷款。如果没有提款的长龙，支付所有的存款没有问题。可是，如果存款人都希望立刻提款，银行就必须赔钱赎回贷款，这样它就会遭受巨额亏损，有一部分储户就会取不到钱。在这种情况下，你的理性策略仍然应该是去排队把钱取出来。

因此，如果在银行外排队的人潮已经出现，无论危机是否真的存在，你也应该跟着去排队。相反，如果没有人排队，你就可以放心地把钱仍然存在这家银行。

在吃饭、取款和其他很多环境中，排队本身就是需要排队的理由，而且这个理由很理性，也很充分。群体中的危机有自我实现的机制，在预警信息刚刚出现的时候，不要认为自己比别人更高尚、更有远见，也不要忌讳自己是不是“随大流”的毛毛虫。

成与败都会自我强化

由于存在着报酬递增和自我强化的机制，这种机制使人们一旦选择走上某一路径，其既定方向会在以后的发展中得到自我强化。

有一天，齐桓公来到马棚视察养马的情况，见到养马人就关心地询问："马棚里的大小诸事，你觉得哪一件事最难？"

养马人一时难以回答。这时，在一旁的管仲见养马人还在犹豫，便代他回答道："从前我也当过马夫，依我之见，编排用于拦马的栅栏这件事最难。"

齐桓公奇怪地问道："为什么呢？"

管仲说道："这是因为，在编栅栏时所用的木料往往曲直混杂。你若想让所选的木料用起来顺手，使编排的栅栏整齐美观，结实耐用，开始的选料就显得极其重要。如果你在下第一根桩时用了弯曲的木料，随后你就得顺势一直将弯曲的木料用到底。像这样曲木之后再加曲木，笔直的木料就难以启用了。反之，如果一开始就选用笔直的木料，继之必然是直木接直木，曲木也就用不上了。"

虽然管仲说的是编栅栏、建马棚的事，但其用意是用编栅栏选料的道理，来讲述治国和用人的道理：如果从一开始就做出了错误的选择，那么后来就只能是将错就错，而很难纠正过来。

管仲在寥寥数语之中，就揭示了所谓惯例的形成，也就是被后人称为“路径依赖”的社会规律：人们一旦做了某种选择，这种选择会自我加强，一直强化到其被认为是最有效率、最完美的一种选择。这就好比走上了一条不归之路，人们不能轻易走出去。

科学家曾经进行过这样一个实验，来证明这一规律。

他们将四只猴子关在一个密闭的房间里，每天喂很少的食物，使猴子饿得吱吱叫。然后，他们在房间上面的小洞放下一串香蕉，一只饿得头昏眼花的大猴子一个箭步冲向前，可还没拿到香蕉，就触动了预设的机关，被机关泼出的热水烫得全身是伤。后面三只猴子依次爬上去也想拿香蕉时，一样被热水烫伤。众猴只好望蕉兴叹。

几天后，实验者用一只新猴子换走了一只老猴子，当新猴子肚子饿得也想尝试

路径依赖，一条不归之路

爬上去吃香蕉时，立刻被其他三只老猴子制止。实验者再换一只猴子进入，当这只新猴子想吃香蕉时，有趣的事情发生了，这次不仅剩下的两只老猴子制止它，连没被烫过的半新猴子也极力阻止它。

实验继续，当所有猴子都已被换过之后，没有一只猴子被烫过，热水机关也取消了，香蕉唾手可得时，却没有猴子敢前去享用了。

为什么会出现这种情况呢？在回答这个问题之前，我们先来看一个似乎与此无关的问题：大家知道现代铁路两条铁轨之间的标准距离是四英尺又八点五英寸(1435毫米)，但这个标准是从何而来的呢？

早期的铁路是由建电车的人所设计的，四英尺又八点五英寸，正是电车所用的轮距标准。电车的轮距标准又是从何而来的呢？因为最先造电车的人以前是造马车的，所以电车的标准是沿用马车的轮距标准。马车又为什么要用这个轮距标准呢？因为英国马路辙迹的宽度是四英尺又八点五英寸，所以如果马车用其他轮距，它的轮子很快会在英国的老路上撞坏。原来，整个欧洲的长途老路都是罗马人为它的军队铺设的，四英尺又八点五英寸正是罗马战车的轮距。而罗马人以四英尺又八点五英寸作为战车的轮距的原因很简单：这是牵引一辆战车的两匹马屁股的宽度。

马屁股的宽度决定现代铁轨的宽度，一系列的演进过程，十分形象地反映了“路径依赖”的形成与其发展过程。

“路径依赖”这个名词是美国斯坦福大学教授保罗·戴维在《技术选择、创新和经济增长》一书中首次提出的。到了20世纪80年代，戴维与亚瑟·布莱恩教授将“路径依赖”思想系统化，很快使之成为研究制度变迁的一个重要的分析方法。该思想指出，在制度变迁中，初始选择对制度变迁的轨迹具有相当强的影响力和制约力，人们一旦确定了一种选择，就会对这种选择产生依赖性；这种选择本身也具有发展的惯性，具有自我积累放大效应，从而不断强化这种初始选择。

这一段话，实际上也就是对猴子实验的解释。由于取食香蕉的惩罚代代相传，因此虽然时过境迁、环境改变，后来的猴子仍然恪遵前人的失败经验，从而使整体进入了“路径依赖”状态。

“路径依赖”理论被总结出来之后，人们把它广泛地应用在了选择和习惯的各个方面。在现实生活中，由于存在着报酬递增和自我强化的机制，这种机制使人们一旦选择走上某一路径，其既定方向会在以后的发展中得到自我强化，要么是进入良性循环的轨道加速优化，要么是顺着原来的错误路径往下滑，甚至被“锁定”在某种无效率的状态下而导致停滞，想要完全摆脱变得十分困难。

胜出的未必是好的

> 我们就是跳不出那个恶性循环。没有一个个人使用者愿意承担改变社会协定的成本。

在很多情况下，更好的方案会被采纳。可如果一个方案已经制定了很长时间，现在环境发生了变化，虽然另一个方案更可取，而这时要想改革却尤其不容易。

针对这一点，一个最容易理解的著名例子是电脑键盘的设计。

键盘是电脑必不可少的输入设备。早在1868年，键盘就出现在克里斯托弗·拉思兰·肖尔斯发明的商用机械打字机中，当时的键盘是由26个英文字母按顺序排列的按钮所组成的。因为打字机的设计是通过人在打字时按下的键引动字棒打印在纸上，人们经过熟习应用，打字速度加快，字棒追不上打字速度，经常出现卡键现象，甚至损坏。

直到19世纪后期，对于打字机键盘的字母应该怎样排列，仍然没有一个标准模式。1873年，克里斯托弗·肖尔斯把键拆下来，将较常用的键设计在较外边，较不常用的放在中间，形成目前众所周知的Q、W、E、R、T、Y键排列在键盘左上方的方案，这种排法被称为“QWERTY排法”。

选择“QWERTY排法”的目的，是使最常用的字母之间的距离最大化。这在当时确实是一个暂时的很好的解决方案：有意降低打字员的速度，从而减少手工打字机各个字键出现卡位的现象。但是销售商对这种排列产生了疑问，于是肖尔斯撒谎说，这是经过科学计算后得到的一个“新的改进了的”排列结果，可以提高打字速度。可是当时人们就信以为真了，采用了新排法的打字机，把那些按字母顺序排列的打字机挤出了市场。

QWERTY的设计安排并不完美，甚至可以说非常糟糕，因为设计者错误地把问题定位为人们打字太快。但是,“快”其实不是一个问题，人们使用打字机，时间一久便会熟能生巧，愈打愈快，这是无可避免的。而且打字机是为了方便人们快速完成文章，所以快是应该的。因此，设计者应把问题定位于字棒太慢才对。然而，随着1904年纽约雷明顿缝纫机公司大规模生产使用QWERTY排法的打字机，这种排法实际上成为了产业标准。

随着科技的发展，后来的电子打字机已经不存在字键卡位的问题了。工程师们已经发明了一些新的键盘排法，比如DSK（德沃夏克简化键盘），能使打字员的手指移动距离缩短50%以上。同样一份材料，用DSK输入要比用QWERTY输入节省5%~10%的时间。但QWERTY作为一种存在已久的排法，被人类广泛利用到电子词典、电脑等地方，成为键盘的标准设计。不仅几乎所有的键盘都用这种排法，人们学习的也多是这种排法，因此不大愿意再去学习接受一种新的键盘排法。于是，打字机和键盘生产商继续沿用了QWERTY标准。

假如历史不是这样发展的，假如DSK标准从一开始就被采纳，今天的技术就会有更大的用武之地。鉴于现在的条件，我们是不是应该转用另一种标准？事情并不是那么简单。在QWERTY之下已经形成了许多不易改变的惯性，包括机器、键盘以及受过训练的打字员。这些是不是值得重新改造呢？

事实证明，我们就是跳不出那个恶性循环。没有一个个人使用者愿意承担改变社会协定的成本。个人之间的未经协调的决定，把我们紧紧地束缚在了QWERTY上。历史上那个导致几乎100%的打字员都使用QWERTY的偶然事故，现在看来它仍具有使其自身永生不朽的魔力，即便当初推动QWERTY发明的理由早已不存在。

QWERTY不过是历史问题怎样影响今日技术选择的一个证明。今天，在选择相互竞争的技术时，类似打字机键卡位这样的问题，与最终选择的得失已经毫无关系。在历史无法归零的情况下，如果使这种不好的“路径依赖”现象得以改变，仍然有可能使每一个人都从中受益。

改革就要立竿见影

一个短暂而立竿见影的执法过程，其效率不仅远远胜过无法触动现行习惯的任何行政命令，而且大大高于一个投入同样力量进行的长期而温和的执法过程。

春秋时期，楚庄王起用了一位了不起的政治家——孙叔敖。

孙叔敖治国的一个独特办法是施教导民，唯实而不唯上。他在想办一件利国利民的好事时，不靠脱离实际的行政命令，而是依靠高超的政治智慧。

随着楚国实力的增强，其与中原各强国的冲突也日益增多，对作战用的马车的需求也相应地增加。但是楚国民俗习惯坐矮车，民间用的牛车底座大多很低，不适于在战时用做马车。楚庄王准备下令全国提高车的底座，孙叔敖说："如果您想把车底座改高，臣可以让各城镇把街巷两头的门限升高。乘车的人都是有身份的人，他们不愿为过门槛频繁下车，自然就会把车的底座造高了。"

庄王听从了他的建议，由官府机构在大小城镇的街巷两头设一较高的门限，只有高车才能通过。这样过了不到三个月，全国的牛车底座都升高了。

实际上，孙叔敖的这一做法，包含着很深刻的博弈论智慧在其中。要理解这种智慧，我们需要考察一个现实生活中的博弈——超速博弈。

在我国，交管部门按照《中华人民共和国道路交通安全法》等法律法规的有关规定，对车辆的行驶速度进行限定。对于超速的车辆，根据其情节不同，分别处以罚款、记分直至吊销驾驶执照的惩罚。在这种规定之下，你要不要约束自己的行驶速度呢？

假如所有人都在超速行驶，那么你也有两个理由超速：首先，驾驶的时候与道路上车流的速度保持一致更安全。其次，假如你跟着其他超速车辆前进，那么被抓住的机会几乎为零。因为警方根本没工夫让所有超速车辆通通停到路边，一一进行处理。

假如越来越多的司机遵守规定，上述两个理由就不复存在。这时，超速驾驶变得越来越危险，因为超速驾驶者需要不断在车流当中穿过来又插过去，而他被逮住的可能性也会急剧上升。

我们可以参看图16-1来讨论这个问题。其中，横轴表示愿意遵守速度限制法规的司机的百分比。直线A和B表示每个司机估计自己可能得到的好处，A线表示遵守限速的好处，B线表示超速的好处。我们的意见是，假如多数人以高于法律限制的

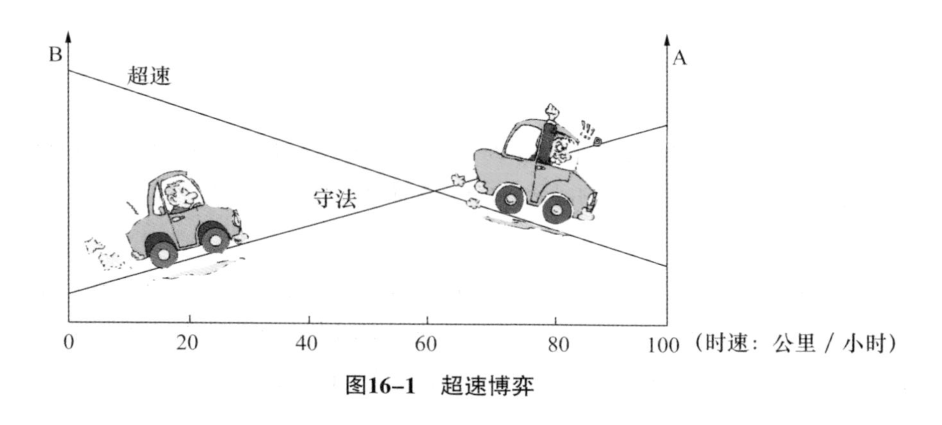

图16-1　超速博弈

速度行驶（左端所示），你也应该超速（这时B线高于A线）；假如人人遵守法律（右端所示），你也应该遵守（这时A线高于B线）。

在超速行驶的案例中，变化趋势朝向其中一个极端。因为跟随你的选择的人越多，这个选择的诱惑力就越大。一个人的选择会影响其他人。假如有一个司机超速驾驶，他就能稍稍提高其他人超速驾驶的安全性。假如没有人超速驾驶，那就谁也不想做第一个超速驾驶、为其他人带来“好处”的人，因为那样做不会得到任何“补偿”。不过，相反的推理同样成立：假如人人超速驾驶，那谁也不会想成为唯一落后的人。

立法者若是希望鼓励驾驶者遵守速度限制，关键在于争取临界数目的司机遵守速度限制。这么一来，只要有一个短期的极其严格且惩罚严厉的强制执行过程，就能扭转足够数目的司机的驾驶方式，从而产生推动人人守法的力量。均衡将从一个极端（人人超速）转向另一个极端（人人守法）。在新的均衡之下，警方可以缩减执法人员，而守法行为也能自觉地保持下去。

看到这里，我们已经能够理解孙叔敖在抬高门槛的行动中所运用的智慧了。提高门槛的高度，相当于对底座较低的矮车进行的一种惩罚，而为高车提供的一种便利。最开始，使用矮车的人受到限制，无法顺利通过街巷的门限。与此同时，官府所使用的高车又给了他们一个示范效应。为了通行便利，改造自己的车辆底座，也就理所当然地成了一种优势策略。

孙叔敖的做法对于我们的另一个启示在于，一个短暂而立竿见影的执法过程，其效率不仅远远胜过无法触动现行习惯的任何行政命令，而且大大高于一个投入同样力量进行的长期而温和的执法过程。

香蕉可以从两头吃

人们的行为必须符合基于此前一段时间的预期。如果他们不这样做的话，那么其他人就会开始怀疑他们是否想延续某一关系。

亚太经合组织在上海开会，中央电视台做了一次访谈节目，其中一个美国在华的女投资人说了一句让人印象很深的话：“我们美国人吃香蕉是从尾巴上剥，中国人总是从尖头上剥，差别很大，但没有谁一定要改变谁的必要吧。”

世界上许多事，元首间的大事，人与人相处的小事，都与这个“从哪一头吃香蕉”的问题有相似的地方——各持一端，也许都有道理呢？

无论懒惰者还是勤勉者，养金鱼都不成问题。勤勉者可以每天换一次水，懒惰者尽可以一月一换。不过，勤勉者据此得出结论，金鱼必须一天一换水；懒惰者得出完全相反的结论，金鱼只能一月一换水。

这就如同我们剥香蕉的方式，既然香蕉可以从两头吃，那么这种改变又有什么必要呢？

在人们的生活中，存在着种种惯例，ESS策略能提供给博弈的参与者一些确定的信息，因而它也就能起到节省社会活动中的交易费用的作用。最明显的例子是“格式合同”，它是指当事人一方预先拟定合同条款，对方只能表示全部同意或者不同意。因此，对于格式合同的非拟定条款的一方当事人而言，要订立合同，就必须全部接受合同条件；否则就不订立合同。现实生活中的车票、船票、飞机票、保险单、提单、仓单、出版合同等都是格式合同。在进行一项交易时，只要交易双方签了字就产生了法律效力，也就基本上完成了一项交易活动。这种种契约和合约的标准文本，就是一种惯例。

我们可以想象，如果没有这种种标准契约和合约文本的惯例，在每次交易活动之前，各交易方均要找律师起草每份契约或合约，并就各种契约或合约的每项条款进行谈判、协商和讨价还价，如果是这样的话，任何一种经由签约而完成的交易活动的交易成本，将会高得不得了。

《华尔街日报》曾经有一篇文章，分析中国人在中秋节互赠月饼的礼仪。就像美国的圣诞节水果蛋糕一样，月饼被人们送来送去，直到节日终了——最后一个收到月饼的人就不得不吃了它，或者悄悄地扔掉。

月饼赠予是人们传递给朋友、亲属、同事的信息，以此表明自己是良好的合作者。为什么赠送月饼而不是其他什么东西成了一种信息？

答案是：人们今年相互赠送月饼，是因为他们去年就相互赠送月饼。人们的行为必须符合基于此前一段时间的预期。如果他们不这样做的话，那么其他人就会开始怀疑他们是否想延续某一关系。

除了这些显性的惯例，还有一些隐性的、心照不宣的惯例，同样在支配着各个领域的社会生活，著名作家吴思将其称为“潜规则”。

成名发财都要趁早

"马太效应"对成功有倍增效应，你越成功，你就会越自信，越自信就越容易成功。

布赖恩·阿瑟是斯坦福大学经济学教授，也是将数学工具运用于研究"路径依赖"效应的先驱者之一。他是这样描述我们选中汽油驱动汽车的缘由的。

在1890年，有三种方法给汽车提供动力：蒸汽、汽油和电力。其中有一种显然比另外两种都差，这就是汽油，但是历史性的转折点出现在1895年。

这一年，芝加哥《时代先驱报》主办了一场不用马匹的客车比赛。这次比赛的获胜者是一辆汽油驱动的杜耶尔，它是全部6辆参赛车辆当中仅有的2辆完成比赛的车辆之一。据说是它很可能激发了R.E·奥兹（R.E·Olds）的灵感，使他在1896年申请了一种汽油动力来源的专利，后来又把这项专利用于大规模生产"曲线快车奥兹"。汽油因此后来居上。

蒸汽作为一种汽车动力来源，一直用到1914年。当时在北美地区爆发了口蹄疫，这一疾病导致马匹饮水槽退出了历史舞台，而饮水槽恰恰是蒸汽汽车加水的地方。斯坦利（Stanley）兄弟花了三年时间，发明了一种冷凝器和锅炉系统，从而使蒸汽汽车不必每走三四十英里就得加一次水。可惜那时已经太晚了。蒸汽引擎再也没能重振雄风。

毫无疑问，今天的汽油技术远远胜过蒸汽，不过，这不是一个公平的比较。假如蒸汽技术没有被废弃，而是得到了以后75年的研究和开发，现在会变成什么样呢？虽然我们可能永远不会知道答案，但一些工程师相信蒸汽获胜的机会还是比较大的。

之所以选择汽油引擎而非蒸汽引擎，与其说是前者更胜一筹，倒不如说是历史上的偶然事故。

研究"路径依赖"，对于我们的重要启迪在于，早日发现自己的潜力并发挥出来，可以为明天取得成功获得更多的优势。因为，一旦我们取得了足够大的先行优势，其他人哪怕更胜一筹，也难以赶上。

1973年，美国科学史研究者默顿用这几句话来概括了一种社会心理现象："对已

之所以选择汽油引擎而不是蒸汽引擎，

缘于历史上的一次偶然事故

经有相当声誉的科学家做出的科学贡献给予的荣誉越来越多，而对那些未出名的科学家则不承认他们的成绩。”他将这种社会心理现象命名为“马太效应”。

“马太效应”是一种让人心理不太平衡的现象：名人与无名者干出同样的成绩，前者往往得到上级表扬，记者采访，求教者和访问者接踵而至，各种桂冠也纷纷而来；而后者则无人问津，甚至还会遭受非难和嫉妒。

实际上，这也反映出了当今社会中存在的一个普遍现象，即赢家通吃：富人享有更多资源——金钱、荣誉以及地位，穷人却变得一无所有。日常生活中的相关例子也比比皆是：朋友多的人，会借助频繁的交往结交更多的朋友，缺少朋友的人则往往一直孤独；名声在外的人，会有更多抛头露面的机会，因此更加出名；一个人受的教育程度越高，就越有可能在高学历的环境里工作和生活。

“马太效应”可以看作是在“路径依赖”的作用机制下形成的一种社会现象，它给我们的启示在于：成功是成功之母。人们喜欢说“失败是成功之母”，这句话有一定道理，但不是绝对的。如果一个人屡屡失败，从未品尝过成功的甜头，那么他还会有必胜的信心吗？还相信失败是成功之母吗？

事实上，“马太效应”对成功有倍增效应，你越成功，你就会越自信，越自信就越容易成功。成功会满足我们自我实现的需要，使我们产生良好的情绪体验，成为我们不断进取的加油站。

一本名为《超越性思维》的书中，曾经提出过“优势富集效应”的概念：起点上的微小优势，经过关键过程的级数放大，会产生更大级别的优势累积。从中可以看出起点对于整件事物的发展，往往超过了终点的意义。这就像在100米赛跑中，当发令枪响起的时候，如果你比别人的反应快几毫秒，那么你就很可能夺得冠军。

第17章

阿罗悖论：增强你的影响力

讯号在蔓延
时间在不经意间流逝
影响力
正在慢慢失去
是空间效应再次将我唤醒
——《空间效应》歌词

真正公平是不可能的

民主制度不是最好的制度，它只是一种最不坏的制度。

我们在社会中生活面临的诸多选择，归结起来不外乎两类：一类是私人选择，另一类是公共选择。私人选择完全可以根据私人意愿作出，没有必要非得取得别人的同意；公共选择则必须由多个社会成员共同作出，一个人力不能及。

市场上的经济行为，一般来说都是私人选择。可是大量地发生在公共领域的选择，如制定或修改法律、选举官员、制订预算案等，就是公共选择。前者是我们通过货币投票，表达对产品和服务的意见；后者是通过政治投票，来表达我们对公共政策的意见。

在公共选择理论出现前，许多经济学家都以为政治领域是在经济学研究范围之外的体制。不过，随着博弈论的发展，学者们开始利用经济学的方法来研究政治上的决策过程，于是出现了公共选择理论体系。他们最常探讨的议题之一是：为何个别的政治决策，最后会导致违背公众民意的结果。

也就是说，如果一个群体或者社会是非常民主的，它的所有决策应当是在民主基础上作出的，群体中的每一个成员的要求都是同等重要的。对于所有应该决策的事情，每一位社会个体对这些政策都有自己的偏好和意向，为了作出决策，就需要建立一个公正而一致的程序，把个体偏好结合起来，达成某种共识。

无论什么决策程序，结果都要在某种程度上至少代表相对多数参与人的意志。公共选择理论的创始人布坎南指出，一致同意规则是公共选择的最高准则。不过这个准则虽然具有理论优势，却并不具有实践优势：能够真的获得一致同意的事情实在是太少了。当一致同意无法达成时，问题就变成了如何来解决不一致。

民主选举正是这样一种解决方法：民主选举根本不能产生一致性，却可以运用多数同意的原则来解决意见的不一致。在此原则下，常用的表决方法有以下几种：

一、多数原则：以获最多票的提案作为表决结果。要注意的是，其实支持该议案的投票人未必是最大多数。

二、大多数原则：以获半数以上（常称简单多数）票数的提案作为表决结果。

三、逐轮表决：在大多数原则下，能在捉对表决中每次都胜出的提案作为表决结果。当然，也有像体育比赛那样，通过捉对表决进行逐轮淘汰的机制。

四、Borda记分法：以递降方式给各个提案打分并累分，以获最高分的提案作为表决结果。这种方法可以同时给各提案排序。

按道理来说，群体中的每一个成员都能够按自己的偏好，对所需要的各种选择进行排序，再对所有排序进行汇总就是群体的排序了，这样就可以将成员们的期望转换为一个完整的“集体偏好”，从而作出决策了。

不过，仔细观察可以看出，每种方法都有不可克服的弱点。第一种方法在表现民意上明显不足，因而现在多数场合都摒弃不用。后几种方法却无法避免一个悖论的出现：或者是几个议案连环胜出，或者是“个个都是赢家”，等等。

在这个问题上最出色的研究成果，当数1972年诺贝尔经济学奖的获得者之一、美国斯坦福大学教授肯尼斯·阿罗提出的“阿罗悖论”。

“阿罗悖论”是对著名的“投票悖论”的经济学归纳。“投票悖论”是法国思想家孔多塞·康德尔塞在18世纪提出的，它的内容是：多数规则（majority rule）的一个根本缺陷，就是在实际决策中往往导致循环投票。

为了便于大家理解，我们假定一个家庭中的甲乙丙三个孩子投票选举最受欢迎的水果的例子。有苹果（A）、梨（B）和香蕉（C）三个选项，每一个孩子要排列出一个顺序，表明他对三种水果的喜爱程度的强弱。如A>B>C，即表示他最喜欢苹果，其次是梨，最后是香蕉。

假设甲乙丙三个孩子，面对苹果（A）、梨（B）和香蕉（C）三个选项，有如下的偏好排序：

甲（A>B>C）　　乙（B>C>A）　　丙（C>A>B）

用民主的多数表决方式，如果三个人都能充分表达自己的意见，则结果必然如下所示：

（1）如果在苹果（A）和梨（B）中选择，那么三个人的偏好次序排列如下：

甲（A>B）　　乙（B>A）　　丙（A>B）

那么由甲乙丙三人共同组成的社会次序偏好为（A>B）。

（2）如果在梨（B）和香蕉（C）中选择，那么按照偏好次序排列如下：

甲（B>C）　　乙（B>C）　　丙（C>B）

那么由甲乙丙三人共同组成的社会次序偏好为（B>C）。

（3）如果在苹果（A）和香蕉（C）中选择，那么按照偏好次序排列如下：

甲（A>C）　　乙（C>A）　　丙（C>A）

真正的公平是一个伪命题

那么由甲乙丙三人共同组成的社会次序偏好为（C>A）。

这样一来，我们就推导出三个社会偏好次序——（A>B）、（B>C）、（C>A）。也就是说，社会偏好苹果（A）胜过梨（B）、偏好梨（B）胜过香蕉（C）、偏好香蕉（C）又胜过苹果（A）。细心的朋友已经发现，这种所谓的“社会偏好次序”包含有内在的矛盾，即苹果（A）胜过香蕉（C），同时又认为苹果（A）不如香蕉（C）。

所以，按照少数服从多数的投票规则，不能得出合理的社会偏好次序。

1951年，阿罗出版了经济学经典著作《社会选择与个人价值》一书，用严谨的数理逻辑证明：根本不存在一种能既保证效率、尊重个人偏好，并且不依赖程序（agenda）的多数规则的投票方案。

他先是列出了五个众望所归的性质，而这些性质则是任何一个理智的选举系统都必须具有的。其中之一就是所谓意向的传递性：某成员偏爱A甚于B，又偏爱B甚于C，则他一定偏爱A甚于C（另四个性质有同样的明显性）。然而阿罗却证明，在任何一种情况下，都无法找到一个选举方法能同时满足这些性质。换句话说，无论哪一种选举方法，阿罗都可以列出个体意向次序的一个集合，使它与选举方法的某一原则发生矛盾。这在后来被称为“阿罗悖论”。

这个结论告诉我们，选民们根本没有理由去期望民主政治会使每个人拥有相同的选择权利。即使是在进行民主决策的方式下，也必定会出现一定程度的误差。也许，这个结论再次印证了二战时期的英国首相丘吉尔曾经说过的：“民主制度不是最好的制度，它只是一种最不坏的制度。”

“阿罗悖论”的策略应用

> 影响表决结果的策略之所以有效，是因为在表决中所谓的“多数”，并非真心实意的多数，而是在特定的局势下，“策略地”产生出来的临时性的“乌合之众”，因利而合，因利而分。

“阿罗悖论”的出现，一方面使得民意的真正表达方式遭到了挑战，另一方面又给策略的实施提供了广阔的空间。

这里所谓的策略，意思是通过表决机制的选择，或者故意不按照真实的偏好次序进行投票，从而达到影响投票结果的目的。在日常生活里，这通常被认为是一种投机。但在外交场合或者商业活动中，则是一种用以达到自己目标的合法和必需的策略。

2009年10月3日凌晨，2016年夏季奥运会主办地在丹麦哥本哈根揭晓，经过三轮投票，巴西的里约热内卢最终获得主办权，巴西成为第一个举办奥运会的南美洲国家。

按照投票规则，如果前两轮有城市得票超过50%，那么该城市就将直接获得2016年奥运会的举办权。否则，将每一轮淘汰一个得票数最低的申办城市，直至最后一轮。

第一轮国际奥委会委员中，有95人拥有投票资格，其中94人进行了投票，有效票也为94票。这一轮马德里获得了最多的票数，一共是28票。里约热内卢获26票紧随其后，东京获得了22票，而热门之一的芝加哥仅仅获得了18票，因为票数最低，首轮出局。

芝加哥出局后，两位美国委员重新取得投票资格。这样在第二轮，一共就有97名委员拥有投票资格。最后有96名委员行使了投票权，其中一名委员投了弃权票，只有95张分给了三个城市。在这一轮里约热内卢的票数猛涨，一共获得了46票，超过马德里的29票排在第一位。东京的票数比第一轮还少了两票，只有20票，为三个城市中得票最低，遭到淘汰。

最后一轮，两名日本委员也参加了投票，拥有投票资格的委员达到了99名。99名委员全部参加了投票，一名委员弃权，98张投向剩下的两个城市。里约热内卢获得了66票，比马德里的32票足足多了一倍有余，无可争议地获得了2016年夏季奥运会的举办权。

从票数流向来看，支持马德里的票数基本来自于欧洲，而芝加哥、东京出局之后的票数，都投向了里约热内卢，造成了第一轮占据优势的马德里，最后却以悬殊的票数差距落败。

这其中，投票策略可以说起到了十分重要的作用。国际奥委会对2000年奥运会举办城市的投票情况与此类似，北京在前三轮一直领先，却在最后一轮投票中以43:45的两票之差输给了悉尼，其中也有很多值得人反思的地方。

为了说明投票策略的运行机制，我们来举一个例子。

有55位专家将对A、B、C、D、E五所大学进行综合评估，确定一所最佳大学，并要求将五所大学排出优劣次序。专家们分别给他们意向中的第一名、第二名、第三名、第四名和第五名打5分、4分、3分、2分和1分。我们假定专家按不同意向分成了六个组，他们的偏爱次序如表17–1。

表 17–1　　投票策略的运行机制

人数 意向	18	12	10	9	4	2
第一名	A	B	C	D	E	E
第二名	D	E	B	C	B	C
第三名	E	D	E	E	D	D
第四名	C	C	D	B	C	B
第五名	B	A	A	A	A	A

从这个表里我们知道，有18位专家偏爱次序为A、D、E、C、B。虽然A大学取得了18个首席票，但另37位专家却将它排在了末位。另一方面，有6位专家偏爱E甚于其他大学，但他们因对B与C的态度（分别列第二及第四）又分成两组。那么在这种情况下，即使每位专家都宣誓真诚投票，即完全按照上面的意向表进行表决，所得的结果也会因为投票机制的不同而大相径庭。

（1）如果采用多数原则的机制，很显然A大学以最多首席票18票当选，尽管它的得票数不足全体专家的1/3。

（2）如果采用赢家决胜的逐轮选举机制，也就是先决出两个首票领先的大学，然后对两个领先者用“大多数原则”进行一轮决胜表决，那么第一轮A和B分别以首席18票和12票入围，但在下一轮表决中，会有37位专家偏爱B甚于A，因此B将当选。

（3）如果要用逐轮淘汰的机制，也就是进行一系列表决，逐轮淘汰最少首席票者。那么首轮E得6票最早惨遭淘汰。第二轮中，E的6票按专家意向分别记到B（4票）和C（2票）名下，因此现有（A：18；B：16；C：12；D：9）这样的局势，D被淘汰出局。它的9票按专家意向全部转到C名下，所以又出现了（A：18；B：16；C：21）的局面，B被淘汰。B的16票，按专家的意向又转到C的名下，从而C以37比18淘汰A而当选。

（4）如果采用逐轮捉对表决的方式，每两所大学要进行一次对决，共需进行10次表决，每所大学各参加四次。在真诚投票的条件下，E以37票比18票赢了A，以33票比22票赢了B，以36票比19票赢了C，以28票比27票赢了D。E最后成为大赢家。

（5）如果采用Borda计分法（注意：分数不等于票数），我们可以算出各所大学的得分：

A：(5)(18)+(1)(12+10+9+4+2)=127分；

B：(5)(12)+(4)(10+4)+(2)(2+9)+(1)(18)=156分；

C：(5)(10)+(4)(9+2)+(2)(18+12+4)=162分；

D：(5)(9)+(4)(18)+(3)(12+4+2)+(2)(10)=191分；

E：(5)(4+2)+(4)(12)+(3)(18+10+9)=189分。

最后的结果，D因得最高分而当选。

同样的投票对象（5所大学），同样的投票者（55位专家），同样的投票意向，在不同的表决机制下却可以得到完全不同的结果。

问题还不仅于此，即使是在同一种表决机制中，细节的差异也可以造成结果的不同。比如在采用Borda计分法进行表决时，专家们分别给他们意向中的第一名、第二名、第三名、第四名和第五名打分，由原来的5分、4分、3分、2分和1分，变成4分、3分、2分和1分和0分，那么在原来的投票格局不变的情况下，结果就会发生变化，最后是E大学因得最高分而当选。

A：(4)(18)+(0)(12+10+9+4+2)=72分；

B：(4)(12)+(3)(10+4)+(1)(2+9)+(0)(18)=101分；

C：(4)(10)+(3)(9+2)+(1)(18+12+4)=107分；

D：(4)(9)+(3)(18)+(2)(12+4+2)+(1)(10)=126分；

E：(4)(4+2)+(3)(12)+(2)(18+10+9)=134分。

由此可见，采用何种表决机制，以及制定表决机制的关键细节，都可以看作是一种策略问题。这种策略的基础，就在于表决机制的不稳定性。

接下来我们再探讨另外一种策略，那就是为了达到某种目的，改变自己的真实投票意向，从而影响表决结果的策略。我们还是以上面的大学评估中的投票为例。

例如，在6位偏爱E甚于其他大学的专家中，有5位为了支持E大学，把D大学由第三名改为第五名。这样，就直接带走了D大学的10分（这些分给了B大学和C大学），结果E大学的189分就胜过了D大学的181分而荣登首席。

由此可见，只要懂得运用策略，不必为它拉票，只要对其他几名的次序进行变换，就可以达到保证自己对于第一名的选择得以通过的目的。这样的策略选择，也往往使本应公正的评估结果变得随意性很强。

其实上面还只是一种迂回战术，有时候在运用投票策略时，甚至可以用隐蔽真正意图的手段来达到目标（见表17-2、表17-3）。

假定一个三人委员会（其成员记为甲、乙、丙）投票表决通过一项新的法案N，以替代旧法案O。再假定三人中有两个赞成N，一人反对N。下面是他们的意向表。

表 17-2　　投票意向表（1）

投票者 投票意向	甲	乙	丙
第一选择	N	N	O
第二选择	O	O	N

在真诚投票的情况下，新法案N将被通过。但是，投票人丙可以使用下面的策略来阻止新法案N的通过。他提出了一个称之为M的法案来修正N，他在制定M的时候由乙主张的方向朝甲主张的方向修改了N的一些词句，使得甲偏爱M甚于其他，而使乙偏爱其他甚于M。这样就得到了下面这样一张表。

表 17-3　　投票意向表（2）

投票者 投票意向	甲	乙	丙
第一选择	M	N	O
第二选择	N	O	M
第三选择	O	M	N

在这里，M就相当于一个诱饵。在对这三个法案进行逐轮表决的时候，第一轮表决在N与M之间进行，丙可以假装偏爱M甚于N，于是M以2:1替代了N。接下来，在第二轮中，三方都凭真实意图投票的话，O便可以2:1轻易地挫败M，最终得以保留。

这些影响表决结果的策略之所以有效，是因为在表决中所谓的“多数”，并非真心实意的多数，而是在特定的局势下，“策略地”产生出来的临时性的“乌合之众”，因利而合，因利而分。当然，没有任何理由证明“策略选举”是不好的，因为“民主”本身就是一个抽象的概念，并不能先验地指定什么样的选举方式是唯一好或最好的。

上面这个制造虚设目标的策略，常被称为“伪修正案法”。说到底，其实它也是对“阿罗悖论”的一种策略应用。除了上面的几种策略，我们还可以举出更多的影响表决结果的方法来，但归根结底，它们都是建基于对局势的把握和对博弈思维的运用。

用妥协来破解悖论

所谓选择是价值限制性的，是指全体投票人在一组选择方案中，都同意其中的一个方案并不是最优方案。

“阿罗悖论”一经提出，便对当时的政治哲学和福利经济学产生了巨大的冲击。

在当时的经济学界，福利经济学由伯格森和萨缪尔森为代表的社会福利函数派执掌帅旗。他们认为，经济效率是社会福利最大的必要条件，而合理分配产品收入是社会福利最大的充分条件，只有同时解决效率和公平的问题，才能达到社会福利的唯一最优状态。

这里，我们可以先来看一个揭示效率与公平无法兼得的笑话。

一位牧师和一位公车司机同时过世了，但是公车司机上了天堂，牧师却被赶下了地狱。牧师一生贡献于教会却下地狱，觉得相当不公平，于是向上帝抱怨：“主啊！我一生都贡献于教会，每个礼拜天都带着您的信徒做祷告，为什么我却不如一个公车司机，要下地狱呢？”

上帝回答说：“对，就是因为如此你才下地狱的。你每个礼拜天都带着信徒们祷告、讲经，但他们都在下头睡觉！但是公车司机每天在街上横冲直撞，他的乘客却在祷告呢！”

从上帝的角度来看，司机在增强信徒忠诚度的工作上显然更有效率。但是这种唯效率是从的决策方式公平吗？可见，有时上帝也没办法兼顾公平与效率。

这当然是个笑话。不过，为了解决连上帝都会顾此失彼的公平与效率问题，社会福利函数派进行了大量努力，从政治投票与货币投票具有相似特征出发，提出了用政治投票的方式构建社会福利函数，来达到社会福利的优化目的。但“阿罗悖论”却证明了，无法以投票的方式产生人人都能接受的唯一社会福利函数，从而使社会福利函数派的公平设想几乎遭遇灭顶之灾。

在这一点上，“阿罗悖论”与“囚徒困境”对传统经济理论的冲击可谓殊途同归：个人私有利益与社会整体利益无论如何必然存在矛盾，不可能在满足所有个人私有利益的前提下，逻辑地导出社会整体利益同时也被满足的结论。

“阿罗悖论”引发了经济学界的一场地震，李特尔、萨缪尔森等重量级的大师对他的定理加以批驳。同时，肯普、帕克斯等经济学家又陆续提出了更多的支持论证。

最后,“阿罗悖论”经受住了所有技术上的批评，其基本逻辑被证明是无懈可击的。不过，它也使综合社会个体的偏好，以及在理论上找到一个评价不同社会形态的合格方法，成为一个世界性难题。

直到英国剑桥大学的教授阿马弟亚·森（Amartya Kumar Sen）力挽狂澜，于1970年出版了著作《集体选择和社会福利》，才攻克了阿罗不可能定理衍生出的难题，重新稳固了福利经济学的理论基石。

阿马弟亚·森于1998年荣获诺贝尔经济学奖，被称为关注最底层人的经济学家。他所建议的解决方法其实很简单：只要所有人都同意其中一项选择方案并非最佳，那么“阿罗悖论”就可以迎刃而解。

比如，在三个孩子投票选举最喜爱的水果的例子中，假定他们都同意苹果（A）并非最佳，也就是把甲的偏好中的苹果（A）和梨（B）的顺序互换了一下，别的都不变。三个人的偏好就变成了：

甲（B>A>C）　　乙（B>C>A）　　丙（C>A>B）

在对苹果（A）和梨（B）进行投票时，梨（B）以两票（甲乙）对一票（丙）而胜于苹果（A）（B>A）。同理，在对苹果（A）和香蕉（C）以及梨（B）和香蕉（C）分别进行投票时，可以得到香蕉（C）以两票（乙丙）对一票（甲）而胜于苹果（A）（C>A）；梨（B）以两票（甲乙）对一票（丙）而胜于香蕉（C）（B>C）。

这样，我们就得出B>C、C>A、B>A的结果，梨（B）项选择方案得到了大多数票而胜出,“投票悖论”就此宣告消失。

这就是著名的价值限制（Value Restriction）理论：当参与投票的人数为奇数时，如果这些投票者的选择是价值限制性质的，就可以避免“投票悖论”。所谓选择是价值限制性的，是指全体投票人在一组选择方案中，都同意其中的一个方案并不是最优方案。

森把这个发现加以延伸和拓展，得出了解决“投票悖论”的三种选择模式：

（1）所有人都同意其中一项选择方案并非最佳；

（2）所有人都同意其中一项选择方案并非次佳；

（3）所有人都同意其中一项选择方案并非最差。

森认为，在上述三种选择模式下,“投票悖论”不会再出现，取而代之的结果是，多数票胜出的规则总能达成唯一的决策。从政治伦理的角度看，这受益于一种可贵的妥协，对于我们思考现实社会中的公平与效率的问题，有很大的启示作用。

以上三节，我们讨论了民主制度下表决的悖论和策略，这个讨论有一个前提，那就是所有的投票者都是平等的，表决是以一人一票的形式进行的，他们能够影响表决结果的只是投票的策略。然而现实中，也有很多情况属于加权表决（Weighted Voting），也就是根据一定标准给予参与者以不同票数或不等值的投票权，投票者的权利是不同的。加权表决最明显的例子，就是联合国安理会的表决方式。

在加权表决的情况下，如何在表决之前就知道自己的真正影响力，并策略性地加以增强和运用，是我们以下几节要讨论的问题。

选票不等于你的权力

人们往往并不能清楚地认识到自己的实际贡献（体现为对收益分配的影响力），因而也就无法准确得知自己应得的收益。

约克和汤姆结对旅游。他们准备吃午餐，约克带了3块饼，汤姆带了5块饼。这时，有一个路人路过，约克和汤姆便邀请他一起吃饭，路人接受了邀请。约克、汤姆和路人将8块饼全部吃完了。

吃完饭以后，这位路人为了回报他们的午餐，给了他们8个金币。

路人继续赶路。不料这8个金币却成了引起约克和汤姆争执的“金苹果”。

汤姆说:“我带了5块饼，理应我得5个金币，你得3个金币。”

约克想了想却不同意，坚持认为每人各得4个金币:“既然我们在一起吃了这8块饼，理应平分这8个金币。”

二人争执不下，于是一起找到了睿智而又公正的夏普里。

夏普里听他们说完，对约克说:“孩子，汤姆给你3个金币，因为你们是朋友，你应该接受它。如果你非要公正的话，那么我告诉你，你应当得到1个金币，而你的汤姆应当得到7个金币。”

约克不理解，汤姆也有些不明白。夏普里对他们解释说:“是这样的，你们3人吃了8块饼，每个人吃了8/3块。其中，你们二人各自所吃的饼都没有超出自己所带的数量，因此可以推定你们吃的都是自己的饼。那么从每个人带的饼里去掉你们自己吃掉的部分，也就可以推定为是被路人吃掉的部分。”

二人点头表示理解。夏普里接着说:“约克带了3块饼，他自己吃了其中的8/3块，那么路人就吃了他带的饼里的3–8/3=1/3；汤姆带了5块饼，他自己也吃了8/3，那么路人就吃了他带的饼中的5–8/3=7/3。这样一算，路人所吃的8/3块饼中，有约克的1/3，汤姆的7/3。也就是说，路人所吃的所有饼里，属于汤姆的是属于约克的7倍。这8个金币公平的分法是：约克得1个金币，汤姆得7个金币。你们看有没有道理呢?”

两个人听了夏普里的分析，都认为有道理。于是约克愉快地接受了1个金币，而让汤姆得到了7个金币，两个人又上路了。

在这个故事中，我们看到，夏普里所提出的对金币的“公平的”分法，遵循的原则是：每个人的所得与他作出的贡献要相等。

上面的故事告诉我们，一个联盟的每个参与者都应该获得一份收益，这个收益应该和他在合作中所作出的贡献相当。对合作作出的贡献越高，他就应获得越高的收益，参与者也就越有动机去努力作出贡献。

实际上，这就是夏普里在1953年提出的“夏普里值（Shapley value）”的核心内涵。正如我们在上面的故事中所发现的：人们往往并不能清楚地认识到自己的实际贡献（体现为对收益分配的影响力），因而也就无法准确得知自己应得的收益。

在上面的故事中，约克和汤姆是通过睿智的夏普里的介入，而得到了公平的分配方案。但在多数情况下，这样一个夏普里是不会从天而降的。这样就需要一个公平有效率的机制，来评价和回报每个参与者的贡献。

夏普里值就是建立这一机制的重要方式。夏普里值是合作博弈中的核心概念，目的在于通过对贡献（往往体现为对最后方案的影响力）的对比评价，来公平合理地分配参与者通过合作所产生的潜在收益。接下来，我们用一个实例来说明夏普里值的分配机制。

考虑这样一个三人博弈的情况。甲、乙、丙三个人有权瓜分300万元。甲拥有50%的票力，乙拥有40%的票力，丙拥有10%的票力。按多数同意的原则，只有一个方案获得超过50%的赞成票时，才能分配这300万。如果无法产生方案，三个人都一无所获。

这是一个典型的联盟博弈，任何参与者所单独拥有的票力都不超过50%，从而不能独自决定某项议案的通过，而必须要与其他当事人形成一个联盟（也就是通常意义上的赢家联盟），以达到超过50%的投票权；但同时，每个当事人也并不是毫无权力的，即每人也都具有一定的票力，这也使得联盟的形成成为可能。

此时财产应当按三个人票力比例来分配吗？如果是的话，即甲、乙、丙的财产分配比例为50%、40%、10%。

不过，聪明的丙也可以提出这样的方案，甲70%，乙0，丙30%。这个方案能被甲、丙接受，因为对甲、丙来说，这是一个比按票力分配有明显改进的方案，尽管乙被排除出去，但是甲、丙的票力构成大多数（60%）。

在这样的情况下，乙会向甲提出这样一个方案，甲80%，乙20%，丙0。此时甲和乙所得均比刚才丙提出的方案要好，丙成了一无所有，但甲、乙的票力综合构成多数（90%）。理论上说，这样的讨价还价过程可以无休止地进行下去。

在这个过程中，理性的人会形成联盟甲乙、甲丙或甲乙丙。但是问题在于，哪一个联盟能够形成呢？他们最终能够得出一个怎样的分配方案呢？

夏普里提出了一种计算联盟参与者先天实力的方法，根据这种方法求出的先天实力值被称之为夏普里值。它表示的是参与人的期望贡献，即投票人可能的边际贡献，也就是他的加入将使该排列的收益增加一定的数值，而此时的边际贡献是使一个联盟所增加的胜出可能性。

夏普里值的核心假定是，投票者形成的每一个次序的联盟都是等可能的。在每一个次序下，每个参与者对这个联盟有一个边际贡献。这样，夏普里值所反映的是参与者在各种可能次序下的“影响力”，或与其他参与者结成赢家联盟的可能性，即作为“关键加入者”的次数在所有次序联盟数中所占的比重。

所谓“关键加入者”，意思就是轮到他投票时，只要并且只有他同意，这个方案就通过。也就是说，当他加入某一联盟中，可使得该联盟成为赢家联盟；如果他在已形成的赢家联盟中退出，那么该联盟将因此而瓦解，从而不能成为赢家联盟。

以上面提到的财产分配问题为例，我们可以写出各种可能的联盟次序，并找到这个次序下的关键加入者。举例说，如果甲提出一个方案，只要乙加入（同意）就可以形成赢家联盟（方案通过），接下来丙加入不改变赢家联盟的性质，丙退出也不会使联盟瓦解。那么我们说，在甲乙丙的次序联盟中，乙就是关键加入者，丙则不是。

这样，我们可以对上面的财产分配排列出所有的联盟次序，并找到其中的关键加入者（见表17–4）。

根据前面说过的计算方式，我们得知所有的次序联盟数为6，三个人作为“关键加入者”的次数分别为甲=4、乙=1、丙=1。那么他们的先天实力可以记为：甲=4/6，乙=1/6，丙=1/6。

表 17-4 联盟次序

次　序	甲乙丙	甲丙乙	乙甲丙	乙丙甲	丙甲乙	丙乙甲
关键加入者	乙	丙	甲	甲	甲	甲

根据这种先天实力来划分财产，那么甲就可以得到300万的2/3即200万，乙得到1/6即50万，丙得到1/6即50万。

从这个例子可以看到，票力是虚假的实力表示。参与者的真正实力，体现在他与其他参与者形成赢家联盟的可能程度。一个参与者能形成赢家联盟的可能性——夏普里值大，意味着一旦他退出，本来能赢的联盟就归于失败，这就表明，该参与者的影响程度大。

在财产分配问题上，任何赢家联盟必须有甲加入，一旦甲不同意某种分配方案，该种方案将归于无效，但乙或丙不是必须加入的，因此甲的权利比乙、丙要大。所以，夏普里值是评价参与者权利的一个更准确的标准。

这一结论除了让人更清醒，也许还能让人更宽容。至少对于生病住院的内阁总理来说，他不必再对“议会祝你早日康复，187票赞成，186票反对”的电报耿耿于怀了。因为，票数不过是浮云罢了。

票数只是个虚假指标

合适的选举制度应当是：票数的安排要使得权力指数与人数成一大致相同的比例，这才能使得选举具有民主性。

我们知道，博弈分为合作博弈（cooperative game）和非合作博弈（non-cooperative game）两大类。二者之间的区别，主要在于人们的行为在相互作用的过程中，当事人能否达成一个具有约束力的协议。合作博弈强调的是团体理性，强调效率、公正和公平，代表了团队的意愿。

民主社会的投票，就是一种典型的合作博弈。我们将夏普里值用于投票分析，所得到的投票者的夏普里值，就是夏普里-舒比克权力指数。

夏普里-舒比克权力指数（Shapley-Shubik Power Index），就是在合作性博弈中发展起来的，最早应用于投票分析研究，随后在股权决策中得到了应用。它帮助我们发现了隐藏在票数背后的真相。

举一个简单的例子。某委员会有甲、乙、丙三名委员，其中甲有两票，乙、丙各有一票，这三个人组成一个群体，对某项议题进行投票。假定此时的表决规则为“大多数规则”，即获得三票即可通过。

在票数构成相对均匀的状态下，任何参与者都不能单方面决定某项提案的通过与否，而必须要与其他参与者就该项提案达成协议，以达到足以能做出决定性意见的票力，即形成赢家联盟。

在这个例子里，只有票数之和等于3或4的联盟才是赢家联盟，因此可以得出以下几种赢家联盟的组合：（甲，乙）、（甲，丙）和（甲，乙，丙），其中联盟（甲，乙）与（甲，丙）为极小赢家联盟。

也就是说，甲现在有三种不同的途径，可以由于他的加入而使一个输家联盟变成一个赢家联盟：加入（乙）而成为（甲，乙），加入（丙）而成为（甲，丙），加入（乙，丙）而成为（甲，乙，丙）。我们说甲的权力指数是3。

而成员乙只有一次机会转败为胜，那就是加入（甲）而成为（甲，乙）；同样，成员丙也只有一次机会转败为胜，那就是加入（甲）而成为（甲，丙）。我们说乙及丙的权力指数都是1。

我们得出结论，虽然甲、乙、丙的票数之比为2:1:1，但是他们的权力指数之比是3:1:1。

也就是说，甲的票数是其他成员的2倍，但是实际权力却是其他成员的3倍。由此可见，权力指数和票数不是一回事，票数往往只是一个虚假的指标而已。夏普里–舒比克权力指数，比票数更能反映参与者所能施加的“话语权”，更能体现出参与者在行使表决权时的作用和影响力。

学者潘天群曾经在其著作《博弈生存》中，用这样一个故事来说明夏普里–舒比克权力指数对于人们传统认识的冲击。

某个国家有A、B、C、D、E、F共六个省份，该国实行代议制民主政治，所有立法决策由这些省份的代表来实施。由于这些地区的人口数量不同，它们按人口分得了不同比例的票数，即A：10，B：9，C：7，D：3，E：1，F：1。总票数为31张。

该国的法律规定，如果一项决议获得半数以上的票数即获得通过。也就是说，如果一项决议获得了31票中的16票或16票以上，那么就获得通过。我们把这种表决体制用一个数学式来表达，就是（16；10，9，7，3，1，1）。

那么，六个省份各自的权力，和它们拥有的票数是不是一致的呢？如果不是，怎样才能使它们拥有的实际权力与人口数量相符呢？

要分析这个问题，我们必须列出各种可能的赢家联盟，并分别找出其中的关键加入者。比如联盟A–B就是一个赢家联盟，它们两者加起来的票数为19，大于16张票，因而A与B均是这个赢家联盟A–B的关键加入者，具有一票定乾坤的力量。A–B–D也是一个赢家联盟，但是D不是关键加入者。

经过计算，在现有的（16；10，9，7，3，1，1）的体制中，A、B、C三个省份垄断了所有的权力，而D、E、F三个省份不是任何赢家联盟的关键加入者，即这三个省份的权力指数为0。各省的权力指数如表17–5所示。

表 17–5　　　　各省的权力指数（1）

地　区	票　数	权力指数	权力指数比（%）
A	10	16	33.3
B	9	16	33.3
C	7	16	33.3
D	3	0	0
E	1	0	0
F	1	0	0

那么有什么办法能改变这种不公平的情况呢？该书中给出的答案是，给A省增加两票，其他各省票数不变。这样投票机制就变成了（17；12，9，7，3，1，1）。

这时，奇迹出现了，看似使权力更向A省倾斜的两票，却使原来不名一文的D、E、F三个省获得了权力。比如对F来说，它在A—D—E—F和B—C—F两个联盟中起关键作用，即它的加入能使这两个联盟胜出，背离则使得它们落败。因此它的权力指数为2。D和E的权力也得到了同样的改善。如表17–6所示。

在一种加权表决机制中，权力是一个与加权的分配、全体票数以及法定通过票数有关的非常不规则的函数。因而我们可以得出以下结论：

（1）投票博弈参与者的夏普里–舒比克权力指数，与其票数密切相关：票数多的夏普里–舒比克权力指数大，票数少的夏普里–舒比克权力指数小；票数相等的夏普里–舒比克权力指数也相等，但其与票数并不等价，各参与者的票数不同时，夏普里–舒比克权力指数却有可能一样；

（2）如果一参与者拥有超过50%的票数，那么他的夏普里–舒比克权力指数为1，

表 17-6　　　　各省权力指数（2）

地　区	票　数	权力指数	权力指数比（%）
A	12	18	34.615
B	9	14	26.923
C	7	14	26.923
D	3	2	3.846
E	1	2	3.846
F	1	2	3.846

而其他参与者的夏普里-舒比克权力指数为0；

（3）当所有的参与者的票数都不超过50%时，每个参与者的夏普里-舒比克权力指数为0和1之间的一个值。

卢森堡在欧共体（今天欧盟的前身）中权力的变化，就是一个鲜活的例子。

1958年时，欧共体共有6个国家：法国、德国、意大利、荷兰、比利时和卢森堡。法、德、意3个大国的票数各为4张，荷兰、比利时各为2张，卢森堡1张，总票数共17张。一个提案只要获得2/3以上的多数同意，也就是12张票，就可以获得通过。这样的表决机制可以记为（12；4，4，4，2，2，1）。

用夏普里—舒比克的方法计算就可以发现，德、法、意三国的权力指数都是14，比利时、荷兰的权力指数都是9，而卢森堡的权力指数却为0。尽管卢森堡每次都很严肃地投下自己神圣的一票，但是它对任何提案的通过都不具有实质影响。

不过到了1973年1月1日，英国、丹麦、爱尔兰加入后，欧洲共同体成员扩大到了9国。法、德、意、比、荷、卢、英、丹、爱9个成员国的票数分别为10、10、5、2、10、3、3，卢森堡仍然是票数最少的国家，但是它的权力指数却有了“0的突破”，不再只是一个摆设。

因此，我们在分析投票决策时，将夏普里-舒比克权力指数作为分析工具，更能客观地体现出参与者在决策中的真正作用。比如夏普里和舒比克就计算出，在表决一个全国性法规的过程中，美国总统的权力指数为一位参议员的40倍，为一位众议员的175倍。不过美国参院和众院各自作为一个整体的话，其权力指数都大约为总统的2.5倍。

这就提醒所有与权力有关的人们，在设计具体的表决机制时，票数的分配要考虑权力指数。合适的选举制度应当是：票数的安排要使得权力指数与人数成一大致相同的比例，这才能使得选举具有民主性。

选举的“阿拉巴马悖论”

在政治生活中，以最大余额方法分配议席不算复杂，一般人都能够理解。这一机制不偏重得票率较多或较少的名单，能够给出中立但同时具广泛代表性的选举结果，能包容少数派，有利于发展多党派的议会。

有这样一个故事。某企业经理决定给两位工程师和一位工人调工资，三人原月薪分别为4310元、4215元和1000元。经理的调资计划如下：①每人增资5%左右；②提薪后三人总月薪限定为10000元；③调整后每人月薪都应以百元为单位。

根据最常用的“汉密尔顿法”，要把最大整数（百元为单位）分完后所剩下的钱分给余数部分最大的人。在这里剩下的钱包括工程师甲的余数部分20元和工程师乙的30元，工人的余数部分为50元。这样，余数部分的钱（20+30+50=100元）应分给工人，从而得出表17-7的分配方案。

表 17-7　　分配方案（1）

成　员	当前工资	拟调工资（+5%）	尾数：10 元	尾数：100 元
工程师甲	4310	4525.5	4520	4500
工程师乙	4215	4425.7	4430	4400
工　人	1000	1050	1050	1100
合　计	9525	10001.2	10000	10000

很明显，这个方案并不能令人满意。因为实际上两位工程师增资不足5%，而工人实际上却增加了10%。这位经理决定另用一个方案，要求增资额为6%左右，工资总额限定为10100元（见表17-8）。

如果仍然采用“汉密尔顿法”进行分配，情况变得比原来更不公平。

因为增资率提高到6%，工资总额提高到了10100元，工人的工资反而从第一种方案时的1100元降到了1000元，增资额度为0。

为什么会出现这种情况呢？数学家们经过研究终于发现，这是一个被称为“阿拉巴马悖论”的怪圈，矛盾是不可避免的。

所谓“阿拉巴马悖论”，得名于美国政治制度发展中的一次摆乌龙事件。

表 17-8 **分配方案（2）**

成　员	原工资	拟调工资（+6%）	尾数：10 元	尾数：100 元
工程师甲	4310	4568. 6	4570	4600
工程师乙	4215	4467. 9	4470	4500
工　人	1000	1060	1060	1000
合　计	9525	10096. 5	10100	10100

根据美国宪法第一条，美国众议院席位以各州人口数作基础进行分配，以每十年举行一次的人口普查为依据，但各州至少要有一名代表。

最初的时候，众议院的议席只有65席，以后随着人口的增加而不断增加。可是到了1881年，需要再次重新分配席位时，发现用当时的最大余额分配方法，阿拉巴马州在299个席位中获得8个议席，而当总席位增加至300席时，它却只能分得7个议席。这一怪事被称为“阿拉巴马悖论”。

于是，人们后来就用“阿拉巴马悖论”来表示在选举中增加议席总数可能反而会导致某些名单丧失议席的现象。它同样也反映了权力指数与票数之间的不一致。

这种奇怪的现象之所以会出现，根源在于包括“汉密尔顿法”在内的分配议席的方法——最大余额方法。

在这种机制下，候选人必须组成名单参选，每份名单的人数最多可达至相关选区内的议席数目。候选人在名单内按优先次序排列。选民投票给一份名单，而不是个别候选人。投票结束后，每张名单按照所得选票的比例取得议席，余下的议席则按最大余额的名单顺序分配，最大余额方法因此得名。香港立法会直选议席的产生，就是采用这种机制。

要理解这种方法，我们先来看一个三兄弟分牛的故事。

古印度民间流传着这样一个趣题：一个农民有17头牛。临终前，他嘱咐把牛分给3个儿子，大儿子得一半，二儿子得1/3，三儿子得1/9。按印度的教规，牛被视为神灵，所以不能宰杀，只能整头分。

三个儿子回到家里，按照老人的遗嘱开始分牛，可是分来分去就是没法分，最后想起一个村邻智叟。智叟听了以后说:“这个好办，我来帮你们分。”

于是他带了一头自己家的牛一起去了三个儿子的家里，这样牛总共有18头了。三个儿子都说这样不行，我们不能把你的牛分掉。智叟说:“我是来帮你们的，当然不会让我自己的牛被你们分掉了。”

三个儿子不出声了。智叟把18头牛的一半分给大儿子，计9头，把18头的1/3分给二儿子，计6头，把18头的1/9分给小儿子，计2头。这样三个儿子共分得牛数为9+6+2=17头，智叟自己带来的一头牛又被带了回去。

智叟巧妙地把自己的牛和老人的牛放在一起，自己的牛并没有被三个儿子分掉。三个儿子对这个分配结果也都心服口服。

我们可以进行如下计算：17头牛按老大1/2，老二1/3，老三1/9的份额去分，三个人分别可得17/2头、17/3头和17/9头，但是因为牛是不能宰杀的，因此只能退而求其次，先按整数分给他们8头、5头和1头，然后剩下的3头再依次按他们余数的大小，分给老三1头、老二1头、老大1头。

在政治生活中，以最大余额方法分配议席不算复杂，一般人都能够理解。这一机制不偏重得票率较多或较少的名单，能够给出中立但同时具广泛代表性的选举结果，能包容少数派，有利于发展多党派的议会。

选民在这一机制下不能投票给个别候选人，因而会改以各份参选名单的政纲为投票考虑依据，增强了选举的理性基础。不过，各个政党可能会有相应的“配票策略”，例如将同党候选人分拆在不同的名单，好让候选人能通过余额数当选。我们观察香港回归以来其几届立法选举，这种策略的运用十分常见。

但是，这一方法同时也产生了“阿拉巴马悖论”的怪圈。

举例来说，某次选举中有6张参选名单角逐25个议席，各张名单得票比率为200:500:500:900:1500:1500。通过数额分配，名单甲、乙、丙、丁、戊、己分别首先获得0、2、2、4、7、7个议席；再对比各个余额，分配剩下的3席，名单甲、乙、丙依次各得1席。

不过，如果将要角逐的议席数量增加至26个，就会出现一个令人大跌眼镜的结果：通过数额分配，名单甲、乙、丙、丁、戊、己分别先获得1、2、2、4、7、7个议席；但对比各个余额，之前未能增加议席的名单丁、戊、己，分别再各得1席，反而甲、乙、丙则未能通过最大余额分配而获得议席。

权力指数的策略应用

在投票选举中往往存在种种不可避免的悖论。

在投票选举中存在的种种不可避免的悖论，一方面是民主政治制度自身的一种困境，另一方面也为我们展开策略行动提供了空间。下面我们以一个案例来说明。

一家股份公司有5个股东，他们是甲、乙、丙、丁、戊。在重大决策上，公司法规定，遵循“一股一票原则”——即每个股东的票数与他所持的股票数相等，“大多数原则”——某项决议能否通过取决于它是否得到51%或以上的票数（或股数）的同意。5个股东均同意这两个原则。

5个股东在公司成立时均拥有相同的股份20%。随着经营的变化，股东的想法出现分化，乙、丙、丁、戊想逐渐减持股份，而甲想多拥有一些股份。而乙、丙、丁、戊又不想让甲完全控制公司——根据“大多数原则”，拥有51%或以上的股份即拥有绝对的说话权（见表17-9）。

表 17-9　　持股比例（1）

股　东	持股比例（%）	权力指数	权力指数比（%）
甲	20	6	20
乙	20	6	20
丙	20	6	20
丁	20	6	20
戊	20	6	20

若乙、丙、丁、戊各减持3个百分点，甲则增加12个百分点。此时甲、乙、丙、丁、戊的持股比例分别为32%、17%、17%、17%、17%，那么现在持有股份32%的甲所拥有的权力就比其他人大吗？经过计算，结果如表17-10。

在5个股东平均持股的情况下，即他们均持有20%的股份时，他们的权力指数也是平均的。而当甲拥有32%的股份时，其权力指数还是平均的。在这种股权结构下，对甲来说是最不公平的，他拥有的股份是其他股东的近两倍，但权力却一样。所以并不是股份越多权力自然也就越大，要获得与股份相当的权力，需要进行权力指数的计算。

表 17-10　　持股比例（2）

股　东	持股比例（%）	权力指数	权力指数比（%）
甲	32	6	20
乙	17	6	20
丙	17	6	20
丁	17	6	20
戊	17	6	20

甲意识到这个问题，于是向乙、丙、丁、戊提出他们各减一个百分点，而让他自己拥有36%股份的要求。乙、丙、丁、戊想甲拥有36%的股份不超过50%，不能完全控制公司，也就同意了。

此时甲、乙、丙、丁、戊分别拥有的股份比例为36%、16%、16%、16%、16%，整个权力结构因为这一细微的变化而发生质变，甲达到了目的。如表17-11所示。

表 17-11　　持股比例（3）

股　东	持股比例（%）	权力指数	权力指数比（%）
甲	36	14	63. 636
乙	16	2	9. 091
丙	16	2	9. 091
丁	16	2	9. 091
戊	16	2	9. 091

中庸也是一种策略

道德行为必须同时是优势的生存行为，否则是可疑的。

1894年甲午中日一役，清政府委委屈屈地向日本求了和。负责指挥战事的李鸿章也立马从云端跌落，乖乖交出了从1870年起就一直执掌的直隶总督兼北洋大臣大印。作为军事、洋务、外交重地的北洋，暂时成了权力真空地带。

在当时，要想捧走这个诱人的“大蛋糕”，起码应具备以下条件：第一，要懂点军事，能控制住北洋军队；第二，要懂点外交事务；第三，也是最重要的一点，必须要当时内斗正酣的帝后两派的人都认可。

经过一番推举，当时的云贵总督王文韶一举胜出。事实上，朝廷上比王文韶才大功高的人多的是，怎么会选中他呢？

真正的原因就在于，王文韶与湘军和淮军的关系都不错，又在总理衙门待过一段时间，对外交有一定的认识，符合前两个条件。而且他为官最擅长骑墙，八面玲珑，人送外号“油浸枇杷核”“琉璃球”。他一方面与帝党大佬翁同龢有较深的渊源，另一方面，因为善于逢迎而得到了慈禧太后的赏识。

就这样，几方的意见一折中，北洋大臣的官帽就落在了王文韶头上。到任北洋以后，他努力骑墙，走好平衡木，官做得还算太平。

到了戊戌年间，慈禧和光绪母子俩在宫廷里斗得越来越激烈，王文韶又一次施展了“琉璃球”的手段，一颗红心，两手准备：一方面，他加入了强学会，还慷慨解囊进行资助；另一方面，他对新政表面上条条皆应，但其实都在偷梁换柱，敷衍缓行，最终使其成了干打雷不下雨的虚文。

1898年6月，变法之争尘埃落定，就在翁同龢等一大批官员丢掉了脑袋，或者丢掉了脑袋上的红顶子的同时，王文韶担任军机大臣，补了翁同龢的空位。

在政治生活中，忠实与坚定并不是一个重要课题，位置和支持才更重要。虽然有时走中间路线也会出现成为夹心饼干的危险，但是在更多的情况下，一旦你完完全全地投奔了一方，就会失去另一方的支持。

中间路线并不意味着像钟摆一样摇摆不定，而是一种定位。在中国的儒家经典《中庸》中，有一句话说：“执其两端，用其中于民。”意思就是说掌握认识事物的过与不及的两个方面，采取折中的办法来施行于民。

这不仅是一种传统的政治道德，更是一种成功的博弈智慧。诚如学者赵汀阳在《冲突、合作与和谐的博弈哲学》中指出的：道德行为必须同时是优势的生存行为，否则是可疑的。

在博弈论中，有一个名叫“沙滩卖冰”的模型。

在一处泳客如云的沙滩上，有两家冰淇淋店准备进驻。如果把沙滩作为一个横轴，最左边的点为0，最右边的点为1，那么冰店应该设在哪个位置坐标上才能吸引最多的泳客来购买，从而获得最大利润呢？

如果从资源的优化配置的角度来看，两家店分别设在1/4与3/4的地方，可以说最方便泳客消费，并且可以各自拥有一半的泳客。但是两家店的店主为了让两边更多的泳客都能上门，从而争取更多的生意，都会想办法把位置向1/2的中点移动。

这样移动的结果，是两家店最后都落脚在1/2处的中点才会停下来，达到纳什均衡。这时两家冰店仍然各拥有一半的生意，但对多数顾客来说，却要走更多的路。

这种现象在商业行为中屡见不鲜，在政治生活中也是如此。两党政治中的政党为了争取更多的选民支持，都会不断地向中间路线移动。下面，我们以2008年美国总统大选为例来分析一下。

2008年下半年，正当美国总统大选在如火如荼地进行着的时候，《经济学人》发表了一篇文章，题目是《约翰·麦凯恩正转向右翼——这让巴拉克·奥巴马太过轻松》。文章中指出："最近几个月，麦凯恩先生在其他一系列议题上已经逐渐偏右，包括减税、离岸石油钻探、移民甚至虐囚事件。这一举措似乎缺乏诚意而且目光短浅……美国总统大选一般包括两个阶段，参选人在初选时走极端路线，到了全国普选就回归中间。奥巴马先生正在这样做，而麦凯恩先生则表现得正好相反。"

事实证明，这篇文章的观察是敏锐的：奥巴马最终战胜了麦凯恩。下面，我们用纳什均衡的概念来分析一下"奥麦之战"中的博弈。

假设奥巴马和麦凯恩在竞争选票的时候，选民的意识形态平均分布在从0到100的直线上：0是极右的选民，50是中间选民，100则是极左的选民。奥巴马和麦凯恩分别位于这条直线上的某个地方，而且每个选民都会投票给与自己意识形态最接近的人，那么纳什均衡会是什么样子？

奥巴马选0，麦凯恩选50，会是一个纳什均衡吗？在这种情况下，奥巴马会对自己的选择感到后悔。原因是麦凯恩会获得从25到100的所有选票从而赢得选举。

事实上，除非候选人采取相同的立场50，否则纳什均衡就不会出现。如果奥巴马选X，麦凯恩肯定希望自己选他旁边的X+1或X-1，以争取最多的选票。如果现在他们中有一位候选人想要选52，另一位只要选51就可以获胜。

也就是说，在政治路线的竞争上，理性的策略是向中间靠。因为只有这样才能得到更多的选票。王文韶之流也许不懂得什么叫做选票，但是他们却和奥巴马等西方政治家一样，懂得用"执其两端用其中"的策略来增强自己的影响力。

限制权力的另一面

限制自己的权力，反而可以增加自己在博弈中的影响力，这可能是很多决策者所没有意识到的。

明嘉靖时，严嵩的儿子严世藩是个臭名昭著的大奸臣，后来失去嘉靖皇帝的宠信而被免职，并投入狱中。御史邹应龙和林润等人历数其罪状，把严氏父子陷害杨继盛、沈炼二位忠臣的事情大肆渲染。他们把奏折给首辅徐阶看。徐阶看过奏折，问众人："诸位，你们是想救严公子呢，还是想杀他？"

众人愕然，齐声回答："当然是要杀他！"

徐阶一笑："可若依照你们所上诉状，必定会让他活得更自在。杨继盛、沈炼受诬被杀，天下痛心。但是，这两人被逮都是出自当今皇上的旨意。你们在案中牵涉此事，正触到了皇上的忌讳。如果奏疏上达，皇上看了，必定认为我们是借严氏父子这案子影射他圣裁不公。皇上震怒之下，肯定要翻案。到时候，严公子不仅无罪，还会款款轻骑出都门，且日后说不定又能重新得以大用！"

众人一听，惊立当堂，良久才说："看来要重新拟状了。"

徐阶从袖中掏出自己早已写好的状疏："立即按此抄一遍上奏即可。如果你们回去反复集议，消息泄露，朝中严党必有所备，大事就不好办了。"

此时，在狱中的严世藩早已打探到大臣们奏折的内容，但不知道其已经被徐阶改掉了。他对亲信扬言："你们不必担忧，过不了几天我就会出去了。"过了几天，御批的奏折下来，所列罪状中却无一字提及他陷害忠良，而是指他与倭寇头子汪直阴通，准备勾结日本岛寇，同时引诱北边蒙古人侵边，意在倾覆大明王朝。

听说奏折内容有此变化，曾经放言"任他燎原火，自有倒海水"的严世藩顿时大惊失色，连呼"完了，完了"。

因为嘉靖年间正是倭寇祸害东南最为严重的时期，汪直之流与倭寇等内外勾结，使福建、浙江沿海地区生灵涂炭，剿灭倭寇是皇帝的头等大事。而严氏党羽竟然敢冒天下之大不韪，与倭寇暗中勾通，自然是绝对不会为皇帝所容忍的。嘉靖四十四年三月二十四日，严世藩以"交通倭虏，潜谋叛逆"的罪名被处斩。曾经权倾朝野的奸相严嵩也被免职，不久在困顿孤独中死去。

严世蕃恶贯满盈，但说他私通倭寇和蒙古人，却是一点也不靠谱。连徐阶的门生张居正都不以为然：严世蕃该杀，但罪名不应该是反贼而是奸党。后人评价这件事，也批评徐阶使用严嵩常用的栽赃陷害的办法来除掉严世蕃，是用恶的手段来实现善的目标，是对善的玷污。

但是公允地说起来，很多善只能用效果来验证，而不是一个抽象的原则。从这个意义上来讲，徐阶和历史上所有的实用主义者一样，都是不应被苛责的。而且从博弈论的角度来看，徐阶的策略，可以说是深刻地把握住了与嘉靖皇帝过招的关键所在。

能用真实的罪名让严世蕃伏法，是徐阶等一干大臣所喜欢的，但却是嘉靖皇帝不喜欢的。反过来，杀掉“私通倭寇”的严世蕃，是嘉靖皇帝喜欢的，却会让徐阶等人背负上道德的压力。但是皇帝和徐阶在一点上是一致的，那就是都希望除掉严世蕃。

我们已经知道，单独上奏严世蕃陷害忠良肯定是行不通的，那么换一种方式，把陷害忠良和私通倭寇一起罗列到奏折中，效果又会如何呢？嘉靖皇帝会不会驳回第一条罪名，而以第二条罪名处决严世蕃呢？

很遗憾，正如徐阶所意识到的，这是不可能发生的。因为嘉靖皇帝毕竟不是现代社会中的国家元首，有逐项否决（line-item veto）的空间。对他来说，只有全盘通过和全盘否决奏折的选择。但其实也正是这一点，使嘉靖皇帝在这场博弈中能够占得优势。因为皇帝的决策空间有限，因此徐阶等就只能妥协，选择一个能够让嘉靖皇帝接受的上奏策略。

美国博弈论学者阿维纳什·迪克西特等所著的《妙趣横生博弈论》一书中，曾经以美国总统的否决权为例，来说明如何用博弈的角度来看待逐项否决权。

美国宪法规定，法案经国会参众两院通过后应送交总统，总统应于10天内（星期日不计在内）就法案作出决定：签署法案使其生效，或者将其退回国会复议。如该法案经国会两院以2/3的多数通过，即行生效。但是因为总统一般会得到国会1/3以上的支持，因此退回也就意味着否决。除了以退回的方式否决，总统还有一种所谓的“口袋否决权”，又称搁置否决权。也就是说，如果国会在总统作出决定的规定期限届满之前休会，总统就可以把法案搁置不理，装进自己的口袋，使法案自行无效。

尽管有如上两种否决权，但是美国总统最想要的还是逐项否决权。美国国会曾在1996年立法赋予总统此项权力，但此法案于1998年的“Clinton v.City of New York

案”中，被美国最高法院认定违宪。2006年，乔治·W.布什总统再次提出总统应该拥有此项权力，但因为有1998年的判例，没有得到。

逐项否决权对总统来说真的如此美妙吗？迪克西特的观点为：总统没有这个权力可能会更好。原因在于，逐项否决权的存在会影响到国会通过法案时的策略。

他举了一个例子，假设1987年有两个支出项目正在考虑中：城市重建（U）和反弹道导弹系统（M）。国会喜欢前者，而总统喜欢后者。但相对于维持现状来说，双方更喜欢让两个法案都通过。

当总统没有逐项否决权时，他会签署同时包括U+M的法案，或者只包括M的法案，但会否决只包括U的法案。国会清楚这一点，所以会通过两个项目都包括的法案。国会通过倒后推理，它的实际行动将深受其做出选择之后总统将如何行动的预见的影响。通过分析，双方的妥协使U+M的方案得到通过。

但是假设总统有逐项否决权，国会预见到如果自己让U+M都通过，则总统就会选择否决项目U，只留下项目M。因此，国会的最佳行动是，要么只通过项目U，要么哪个项目也不通过。但这两种选择的最后结果并无差异，那就是U和M都无法通过。对总统而言，他得到的结果，也会因其拥有的额外选择自由而变得更糟。

无论是嘉靖皇帝还是美国总统，都是时刻处于对手的分析算计之下的。在他们单独决策时，有更多的选择空间可能没有坏处。但是在博弈中，它却可能并不像想象的那么美妙，这是因为一方的选择空间会影响到对手的行动。

要增强自己的影响力，有时并不是通过增加自己的否决权来达到的。限制自己的权力，反而可以增加自己在博弈中的影响力，这可能是很多决策者所没有意识到的。这一点，也许算是对“欲取先予”和“欲擒故纵”等传统智慧的理性发挥吧。

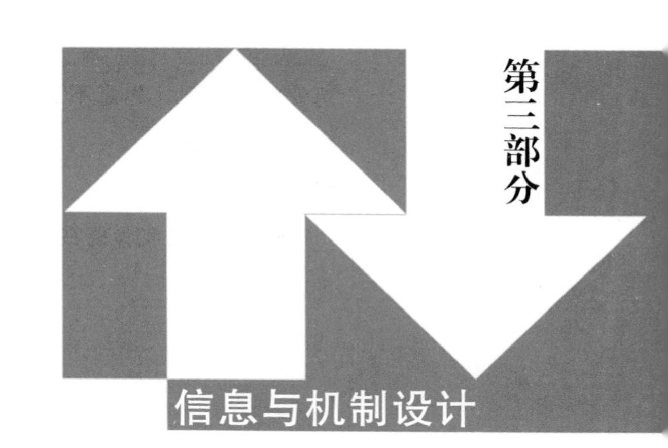

第三部分 信息与机制设计

第18章

脏脸博弈：共同知识的车轱辘

想爱就要爱到让你忘不了
我的热情拥抱
相信你都知道

——《只要我做得到》歌词

你也能做福尔摩斯

每一个人不得不同时担任两个角色，一个是自己，一个是对手，从而找出双方的最佳行动方式。

在博弈论中有一个著名的博弈模型：脏脸博弈。

假定在一个房间里有三个人，三个人的脸都很脏，但是他们只能看到别人而无法看到自己的。这时，有一个女孩子走进来，委婉地告诉他们说："你们三个人中至少有一个人的脸是脏的。"三个人各自看了一眼，没有反应。

女孩子又问了一句："你们知道吗？"

当他们再彼此打量第二眼的时候，突然意识到自己的脸是脏的，三张脸一下子都红了。为什么？

当只有一张脸是脏的时候，一旦女孩子宣布至少有一张脏脸，那么脸脏的那个参与者看到两张干净的脸，他马上就会脸红。而且三个人都知道，如果仅有一张脏脸，脸脏的那个人一定会脸红。

看第一眼时，三个人中没人脸红，那么每个人就知道至少有两张脏脸，事实上他们各自也会看到两张脏脸。如果只有两张脏脸，两个脏脸的人各自看到一张干净的脸和一张脏脸，推断出另一个脏脸的人是自己，这两个脏脸的人就会脸红。而此时没有人脸红，那么所有人就知道三张脸都是脏的，因此在打量第二眼的时候，三个人都会脸红。

即便没有女孩子的宣布，参与者也知道至少有一个人的脸是脏的，为什么女孩子的一句看似废话的事实，三个人就都知道自己的脸是脏的了呢？

这就是共同知识在起作用。共同知识的概念，最初是由逻辑学家李维斯在1969年提出的。对一个事件来说，如果所有博弈当事人对该事件都有了解，所有当事人都知道其他当事人也知道这一事件，该事件就是共同知识。

假定一个人群由A、B两个人构成，A、B均知道一件事实f，f是A、B各自的知识，但还不是他们的共同知识。当A、B双方均知道对方知道f，并且他们各自都知道对方知道自己知道f……也就是说，当"知道"变成一个可以循环绕动的车轱辘时，我们就说f成了A、B间的共同知识。这就相当于动态博弈中的倒推法，是一种

为何女孩子的一句话，让三个人都脸红了呢

获得决策信息的方式。但它与线性的推理链不同，这是一个循环，即“假如我认为对方认为我认为……”。因此，共同知识涉及一个群体对某个事实“知道”的结构。在上面的博弈中，女孩子的宣布所引起的唯一改变，是使一个所有参与者事先都知道的事实成为共同知识。

在静态博弈里，没有一个参与者可以在自己行动之前，得知另一个参与者的整个计划。在这种情况下，互动推理不是通过观察对方的策略进行的，而必须通过看穿对手的策略才能展开。

要想做到这一点，单单假设自己处于对手的位置还不够。即便你那样做了，你只会发现，你的对手也在做同样的事情，即他也在假设自己处于你的位置会怎么做。因此，每一个人不得不同时担任两个角色，一个是自己，一个是对手，从而找出双方的最佳行动方式。

为了加深对这一点的了解，我们来看下面这个据说来自微软的试题。

有3顶黑帽子，2顶白帽子。让三个人从前到后站成一排，给他们每个人头上戴一顶帽子。每个人都看不见自己戴的帽子的颜色，只能看见站在前面那些人的帽子颜色。最后那个人可以看见前面两个人头上帽子的颜色，中间那个人看得见前面那个人的帽子颜色，但看不见在他后面那个人的帽子颜色，而最前面那个人谁的帽子都看不见。

现在从最后那个人开始，问他是否知道自己戴的帽子的颜色，如果他回答说不知道，就继续问他前面那个人。最后面一个人说他不知道，中间那个人也说不知道，当问到排在最前面的人的时候，他却说已经知道了。为什么？

最前面的那个人听见后面两个人都说了“不知道”，他假设自己戴的是白帽子，那么中间那个人就看见他戴的白帽子。这样的话，中间那个人会做如下推理：“假设我戴了白帽子，那么最后那个人就会看见前面两顶白帽子，因总共只有两顶白帽子，他就应该明白他自己戴的是黑帽子。但现在他说不知道，就说明我戴了白帽子这个假定是错的，所以我戴了黑帽子。”

问题是中间那人也说不知道，所以最前面那个人知道自己戴白帽子的假定是错的，所以他推断出自己戴了黑帽子。

在这个过程中，只有通过三个回合的揣摩，每个人才能知道其他人眼里看到的帽子颜色，从而判断自己头上的帽子的颜色。在这里，只要静下心来，每个人都可以做福尔摩斯。

知识不同于共同知识

本来“至少一个女人是不忠的”对每个男人都是知识，但却不是共同知识，而传教士的宣布使得这个事实成为“共同知识”。

如果我们都知道一个人所共知的事实，那么这个事实是不是共同知识呢?

在回答这个问题之前，我们先来看一则著名的童话故事《皇帝的新装》。这个童话是安徒生从中世纪西班牙的民间故事移植过来的，说的是一个皇帝裸体出游的故事。

这位皇帝既不关心军队，也不喜欢看戏，只喜欢穿漂亮衣服。有一天，两个骗子来到城里对皇帝说，他们能织出谁也想象不到的最美丽的布。这种布的色彩和图案非常好看，更奇妙的是，凡是不称职的或愚蠢的人，都看不见它。

皇帝付了许多钱给两个骗子，叫他们马上开始工作。过了一段时间，皇帝想知道他们的布究竟织得怎么样了，就让一位诚实的老臣去看看。老臣到了那里，把眼睛睁得溜圆，但是什么东西也没有看见。可他不敢把这句话说出来，就回来报告皇帝说这布非常漂亮。

到了穿新衣游行的那一天，皇帝和身边的人同样不敢说看不见这衣服。站在街上和窗子里的人，谁也不愿意让人知道自己什么东西也看不见，就异口同声地说：“皇上的新装真是漂亮！他上衣下面的后裾是多么美丽，衣服多么合身!”

可一个小孩子却叫起来:“可是他什么衣服也没有穿呀!”

于是，大家把这孩子讲的话低声地传播开来，最后所有人都说:“他实在是没有穿什么衣服呀!”

在上面这个故事中，皇帝没有穿衣服是一个人所共知的事实。也就是说，它是所有人的知识，但这并不意味着它就是共同知识。每个成年人都很心虚，因为骗子指出拥有这个知识的人是愚蠢或不称职的，因此每个人都不想让别人知道自己拥有这个知识，因而也就不知道别人是否知道这个事实。

然而，当“皇帝一丝不挂”这个知识从小孩的口里公布出来，所有人内心的恐惧就被打破了，不再怕被人知道他拥有这个知识，知识也就随着窃窃私语变成了人们的共同知识。原来的恐惧均衡被打破了，皇帝的新装也就成了人们的笑谈。

相声大师刘宝瑞先生有一首脍炙人口的定场诗：

有一个算命的先生本领强，神机妙算不寻常；

他算得北京的前清有皇上，他算得皇上的媳妇本叫娘娘；

他算得五谷杂粮就数蚕豆的个儿大，他算得地里的庄稼就数高粱长得长；

他算得爷仨走道就数他爹的岁数大，他算得媳妇的妈准是男人的丈母娘；

末末了这卦他算得最准——脑袋长在脖子上！

这首诗之所以能够引起观众的会心一笑，是因为算命先生本来应该提供别人不知道的东西（私有信息），但是他罗列的却全部都是人所共知的事实，而且人人都知道它是人所共知的事实——共同知识，因此才显得十分可笑。

上面的故事，只是泛泛地指出了知识向共同知识的转变。如果您对自己的推理能力有信心的话，那么就可以从下面的这个故事中，找到这种转变的详细机制。

故事发生在一个村庄，村里有100对夫妻，他们都是地道的逻辑学家。

村里有一些奇特的风俗：每天晚上，村里的男人们都将点起篝火，围坐在篝火旁举行会议，议题是谈论自己的妻子。在会议开始时，如果一个男人有理由相信他的妻子对他总是忠贞的，那么他就在会议上当众赞扬她的美德。另一方面，如果在会议之前的任何时间，只要他发现他妻子不贞的证据，那他就会在会议上悲鸣恸哭，并祈求神灵严厉地惩罚她。最奇特的是，如果一个妻子曾有不贞，那她和她的情人会立即告知村里除她丈夫之外所有的已婚男人。

这真是一种奇异的风俗，但是所有这些风俗都为村民承认并遵守。

事实上，每个妻子都已对丈夫不忠。于是，每个丈夫都知道除自己妻子之外其他人的妻子都是不贞的女子，因而每个晚上的会议上，每个男人都赞美自己的妻子。

这种状况持续了很多年，直到有一天来了一位传教士。传教士参加了篝火会议，并听到每个男人都在赞美自己的妻子，他站起来提醒他们说："这个村子里至少有一个妻子已经不贞了。"

在此后的99个晚上，丈夫们继续赞美各自的妻子，但在第100个晚上，他们全都悲号起来，并祈求神灵严惩自己的妻子。

这是一个推理和行动的过程。在传教士做了宣布之后的第一天，如果村里只有一个女人是不忠的话，这个女人的丈夫在传教士宣布之后就能知道。

因为他会做这样一个推理：如果这个女人是其他女人的话，他应当知道；既然他不知道，那么这个不忠的女人肯定就是他的妻子。因此，如果村里只有一个女人不忠的话，在传教士宣布的当天晚上，这个女人的丈夫就会在会议上悲哀哭泣。

可是这样的情况并没有发生，于是所有的丈夫都知道了村子里至少有两个女人不忠。如果只有两个女人不忠，那么这两个女人的丈夫第一天都不会怀疑到自己的妻子，因为他知道另外有一个女人不忠。可是第一天并没有一个丈夫哭泣，这两个不忠的女人的丈夫想，他只知道一个，那么另一个不忠的女人肯定是自己的妻子！那么第二天，就会有两个丈夫因为知道妻子不忠而哭泣。

可是第二天仍然平安无事，于是丈夫们就都知道，至少有三个女人不忠……

这样的推理会继续到99天，就是说，前99天每个丈夫都没怀疑到自己的妻子，而当第100天的时候，每个男人都确定地推理出了自己的妻子红杏出墙，于是所有的男人都开始哭泣。

应该说，传教士对“至少一个女人是不忠的”这个事实的宣布，并没有增加这些男人对村里女人不忠行为的知识：每个男人其实都知道这个事实。但为什么传教士的宣布最后使得村里的男人都伤心欲绝呢?

根源还在于共同知识的作用。传教士的宣布使得这个村子里的男人的知识结构发生了变化，本来“至少一个女人是不忠的”对每个男人都是知识，但却不是共同知识，而传教士的宣布使得这个事实成为“共同知识”。

这就是所有的丈夫最终都被伤透了心的原因！

不存在双赢的赌博

在参加一场赌博之前，非常重要的一点，是从另一方的角度对这场赌博进行评估。理由在于，假如他们愿意参加这场赌博，他们一定认为自己可以取胜，这就意味着他们一定认为你会输。

古时候，金陵有个姓张的药贩子，卖药的方法很特别。他在桌子上放一个泥胎佛像，有人来看病买药，他就取些药丸放在盘子里，端到佛像的手掌跟前，只见有些药片自动跳起来，粘到佛手上，另外一些则纹丝不动。于是，张药贩就郑重其事地把佛手上的药丸取下来，说:“佛给你们挑出的良药，准保能把病治好！”

有一个叫小古谭的少年，决定要把此事探个究竟。这一天，他邀请张药贩到酒馆里喝酒，张药贩高高兴兴地去了。酒馆伙计也不问他们要吃什么，只是一个劲地往上端酒菜，摆了满满一桌子。吃喝完毕，小古谭也不跟饭馆算账交钱，便领着张药贩扬长而去。酒馆的人好像没有看见他们走一样，也不向他们要钱。

第二天，小古谭又领着张药贩来到另一家酒馆，照样大吃大喝一顿，一分钱不花。管账的连问也不问，好像他们根本就没吃没喝一样。第三天，小古谭又领张药贩到第三家酒馆。这回不但大吃大喝，临走，小古谭还从酒馆拿了两只鸡送给张药贩，酒馆的人似乎没有看到。

张药贩惊奇得不得了，忍不住向小古谭请教这是什么法术。

小古谭说："告诉你也可以，不过，你得先告诉我，你那佛手取药是什么法术。"

张药贩说："原来你是想学我这仙人取药啊！这好说，我是在佛手里藏了块磁铁，再在一些药丸里合进些碎铁屑。这样，带有碎铁屑的药丸一挨近佛手，自然就被磁铁吸在佛手上了。"

小古谭说道："我的秘密也可以告诉你，我是事先把银钱付给了酒馆，约定好等我们来喝酒时，只管端来酒菜。我们吃罢，他们又怎么能再来要钱呢？"

故事里的双方都在使用骗术，并且从一开始双方都知道对方在使用骗术，但是强烈的好奇心，促使他们非要知道对方的葫芦里到底卖的什么药。

两人赌博必然存在的一个事实是，一人所得意味着另一人所失。因此，在参加一场赌博之前，非常重要的一点，是从另一方的角度对这场赌博进行评估。理由在于，假如他们愿意参加这场赌博，他们一定认为自己可以取胜，这就意味着他们一定认为你会输。

约翰到酒吧喝酒，旁边有一群人在打赌很热闹，于是他便也凑过去看热闹。其中有一人说："信不信我能用我的牙齿咬我的右眼睛，谁敢打100元的赌？"

很多人都表示怀疑。约翰走进人圈，拿出100元说："好吧，我来跟你打赌！这不可能。"

可是他的话还没说完，那个人就把钱揣进口袋里，然后取下右边的玻璃假眼，送进嘴里咬了咬。自认倒霉的约翰刚想走，那个人又跟他说："我给你一个回本的机会。"

约翰问："什么机会？"

那个人笑着说道："我们再打200元的赌，你信不信我还能用牙咬我的左眼？"

约翰仔细端详了那个人一会儿，断定他不可能两只眼睛都是假的，于是一咬牙狠了狠心说道："好吧！"

他又拿出钱来。那个人又立马把钱揣进口袋里，约翰还未来得及生气，只见那个人又笑了一笑，取出嘴里的假牙咬了咬自己的左眼。

那么是否存在着看起来对双方都有利的赌博呢？我们来看一看学者设计的博弈论试验。

现在有两个信封，每一个都装着一定数量的钱。具体数目可能是5元、10元、20元、40元、80元或160元，而且大家也都知道这一点。同时，我们还知道，一个信封装的钱恰好是另一个信封的两倍。我们把两个信封打乱次序，一个交给A，一个交给B。

A和B把两个信封分别打开之后，按规定他们只能偷偷地数一下里面的钱数。这时，他们得到一个交换信封的机会。假如双方都想交换，就可以交换。

假定B打开他的信封，发现里面装了20元。他会这样推理：A得到10元和40元的概率是一样的。因此，假如我交换信封，预期回报等于25元，即（10元+40元）/2，大于20元。对于数目这么小的赌博，这个风险无关紧要，所以交换信封符合我的利益。

通过同样的证明可知，A也想交换信封，无论他打开信封发现里面装的是10元（他估计B要么得到5元，要么得到20元，平均值为12.50元）还是40元（他估计B要么得到20元，要么得到80元，平均值为50元）。

这里出了问题。双方交换信封不可能使他们的结果都有所改善，因为用来分配的钱不可能交换一下就变多了，肯定有一个人是吃亏的。那么他们愿意交换的推理过程在哪里出了错呢？两个人是否都应该提出交换，或者说是否有一方应该提出交换呢？

假如双方都是理性的，而且估计对方也是这样，那就永远不会发生交换信封的事情。

这一推理过程的问题在于，它假设对方交换信封的意愿不会泄露任何信息。我们通过进一步考察一方对另一方思维过程的看法，就会发现，这个假设是站不住脚的。

首先，我们从A的角度思考B的思维过程。然后，我们从B的角度想象A可能怎样看待他。最后，我们回到A的角度，考察他怎样看待B怎样看待A对自己的看法。其实，这听上去比实际情况复杂多了。可是从这个例子看，每一步都不难理解。

假定A打开自己的信封，发现里面有160元。在这种情况下，他知道他得到的数目比较大，也就不愿加入交换。既然A在他得到160元的时候不愿交换，B应该在他得到80元的时候拒绝交换，因为A唯一愿意跟他交换的前提是A得到40元，若是这种情况，B一定更想保住自己得到的80元。不过，如果B在他得到80元的时候不愿交换，那么A就不该在他得到40元的时候交换信封，因为交换只会在B得到20元的前提下发生。现在我们已经到达上面提出问题时的情况了。如果A在他得到40元的时候不肯交换，那么，当B发现自己的信封里有20元的时候，交换信封也不会有任何好处；他一定不肯用自己的20元交换对方的10元。

唯一一个愿意交换的人，一定是那个发现信封里只有5元的人。当然了，这时候对方一定不肯跟他交换。

第19章

逆向选择：买的不如卖的精

爱不爱你我不告诉你
让你猜不清楚我的心
想不想你我不要告诉你
答案就在我的笑靥里
——《我不告诉你》歌词

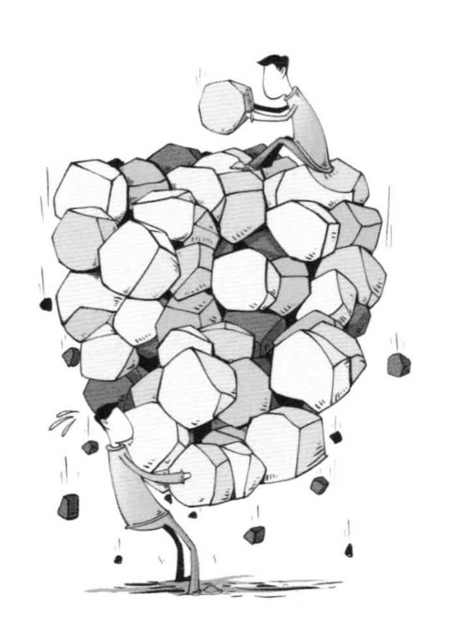

不确定性的风险

悬念在电影中创造高潮，在现实中却会产生成本。

在博弈中，共同知识可以让我们做出深入而准确的推断。不过，在更多的情况下，却会出现某一方所知道的信息而对方并不知道的情况，这就是“信息不对称”。不为另一方所知的信息，就是拥有信息一方的私有信息。私有信息的存在，是信息不对称情况发生的根本原因。

在生活中，我们去买东西，往往并不知道商品是否有严重缺陷。这样的信息往往只被能接近和熟悉这种产品的人观察到，那些无法接近这种产品的人却无从了解或难以了解，所以有句俗话说“从南京到北京，买的没有卖的精”。之所以会出现这种状况，无非就是因为交易商品的质量高低属于卖方的私有信息，自然是卖方比买方更有主动权。

又比如一个女孩面对好几个追求她的男生，这些男生的人品、背景等信息对于这个女孩来说都是私有信息，女孩与追求者之间就存在着信息不对称的现象，因此这个女孩到底选择哪一个男生，往往就带有很大的不确定性。在包装术盛行的今天，这种不确定性所带来的风险是不言而喻的。生活中有那么多优秀的女孩子遇人不淑，也证实了这种风险的存在。

私有信息的存在，导致博弈双方都是在信息的迷雾中决策，因而可能做出错误的决策。放眼世界，我们可以发现由于信息不透明带来的不确定性，所产生的影响是无处不在的。

在苏联解体前的一段时间里，其社会经济病入膏肓，改革也屡屡失败。

当时的总统戈尔巴乔夫便遭遇了记者的苦苦纠缠，在屡次解释无效后，他向记者讲了个笑话：“有一个总统，拥有100个情妇，其中一个有艾滋病，不幸的是，他找不出是哪一个；另一位总统，拥有100个保镖，其中一个是恐怖分子，一样不幸的是，他也不知道是哪一个。”

戈尔巴乔夫顿了顿，自嘲地说：“戈尔巴乔夫的难题就是，他有100个经济学家，其中一个是聪明绝顶的，同样不幸的是，他也不晓得是哪一个。”

上面这个故事说明：参与博弈者掌握的信息并不完全，博弈中往往存在很多私有信息。由于私有信息的存在，不管是对未来、现在或过去的决策，都具有不确定性。最扣人心弦的不确定性，可以称为悬念。

著名导演阿尔弗雷德·希区柯克，曾经对悬念有一个十分经典的描述：如果你要表现一群人围着一张桌子玩牌，然后突然一声爆炸，那么你便只能拍到一个十分呆板的炸后一惊的场面。若采用另一方式，虽然你是表现这同一场面，但是在打牌开始之前，先表现桌子下面的定时炸弹，那么你就制造了悬念，并牵动了观众的心。

悬念在电影中创造高潮，在现实中却会产生成本。获得2010年诺贝尔经济学奖的三位经济学家的“搜寻和匹配”理论表明：光有在理论上能够达成交易的买家与卖家还不够，这些买家与卖家还必须找得到对方，并决定达成一项交易，而不是继续寻找，希望发现更好的匹配对象。在某些背景下——比如公共金融交易平台，买家与卖家可能会即刻达成交易。但在许多其他市场中，只有经历一番耗时又代价高昂的搜寻，交易才会发生。

对个人来说，拥有信息越多，越有可能做出正确决策。对社会来说，信息越透明，越有助于降低人们的交易成本，提高社会效率。但客观的现实是，少数人掌握有关信息，而大多数人却无法得到准确信息。

信息的不对称性，可以通过信息的交流和公开以及寻找而消除。客观不确定性是指事物状态的客观属性本身具有不确定性，对此，人们可以通过认识去把握不确定性的客观规律。

存在不确定性时，决策就具有风险。当一项决策在不确定的条件下进行时，其所具有的风险性的含义是：从事后的角度看，事前做出的决策不是最优的，甚至是有损失的。决策的风险性，不仅取决于不确定因素之不确定性的大小，而且还取决于收益的性质。所以通俗地说，风险就是从事后的角度来看，由于不确定性因素而造成的决策损失。

所以，如果我们能够通过丝丝入扣地分剥，把各种不确定性变成相对确定，就可以使这种风险对人们的影响变小。

在美国有一则家喻户晓的征兵广告，既幽默又充满智慧。这则征兵广告发布后，收效十分明显。它改变了死气沉沉的征兵局面，使许多青年踊跃应征入伍。其内容如下：

“来当兵吧！当兵其实并不可怕。应征入伍后你无非有两种可能：有战争或没战争。没战争有啥可怕的？有战争后又有两种可能：上前线或者不上前线。不上前线有啥可怕的？上前线后又有两种可能：受伤或者不受伤。不受伤又有啥可怕的？

受伤后又有两种可能：轻伤和重伤。轻伤有啥可怕的？重伤后又有两种可能：可治好和治不好。可治好有啥可怕的？治不好更不可怕，因为你已经死了。”

这份别出心裁的征兵广告，出自于一位著名的心理学家之手。媒体记者采访了他：“为什么这份征兵广告能深入人心，取得这么好的效果？”

他回答说：“当人们有了接受最坏情况的思想准备之后，就有利于他们应对和改善可能发生的最坏情况。”

在绝大部分情况下，我们根本无法掌握影响未来的所有因素，这使得做确定性的决策变得困难重重。信息本身的价值正在于此，它可以用获取信息后增加的决策者的收益来衡量。

信息决定博弈结果

如果博弈只发生一次，则无疑具有信息优势的人会获得信息寻租；但如果博弈是重复进行的，则今天利用信息寻租者，必定会在寻租过程中泄露其所拥有的信息。

战国时，楚国是南方的大国，而宋国是中原地区的小国。楚王为攻打宋国，请公输般制造了一批云梯，准备进攻宋国。墨子听到这个消息后，一面吩咐禽滑厘带领300多人前往宋国支援，一面亲自前往楚国。

他风雨兼程，走了十日十夜而至楚国都城郢。他先求见公输般，公输般问：“您见我有何吩咐？”

墨子说：“北方有个人欺侮了我，想请您杀了他。”

公输般一听，顿时不悦。墨子说：“我愿出大价钱。”

公输般听了更为恼火，大义凛然地说：“我奉行仁义，决不杀人！”

墨子听了，站起来向公输般深施一礼说：“咱们就讨论一下你刚才说的仁义吧。我听说你造了云梯，将用它攻打宋国，宋国有什么罪呢？”

公输般无语，只好推说是楚王的意思，于是墨子请他带着自己一起去见楚王。

墨子见了楚王，对楚王说：“现在这里有一个人，舍弃他漂亮的衣服，却想去偷邻居的一件粗布短衣；舍去美味佳肴，却想去偷邻居的糟糠。这是一个什么样的人呢？”

楚王说："这个人一定是得了偷窃病了。"

墨子又说："楚国有地方圆五千里，宋国只有五百里，这相当于彩车与破车之别。楚国有云梦大泽，各种珍贵稀有的动物充满其中，有长江和汉水，各种鱼类应有尽有，可谓富甲天下，宋国连一只野鸡半条兔子都没有，这简直有佳肴和糟糠之别。楚国有松、梓、楠、樟等名贵木材，而宋国连棵像样的大树都没有，这简直是华丽的丝织品与粗布短衣之别。在这样的情况下，还要攻打宋国，这与患偷窃病的人有何区别呢？大王如果真的去攻打宋国，一定会伤害仁义，却不能占据宋国。"

楚王说："你说得有道理。但公输般已为我造好了云梯，我是非攻打宋不可了！"

墨子于是解下腰带，围成一座城的样子，用小木片代表守城用的器械。公输般九次设计攻城用的云梯等器械，墨子九次抵住了他的进攻。公输般攻城的计策用完了，而墨子守城的计策还绰绰有余。

公输般沉默半天，说："我知道用什么办法对付你了，但我不说。"

墨子一笑："你的心思我明白。不过你的这个办法，我也能破解。"

公输般、墨子两人谜语般的话，让楚王一头雾水，忙问他们什么意思。

墨子说："他的意思，不过是想杀了我。杀了我，宋国就没人能防守了，楚国就可以进攻了。但我的学生禽滑厘等300多人，已手持器械在宋国都城上等待着你们的入侵呢，种种抵御的方法，我已经都传给他们了！即使你们杀了我，同样也不能得逞。"

楚王无奈，只好打消了攻打宋国的念头。

在这里，把墨子的成功仅仅归结于技术是不够的。实际上，使楚王放弃攻打宋国的，恰恰是信息不对称状态的改变。

博弈论学者谢林曾经在《冲突的战略》中，用一个夜盗的模型来讲述信息传递对于博弈局势的影响。

一天，一个持枪的夜盗进入了一所房子。房子的主人在听到楼下的响动之后，同样持枪一步步向楼下走来。危机和冲突发生了。

上述危机显然会导致多种结果，最理想的结果，当然是夜盗平静地空手离开房子。还有几种可能的结果，一种是主人担心夜盗盗窃财物而首先向夜盗射击，致使夜盗身亡；另一种是夜盗担心主人会向他开枪射击，而首先射击主人，导致主人身亡。第二种可能的结果的出现，对房子的主人而言显然是最糟糕的，因为他不仅会失去财物，而且还丧失了生命。

对于各种可能的结果，其引发的原因却可能有无数。例如，对于夜盗死亡这一结果，除了主人担心财物受损而首先开枪射击外，还可能是出于对夜盗因恐惧而射击的担心，等等。更有意思的是，主人先发制人的动机，可能是对夜盗先发制人的担心，诸如此类。

如何成功解决冲突和化解危机？按照谢林的观点，对信息的把握和传递是至关重要的。例如，如果持枪的主人经过在黑暗中静静地观察，发现夜盗的手中并没有枪；或者持枪的夜盗发现主人毫无准备地冲下楼，则事态的进展会有利于掌握更多信息的一方。但如果双方都了解到了对方持枪的事实，则主人向夜盗传递“只是想把夜盗赶走”的信息（或者夜盗向主人及时传递只想图财、无意害命的信息）就变得十分重要。

诺贝尔奖获得者罗伯特·奥曼在研究中发现，博弈的参与者对信息的掌握通常是不对称的，如果博弈只发生一次，则无疑具有信息优势的人会获得信息寻租；但如果博弈是重复进行的，则今天利用信息寻租者，必定会在寻租过程中泄露其所拥有的信息。时间久了，信息不对称程度就会减轻，这又是重复博弈能够改进资源配置状态，使人与人的关系走向公平和谐的原因。

信息传递会改变博弈双方的资源配置情况，进而改变结局。

古希腊时，哲学家普罗泰哥拉曾经给尤阿思洛斯当老师，教他怎样打官司。二人约定：在尤阿思洛斯打赢第一场官司以后才收他的学费。

让普罗泰哥拉没想到的是，在费心费力教导尤阿思洛斯以后，这学生竟然不当律师而当了音乐家，因此根本不打官司。普罗泰哥拉要求尤阿思洛斯付学费，遭到后者的断然拒绝，因此普罗泰哥拉将他告上法庭。

普罗泰哥拉的推断是：如果这场官司中法庭裁定自己赢，他当然可以讨回这笔钱；而万一法庭裁定自己输，即尤阿思洛斯赢，按照原先的合约，尤阿思洛斯也必须付学费。

尤阿思洛斯则另有一番推理，他想：我要是输了，没有打赢这第一场官司，那么按照原定的合约，我可以不交任何学费。要是我赢了，那么普罗泰哥拉就会失去逼我履行合约的权利，我也不需要给他付什么学费。

由于这个诡论超出了法官的思考能力，因此法庭拒绝受理此案。

实际上，法庭应该理直气壮地判决普罗泰哥拉败诉，因为尤阿思洛斯根本还没有赢过任何一场官司。普罗泰哥拉本该料到法庭会这么判决，他的正确策略应该是在首次败诉以后再第二次起诉，那时法庭就理应判决普罗泰哥拉胜诉，因为尤阿思洛斯已经赢了前一场官司。

信息传递会改变博弈双方的资源配置情况，进而改变结局

让我们设想一下，即便不存在上述吊诡的推理，双方有和解的可能吗？

很遗憾，师徒二人仍然会选择法庭上见。因为庭外和解固然比打官司更节省成本，但是双方在考虑是否和解的时候，主要的依据往往并不是成本，而是自己能否赢得这场官司。

普罗泰哥拉在起诉尤阿思洛斯的时候，认为自己的证据很可靠，论点也非常有说服力。假设上法庭的话，他可以得到10塔兰特（古希腊货币单位），可是在打官司的过程中要耗费1塔兰特的费用，所以他也希望在打官司之前能先和解，让尤阿思洛斯偿还10塔兰特的学费。

这时，如果尤阿思洛斯知道这一点，那么就应该接受他的提议。因为即便是打官司，仍然要付10塔兰特的学费，而且还要耗费1塔兰特的费用。而和解可以让他省下1塔兰特。

然而，因为尤阿思洛斯不知道老师的论据，反而会怀疑老师的和解动机：只有当老师觉得自己的论据站不住脚而害怕打这场官司的时候，他才愿意和解。而如果是这样，尤阿思洛斯当然愿意上法庭打赢这场官司。也就是说，如果普罗泰哥拉表示愿意和解，反而会暗示尤阿思洛斯不应该和解。

也正因如此，在现代法律规定中，有一项内容证据交换，它的一个十分重要的功能就是促进和解。在证据交换的过程中，给当事人提供一个发表自己的看法和见解的机会，使当事人对案情、双方在掌握证据方面的强弱态势，以及诉讼结果的预测有了更清醒的认识，从而重新评估自己一方的主张和立场，使和解更容易达成。

证据交换这样一个信息传递的过程，也就成为破解双方无法和解的困境的利器。

无奈的“逆向选择”

在信息不对称的情况下，市场的运行可能是无效率的。

明朝刘基在他的《郁离子》中，讲了这样一个故事。

有三个四川商人，一起在市场上开店卖药。不过，他们采取的卖药策略迥然不同。

第一位药商诚实经营，专门卖好药，成本与卖价相近，不讲价，也不肯赚钱太多。第二位不管好药、差药都收来卖，价格的高低随顾客的心意，相应地把好药或差药卖给他。而第三位不求好药，只管多收，卖价低廉，买的人请求增加一点就多给一些药，从不计较。

结果，人们都争先恐后地到第三位那里去买药，以致他家的门槛一月一换。一年多之后，他就成了大富翁。而那个兼卖好药与差药的商人，上门的顾客稍少一些，但两年之后也富了起来。最为不幸的是那个专卖好药的商人，他的店铺生意萧条，经常好几个月没有一个顾客上门，以致吃了上顿没有下顿。

上面的这个故事，可以进行两个角度的解读。

第一个角度是“囚徒困境”。药商开店的目的并不在于为人医病，而是赚钱。因此，他们虽然在道德上有义务保证药的质量，但是又希望尽最大可能获得利润。如果所有的药商都诚实经营，只卖好药，那么诚实卖药不会有什么风险。但是一旦有人在利润的驱使下开始“背叛”：卖便宜的坏药甚至假药，别的药商必然会闻风而动，跟着调整自己的策略，否则只能坐以待毙。这样，市场上的药商就都会稍微卖一些便宜的坏药。

在这种情况下，要取得竞争优势，就要像第三家药商一样，比同时卖好药和坏药的竞争者更进一步，只卖便宜的坏药。这样，卖坏药事实上会成为药商的优势策略。如果其他每个人都这么做，只有一个人坚持原则，那么他就自然没有顾客上门。

第二个角度，就是美国经济学家乔治·阿克洛夫于1970年提出的“二手车市场模型”。

新古典经济理论的基础是完全竞争市场。在这样的市场中，资源能够得到最优配置，并能实现社会福利的最大化。然而现实中，完全满足上述假设的市场几乎是不存在的。“二手车市场模型”就是一个反例。

阿克洛夫在1970年发表了名为《柠檬市场：质量不确定性和市场机制》的论文。在美国的俚语中，“柠檬”是“次品”或者“不中用产品”的意思。这篇研究次品市场的论文因为浅显，先后被《美国经济评论》和《经济研究评论》两个杂志退稿，理由是数学味太少。然而这篇论文，却开创了“逆向选择”理论的先河，他本人也于2002年获得了诺贝尔经济学奖。

假设你刚刚来到一个城市，想买一辆二手车，来到了二手车市场上。

你和卖二手车的人对汽车质量信息的掌握是不对称的：卖家知道所售汽车的真实质量，但是你只知道好车最少60000元，而坏车最少20000元。要想确切地辨认出二手车市场上汽车质量的好坏是困难的，最多只能通过外观、介绍及简单的现场试验等来获取有关信息。而车的真实质量，只有通过长时间的使用才能看出来，但这在二手车市场上又是不可能的。所以，你在把二手车买下来之前，并不知道哪辆汽车是高质量的，哪辆汽车是低质量的，而只知道二手车市场上汽车的平均质量。

假定你的时间有限，或者缺少耐心，不愿来回来去讨价还价。你先开价，如果被卖家接受，就成交；否则，就拉倒。那么，你应该开价多少呢？开价60000元显然是太高了，因为这不能保证你能买到好车；而如果你希望买到坏车，开价20000元（或者稍微多一点），就肯定有人卖给你。

也就是说，所有典型的买车者只愿意根据平均质量支付价格，出价40000元。这样一来，质量高于平均水平的卖家就会将他们的汽车撤出二手车市场，市场上只留下质量低的卖家。因此，二手车市场上汽车的平均质量会降低，买者愿意支付的价格也会进一步下降，更多的较高质量的汽车会退出市场。在均衡的情况下，只有低质量的汽车能成交，极端情况下甚至没有交易。

在二手车市场上，高质量汽车被低质量汽车排挤到市场之外，市场上留下的只有低质量汽车。也就是说，高质量的汽车在竞争中失败，市场选择了低质量的汽车。演绎的最后结果是：市场上成了破烂车的展览馆。在这种情况下，不论买者是否愿意，他只能将质量较低的二手车开回家。

这违背了市场竞争中优胜劣汰的选择法则，市场或者价格机制并没有带来帕累托最优。平常人们说选择，都是选择好的，而这里选择的却是差的，想买好车的人没法买到好车，想卖好车的人没法卖掉好车。所以这种现象又被称为“逆向选择”（Adverse Selection）。

上面的这个例子尽管简单，但给出了“逆向选择”的基本含义：

第一，在信息不对称的情况下，市场的运行可能是无效率的。因为在上述模型中，有买主愿出高价购买好车，市场——“看不见的手”并没有实现将好车从卖主手里转移到需要的买主手中。市场调节下供给和需求总能在一定价位上满足买卖双方的意愿的传统经济学的理论失灵了。

第二，这种“市场失灵”得出了与传统经济学相反的结论。传统的市场竞争理论得出的结论是——“良币驱逐劣币”或“优胜劣汰”；可是，“二手车市场模型”导出的是相反的结论——“劣币驱逐良币”。

“劣币驱逐良币”的现象，在中国明朝嘉靖时期有一个典型的例子。当时，朝廷为了维护铜币的地位，曾发行了一批高质量的铜币，结果却使得盗铸更甚。因为在市场上流通的一般铜币质量远低于这些新币。私铸者还磨取官钱的铜屑以盗铸钱，使官钱逐渐减轻，同私铸的劣币一样。而新币会被人收集、熔化，然后按照较低的质量标准重铸。盗铸有重利可图，致罪者虽多，却无法禁绝。

而另一方面，如果政府铸造的金属钱币质量过于低下的话，同样会鼓励民间私铸。明代在15世纪中叶取消了对金属货币的禁令，却没有手段来保障铜币的供给，导致大量伪钱占领了市场，反过来导致了“劣币驱逐良币”的“逆淘汰”效应。

“逆向选择”的理论说明，由于买者无法掌握产品质量的真实信息，这就为卖家通过降低产品质量来降低成本迎合低价格提供了可能，因而出现低价格导致低质量的现象。如果不能建立一个有效的机制，那么高质量的卖家和需要高质量产品的买者无法进行交易，双方效用都受到损害；低质量的企业获得生存、发展的机会和权利，迫使高质量的企业降低质量，与之“同流合污”；买者以预期价格获得的却是较低质量的产品。这样发展下去，就是假冒伪劣泛滥，甚至市场瘫痪。

官场上的“逆向选择”

一个好的政治制度，一定能够设计出一种机制，对那些说真话不偷懒的官和不说真话并且偷懒的官都有所甄别，把比较差的官筛选出去。

我们已经知道，信息不对称是导致“逆向选择”的根源。由于信息不对称在市场中是普遍存在的事实，因而阿克洛夫的“二手车市场模型”具有普遍的经济学分析价值，影响了一大批经济学家，大家又相继发现了许多个“逆向选择”现象。

经济学家斯宾斯发现在人才市场中，由于信息不对称，雇主愿意开出的是较低的工资，根本不能满足精英人才的需要，结果只能吸引来平庸的“柠檬”，从而出现了“劣币驱逐良币”的现象。

斯蒂格利茨发现信贷市场也是这样：因为信息不对称，贷款人只好确定一个较高的利率，结果好的本分的企业退避三舍，而坏的压根就不想还贷的企业，却像苍蝇逐臭一样蜂拥而至。

刘基曾经在一篇文章中感叹说：“如今当官的人也像这样啊！从前楚国边境有三个县官，其中一个很廉洁但不得上司的欢心，当他离职的时候，连雇船的钱都没有。人们无不笑他，认为他是傻子。另一位有了机会就贪污，人们并不恨他，反而称赞他贤明能干。第三位无所不贪，专爱巴结上司。他对待部属爪牙如儿子，对待富家大户像贵宾，没到三年就得荐举，提升到专门负责执法的官位上了。即使老百姓也称赞他好，这不也是很奇怪的吗？”

这自然是一个寓言，如果真的出现了这种局面的话，地球人都会明白什么样的策略是优势策略，更何况那些作为社会精英的官员呢？

也正因如此，学者吴思才提出了他所称的“淘汰清官定律”，并且从经济等角度进行了解析。在本节中，我们可以通过《韩非子》中的故事，进一步感性地理解这个定律。

魏国西门豹初任邺地的县官时，终日勤勉，为官清廉，疾恶如仇，刚正不阿，深得民心。但是，对国君魏文侯的左右亲信官员，他从不去巴结讨好。结果，这伙官员说了西门豹的许多坏话，年底西门豹回国都述职时，被魏文侯没收了官印，罢官为民。

西门豹明白自己被罢官的原因，便向魏文侯请求说：“过去的一年里，我缺乏做官的经验，现在我已经开窍了，请允许我再干一年，如治理不当，甘愿受死。”

魏文侯答应了西门豹，又将官印给了他。西门豹回到任上后，重重地搜刮盘剥百姓，并把搜刮来的东西奉送给魏文侯身边的官员。一年过去了，西门豹回到国都考核时，魏文侯亲自迎接并向他致敬，对他称赞有加，奖赏丰厚。

西门豹望着魏文侯，悲愤地说：“去年我为您和百姓做官很有政绩，您却收缴了我的官印。如今我注重亲近您的左右，可实际政绩大不如去年，您就给我如此高的礼遇。这种官，我不想再做下去了。”

说完，西门豹把官印交给魏文侯，转身便离开了。

清正廉洁却被罢官，重敛行贿却名美位固，这印证了哈耶克在《通向奴役之路》中所指出的：极权制度最糟糕的特征，是它往往把能力最差的人选拔成为公共事务的决策者。

这种现象的产生不是因为黄仁宇在《中国大历史》中所说的中国缺乏理性的数目化的管理，而是因为，在中央集权制下，人事任免权在上级官僚手中，而只要上级官僚对下级官僚的政绩是不完全信息的话，必然会出现数字造假、数字出官和官出数字等现象，这说明在中央集权之下，数目化管理也是不可靠的。

一个好的政治制度，一定能够设计出一种机制，对那些说真话不偷懒的官和不说真话并且偷懒的官都有所甄别，把比较差的官筛选出去。比如说，让那些具有信息优势的人来监督官员。谁具有信息优势呢？当然是那些本地的居民。俗话所说的“邻居一杆秤，街坊千面镜”，所反映的就是本地居民的这种信息优势。而如果一个组织让那些具有信息劣势的人来监督官员的话，就会产生很多问题，必然会演变出一个鼓励官员说谎和偷懒的体制。

同时，此机制的设计必须考虑到“逆向选择”和道德风险。就好比老师让没做作业的学生举手，如果你对举了手的学生惩罚太重，那么下次就没有人会再说真话，而如果你惩罚太轻，又会诱使更多的人不做作业。

在任何领域中，只要有关某类事物的“质量”的信息，在供给者和需求者之间的分布不对称（通常是前者比后者知道得多），那么关于这类事物的定价和选择机制就会失灵，从而发生“逆向选择”。

要减少“逆向选择”，就必须解决信息不对称问题。解决思路是委托人或“高质量”代理人通过信息决策，减少委托人与代理人之间信息不对称的程度。解决的途径有两个：其一是“高质量”代理人利用信息优势向委托人传播自己的私有信息，这就是“信息传递”；其二是委托人通过制定一套策略或合同来获取代理人的信息，这就是“信息甄别”。

如何推销你的土豆

不论是产品、建议还是你自己的才华，都是一个个大小不等的土豆，在推销时不仅要留意避免“逆向选择”的发生，而且要想办法利用对方也企图避免“逆向选择”的心理来达到自己的目的。

对于很多中国人来说，因为“土豆烧熟了，再加牛肉”的诗句家喻户晓，因此也就知道了“土豆烧牛肉”是北方那个邻国餐桌上的一道菜。但是说起土豆在俄罗斯的推广，多数人却不甚了了。

土豆是在彼得大帝时期流入俄罗斯的。当时，出访西欧的彼得以重金从荷兰买回一袋土豆，种在皇宫花园里。公元1842年，俄罗斯发生饥荒，沙皇尼古拉一世根据国家财产部的建议，命令在几个省设立土豆育种地段，按公有方式种植土豆。但农民对土豆不了解，还进行了抵制行动，沙皇一怒之下动用军队予以镇压，历史上将这一事件称为“土豆暴动”。

虽然土豆在俄国土地上安家落户伴随着枪声和血泪，但不久俄国人就开始大量种植土豆，并使其成为主食。由此，“土豆烧牛肉”也成为他们“幸福生活”的标志。

无独有偶，当初土豆在法国的推广也同样遇到过抵制。不过，法国人用不流血的方式解决了这个问题。

1785年，法国发生了粮荒。一位名叫法尔孟契那的学者把土豆引进到法国，他热心地宣传，并免费派发土豆的块茎给农民做种，想以此来解决饥荒问题。但当时许多法国人以为它有毒，不愿栽种。医生认为这种千奇百怪的土豆有损健康，其他学者断言土豆会使土地变得寸草不生，牧师则将土豆称为“魔鬼的苹果”。

这位学者经过思索，终于想出了一个点子。他经过国王批准，在一块远近闻名的贫瘠田地里栽培了土豆。到了秋天，土豆快要成熟的时候，他请求国王派了几个卫兵守在田边，不允许任何人接近。

这样一来，周围的农民反而对土豆大感兴趣，到了晚上都悄悄地避开卫兵，成群结队地来挖土豆，并把它栽到自己的菜园里。这样，没过多久土豆便在法国推广开了。

对比土豆在法、俄两国的推广方法，自然是前者更技高一筹。但是它高在哪里呢？回答就是，法国学者成功地利用了农民害怕发生“逆向选择”的心理。

中国古代学者韩非子有一句话，叫作“虏自卖裘而不售，士自誉辩而不信”。意思就是说一个奴隶如果自己拿着上好的裘皮大衣去卖的话，是卖不出去的；一个读书人如果自己赞誉自己，是没有人相信的。

同样的道理，俄国和法国的土豆推广者当初“王婆卖瓜，自卖自夸”，如果农民足够聪明的话，他也不会相信。因为即便他不知道土豆的价值，但是从推广者的态度上，却可以加以判断。他会想，假设学者们推广的是一种很好的作物，能够获得很好的收成，带来可观的收益，那么在这种情况下，他怎么可能突然向素不相识的农民推销呢？

农民由此认为，向他们推广土豆最热心的人，也就是最了解土豆没有价值的人，或者是最别有用心的人，因此接受建议而种土豆绝对是不明智的。就算他把土豆说得天花乱坠，还是不应该相信他。

反之，如果他把土豆秘而不宣，甚至派卫兵保卫成熟的土豆。那么这种做法所传达的信号，就说明土豆是种植者不想轻易让人获得种子的，是极其有价值的，因此反而值得去偷来种到自己的地里。

如果有一点博弈论的知识，发生在俄罗斯的“土豆暴动”也许本来是可以避免的。这段历史同时也启示我们，不论是产品、建议还是你自己的才华，都是一个个大小不等的土豆，在推销时不仅要留意避免“逆向选择”的发生，而且要想办法利用对方也企图避免“逆向选择”的心理来达到自己的目的。

美国将军马克·韦恩·克拉克（1896~1984）在日常生活中，是一位富有情趣的人。有一次，克拉克被朋友问到这样一个问题：在别人提出的所有劝告中，哪一个是最有益的？克拉克说：“我认为最有益的劝告是‘和这位姑娘结婚吧’。”

朋友惊奇地问：“那么，是谁向你提出这一劝告的呢？”

克拉克回答说：“就是姑娘自己。”

事实上这只能是一个笑话，因为在生活中，如果真的有一位姑娘自己向别人推销自己的话，恐怕并不会被认为是最有益的劝告，甚至会把推销对象吓跑。因为这是一个典型的“逆向选择”的例子。

当然，爱情婚姻这种事儿和市场上的交易一样，并不是固定和博弈，双方还可以通过交易来创造价值。一方急于与另一方达成交易，并不一定意味着“便宜没好货”，而只是意味着还有考察的必要和继续谈判的空间。

裁员与减薪的权衡

降薪必然会导致“逆向选择”，想留住的精英离开的可能性反而最大。

后周世宗柴荣是五代时期后周的第二个皇帝，又称柴世宗。

当时，由于长期割据混战，各朝从未在军队人数上加以整编。到了后周时期，国家军兵人数虽多，但是因为有很多老弱病残，战斗力并不强。因此，柴荣决心整顿精减军队。宰相王浦劝阻说：“现在军中传言陛下要大量精减军队，违背了历朝成规和先帝的旧制。”

柴荣解释说：“这些军队因为是数朝相承下来的，因此以前对他们都尽量姑息，也不进行训练和检阅，恐怕影响与他们的关系，因此老弱病残很多，而且骄横难驯，在遇到强敌时却不逃即降，实际并不可用。兵在于精而不在于多，今日100个农民尚且不能养活1个士兵，怎么能用民众的膏血，白养着这些无用的废物呢？况且，如果仍然对军中能干的人和怯懦的人一视同仁，又怎么能激励众将士作战立功呢？”

雄才大略的柴荣顶住大臣的压力，宣布整编军队。他一方面下令赵匡胤等负责向全国招募勇士，另一方面亲临校场大阅禁军，通过数日比武，将体格强壮、武艺出众者升为上军，给予优厚军饷，老弱残病统统发给盘缠遣散回家。其中，在作战中表现极差的侍卫马步军，被裁撤将近一半，从8万人锐减到4万。殿前司本就人少，经过裁撤仅剩下了15000人。

据旧史记载，整编裁军不仅大大缩减了供养军队的费用，而且为柴荣提供了一支精锐的军队，战斗力之强是五代以来所没有过的。后来柴荣虽然英年早逝，但是赵匡胤兄弟却凭借着这支军队，以及因裁军而积累下的农粮财富，完成了统一中原的战争。

事实上，柴荣进行裁军的一番考虑，充分体现了他对于“逆向选择”的深刻认识。这种认识，对于在经济危机中面临裁员还是减薪的选择的公司管理者也是很有教益的。我们可以简明地分析一下。

因为100个农民才能供养1个士兵，而由于连年战争，柴荣面临着军饷不足的问题，他很快就会没有足够的钱粮给军队发薪。这时，他有两个选择：一个是全体将士降薪20%，另一个就是裁减20%的将士。

这时，为了避免“逆向选择”的出现，后者才是更为理性的做法。因为五代十国时军阀政权割据，如果柴荣让每个将士都降薪20%，那么必然会有一些将士跳槽，投靠能够提供更高待遇的主子。

我们进一步考虑，什么样的将士会选择离开呢？自然是柴荣手下最能征善战的那些。因为只有他们才有把握能够被新主子所收留，并且获得更好的待遇。降薪无疑是为渊驱鱼，为丛驱雀，是很不明智的。

因此，降薪必然会导致“逆向选择”，柴荣最想留住的精英离开的可能性反而最大。而相比较之下，如果他裁汰老弱病残的同时，提高剩下的人员的待遇，不仅可以节省钱粮，而且可以得到一支以一当十的军队。

不过，上面的分析是从用人单位的角度来分析的，如果放到现代社会的大背景中，情况则要复杂得多。

2008年12月4日，澳门皇冠酒店平均薪酬缩减约10%的减薪方案通过后，澳门劳工事务局局长孙家雄指出，如果此方案未能成功推行，皇冠可能就会裁员，如果裁员，单是庄荷部会裁减一成。很多庄荷正在供楼供车，一旦被裁，将会面对很大困难。所以所有员工薪酬缩减一成总比裁员好，此方案是“两害相权取其轻”的决定。

由此可见，在当今社会，裁员所牵涉的方面空前的多，需要从更广阔的视角包括社会责任方面来全面认识。笔者只是希望通过上面的故事和分析，能使人们在为降薪而不裁员的企业鼓掌时，也看到降薪是一把双刃剑，从而进行更为理性的思考。

第20章

信息传递：好酒也怕巷子深

照亮一片天空
燃亮一支火把
燃起一堆篝火
你发出的每个信号
直达尽头我伴着你

——《风中的哨音》歌词

无法发起的总攻

不论这个情报员来回成功地跑多少次，都不能使两个将军一起进攻。

1930年5月，中原大地上爆发了“蒋冯阎大战”。以冯玉祥、阎锡山为一方，以蒋介石为一方，在河南省南部摆开了战场，双方共投入了100多万兵力。

战前，冯玉祥与阎锡山约定在河南北部的沁阳会师，然后集中兵力歼灭驻守在河南的蒋军。但是，冯玉祥的作战参谋在拟定命令时，把“沁阳”写成了“泌阳”，多写了一撇。

碰巧，沁阳和泌阳都是河南省的一个县，只不过沁阳在黄河北岸，而泌阳却在河南南部桐柏山下，两地相距数百公里。这样，冯玉祥的部队就错误地开进了泌阳，没能和阎锡山的部队会合，贻误了发动总攻而聚歼蒋军的战机，让蒋军夺得了主动权。

在近半年的中原大战中，冯阎联军处处被动挨打，以失败而告终。

如果参谋不多写那一撇，冯阎联军顺利会师，联合对蒋军发起总攻，那么中原大战的结局可能就得改写。这场历史性的误会，原因就在于错误的信息传递。那么如果不存在人为的错误，类似的问题还会不会发生呢？答案是肯定的。

为了研究这个问题，博弈论学者格莱斯曾经提出过一个被称为“协同攻击难题”的模型。

两个将军A和B带领各自的部队，埋伏在相距一定距离的两个山上等候敌人。根据可靠情报，敌人刚刚到达，立足未稳。如果敌人没有防备，两股部队一起进攻的话，就能够获得胜利；而如果只有一方进攻的话，进攻方将失败。这是两位将军都知道的。

这时，将军A遇到了一个难题：如何与将军B协同进攻？那时没有电话之类的通信工具，只有通过派情报员来传递消息。将军A派遣一个情报员去了将军B那里，告诉将军B：敌人没有防备，两军于黎明一起进攻。

然而可能发生的情况是，情报员失踪或者被敌人抓获。也就是说，将军A虽然派遣了情报员向将军B传达“黎明一起进攻”的信息，但他不能确定将军B是否收到了他的信息。而如果情报员回来了，将军A将又陷入迷茫：将军B怎么知道情报员肯定回来了？将军B如果不能肯定情报员回来的话，他也不能肯定将军A能确定自己收到了信息，那么他必定不会贸然进攻。于是，将军A又将该情报员派遣到B地。然而，他不能保证这次情报员肯定到了将军B那里……

这样，我们就得出了一个令人沮丧的结论：不论这个情报员来回成功地跑多少次，都不能使两个将军一起进攻。问题就在于，两个将军协同进攻的条件是“于黎明一起进攻”，这成为将军A、B之间的共同知识。然而，无论情报员跑多少次，都不能够使A、B之间形成这个共同知识。

所幸的是，上面这个推论只是一个模型，现实环境中的“将军”们会有方法突破这种困局。但另一方面，也许正是上面这种噩梦的阴影，才促进了各种通信技术在军事领域中的发展与应用。

我们现在把视角从硝烟弥漫的战场上移开，投向更为广阔的社会场景，从博弈论的角度，看一看信息传递对生活的影响机制是怎么样的。

周仁的生日到了，他准备了丰盛的酒宴，特地邀请张三、李四、王五和赵六来吃饭。他还特别叮嘱最好的朋友赵六，今年一定要来。因为赵六去年到外地，没赶上他的生日。

可是已经到了吃饭的时候了，周仁发现赵六还没来，他懊恼地自言自语说：“唉！该来的又不来。”

这话让张三听到了，他心想：“我可能是不该来的。”于是，他连招呼也没打就走了。

周仁发现张三走了，着急地说：“你看，不该走的又走了。”

这话让李四听到了，心里想：“看来我是应该走的。”于是，李四站起来就走了。

周仁见李四也走了，急得涨红了脸，摊摊手对王五说：“我又不是说他的！”

王五“腾”地一下站起来，说：“你不是说他的，那一定是说我的了！”说完，王五也气冲冲地走了。

这自然是一个笑话，每个人多多少少都会发现自己也曾经遇到过类似的尴尬。可是笑过以后再反思才发现，“该来的没来，不该走的又走了”，原来纯粹是因为信息传递的过程出了问题。那么该如何避免这样的问题呢？

信息传递的模型

教育本身并不提高一个人的能力，它纯粹是为了向雇主“示意”或“发出信息”，表明自己是能力高的人。

交通警察在公路上截停了一名汽车司机，一边写罚单一边对他说:“这条路的车速限制为每小时50公里，你已经超速到了75公里。”

司机苦笑着问道:“请你在罚单上改一下，写成我在车速限制为80公里的地带把车开到120公里行吗？我正想把这辆汽车卖掉!”

这是一个既简单又不简单的笑话。说它简单，是因为每个人都能看懂并会心一笑，而说它不简单呢，则因为这位司机所考虑的问题，曾经帮助美国经济学家迈克·斯宾塞获得了2001年度诺贝尔经济学奖。斯宾塞的主要贡献之一，就是把信息传递行为的研究扩展到了其他领域，也使人们对信息传递机制有了更深入的了解。

在“二手车市场”中，有人也许会替好车的卖家着想，认为他们可以告诉买者卖的是好车，不信的话，他们可以负担全部或者大部分费用，找专家检验汽车；或者与买者达成一份具有法律效力的合同，规定如果是坏车则包赔一切损失；等等。这些都可以归结为信息传递，也就是通过付出一定的成本，承诺自己卖的车是好的。

对此，斯宾塞认为:“如果高质量旧汽车的卖主能够找出一种方式，使得付出的成本低于低质量产品卖主付出的成本的话，作为一种高质量的信息传递，将能够从市场活动中获得足够的补偿而获益。”

因此，根据斯宾塞的分析，对高质量旧车的卖主来说，只要某种发送信息的方式的边际成本较低，市场将会出现某种均衡。在这些均衡中，买主能够依据卖主发送的信息水平，推测或估计产品的质量水平。

斯宾塞对信息传递模型的研究，集中体现在他的博士论文《劳动市场信息》中。在论文中，他用一个关于劳动力市场的实例来解释信息传递行为:“获得教育或毕业文凭是劳动力市场上典型的信息之一，具有较高生产效率的个人，一般能以较低的成本获得教育文凭，因而教育不仅增进人力资本的价值，而且对高生产效率的个人也具有重要的信息激励效应。”

在模型里，劳动力市场上存在着有关雇佣能力的信息不对称：雇员知道自己的能力，雇主不知道。如果雇主没有办法区别高生产率与低生产率的人，在竞争均衡时，不论是高能力的人还是低能力的人，得到的都是平均工资。

于是，高生产能力的工人得到的报酬少于他们的边际产品，而低生产能力的人得到的报酬高于他们的边际产品。这时，高能力的人希望找到一种办法，主动向雇佣方发出信息，使自己同低能力的人分离开来，从而使自己的工资与劳动效率相称。学历可以向雇主传递有关雇员能力的信息，原因是接受教育的成本与能力成正比例，不同能力的人反映为受教育程度不同。因此，学历所传递的信息，具有把雇员能力分离开的功能。

斯宾塞的模型研究了用教育投资的程度，作为一种可信的传递信息的工具。在他的模型里，教育本身并不提高一个人的能力，它纯粹是为了向雇主"示意"或"发出信息"，表明自己是能力高的人。

斯宾塞并且确定了一个条件，在此条件下，能力低的人不愿意模仿能力高的人，即做出同样程度的教育投资以示意自己是能力高的人。这一条件就是，做同样程度的教育投资，对能力低的人来说边际成本更高。

他证明，在这种情况下，虽然有信息不对称，市场交易中具备信息的应聘者，仍可通过教育投资程度来示意自己的能力，而雇主据此假定教育对生产率没有影响，但是，雇主以教育为基础发放一示意信息，便可区别开不同能力的人。

可见，学历教育的目的并不是增加你的智慧，或者是使你得到更多的启发，而是为了让你能够找到更好的工作，增加自己的收入。而它也确实能够提高你的收入。

这种模型不仅存在于雇主与应聘者之间，也存在于学校与学生之间。以中国学生申请美国大学的研究生为例，美国大学首先要看的是申请者的TOFEL和GRE成绩，第二是他们本科成绩的平均分，第三是推荐信。

大学当然不可能知道每个中国学生能力的高低，到底适不适合所申请的专业，以及能否做出成就。但是，它们必须根据中国学生所提供的材料做出录取与否的选择。而TOFEL和GRE成绩以及其他材料，就起到了传递申请者能力以及学习意愿等的作用。

信息传递模型也具有普遍的经济学意义。在很多国家，政府对红利征税的税率比资本增值的税率要高，通常政府对红利征税两次，一次对公司，一次对个人，而对资本增值只对个人征税一次。而目前，证券市场对红利是双重征税，对资本增值则不征税。如果没有信息问题，利润再投资自然比分红更符合股东利益，但很多公司仍然热衷于分红。

根据信息不对称理论，公司的管理层当然比股民更清楚地知道公司的真实业绩。在这种情况下，业绩好的公司就采取多发红利的办法，来向股民发出信息，以区别于业绩不好的公司，而后者发不出红利。一般情况下，证券市场对分红这一信息的回应是股价上升，从而补偿了股民因为分红交纳较高的税而蒙受的损失。

外表传递的信息

评价一件事物的内容要花一点时间，但是外在的表现，却能在几秒钟内发出关于内容的信息。

有一家公司的总经理要招聘女秘书，结果来了五位女生应聘。办公室主任叫她们一个一个进来面试，由总经理在旁边考核。

第一位进来了，主任问道："1+1=?"

她非常快速地回答："2。"

主任问总经理，这个人怎样，合适吗？总经理说："做事非常果断，但是缺乏思考。"

轮到第二位了，主任问道："1+1=?"

她想了一下说道："应该是2吧？"

主任又问总经理，这人怎样？总经理说："做事前会思考，但是在做决定时优柔寡断。"

轮到第三位了，主任问道："1+1=?"

她想了一下写在纸上："1+1=王。"

主任又问总经理，这人如何？总经理说："很有创意，但是缺乏务实性。"

轮到第四位了，主任问道："1+1=?"

她说："数字为2，汉字为王。"

主任又问总经理，这人如何？总经理说："考虑周详，但是模糊了真正答案的焦点。"

到了第五位了，主任问道:“1+1=?”

她说:“数字为2，汉字为王，但是真正的答案只有总经理知道，只要总经理希望是2就是2，希望是王当然是王喽。”

主任又问总经理，这位如何？总经理说:“各方面都不错，可是有拍马屁的嫌疑。”

这时候，主任请这五位先回去等候通知，明天会打电话给她们。

主任很为难地问总经理:“这几位你想选哪位？她们基本上都答得不错呀。”

总经理说:“就选胸部最大的那位吧!”

很多公司都希望能招聘到“长相像妙龄少女，思考像成年男子，处事像成熟的女士，工作起来像一头驴子”的女秘书，可是在无法兼顾的情况下，应该怎么办呢？

那就像买书一样选择吧。读者往往从封面来判断一本书的内容，因为人们往往只能从一些表面的现象开始，进而更为详细地了解对象。从博弈论的角度来看，这样做并不一定是荒谬的，就像书的封面作为内容的承诺信息一样，人或物的外表特征比内在品质更容易判断，更一目了然，有时也可以作为内容的一种承诺。

所以说，上面故事中的总经理并非我们所想象的那样荒唐，而是有一定道理的。我们来看下面这个简单点的例子。

一位老板想要奖励一位员工A，并打算惩罚员工B或者员工C。于是老板告诉A，他可以从B或C的皮夹里拿走其所有的钱。老板并没有讲这两个人的皮夹里各有多少钱，他只说B的皮夹里有14张钞票，C的皮夹里只有9张。

假设对B和C的皮夹就只知道这么多，此时A应该选哪个？

他应该选B的皮夹，因为它的钞票数量比较多。从自身的利益出发，A所关心的应该是钱包里有多少钱，而不是有多少张钞票。但是他没有办法直接得到自己所关心的信息，只能靠钞票的数量来推测钱数。

也就是说，老板所提供的信息表面上看没有什么意义，但它却提供了一个信号。一般来说，钞票数目越多就代表钱数越多，这个结论有可能并不准确，不过只要符合平均条件，就算是发挥了作用。

评价一件事物的内容要花一点时间，但是外在的表现，却能在几秒钟内发出关于内容的信息。一本封面不怎么样的图书，很难让人相信其内容会精益求精。也就是说，其有关内容如何精彩的承诺，肯定是不可置信的。一个人或一件事物能够用外表来打动别人，实际上也反映了它的一种内在的能力。而很多公司或团体是否注重形象宣传，更能够传递某种深层次的信息。

无论是对于男人还是女人来说，和诚实善良的人约会，比和有钱有权的人约会更容易收获爱情和婚姻。我们都明白这一点，也认识到了人品比外在更重要。然而不幸的是，我们根本没有办法直接观察人品，而只能看到外在的东西。

不仅爱情方面是如此，即使是日常生活的交际中，别人判断我们的外表比判断我们的人品也容易得多。也就是说，外在的东西可能是十分肤浅的，但是它传递信息却远比人品或才干等方面传递信息要快得多。

外在的东西，除了名牌服装和美丽的外表，甚至别墅、名车以外，还包括我们所交的朋友。聪明的观察者，往往可以从一个人的交际对象来了解一个人的特征。

如果我们看到一位绝世美女和一个丑男在亲密约会，会怎么想呢？我们一定会想：他一定有某种深藏不露的长处，也许他很聪明、体贴，也许他很有学识……

这个现象就提供了一条发出信息的策略：虽然外表可以一眼看清，但是通过你所交往的人，仍然能让别人相信你是一个有深度、有爱心、有影响力的人。

有一句名言说，“遇到失败者，离他50米”。这句话是千真万确的真理，不仅是因为近墨者黑的影响，更深层的原因则是：离失败者太近会让人观察到一种信息，从而降低对你的评分，甚至认为你也是一位失败者。

不过，想让别人相信你的哪一个承诺或者优点，你一定要针对这个承诺或优点，挑选具备相关的可观测到的好特点的交际对象。这就仍然又回到了封面理论：如果想要让人相信你的承诺，肤浅一点，注重外表是一条理性的策略。

沉默也传递信息

中国的读书人一般比较推崇“风流不在谈锋健，袖手无言兴味长”的为人风格，认为这是一种境界。但是在博弈当中，这种境界却可能会传递出你正处于尴尬处境的信息。

元朝时，有一个叫宣彦昭的人担任平阳州判官。

有一天下大雨，有一个当地百姓与一个士卒争夺一把伞，都说伞是自己的，双方吵闹到了宣彦昭的面前。

宣彦昭听了事情的原委以后，立即下令将伞一撕为二，每人一半，然后把二人一齐赶了出去。等二人走出门，他又派了一个部下悄悄跟随在后面。那个部下出去以后，看到那个士卒气愤得不得了，喋喋不休地在那儿抱怨，而那个当地百姓却一言不发地沉默着。

部下把看到的情况汇报给了宣彦昭。宣彦昭马上下令把二人再带回来，直接下令对那个百姓处以杖刑，并让其买伞赔偿给那个士卒。

在这个故事里，那个企图骗人伞的百姓也许不明白自己为何暴露。实际上，他倒霉就倒在不懂得这样一个道理：沉默可以传递很清晰的信息。

不过，这个笑话也说明了一个道理：当我们处于博弈中时，往往无法保持沉默。因为沉默所传达的某种信息，可能表明局面对我们很不利。因为除了恋爱中的害羞女孩等少数情形之外，如果不是说出来会非常不利，每个人都有说出真相的激励。

也就是说，"天不言自高，地不言自厚"的策略有时是不恰当的。仅仅相信公道自在人心，并不足以改变自己在博弈中的地位。

在政治学上，有一个理论叫作"沉默的螺旋"。这种理论指出，如果一个人感觉到他的意见是少数的，他往往不会表达出来，因为害怕表达出来后会被多数的一方报复或孤立。

该理论的提出者伊丽莎白·诺尔-纽曼指出：由于我们只能直接观察整个公众群体中的一小部分（经常是通过媒体），媒体就在决定什么是社会主流意见中占据重要地位。随着主流意见在媒体上占据了与其相称的比例，持少数意见的人表达自己观点的可能性将逐渐降低。相反地，如果一个人感到自己的立场正在为公众所接受，他就会变得更加勇于表达自己。

从博弈论的角度来看，主流意见与少数意见之争，事实上就是一场对优势地位的争夺。这个"沉默的螺旋"之所以出现，或者说少数意见越来越被忽视，其背后有这样一个简单的推理：如果你认为自己是对的，为什么不表达出来呢？

晚饭后，母亲和女儿一块儿洗碗盘，父亲和儿子在客厅看电视。

忽然，厨房里传来盘子摔碎的脆响，然后一片沉寂。

儿子立即对父亲说："这一定是妈妈摔破的！"

父亲惊奇地问："你怎么知道？"

儿子轻描淡写地回答："她今天没有骂人。"

沉默所传达的信息是丰富的，类似的博弈每天都在我们的身边发生着。

在国外的警匪片中，我们经常看到这样的情节，警员在逮捕疑犯的时候，总是要庄严地说："你有权保持沉默，但是你所说的一切都将成为呈堂证供。"

在一次聚会中，前NBA著名球星威廉姆斯的司机被发现死于枪伤，而种种证据表明，威廉姆斯是最大的嫌疑人，因为当时这位司机可能正在偷窃威廉姆斯的物品。他的律师请求大陪审团驳回对威廉姆斯的谋杀指控，原因主要在于警方在怀疑威廉姆斯射杀了他的司机而将他逮捕时，并没有告知威廉姆斯有保持沉默的权利。

因此可见，这套说词并非“陈词滥调”，而是事关结果的严肃程序。但是从博弈论的角度来看，嫌疑人“保持沉默”真的会对自己有利吗?

答案是否定的。因为理性的人都会推断，无论是在法庭上还是在法庭外，如果他保持沉默，他一定是认为开口对自己不利。在这种情况下，他的沉默会让理性的人产生对他不利的联想和推理。

我们都知道，现在大家都想吃无污染的安全、优质和有营养的绿色食品。现在假设市场上的食品有两种：一种是绿色产品，另一种是非绿色食品。

在一些不大的食品店里，我们可以看到一些产品贴有绿色食品的标签，另外一些产品则没有。由于绿色食品是经过专门机构认定的，我们假定这种认定有公信力，那么一种安全、优质和有营养的食品，贴上绿色食品的标签显然是有利的。

在这场博弈中，如果多数人关注食品是否是绿色食品，那么食品的生产商没有沉默的空间：当产品没有绿色食品的标签时，顾客理所当然地假定产品不是安全、优质和有营养的。就算这个标签在市场上已经十分普遍，他仍然应该选择标示出来。

从长远来看，所有的食品都会被贴上绿色食品的标签。不过我们不用担心，在这种情况出现之前，一定会有标明更高品质的标签出现。

无论是推销自己还是推销食品，对自己有利的特征一定会被标示出来。如果没有标示出来，我们就要假定其品质低于平均的水平。

在生活中，我们一方面必须学会捕捉沉默所传达的信息，而不要当女友闭上眼睛不作声时，还要追问“你同意我吻你吗?”这样的问题。另一方面，当更多的信息被揭示出来之前，必须假定沉默代表着对方的不利处境。这一点，无论是购买商品、审视恋爱对象的经历，还是审查应聘者的履历时，都十分重要。

中国的读书人一般比较推崇“风流不在谈锋健，袖手无言兴味长”的为人风格，认为这是一种境界。但是在博弈当中，这种境界却可能会传递出你正处于尴尬处境的信息。

权衡成本的策略

通过信息传递来避免厮杀，甚至演化出某些特征来发出某些信息，这在自然界的动物身上也是十分常见的。

三国时，刘备被吕布占了徐州，只得屯军于小沛。袁术为报前仇，派纪灵领兵数万去攻打小沛。

这时，刘备刚起事不久，缺兵少将，难以御敌，只好写信向吕布求救。与此同时，袁术担心在徐州的吕布救援刘备，便派人给吕布送去粮草和密信，要吕布按兵不动。

吕布收了袁术的粮草，又收了刘备的求援信，他想：我若不救刘备，袁术得逞后我也危险；我若救刘备，袁术必恨我。于是，吕布让人把刘备和纪灵同时请来赴宴。吕布坐在刘备和纪灵中间，吩咐开宴。刚吃几盏酒，吕布说："看在我的面上，你们两家不要打了。"

纪灵不肯，愤愤不平，那边张飞也喊叫着要打要杀。吕布眉头一皱，拍案而起："把我的画戟拿来！"

刘备和纪灵等人全都吓了一跳。吕布端起酒盏一饮而尽，说道："我把画戟插到辕门外150步的地方，如果我能一箭射中画戟的枝尖，你们两家就不要打了。如果我射不中，打不打我就不管了。"

纪灵希望射不中，刘备希望能射中。吕布叫人端上酒来，让他们各自饮了一杯，酒毕，取出弓箭，搭箭拉弦。他大喊一声"着"，那支箭"嗖"的一声飞出去，不偏不倚正中画戟的枝尖。吕布把弓向旁边的地上一扔，哈哈大笑着说："看来老天也不愿意让你们打仗啊！"

一场厮杀就此烟消云散。

很多朋友读《三国演义》至此，多佩服吕布的精湛箭法平息了刀兵之灾。而事实上，"辕门射戟"更是一个经典的博弈论案例：精湛的箭法只是为了传递一种信息，使得纪灵不得不收兵复命。

对于武艺高强的吕布来说，射中戟尖比出兵在战场上击败纪灵的军队所花费的力量要小得多。这一动作就是让纪灵明白，自己可以轻而易举地击败他。而从纪灵的角度来说，假如他通过这场箭术表演认识到了自己与吕布交手弊大于利（特别是对自己的生命来说），那么退兵就是一种理性的选择。

通过信息传递来避免厮杀，甚至演化出某些特征来发出某些信息，这在自然界的动物身上也是十分常见的。

比如说，当瞪羚看见猎豹在逼近时，为了避免被吃掉，它应该首先想到逃跑。然而动物学家通过观察发现，在这种危急关头，瞪羚反而经常会做出往空中跳18英寸的动作。

这种似乎是浪费时间的行为，其实并不是无用功。这是一个信息传递的过程，瞪羚是想通过这种动作来告诉猎豹，自己可以轻易地摆脱猎豹的追逐。也就是说，瞪羚凭借跳跃的招数，使自己与其他不灵敏的动物产生区别，告诉猎豹不要浪费体力来试图捕杀它。

从猎豹的角度来说，它要判断猎物的体能究竟怎么样，只能通过观察猎物的表现。假设它没有机会抓到可以跳这么高的瞪羚的话，不去追捕起跳的瞪羚就是理性的策略。

而这样一来，因为瞪羚跳几下高所花费的体力比逃避猎豹追捕要少得多，因此，跳跃在进化上就是一种十分明智的策略，这和“辕门射戟”的策略有异曲同工之妙。

实际上，我们在生活中也可以利用这种策略，阻止潜在的对手，无论是在爱情上还是商业上。

旅美作家王鼎钧在他的作品中讲了这样一个小故事。

一位美女周围有许多强健聪明的男子窥伺。一天，她对一位求婚者说：“要和我结婚，你得先到阿尔卑斯山上的雪窟里采一朵红花回来。”

求婚者问：“你知道吗？我很可能因此粉身碎骨。”

美女说：“我知道。”

求婚者于是裹粮入山，几次在大风雪中绝处逢生，最后竭力攀上悬崖峭壁，摘到了一朵红花。

洞房花烛夜，新郎提出了久悬心中的问题：“你为什么一定要我冒那么大的危险？”

新娘回答说：“我爱你，想嫁你，可是你会有许多情敌，他们一定会想尽办法陷害你，除非你能做他们绝对办不到的事，来削弱或者铲除他们的嫉妒心。”

有时，我们使用“辕门射戟”的策略，并不一定需要不同寻常的本领，而只需要比对手多一点胆量和决心，并且策略性地运用它们。

假设你是一个大学男生，正在追求同班的一个女生。可是当你们交往了一段时间以后，另外一个男生开始向这个女生发起攻势。在这种情况下你应该怎么办呢？

假如你有一定的把握肯定对手竞争不过你，不过不幸的是，你并不能让对手信服这一点。因为爱情是一项需要花费成本的“事业”，即便是一个比你更弱的对手来参与竞争，成本也会大大增加，因此你一定希望有一种策略能够让对手知难而退。

在正常情况下，如果你在对手已经发起攻势时，反而减少了提供给她的时间和礼物，那么如果对手有任何长期存在的机会，这种策略必然是灾难性的。因此，一般的男生在遇到爱情的竞争对手时，都会下意识地多花费一些时间来与那个女生相处，给她更多的惊喜（包括礼物），以免她另投怀抱。

然而，“辕门射戟”的策略却提醒我们，如果你对你和那个女生之间的感情有足够的信心，认为就算你不投入更多的时间和金钱来追求她，对手也没有得手的机会，那么减少投入反而是一种十分理性的策略。因为这样，就向对手传递了一种信息：如果连你那么不投入的时候他都没有办法胜过你，那么等你开始重新增加投入时，他更是毫无获胜的希望。

同样的道理，如果我们把女友的争夺置换为对顾客的争夺，上述的竞争策略同样可以适用于商业竞争。聪明的读者自然可以举一反三地发现其中的妙处。

信息传递讲策略

应该把几个坏消息同时公布于人。把几个坏消息结合起来，它们所引起的边际效用递减，会使各个坏消息加总起来的总效用最小。

在信息传递中，不仅传递的内容至关重要，就是我们传递信息的策略方式，也直接影响到信息传递的效果，甚至直接影响博弈结局。我们先来看这样一个笑话。

有一位老板出差到外地，刚住进宾馆就接到女秘书打来的长途电话，报告说老板心爱的波斯猫不小心从屋顶上摔下来死了。

老板悲痛之余，狠狠地把秘书训斥了一顿：“这么大的事你怎么可以打电话呢？

你使我毫无精神准备，你应该先来一个电报，说我的猫爬上了屋顶；然后再来一个电报说猫摔下来了，已经送进了医院；然后再来一个电报说猫不幸……”

过了几天，老板收到一份电报，是秘书发过来的。

他打开一看:“你爸爸爬上了屋顶!”

……

上面这个笑话，揭示了我们在社会交际中的一个普遍困境：我们应该如何把信息披露给应该得到它的人，才能产生最好的效果？

芝加哥大学的萨勒教授和哥伦比亚大学的约翰森教授经过研究，提出了以下四条安排信息披露的诀窍。

第一，如果你有几个坏消息要宣布，你是该分开宣布呢，还是把它们一起宣布？答案是：应该把几个坏消息同时公布于人。把几个坏消息结合起来，它们所引起的边际效用递减，会使各个坏消息加总起来的总效用最小。让人们选择去经受两次伤害还是经受一次大的伤害，在能够承受的限度内，对很多人来说还是快刀斩乱麻来得更加爽快一些。

第二，如果你有几个好消息要公布，你是该分开宣布呢，还是把它们一起发布？答案是：应该把几个好消息分开公布。分两次听到两个好消息等于经历了两次快乐，这两次快乐的总和要比一次性享受两个好消息带来的快乐更大。

第三，如果你有一个大大的好消息和一个小小的坏消息，应该怎么做呢?答案是：应该把这两个消息一起告诉别人。这样的话，小小的坏消息带来的痛苦会被大大的好消息带来的快乐冲淡，其负面效应也就小得多。

比如你被叫到上司的办公室，被告知说因为工作表现突出，每个月被加薪150元。但是不巧的是，你在挤公车的时候不小心丢了100元钱，那么你回家应该把这两个消息一起告诉你的家人。虽然丢了100元钱，但比起加薪这个喜讯也算不了什么，你的家人一定不会在意那丢失的100元钱的。

第四，如果你有一个大大的坏消息和一个小小的好消息，该分开公布还是一起公布呢?答案是：应该分别公布这两条消息。这样的话，小小的好消息带来的快乐不至于被大大的坏消息带来的痛苦所淹没，人们还是可以享受好消息带来的快乐。

举例来说，现在股市不景气，你买的股票今天股价暴跌，使你损失10万元。不过，你的运气还算不错，在超市购物时中奖，得到一盒价值50元的巧克力。那么你应当将这两个消息分两天带回家，尽管爱人得知股票亏损的消息会很沮丧，说不定还会怪你没有投资眼光，不过这并不妨碍她第二天品尝巧克力的甜美。但是，如果你一次性把两条消息同时告诉她的话，说不定她吃起巧克力来感觉味道也是苦的。将好坏消息分开可以影响人们的高兴程度。

上面我们讲述了如何通过信息传递来改变信息不对称状态以及获得良好的效果。接下来我们将讲述消除信息不对称的第二种方式：信息甄别。只有通过一定的机制设计，获得对手的私有信息，才能有的放矢。

第21章

信息甄别：分离均衡的筛子

假的兴奋

仍叫我太开心

真天真

假天真

我怕我忘了怎么区分

——《假天真》歌词

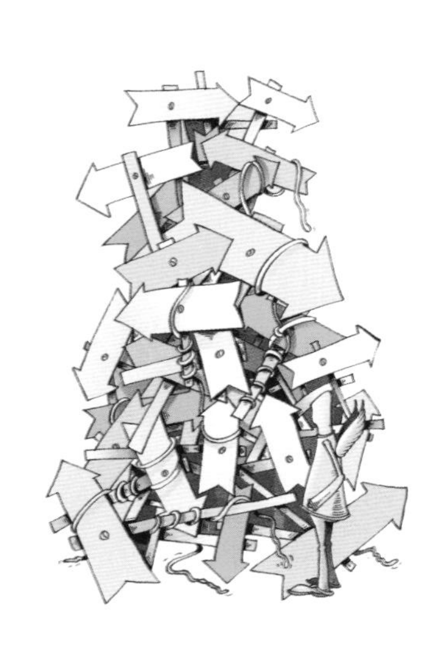

狱中的分离均衡

我们不能通过提高保费的措施，使保险市场的“逆向选择”现象消失，那样做反而会使该来的不来，不该来的来了。

清代方苞的《狱中杂记》中，曾记载着他在刑部监狱中亲眼看见的一件事。

有三个犯人要遭受同样的杖刑，为了少吃点苦头，他们事前都贿赂了行杖的差役。第一个犯人送了30两银子，被稍微打伤了一点骨头，养了一个月的伤；第二个犯人送了多一倍的银子，只打伤了一点皮肉，不到一个月就好了；第三个犯人给了180两银子，受刑后当晚就步履如常了。

同样是棍子打下去，为什么会有这种分别？

《官场现形记》的作者李伯元，在其另一部著作《活地狱》中揭示了其中的奥妙：从来州县衙门掌刑的皂隶[①]，用小板子打人，都是要预先操练熟的。有的虽然打得皮破血流，而骨肉不伤；亦有些下死地打，但见皮肤红肿，而内里却受伤甚重。有人说，凡为皂隶的，预先操练这打人的法子，是用一块豆腐，摆在地下，拿小板子打上去，只准有响声，不准打破；等到打完，里头的豆腐都烂了，外面依旧是方方整整的一块，这方是第一把能手。

练就了这样一手功夫，同样的刑罚到了行杖的差役手中，自然会有不同的后果。有人问这差役说：“犯人有的富有的穷，既然大家都给你拿了钱，又何必拿多少作分别？”差役直截了当地回答：“没有分别，谁愿意多出钱？”

这个令人发指的黑色幽默中，固然使我们对当时的黑狱状况感到毛骨悚然，但是仔细一想，却又不能不对差役的回答发出一丝苦笑。他们的手段固然可恨，但是却可以让我们看到一点博弈论的影子，那就是对分离均衡机制的运用。

在上一章中，斯宾塞提出的信息传递研究，仅仅是解决“逆向选择”冲突的一种途径。事实上还有一种解决方法，那就是曾经担任过世界银行副行长的约瑟夫·斯蒂格利茨提出的“分离均衡”。

在信息不对称的市场上，拥有信息的一方可以通过做广告等方式来发布信息，

---

① 古代贱役。后专称旧衙门里的差役。

从同类中分离出来，这样才有利可图。可是，不具备信息的一方，应如何建立机制来筛选有信息的一方，从而实现市场效率呢？斯蒂格利茨的贡献，就是把信息不对称引入了保险市场和信贷市场的研究，从而回答了这个问题。

在保险市场上，一个人去投保，其目的是为了弥补可能发生的危险带来的损失；而保险公司也不可能在亏损的情况下承担保险，它要追求利润。如果这时信息是完全的，即投保人的信息也为保险公司所知道，那么投保人应该选择完全保险，也就是应该使投保后和不投保的效用水平是一样的。

比如，甲投了自行车（价值200元）的保险，那么他看管自行车的努力可能会因为投保而发生改变。如果没有投保而丢失，200元钱的损失甲要完全承担；如果花20元钱投了保，发生丢失后保险公司将赔甲200元，这时甲的损失只有20元。而看管自行车是要付出代价的，比如要多买一把锁，花20元。如果投保人更关心自行车，锁上两把锁，会使自行车被盗的概率下降（见表21-1）。

表 21-1　　车主与保险公司的博弈

车主甲/保险公司	赔　偿	不赔偿
丢　失	-20/-180	-220/20
不丢失	180/-180	-20/20

然而，由于保险公司与投保人之间的信息不对称，保险公司难以确切地知道投保人的真实情况和行为。一旦人们和保险公司签订了保险合约，他们往往不会再像以往那样仔细地保护家中的财产了。比如出门的时候，他可能不再像以前没有保险时那样仔细地检查煤气是否关好，因为现在如果房子着火了，他将获得保险公司的赔偿。

作为极端的例子，有人甚至故意造成火灾来骗取保费。在这里，因为保险公司无法观察到人们在投保后的防灾行为，就会面临人们松懈责任行为甚至不道德行为而引致的损失，严重的情况会使保险公司关门。

这样，社会中帕累托有效的一些交易就可能不会发生。这在信息经济学里被称为“道德风险”，即投保前和投保后投保人的行为无法被保险公司所观察到。

与之相关的“逆向选择”就是：每个投保人可能知道自己的自行车失窃的概率，而保险公司不一定知道这种信息。那些觉得自己的自行车被盗的概率比较大的人，会更有积极性投保。保险公司赔偿的概率也会变高，会更加容易亏损。同样，最终这个保险市场也会不存在。

这时，保险公司为什么不采取提高保费的办法来获得利润呢？

原因在于：提高保费会导致那些犹豫不决的客户选择不投保，而这部分人往往是丢车概率比较小的人。因为丢车概率越小，他所能接受的保费就越低。那些次低风险的顾客群认为支付这笔费用不值得，从而不再投保；而高风险类型的消费者，不会在意保费的提高而踊跃进入保险大军。这样一来，高风险者就把低风险消费者“驱逐”出了保险市场。

这就是斯蒂格利茨和他的合作者在1976年的文章中提出的重要观点：我们不能通过提高保费的措施，使保险市场的“逆向选择”现象消失，那样做反而会使该来的不来，不该来的来了。提高保费的办法对保险公司是不管用的，这时保险市场同样难以存在。

要解决这一问题，保险人可以通过提供不同类型的合同，将不同风险的投保人区分开。让买保险者在高自赔率加低保险费和低自赔率加高保险费两种投保方式之间选择，以防止欺诈行为。也就是说，不是使保险处于混同均衡，而是出现分离均衡。

票价为何如此低

在竞争市场上，混同均衡是不存在的，也就是说不会存在一个高丢车概率的人和低丢车概率的人同时选择的保单。

纽约的国立自然历史博物馆，是世界上同类博物馆中的翘楚，但是收费却出奇地低，观众可以任意捐献，就算只给一毛钱，也不嫌少。一位作家问博物馆的主管:“这么一点门票的收入，怎么能够维持开销呢?”

那位主管回答:“我们根本不靠门票的收入来运营，这只是做个样子。”

作家有些诧异地问:“做个样子，那又何必呢?”

主管回答说:“如果我们完全不收费，必然会造成许多闲杂人员涌入，因而破坏了整个博物馆的气氛，所以我们要求象征式地捐献，钱虽然不多，却表示了捐献者对博物馆的尊重和诚意。”

那位作家认为，这个故事说明了人们所需要的经常并不是钱，而是那小小几块钱后面的一点诚意、一些温情和一片真心。这种理解固然不错，但是从博弈论的角

票价如此低，博物馆为何还要收票？

度来看，博物馆这样做的目的，更多的还是为了通过收费的形式，把真正的艺术爱好者与所谓的“闲杂分子”甄别开来，以更好地保证自己高效的服务。

市场交易的目标就是利益的均衡，而均衡有两种模式：混同均衡和分离均衡。所谓混同均衡，是使所有人都愿意接受的选择，分离均衡则是向不同的人提供不同的选择。上面故事中，博物馆虽然是非营利的公共服务部门，用分离均衡的思路也是不错的。

斯蒂格利茨证明了在竞争市场上，混同均衡是不存在的，也就是说不会存在一个高丢车概率的人和低丢车概率的人同时选择的保单。

比如在前面自行车投保的例子里，有的人因为经常丢车所以积极投保，哪怕要为此付出相对较高的保费支出。不经常丢车者，就只会选择赔率较低而保费也较低的投保合同。在这样的情况下，只有一份保费标准统一的合同，肯定会流失一部分客户——或者是嫌保费高的客户，或者是嫌赔率低的客户。为了在市场上更有竞争力，保险公司一定会设计出更多的合同，吸纳不同要求的客户，而不会使用千人一面的标准合同。

分离均衡与信息传递的不同之处在于，分离均衡可以使不拥有信息的人设计出一个菜单，来进行信息甄别，使具有不同信息的人不隐瞒信息和行为，或者说设计一个区分拥有不同信息的人的机制，进而提高市场效率。

一般来说，分离均衡的实现，是通过“信息甄别”的方法来达到的。由于信息不对称，一个处于信息劣势的人有可能设计一个有效的机制，使处于信息优势的人说真话，显示真实的偏好，从而根据选择的结果将潜藏着的信息识别出来。这样，只要某种交易能够给人们带来利益的话，人们总可以设计出那种改善自己现状的制度，来实现帕累托效率。帕累托最优是人们可能达到的技术上的边界，只要次优水平与帕累托最优水平之间有空间的话，聪明的人总可以在这个空间中设计出某个更好的机制，以提高自己目前的水平。

在方苞所讲的黑狱故事中，差役之所以要对都交了钱的犯人进行不同的对待，就是为了提供这样一个菜单，从而创造一种比混同均衡更有生命力和竞争性的分离均衡，最大限度地谋求自身的黑色收入。

这种分离均衡，在我们的生活中可以说是司空见惯，以至于大家可能都没有特别地感觉到它的存在。譬如，电影院、歌剧院中不同位置座位的票价不同，酒店要分不同的“星级”，电信运营商也将手机卡区别为“全球通”“神州行”或者“如意通”等不同的种类，冰淇淋也要做成不同味道、不同大小、不同形状……所有的这些做法，实际上都是为了甄别出不同类型的顾客，然后确定不同的价格，提高自己的综合赢利能力。

机制设计的智慧

机制设计的目标是人为地创造出一种决策环境，令不同类型的人做出不同的反应。尽管每个人的类型可能是隐藏的，别人观察不到，但他们所做出的不同选择却可以观察到。

冥王派小鬼到阳间去走访名医，告知小鬼辨别名医的标准是：门前没有冤鬼。

小鬼到了阳间，可每过一个医生门口，总见许多冤鬼聚集在那里。小鬼走遍各地，最后终于找见门前只有一个鬼在那里孤独徘徊的医家。小鬼大喜，心中暗想："这里住的定是名医了。"

于是他走进门去，不由分说把医生拘到阴间。可是冥王细细一问才知道，拘来的医生是昨天刚刚挂牌开业的。

小鬼之所以没请到好医生，用博弈论的观点来看，就是因为它不懂得信息甄别。

所谓信息甄别，就是事先制定一套策略或设计多种合同，根据对方的不同选择，将对方区分为不同的类别。与信息传递不同，信息甄别是通过对方的信息决策来获取信息，从而减少信息不对称。对于这种机制发挥作用的道理，我们可以用一个故事来说明。

北宋时，大将曹彬率宋军攻打南唐。南唐后主李煜是个风流才子，但是治国治军无方，很快就投降了。投降以后，李煜到曹彬的战船上来拜见他。

李煜到了岸边，曹彬命人在战船与岸之间架上一块独木板。可是李煜徘徊了数次，都不敢登上那块独木板。曹彬笑着命左右前去搀扶，李煜这才上了船向曹彬施礼。

曹彬微笑着说道："在下甲胄在身，不及答拜。"

李煜惶恐地答道："待罪之身，岂敢有劳元帅答礼？今率子弟僚属45人，恭候元帅发落。"

说罢，他毕恭毕敬地将玉玺呈上。曹彬好言安慰，命他回宫收拾，第二天来军中一起回宋朝的都城。

李煜走后，在一旁的副帅潘美担心地说:“他要是回去自杀了怎么办?”

曹彬笑着说:“你们看他连船边的木板都不敢过，如此怕死的人，怎么会有勇气自杀呢?”

曹彬的这种方法，在博弈论中被称为“机制设计”。机制设计的目标是人为地创造出一种决策环境，令不同类型的人做出不同的反应。尽管每个人的类型可能是隐藏的，别人观察不到，但他们所做出的不同选择却可以观察到。观察者可以通过观察不同人的选择，来推算出他们的真实情况。

机制设计理论在生活中的应用十分广泛，包括在拍卖、投票、谈判、教育等领域都有一席之地。在现实生活中，每个人都在进行着机制设计，只是日用而不知罢了。政治家通过机制设计，使投票人在众多候选人中选择更优者；生意人通过机制设计，使消费者选择产品；医生通过机制设计，让患者选择可行的治疗方案；而为人父母者，也通过机制设计，让子女按某种模式成长。

前面我们已经知道，博弈对手间的信息一般是不对称的。这时，拥有私有信息的一方有积极性通过一定的行动，向另一方传递自己的私有信息。但有时候他们没有积极性或没有有效的办法传递自己的私有信息。在这种情况下，没有私有信息的一方就要通过机制设计获得对方的私有信息。

以做生意为例，由于不同的买家对同样的产品价格的反应是不同的，也就是其愿意出的钱是不一样的，如果卖家对每个买家都制定同样的价格，就会减少利润。中国传统商业文化中的“童叟无欺”，并不是使利益最大化的策略。采用价格歧视，对不同反应的买家采取不同的价格，才能增加你的利润。

假设A愿意花20元买你的产品，而B只愿意付15元。如果你不执行价格歧视，那么对两个人你都只能卖15元，这也是你所能获得的最大收入。而通过价格歧视，你就可以以20元的价格把产品卖给A，同时以15元的价格把它卖给B，这样就可从A的身上多获得5元。

巧妙地发现每一个买家最多愿意花多少钱来买你的产品，然后再按照他这个金额来要价，才是使自己赚到更多钱的方法。但是买家知道自己的需求，而卖家不完全知道，因为高需求买家为了以更低的价格成交，往往会隐藏自己“具有高需求”的信息。在这种情况下，差别定价方式可以甄别出不同需求程度的买家，从而使卖家可以获取尽可能多的利润（对于高需求买家以较高的价格成交，对于低需求买家以较低的价格成交）。

比如，出版商在推出一本新书时，提供精装本和平装本两种版本，就可以赚取更多的利润。

在提供电信服务时，服务商可以对手机用户提供两种收费标准：一种是单位时间通话费用较低，但需交纳一定的月租费；另一种是单位时间通话费用较高，但不需交纳月租费。根据用户的不同选择，服务商可以将用户区分为高频率用户和低频率用户两类。

2009年2月3日，香港迪士尼乐园公布，从2月9日起取消平日与假日票价的区别，统一售价为350港元，票价上涨约18%。新规定对内地及外国游客从9日起即时实施，但对港人在半年后才执行。

面对有关歧视内地顾客的质疑，香港迪士尼乐园度假区传媒关系总监接受搜狐香港的专访时称，迪士尼方面绝对没有“歧视”之意，并且推出了系列的优惠措施。

事实上，这根本就是一个答非所问的解释。真正的原因是：从内地或国外坐火车或坐飞机到香港的顾客，肯定比搭巴士去的香港本地顾客更愿意接受高价格。

行善更需要甄别

如果说成功的作恶需要计谋，那么成功的行善则更需要智慧。

在山西榆次车辋村北常后街东端北侧，是有中国民居“第一祠堂”之称的“常家北祠堂”。祠堂中有一座相当精美的戏楼。这个戏楼始建于光绪三年（1877年），历时3年才完工，耗银约3万两。向来勤俭的常家，为何偏偏要在这个时间建一座戏楼呢？

原来，光绪三年的时候，山西遭旱灾，颗粒无收。自然灾害严重影响了晋商的生意，常家首当其冲。这时的常家已是近800人口的大家族，但常家不仅捐出赈灾银3万两，而且还拿出约3万两银子盖了这座戏楼。

其实，常家盖戏楼是作为救济乡里穷人的一种方法。常家规定，只要能搬一块砖就可以管一天的饭。大灾持续了三年，常家的戏楼也修了三年。

虽然常家盖这个戏楼没有成本收益的核算，但是却充满了机制设计的智慧，其不动声色地完成了信息的甄别工作。

假设在自然灾害的影响下，当地有一半的人仍然能够吃饱饭，而另外有一半的人却在挨饿。常家的财力是有限的，要想最大化每一份救济的效益，自然应该把有限的救济送给后者。也就是说，好钢要用在刀刃儿上，而不能用在刀背儿上。

采取让人主动报名领取救济的方式如何呢？这种方式会把那些并不急需救济的人也引来。而让领救济的人到戏楼的工地来做工，无论工作量多少，却可以通过增加领取救济的成本的方式，把真正需要救济的人甄别出来。

这也是一种自选择的机制设计：当事人自行选择是否做工的行为，决定了领取救济的是什么人。

一个好的机制设计能产生正向的激励，而不好的机制设计则恰恰相反，能够产生反向的激励。

举例来说，2001年，英国上下被突如其来的口蹄疫搞得不得安宁之际，《泰晤士报》报道，据负责屠杀感染口蹄疫病毒牲口的军人和警察透露，有些英国农民竟打口蹄疫的主意，利用政府对农民屠杀患有口蹄疫牲口的补贴，故意传播口蹄疫。

为什么会出现这样的怪事呢？

原来，英国政府为了弥补口蹄疫给农民带来的损失，决定对每一头被屠杀的牲口都以口蹄疫暴发前的市场价给予经济补偿。这就是说，不论你喂养的牲口是否长肥，只要被屠杀，那么就可以获得和疫病暴发前所卖价钱一样的赔偿。

因为只要自己的牲口患有口蹄疫，就会被列入被宰杀的名单，就可以得到政府的补偿。但由于口蹄疫的暴发，使得牲口价格一跌再跌，因此这种补偿比没有屠杀而卖掉所得的钱还要多。

这种机制设计的本意，是鼓励农民配合政府遏制口蹄疫的蔓延，但对农民产生了反向的激励，使他们成为散播口蹄疫的帮凶。如果英国政府在口蹄疫暴发期间按市价进行补偿，表面上看是减少了补偿款，但在客观上却可以避免更大范围的疫情暴发，从而挽回更大的损失。

由此可见，一个好的机制设计并不是只要有良好的动机就够了，它更需要高超的智慧。

如果说成功的作恶需要计谋，那么成功的行善则更需要智慧。

自选择的甄别机制

设计出有效的信息甄别机制，或者利用甄别机制来最大限度地实现自己的利益，最关键的一点，就在于通过对手的一系列外在反应，对其所要采取的策略有一个更为深入的了解。

在现代文明社会中，获取选票和利润都不能依靠强制的手段，而客户为了自身利益有时也会隐藏自己的私有信息，从而会出现消费者信息在买卖双方间不对称的情况。这时就要用到自选择的机制设计。

商家为了找到想要的客户群，并为他们提供产品和服务，经常会采用某种机制来让消费者进行自我选择。

下面是一位眼镜店老板向新来的伙计面授玄机——

如果顾客走进店来问:“眼镜多少钱?”你就告诉他100元。

这时，如果你看到顾客没有皱眉或者说贵，那么你就接着对他说“这是镜片的价钱”。

如果这时顾客仍然没有说贵，那么你再接着告诉他:“一只镜片的价钱。”

这位老板在这里向伙计所传授的，实际上就是自选择的一种机制。除了这种最传统的方法，商家最常见的方法是扩大商品或服务的种类，包装大小不一的麦片或洗衣粉就是最明显的例子，让不同需求的客户购买大小合适的产品。

优惠券是另一个经典的自选择机制，可以调查用户是否对价格敏感。尽管所有的消费者得到优惠券都有享受折扣的机会，但只有对价格敏感并能不厌其烦地剪下并保留优惠券后的用户，才会去兑换折扣。结果，超级市场可以从这些优惠券带来的交易中赚取比较少的利润，并从那些乐于接受全价的消费者身上得到更多的利润。

航空公司也是通过自选择来找到不同的客户，从而提高自己的利润的。

如果你要到外地度周末，搭乘飞机常常会更便宜，因为一般来说，商务旅客都不希望离家度周末，所以航空公司只会给那些愿意在外地度周末的人打折。商务乘客所付的钱，自然就会比其他旅客要多。

和其他乘客比起来，商务旅客的行程通常比较固定，所以整体来说，他们的价格敏感度也比较低。在这种情况下，航空公司只要把商务旅客的票价定得比其他乘客的票价高，就可以增加其利润。

在理想的情况下，航空公司都希望能确定乘客搭机是为了商务还是为了旅游，并对商务旅客多收一点钱。可是，在这样的博弈中，商务旅客当然会隐瞒他们的真实企图，因此航空公司必须依赖自选择机制，并假定在外地度周末的旅客大部分都不是为了商务而搭机。他们虽然不知道这些需要低价机票的消费者是谁，但是那些想买低价机票的消费者会自动找上门来。

以上所举案例皆说明，要设计出有效的信息甄别机制，或者利用甄别机制来最大限度地实现自己的利益，最关键的一点，就在于通过对手的一系列外在反应，对其所要采取的策略有一个更为深入的了解。

吃回扣背后的博弈

受贿者和行贿者，我们不能说是谁吸引了谁，只能说他们在无意中都是运用了自选择的方法找到了对方。

天堂入口处的牌楼已经坏了好久了，看守天堂大门的天使很伤脑筋。有一天，天堂门口来了三个人，分别是木匠、水电工和承包商，他们是天使约来投标修理天堂的大门的。

天使先问木匠的意见。木匠就说了:“我可以帮你把天堂入口的牌楼修理好，保证坚固耐用，只收5000元。”

天使又问水电工的意见，水电工回答:“我能够把天堂的入口布置得美轮美奂，只要装上一些管线和灯泡，只收你5000元。”

天使最后转头问承包商的意见。承包商满脸笑容地回答道:“只要你给我2万元，我保证天堂入口的牌楼不但坚固耐用，而且美轮美奂，可以媲美拉斯维加斯的赌场。”

天使听完，马上向承包商抗议:“木匠和水电工的要价加起来也不过1万元，怎么你却要2万元?”

承包商回答:“简单啊，2万元的预算，5000元给木匠，5000元给水电工，剩下来的1万元，5000元归你，5000元给我，不就解决啦?!”

于是，天使和承包商达成了协议！

天使最后之所以选择了比较贵的报价，原因就在于他所花的并不是他的钱，而落入他腰包的却是真金白银的回扣或者贿赂。事实上，类似的故事在生活中每天都在发生。受贿者和行贿者，我们不能说是谁吸引了谁，只能说他们在无意中都是运用了自选择的方法找到了对方。

人民网曾经登载了一条消息，北京石景山区一家新开业的外资加油站，出现了车主排队加油的火爆场面。一打听，原因是这家加油站在一定的时限内将油价每升下调了0.5元。乍一看，每升只降0.5元微不足道，可令人感兴趣的是，排队加“便宜油”的多是私家车。这说明，花一二十万元买车的“有车族”，对油价还是很在乎的。

但是也有对“便宜油”不感兴趣的，那就是公车。不仅如此，很多加油站还为公车司机提供多开发票等各种方便。实际上，公车跟加油站之间所进行的，也是一个和天使与承包商之间类似的博弈。

《华尔街日报》曾经刊登了一篇文章，反映为航空公司提供燃料的商家贿赂飞行员的情形，这与加油站贿赂公车司机的情形大同小异。

由于公司的飞机可以在沿途好几个机场补充燃料，所以它们之间的竞争很激烈。提供燃料的公司都知道，飞机公司只负责出油钱，要去哪里补充燃料由飞行员自行决定。

于是，一些公司就贿赂飞行员，以吸引他们来加油。

无论是加油站提供好处给公车司机，还是燃料公司送赠品给飞行员，这种潜规则能够长期存在，其机制就是“自选择”：凡是经常来加油的公车司机或者飞行员，都是愿意接受好处的。

看破伪装的技巧

鲜花是相对廉价的，赠送更贵重的礼物也许是值得的。倒不是因为内在价值方面的原因，而是它代表了一个人乐意为对方奉献多少的可靠证明。

《黔之驴》的寓言中，贵州省的老虎从来没有见过驴子，不知道驴子到底有多大本领。老虎采取的方法，是不断接近驴子进行试探。通过试探，修正自己对驴子的看法，从而根据试探的结果选择自己的策略。

一开始，老虎见驴子没什么反应，它认为驴子本领不大；接下来老虎看见驴子大叫，又认为驴子的本领很大；然而，通过进一步试探，老虎发现驴子的最大本领只是踢踢而已；最后，通过不断试探，老虎得到了关于驴子的准确信息，确认驴子没有什么本领，就选择了冲上去把驴子吃掉的策略。这显然是老虎的最优策略。

在不完全信息条件下，博弈的每一个参与者可能知道其他参与者的类型，并知道参与者的不同类型与其相应选择之间的关系，但是，参与者并不知道其他参与者的真实类型。

在动态博弈中，由于行动有先后顺序，后行动者可以通过观察先行动者的行为，来获得有关先行动者的信息，从而证实或修正自己对先行动者的行动。在博弈一开始，某一参与者根据对手的不同类型及其所属类型的概率分布，建立自己的初步判断，接下来再根据他所观察到的对手的实际行动，来修正自己的初步判断，进而根据这种不断变化的判断，选择自己的策略。

但信息甄别是需要成本的。比如在上述故事中，老虎在不断试探的过程中花费的成本很小，它可以一次又一次地试探下去，直到得到对驴子所属类型的准确判断为止；如果这一过程花费的成本很高，老虎可能就不会轻易去试探了。

这种获取信息所花费的成本，归根结底是由“黔无驴”的环境条件，也就是信息的不完全性造成的。博弈论学者的进一步研究表明，不完全信息可以导致博弈参与者之间的合作。因为当信息不完全时，参与者为了获得合作带来的长期利益，通常不愿意暴露自己的真实情形。但在这种情况下，仍然是有办法来加以甄别的。

东京一辆地铁的终点站到了，法国记者安娜小姐第一个挤出车厢，十分着急地向警察说:“我的钱包被偷了，请你们帮我查找一下。”

警察望了一下蜂拥而出的人群:“对不起，小姐，我们不能对每一位旅客进行搜身呀!”

安娜说:“不用搜身，只要让男人们脱下鞋子，看看脚背就能查到扒手。”

“怎么一回事?”

“我曾在扒手的脚背上狠狠地踩了一脚，上面必定留有我的鞋跟印迹。”

原来，刚才安娜小姐被挤到过道里，忽然感觉身后有人将一只手伸向她的口袋。安娜听说东京的扒手常在地铁里作案，谁要当场反抗可能会吃刀子，因此没有叫喊，而是装着被前面的人推了一跤的样子，将脚狠命地往后一踩……

警察们遵照安娜的提议，在出口处让男人们一个个脱鞋检查，果然发现一个男人的左脚的脚背上有一块红肿，这印迹和安娜的高跟鞋后跟的形状十分吻合。

警察把他带到值班室，从他身上搜出了安娜的钱包。警察问安娜:“当时你踩了背后那个男人一脚，怎么就肯定是踩了扒手，而不是别的旅客?”

安娜说:“我那一脚如果踩着了别人，那人一定会大叫起来，把我指责一通。可是他却默不作声，这说明他偷走了我的钱包，因为怕暴露而不敢声张。”

信息甄别不仅可以用来发现小偷，还可以让你发现你的男（女）朋友的真实面目和真实想法。

约会时，你总是想展示自己个性中最好的一面，掩盖糟糕的一面。当然，缺点不可能一辈子隐藏起来，但随着关系的进展，你可以克服这些缺点，或者希望对方将你的优点和缺点一同接受。你深知，若没有良好的第一印象，关系就不可能取得进展，因为你已没有第二次机会可以发展彼此的关系。

当然，你也想了解对方的一切，包括优点和缺点。但是你也深知，如果对方跟你一样是个约会博弈的高手，也会同样地展示他最好的一面，隐藏他最糟糕的一面。你会仔细思考所面临的情形，并力图发现他哪些迹象代表了真正的高素质，哪些只是为了获得良好的第一印象而伪装出来的。最邋遢的家伙在重要的约会场合也可以摇身变为绅士，但要整晚模仿所有细节上的谦恭和礼貌却并非易事。

鲜花是相对廉价的，赠送更贵重的礼物也许是值得的。倒不是因为内在价值方面的原因，而是它代表了一个人乐意为对方奉献多少的可靠证明。

一对青年男女住在纽约，分别租有公寓。他们的关系已发展到同居的地步，于是女人向男人提议放弃他租的廉租公寓。这位男士是一个经济学家，他向女友说明了一项经济学原理：有较多的选择总归是比较好的，他们分手的概率虽然很小，但是只要有分手的风险，保留第二套廉租公寓就还是有用的。没想到，女友对这种说法非常反感，立刻结束了这段关系。

用博弈的思维来解释女人的想法，就是女人无法确认男人对关系的忠诚度有多高，她的提议其实是发现真相的一个精明的策略机制。语言表达的爱总是很廉价的，因为每个人都可以说“我爱你”。如果男人用行动实践了诺言，放弃了廉租公寓，这将是爱情忠贞的有力证明。而他拒绝这样做，实际上是给出了负面证明。因此，结束这段关系，对女人来说是明智的。

这类博弈中，关键的策略问题是对信息的操纵。传达关于你的正面信息的策略称为信息传递；诱导对手传达关于他们私下拥有的真正信息（无论正面或负面）的策略称为甄别机制。女人要求男人放弃一套公寓的提议，就是一个甄别和筛选机制，它将男人置于这样一种境地：要么放弃公寓，要么表明他缺乏诚意。

据此，我们还知道，在一种长期的关系中，一个人做好事还是做坏事，往往并不是由他的本性所决定的，而取决于其他人在多大程度上认为他是好人或坏人。“坏人”为了掩盖自己的真实面目，也可能在相当长的时期内做好事，不过这时他就不能被称为“坏人”。白居易有诗说：周公惶恐流言日，王莽谦恭未篡时，向使当初身便死，一生真伪复谁知？这里所讲的，就是伪装与甄别的大问题。

甄别中的逆向思维

因为逆向选择问题的存在，你最应该去的公司，是最不想要你的公司。

孔子的学生宓子贱出任单父宰前，向他的朋友渔者阳昼讨教治国治民的方略。

阳昼说：“我把带有鱼饵的钓绳放到水里，常有一种鱼很快就上来吃鱼饵，这种鱼叫阳桥鱼，肉少而又难吃。而另一种鱼面对鱼饵有些犹豫，像是想上来吃，又像是不想吃。这种鱼叫舫鱼，肉多而味美。”

阳昼说到这里，宓子贱心领神会，不禁称赞道：“说得好！”

宓子贱上任那天，车马还没有走到单父，早有一群衣冠楚楚的官吏和富豪毕恭毕敬排列在道旁迎接，宓子贱见到这些人，赶紧命令赶车人：“快走，快走！‘阳桥鱼’来了！”

在任内，他牢记朋友的教诲，遇到阿谀奉承者就绕道走，专门到年长者、有贤能威望者家中登门拜访，虚心请教，与他们共商治理单父的大计。

上面这个例子中，宓子贱可以说是对逆向选择的问题处理得很成功。而成功的秘诀，就在于他学会了利用信号，来甄别哪些是“阳桥鱼”。

当宓子贱考虑向什么人请教时，由于无法充分掌握对方的能力，所以必须依据信号来猜测。在这种情况下，对方对新任官员的态度，便成了其能力的有效信号。一般来说，表现得越是毕恭毕敬甚至卑躬屈膝的人，也就是那些能力最差的“阳桥鱼”，因为他们无法靠自己的能力获得想要的东西，只好靠巴结官员来获得。

在现代社会中，公司在对求职者进行甄别时，也需要有一定的逆向思维，来避免发生逆向选择。

假设一家公司打出广告，要以24万元的年薪招聘一位程序员，结果有10个人来应聘这个职位。在这10个人里面，谁最渴望得到这份工作？

答案很显然，是在别的公司通常拿不到24万元年薪的人。如果年薪能够代表素质和水平的话，这个人也就是应聘者当中素质和水平最低的。

在唐朝时，设置了各种科目来从读书人中选拔官员，其中有一个最为可笑的“不求闻达科”，也就是专门招那些不求做官显达的隐逸之士的科目。有一个隐士快马疾驰进入京城长安。在路上，一个朋友问他来长安有什么事，这位隐士说：“我是来考取不求闻达科的。”

这个故事虽然荒谬，却是对逆向选择的形象解释。不过这种案例并不仅仅出现在《二十四史》中，只要存在着选择，就一定是水平最低的人最希望自己被录取。

这就提示公司的人力资源部要用逆向思维想问题：公司最应该雇用的人应该是漫不经心，甚至连面试都勉强来的应试者。因为这正好表明他是值24万元年薪的程序员，即便是在其他的地方，他获得这样的收入也不困难。

不过反过来，求职者在选择公司的时候，也需要进行信息甄别，发现对自己来说最好的单位。

大学毕业以后，你最想去的公司，极有可能是能给你最好发展的地方。但能给你最好发展的公司，对于其他人的吸引力自然也不弱。因此，它也就是对你来说门槛最高的公司。反向推理一下，公司的门槛越低，你就越不应该去。因为门槛越低，越意味着你在这家公司得不到好的发展。

如果有一家公司录用了你，那么传递了怎样的信号呢？

这代表公司认为你很适合他们的需要，同时也间接意味着你比公司现有员工的水平要高。但是如果是这样的话，你又怎么会得到更好的发展呢？因此，公司越容易录用你，你越应该怀疑自己在公司的发展。

如果你到一家公司参加面试时，已经很努力地表现自己了，但是得分仍然很低，不过最后因为种种别的原因却被录用了。那么你应该珍惜这份工作，因为它对你的评价低，也就代表着它可能是你所能选择的公司里最好的、最能为你提供成长和发展机会的。也就是说，因为逆向选择问题的存在，你最应该去的公司，是最不想要你的公司。

除了上面所说的招聘者与应聘者之间的算计，我们还可以用类似的思维，发现电视上那些“料事如神”的大牌股评家的真相。如果我们明白了“料事如神”背后的原因，也就会明白应该怎样看待他们推荐的股票了。

一般来说，这些股评家几乎众口一词地声称，自己的评论来自于基本面和技术面的分析。但是事实上，这往往只是一个幌子。比较准确的评论或者推荐，往往是来自于一些比较准确的内幕消息。那么，什么样的股评家会得到比较准确的内幕消息呢？自然是与上市公司关系比较密切，能够使公司得到好处的那些人。这样一来，我们就可以明白，最能“料事如神”，往往也意味着他最能配合上市公司的运作，而不是最擅长分析基本面或者技术面。

在一种机制里面，胜出的往往是最能适应这种机制的人。我们必须学会用逆向思维，从对胜出者的崇拜中摆脱出来，认清这种胜出背后的机制，才能获得自己需要的东西。

第22章

策略欺骗：假作真时真亦假

风雨雷电海河山岩
在真与假之间
在你和我之间
距离只一线牵
——《小魔女的魔法书》歌词

善用自己的弱点

先随机出正反面，维持一个平局的局面，同时尽量从对方的行动中寻找规律，当捕捉到这种规律时就利用它。

在《三国演义》中，张飞逢酒必饮，每饮必出事端，这是他自身的一大弱点。

前面十几回，张飞的这个弱点常常会给对手留下可乘之机。如第十四回中，张飞酒后痛打曹豹。曹豹回家后，连夜写好一封密信，派人送给吕布，劝吕布引兵来袭徐州。吕布见信，即刻带领大军偷袭徐州。张飞那时酒还未醒，不能力战吕布，只得从东门逃出，把徐州丢掉了。

然而，到了第七十回，张飞智取瓦口隘的时候，我们却看到了另外一番景象。

张郃率领三万人马进攻巴西，傍山险分别建立三寨：宕渠寨、蒙头寨、荡石寨。张郃从三寨中各分出一半人马出战，留下一半守寨。张飞接到探马消息，与副将雷铜设下埋伏，两气夹攻，大败张郃，并连夜追袭，一口气把张郃赶到了宕渠山。

张郃败退回营，下令利用地势分兵把守三寨，多多布置檑木炮石，坚守不战。张飞命令军士骂战，但张郃就是不出来。双方相持50多天，张飞就在山前扎寨，每天饮酒，喝得大醉以后，就盘腿坐在山前辱骂张郃。

刘备得知以后，同诸葛亮商议。诸葛亮笑着说："原来如此！军前恐怕没有好酒，成都的佳酿很多，派三辆车拉上50瓮，送到军前给张将军饮吧！"

刘备吃惊："我兄弟从来都是饮酒误事，军师为何反而给他送酒？"

诸葛亮说："主公与翼德做了这么多年的兄弟，还不知其为人吗？翼德一向性格刚强，然而不久前在攻取西川过程中，却懂得义释严颜，这就不是一介莽夫所为了。现在他与张郃对峙50多天，酒醉之后坐在山前辱骂，旁若无人，这并非是他贪杯，而是他战败张郃的计策啊。"

后来，张郃果然中计，趁着张飞再次大醉，引兵从山的一侧偷袭张飞大寨。不料张飞早有准备，反而把张郃杀得大败，一举夺得了魏军三寨。

张飞的这一策略行动说明，他在战争中已经锻炼得成熟起来了，学会了用自己的弱点来麻痹迷惑对手。

理想博弈与现实博弈的区别在于，前者的行动中有更多的规律性，不论是固有的偏好，或者在训练阶段和利用阶段，都会形成规律性的行动。至于规律的简单程度和持续时间，则决定于博弈参与者中弱智一方的智力，他的智力越高，则规律越复杂，持续时间越短。极限情况就是博弈双方都是理智者，博弈中的规律少到根本无法利用。

但是在现实博弈活动中，参与者往往对自己和对手的优势及弱点并非了如指掌，却又想方设法地加以利用，把对方的弱点作为突破对方防线的重点。正因如此，也就为策略欺骗提供了基础。

一个人的特点及习惯，最容易让对方形成固定的思维方式，这样的例子，在三国中有仲达判断诸葛一生不曾用险，诸葛评价曹操虽精谋略但不识诡计等。在一场比赛中，虽然选手的特点被对手调查得很详细，但却在一些细小处进行了出其不意的变化，就容易赢得主动。

在现实博弈中，参与者都会想方设法地去猜测对手的策略，以图打破平局的结果，基本策略为：先随机出正反面，维持一个平局的局面，同时尽量从对方的行动中寻找规律，当捕捉到这种规律时就利用它。

这有些像守在堡垒后面，观察敌人的动态，敌人一旦出现破绽就伺机进攻。此所谓“以静制动”，“先求不可胜，以待敌之可胜”。但是如果双方都采取这种保守策略，博弈将永远维持在平衡状态，所以必须有一方首先走出堡垒，按某种规律行动，诱使对方也走出堡垒，这时才能开始一场真正的斗智。

其实先走出堡垒的一方只是打破了平衡，并没有什么损失，所以博弈仍然是平衡的。这时的局面是一方攻一方守，攻的一方其实是表面上的防守方，因为他在努力发现对手行动的规律性。以守为攻的一方则是在诱使对手走出堡垒来捕捉自己的规律，在捕捉自己规律的同时，对手的行动也就带有规律了。

用装傻来挖陷阱

发球者可能是一个更出色的策略家，懂得在无关紧要的时候装出只会采用糟糕策略的傻样，引诱对方上当，然后在关键时刻使出自己的撒手锏。

三国时期，曹操的两个儿子为了夺嫡而明争暗斗。

曹植文学才华上比曹丕更占优势，但是在政治和军事才能上却稍逊一筹。两人身边智囊集团的构成也不一样。曹丕的智囊是司马懿、陈群、吴质、朱铄，《晋书》上说这四人在曹丕身边号称为“四友”，此四人中，司马懿和陈群的谋略是众所周知的，而吴质不仅文才颇佳，心机也十分深沉。曹植的智囊则是清一色的文士，既没有什么政治和军事经验，也远不如司马懿、陈群、吴质之流老谋深算，这样在斗争中自然就落了下风。

有一次，曹操和众位幕僚商议，想立曹植为世子。曹丕听说了，就密请朝歌长吴质到他府中商量对策。因为曹操对封侯诸子有严格禁令，不让他们与现任官属交好，曹丕就让吴质藏在一个大筐里，上面放些布匹，别人问起，就说是布匹，用马车把吴质拉进了曹丕府中密谋。

不料，这件事偏偏被杨修知道了。杨修是曹植的智囊之一，当然希望曹植能当世子，于是，他就跑去向曹操告密。曹操于是决定派人到曹丕府前检查。但是杨修没有想到，曹操周围又有人将杨修告密之事通报给了曹丕。曹丕听了以后十分害怕，慌忙告诉了吴质。吴质说：“不用担心，明天用大筐装上布匹拉到府里来，迷惑一下他们。”

第二天，曹丕就按吴质所说的话去做了。曹操派去的人检查后发现全是布匹，就回去把情况报告给了曹操。曹操因此反而怀疑杨修，认为他有意结党曹植而故意陷害曹丕，对他十分不满。

上面这个斗智故事，就像一场网球比赛。如果发球者吴质采取自己的均衡策略，按照40:60的比例随机选择进还是不进曹丕的府中，那么接球者（杨修）捉住他的成功率是48%。如果吴质采取其他比例，比如隔三天进一次，杨修就可以发现规律，捉住他的成功率就会上升。这就像假如发球者很傻，决定把所有的球都发向对方较弱的反手方，接球者由于早有预料，其成功率将会增至60%。

一般来说，假如双方相互了解，就能相应进行判断采取行动。不过，这么做存在一种危险，即发球者可能是一个更出色的策略家，懂得在无关紧要的时候装出只会采用糟糕策略的傻样，引诱对方上当，然后在关键时刻使出自己的撒手锏。这种策略往往会使接球者自以为看穿了对方的惯用手法，而放弃自己的均衡混合策略。

在上面的故事中，吴质就是用乍看起来很傻的策略，布置了一个陷阱，使一心要抓对方把柄的杨修上当了。在对局中，利用对手对自己习惯及固有特点的了解，把对手诱入局中，是一种常用的策略。

明朝正德年间（1506—1521），福建福州府城内朱紫坊有个秀才叫郑堂，字汝昂，号雪樵山人。他琴棋书画、诗词歌赋样样皆通，便在繁华的地方开了个字画店，生意倒也十分兴隆。

一次，有个叫龚智远的人，拿来一幅五代名画家的传世之作《韩熙载夜宴图》押当，这可是件稀世之宝。郑堂十分高兴，当场付了8000两银子。龚智远答应到期愿还15000两。可是一晃15天，到了最后一天，也不见龚智远来赎画。郑堂取出放大镜，仔细看画，才发现是幅假画。郑堂被骗去8000两银子的消息，在一夜之间不胫而走，惊动了全城的同行。

谁都以为郑堂吃了亏，只有生气的份儿，谁知郑堂却在朱紫坊的家里办起了酒席，遍请全城士子名流和字画行家聚宴。这晚宾客来得很多，有人抱着关切的心情，有人抱着吸取教训的心情，有的是纯粹来看热闹，也有一些人是抱着幸灾乐祸的心情来的。

酒过三巡，郑堂从内室取出那幅画，挂在大厅的正中，对大家说："今天宴请诸位，一方面是向大家表示郑某立志字画行业，决不因此罢休的决心；另一方面是让我们同行共看假画，认识认识骗子以假乱真巧妙的手段。"同行看完假画后，郑堂便把假画投进火炉，边烧边说道："不能留此假画害人！"

郑堂烧画，一夜之间又轰动了整个榕城。第二天，郑堂来到店里，却见龚智远已坐在那里等着他，说是有事而误了银期。郑堂说："只误三天，无妨，但需加三成利息。"一算，本息共计达17400两银子。那龚智远知道画已被烧了，大大咧咧地说道："好，兑银，请郑先生兑画！"

郑堂进内室取出那幅画，龚智远接过画展开一看，不由两腿一软。

原来，郑堂察觉出这幅画是假的，就照这幅画仿造一轴，同时四处声张自己受骗了，并设宴毁画，给典画的幕后策划者知道，主动送来本息巨金。郑堂在宴席上烧的画，不过是自己仿造的那一幅。

这个故事的策略启示在于，如果对手的行动向我们提示了他们究竟知道什么，我们应该利用这些信息指导我们自己的行动。当然，我们应该将这些信息，连同我们自己的有关这个问题的信息综合起来加以利用，运用全部的策略机制，尽可能地掌握整个局面，以从困境中脱身。

别拿别人当笨蛋

一个善用策略行动的人，既要有自知之明，更不能认为对方是笨蛋。

有一个城里人和一个乡下出来的农民同坐火车。城里人说："咱们打赌吧！谁问一样东西，对方不知道，就付出100元钱。"

农民说："你们城市人比我们农民聪明，这样赌我要吃亏的。要是我问，你不知道，你输给我100元；你问，我不知道，输给你50元。"

城里人自恃见多识广，吃不了亏，于是就答应了。

于是农民问道："什么东西三条腿在天上飞？"

城市人答不上来，输了100元钱。之后，他向农民也提出了这个问题。

农民嘿嘿一笑，老老实实地承认："我也不知道。这50元钱给你。"

一个善用策略行动的人，既要有自知之明，更不能认为对方是笨蛋。虽然大家都能理解上面这个道理，但比这更重要的是要学会在生活中把它变成自己的策略。

美国作家马克·吐温很有语言天赋，他不仅以小说征服世人，而且其演讲也是一绝。他见多识广、幽默风趣，还有他那怪怪的南方腔调，每次都能让听众前仰后合、乐不可支。

不过，有一次他在一个小镇上演讲时，有一个当地人跟他打赌说，如果他能把一个老头儿逗乐了，那人愿意输给他一笔钱。马克·吐温对自己的才能有足够的信心，就一口答应了。

演讲那天，马克·吐温果然看到一个秃顶的老头儿坐在第一排正中。于是他一边使出浑身解数，精彩段子一个接一个，一边悄悄地观察那个老头儿。然而就在听众震耳欲聋的笑声中，那个老头儿却从头到尾都忧郁地坐在那儿，一点笑容也没有露出来。

所向披靡的马克·吐温，这回是输了个底朝天。他既懊恼又奇怪，怎么也想不明白自己输在了什么地方。

最后，他终于忍不住问当地一个小伙子，那个老头子不笑到底是怎么回事。

小伙子答道："你说的那个老家伙啊，我认识，四年前他的耳朵就完全聋了。"

这个赌局就如同阿维纳什·K.迪克西特和巴里·J.奈在《策略思维》中所说的期货

合同交易。

假如一个交易者主动提出要卖给你一份期货合同，那他只可能会在你损失的情况下得益。这个交易是一宗零和博弈，就跟体育比赛一样，一方的胜利意味着另一方的失败。因此，假如有人主动愿意卖给你一份期货合同，你绝对不应该买下来。反过来也是如此。

但是因为争强好胜是人的天性，再加上人心不足蛇吞象，我们往往会过于自信，而宁愿赌别人是傻瓜，只有自己最聪明。

在上面的赌局中，尽管马克·吐温相信自己能够说得顽石点头，但是如果他懂得博弈论，就不应该接受当地人的打赌。因为决定听众是否被逗笑的，并不仅仅在于演讲者的口才。

马克·吐温越是口才了得，就越应该怀疑当地人是有了一定的把握才来赌的。和比自己了解内情的人打赌是比较危险的事情。但是危险并不意味着不可越雷池一步，而是意味着需要进行成本和收益的权衡。

有一个发生在美国北卡罗来纳州的真实故事。北卡罗来纳州查洛特市的一名律师买了一盒昂贵的雪茄，并为雪茄投保了火灾险。他抽完雪茄后，向保险公司提出了理赔，称自己的雪茄在多起火灾中灭失。

公司拒赔，律师起诉。法官面对荒谬的诉求做出无奈的判决——由于保险公司保证赔偿任何火险，且保单中没有明确指出何类“火”不在免责范围内，因此必须赔偿。保险公司最后赔偿了律师15000美元的雪茄火险保险金。

可是，正如莎士比亚所说：聪明人才知道自己是笨蛋，而笨蛋往往自以为聪明。

本案很快就有了一个远比开始更精彩的结局：这个律师领取保险金后，保险公司马上报警将他逮捕，罪名是涉嫌多起“纵火案”。根据他自己先前的申诉和证词，律师立即以“蓄意烧毁已投保之财产”的罪名被定罪，入狱服刑24个月，并罚款24000美元。

这个故事说明，尽管投保人比保险公司更清楚自己投保的财产的风险，但是保险公司永远会有更为高明的方法，来让投保人为这种风险买单，并且推出更多花样翻新的保险品种。

欺骗不等于说谎

欺骗并不意味着没有一句实话，而是用实话来掩盖谎话。

2005年，日本一名收藏家打算拍卖一幅印象派名画，但在著名的索思比拍卖行和克里斯蒂拍卖行之间难以抉择，不知该委托哪家好。最后，他决定让两家代表以“石头剪刀布”的方式决胜负。

克里斯蒂拍卖行的负责人，向员工包括自己11岁的女儿寻求制胜策略。小女孩让爸爸先出“剪刀”，因为“每个人都以为你会先出石头”。结果不出所料，索思比的代表一开始就伸出一只张开的手掌，结果败在了克里斯蒂代表的“剪刀”之下，失去了这笔价值大约2000万元的合同。

这个结果是偶然的吗？

答案是否定的。因为英国《新科学家》杂志刊登的科学研究指出，“石头剪刀布”的必胜秘诀是先出“剪刀”，而且这一策略是有心理学依据的。

众所周知，这一游戏的定律是：石头磕剪刀，剪刀裁布，布包石头。科学家研究发现，玩游戏时人们最常出的第一招是“石头”。因此，稍微精明一些的游戏者第一招通常出“布”。而假如你出“剪刀”，就可以出其不意获得胜利。

“石头剪刀布”的博弈游戏，实际上就是协调博弈的反面。

在“石头剪刀布”的博弈中，双方要同时选择自己的策略。如果双方选择相同则平局，如果双方选择不同，则其中一人获胜。

假设双方在做出选择前，可以先跟对手商讨彼此的对策。如果你是局中人2，那么很明显你一定会对局中人1撒谎。所以，如果你打算出“剪刀”，你应该告诉他你会出“石头”，这样一来，他就会出“布”，来赢你的“石头”。这样一来，你的“剪刀”就可以借此获胜。

不过，这一招可能无法奏效。因为对手也知道你可能会说谎，如果你有说谎的名声，那么别人就可以从你的话中找到重要的线索。举例来说，如果我总是说谎，并告诉你我会出“石头”，你就知道其实我打算出“剪刀”。

因此从这个博弈中可以看出，如果真要让人上当（或是至少让别人掌握到的信息没有效），你偶尔还得说一些真话，这或许就是高明的撒谎者一般都会在谎话中夹杂真话的道理。

有这样一个推理的题目。

从前，一个小岛上只有两个村庄，一个叫诚实村，另一个叫谎言村。两个村子相邻，但诚实村的人只说实话，谎言村的人只说谎话。

有一天，一个人要到诚实村。他来到岛上的一个岔路口，不知道哪个方向是诚实村。这时过来了一个村民。他只知道这个村民一定是岛上的人，但不知他是诚实村的还是谎言村的。

在这种情况下，他有办法问到路吗？

答案是肯定的，而且只用一句话就可以问到了。这个人只需问他“你是右边这个村的人吗”，那么无论对方是哪个村的村民，只要答案是“是”，那么右边就是诚实村。

推理过程如下：

如果他是谎言村村民，而右边是谎言村，那答案肯定是“不是”；

如果他是谎言村村民，而右边是诚实村，那答案肯定是“是”；

如果他是诚实村村民，而右边是谎言村，那答案肯定是“不是”；

如果他是诚实村村民，而右边是诚实村，那答案肯定是“是”。

因此，在得到肯定答案“是”时，右边肯定是诚实村。得到否定答案“不是”时，右边则是谎言村。

解决这个问题的关键在于，如果我们知道一个人总是说谎，那么从谎话中仍然可以很容易地推理出真相。

按照基督教的教义，上帝和人类玩的则是一种协调博弈，双方都希望得到相同的结果。上帝就像上面故事里的诚实村的村民，实话是其合理策略，这并不是因为他十分善良，而是由协调博弈的实质所决定的。

由此可见，在协调博弈中，对手知道你的做法对你有利。但在“石头剪刀布”博弈中，你则希望对竞争对手隐藏自己的行动，如果能让对手相信假消息则更好。在后者中，虽然双方说谎的动机都很强，但是交流并不是毫无意义的。

比如说，人和魔鬼进行的就是“石头剪刀布”的游戏，双方都希望能够欺骗对手，特别是魔鬼总是企图把人们骗进它的统治之下。那么，这是否意味着交流毫无意义，或者说魔鬼肯定会一句实话都不说呢？

答案是否定的。如果魔鬼从来都不说一句实话，而且人类也知道这一点，那么人们只要采取和魔鬼的指导相反的做法，自然就可以得到救赎。当然，如果他发现人们采用的策略总是与他所说的相反，他就会改变策略，只要一句实话，就可以让人下地狱。

由此可见，欺骗并不意味着没有一句实话，而是用实话来掩盖谎话。真正高明的骗子并非像人们所想象的谎话连篇，甚至在绝大多数的情况下都是说实话的，但也正因如此，人们才更容易上当。

放长线钓大鱼

聪明人相信对手是和自己一样有着种种欲望与算计的人，并且环境中也存在着种种变数，所以他自己的表现也是近似于荒谬的。

在三国时，东吴主孙权夺取荆州杀掉了关羽，想嫁祸于曹操，于是派人把关羽的首级送到了许都。但是这一计谋被曹操手下识破，于是曹操一面收下木匣，厚待东吴来使；一面迅速命工匠刻了一具沉香木的躯体，与关羽的头颅配在一起。

一切具备后，曹操率领文武百官，大供牺牲，以王侯之礼隆重为关羽送葬。曹操还亲自在灵前拜祭，并追赠关羽为荆王，派专门的官员长期守护关羽之墓。孙权的计谋破产，刘备最终还是发兵要与孙权拼命。

看似愚痴实则很聪明的人，往往会将计就计，等骗人者相信自己已经被骗时，反过来利用骗人者的规律性，使自以为聪明的骗子反倒成了傻子。

这里的关键在于，骗子为了赢对方而自愿增加自己的行动步骤，甚至付出暂时的代价以诱敌深入，相当于在自愿降低自己的收益来迁就对手。所以，仅从阶段性的成果来看，他表现得像对手一样愚蠢，因而可能上当受骗并且受到损失。

有一个人遭人陷害，被判了死罪。在执行死刑的前一天，他被带到了皇帝面前。皇帝审查了他的案情，没有发现问题，于是拿起笔来准备批准将这个人开刀问斩。

这个人急忙对皇帝说："您先不要杀我，因为我有特殊的本领。"

皇帝问："你有什么特殊的本领？"

这个人说："我能让您的马学会飞。"

皇帝和在场大臣们一听，都瞪大眼睛不相信地看着他。

他接着说："请您给我一年的时间进行训练，我一定能让马学会飞起来。"

皇帝批准了，并且让他选了另外一个死囚做助手。

离开宫廷以后，他的助手仍然对这份差事感到震惊不已。这个人笑了笑说:“马怎么能飞起来呢?当然不能。可是我的朋友，一年里有365个日日夜夜，每一天都有24个小时。在这几千个小时里，谁知道会发生什么事情呢？我们可能会生病而死，皇帝也可能去世，马也可能会死掉，甚至我们的国家也可能在一场战争中灭亡。只要发生上面一种情况，我们就可以不被开刀问斩了。况且万一马真的学会飞了呢?”

这就是聪明人和理想人之间的差别，理想人相信对手也是理想人，所以他的表现也是理想人；聪明人相信对手是和自己一样有着种种欲望与算计的人，并且环境中也存在着种种变数，所以他自己的表现也是近似于荒谬的。

这种欺骗方式的关键，是识破敌人的计谋和他们所想达到的目的，并且具有放长线钓大鱼的耐心与气度。只有这样，才能在付出前期的损失之后，在最后阶段使对手吃苦头，而且这苦头往往还是他们自己找的。

第23章

承诺与威胁：不战而胜的策略

想起来大多数是晴天
当初相信你是真心的
渴望承诺一个永远
——《我相信你是真的》歌词

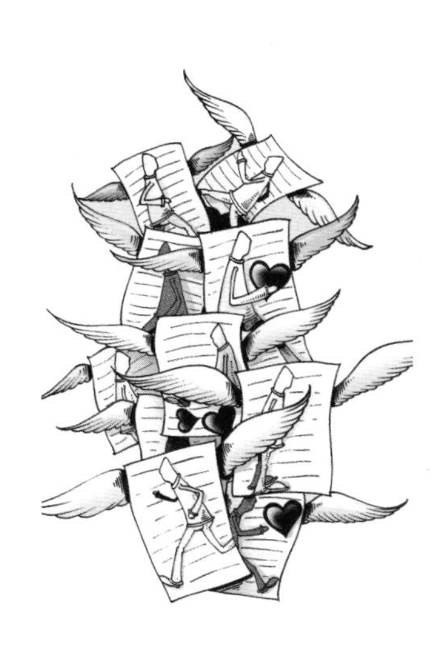

一念之间战胜对手

并不是所有的胜利都能来得如此容易，有时你需要真的显示一下决心，给对手点颜色看看，才能让对手屈服。

1853年，小刀会在上海造反，与上海一湾之隔的宁波顿时紧张起来，宁波知府段光清立即组建民间联防体系，安排联防队巡夜。不久，一个地保找段光清告状，说城西有个开小铺的营兵派不动，就是不肯去巡夜。段光清来到营兵家，问他为什么不去。营兵回答段光清说："士兵每日白天操练，夜晚随军官巡逻，辛苦得很，没时间参加民间巡夜。"

段光清笑着说："你不必对我说官话。如果营中果然是每夜都巡逻，哪里还需要百姓巡夜？现在我劝百姓巡夜，原本就是想互相保卫，连百姓都不说辛苦，营兵反而叫苦吗？"

段光清接着说："况且你既然吃粮当兵，白天应当操练，夜晚则应该去巡逻捉贼，这都是营兵的工作。你怎么会来城西开店呢？我要带你去见你的营官，倒要问一问你是真营兵还是假营兵？"

这是一个暗示出顺杆爬对策的提问，其潜台词是：你们军队系统的领导无须为管理不严承担责任，我也无意追究这种责任。他可以说你这营兵是冒牌的，可以把责任完全推到你身上。

那个营兵当即无言以对，只好应允按规定出丁巡夜。

在这个故事当中，段光清把双方对抗的前景指给对手看，并顺利制服了对手，可以说是一个娴熟无比的博弈高手。

博弈论专家奥曼认为，人与人冲突的原因之一是相互猜疑。但是，一旦我知道你如何算计我，你知道"我知道你如何算计我"，我知道"你知道'我知道你如何算计我'"……这种"知道"链延伸至参与博弈的全体成员，并延伸至博弈的无数个回合，人们在一念之间可能会停止相互猜疑与算计，达成和解。

在这个过程中，不可忽视的一点就是适当的回应规则。回应规则分为两大类：威胁与承诺。

威胁，是对不肯与你合作的人进行惩罚的一种回应规则。既有强迫性的威胁，比如恐怖分子劫持一架飞机，其确立的回应规则是：如果他的要求不能得到满足，全体乘客都将死于非命；也有阻吓性的威胁，比如美国威胁说，如果苏联出兵攻击任何一个北约国家，它就会以核武器回敬。前者的用意在于迫使对手采取行动，而后者的目的在于阻止采取某种行动。两种威胁面临同样的结局：假如不得不实施威胁，双方都要大吃苦头。

承诺，是对愿意与你合作的人提供回报的方式，同样可以分为强迫性和阻吓性两种。强迫性承诺的用意，是促使对手采取对你有利的行动，比如让被告摇身一变成为公诉方的证人；阻吓性承诺的目的，在于阻止对手采取对你不利的行动，比如黑帮分子承诺好好照顾证人，只要他答应保守秘密。相仿的，两种承诺也面临着同样的结局：一旦采取（或者不采取）行动，总会出现说话不算数的动机。

在现实生活中，承诺与威胁是在谋求利益最大化的过程中一种很常见的现象。比如一个美女告诉她男朋友，如果他敢结交其他的女性朋友，只要被发现一次就立刻分手，这是威胁；而男朋友向她发誓说，自己绝对是个从一而终的情圣，决不会背叛对她的爱情，这就是一种承诺。

承诺与威胁都是在博弈者进行策略选择之前做出的，其对博弈者的约束力越小，博弈合作的可能性就越小。

对本节开头故事中的那位营兵来说，输赢无非是熬几十天夜的问题；而对段知府来说，输赢却关系到联防体系的建立和稳定，关系到维护这种稳定所必需的权威，而这些又关系到段知府的前程甚至身家性命。段知府如果不能对付这点麻烦，治一治不听使唤的人，地保就有理由不好好干活，宁波就可能沦陷，那么知府的损失就太大了。

必须解决这个小麻烦，也是两害相权取其轻，并不是段知府的肚量小。况且，连一个小兵都治不了，知府的面子又往哪里摆？小民的面子都值钱，知府的面子就更不要说了。因此，段知府的威胁对他的约束力很大，一旦营兵不肯就范，他就必须付诸实施。

所以我们可以说，段知府的最后胜利，是通过威胁得到的不战而屈人之兵的胜利。但并不是所有的胜利都能来得如此容易，有时你需要真的显示一下决心，给对手一点颜色看看，才能让对手屈服。

有这样一个虚构的笑话，说克林顿和萨达姆、本·拉登等几个老对手在中东的一个秘密地点进行和平谈判。当克林顿在谈判桌前坐下时，他注意到萨达姆椅子的扶手上有三个按钮。

几分钟之后，萨达姆按下第一个按钮，一个拳击手套弹了出来，击中了克林顿的下巴。为了和平，克林顿决定忽略这个问题，继续会谈。直到萨达姆按下第二个按钮，一条木制的短棍摇摆着击中了克林顿的下巴。萨达姆笑了起来，但是，克林顿再一次忽略了这个问题，并且继续会谈。一分钟之后，克林顿看见萨达姆按下第三个按钮，他立刻跳跃起来，但弹射出的大皮靴还是击中了他。克林顿害怕了，同意暂停与所有对手间的一切军事行动，等待下一次谈判。

三个星期以后，和平谈判再次在华盛顿进行。当萨达姆带着几个盟友在会议室坐下时，他注意到克林顿的椅子扶手上也有三个按钮。

在谈判开始之前，克林顿按下第一个按钮，但是没有任何事情发生。然后克林顿按下了第二个按钮，萨达姆移动了一下身子，但是又没有任何事情发生。萨达姆有点神经质了。几分钟之后，克林顿按下第三个按钮，并且凝视着墙上的地图。但是像其他两次一样，这次也没有任何事情发生。萨达姆不耐烦地站起来说:“没有别的事了，我要回巴格达!”

此时克林顿回答:“已经没有巴格达了。”

这下子，萨达姆、本·拉登和所有的对手都屈服了。

就像这个故事一样，在现实中的很多“战场”上，博弈的双方经常在展开和平会谈的前夕发动攻击。就算双方都希望和平会谈成功，他们还是会想尽办法在会谈前先发制人，以增加谈判时的筹码。就算你确定自己能谈出一些成果，你还是应该对谈判失败做好万全的准备。也就是说，你进行报复的决心可以左右对手的决定。

在商业领域，类似的报复行动也会使竞争对手不敢随意发起价格战。

要使报复是可信的，必须做到迅速和采取实际行动。在上面的故事中是“摧毁巴格达”。如果行动的力度仍然使对手怀疑你的决心，那么他就会不断地试探你。如果萨达姆们认为克林顿要几个月后才会对巴格达采取行动，他就可能利用克林顿按兵不动的时候，下令共和国卫队和“肉弹”扩大攻势。而由此获得的收益，至少可以弥补巴格达的损失，甚至可能会有盈余。

装疯卖傻的策略

问题的关键，不在于你是否理性，而在于对手对你是否有理性的判断，也就是认为你是不是会下决心报复。

民国时期，国民政府推行新生活运动，整顿机关作风是其中一项重要内容。

当时南京的中央机关普遍人浮于事，高中级的官员上班都是姗姗来迟，然后应个卯就到灯红酒绿的歌舞场中去了。真正在那里办公的，只是一些无权无势的小职员。

当时蒋介石既是军事委员会委员长，又是行政院院长，集党、政、军大权于一身。他时而在南京，时而在南昌，许多地方他无法去视察。推行新生活运动后，他风闻一些官员作风松散，决定亲自抓考勤。然而，他又无法降尊纡贵亲自到一些机关去一一检查，于是想到了打电话查考勤的办法。

每天早晨8时开始，他就拨电话找某处（次）长或某司长，如果没有人接电话，自然就没有来上班。这一下，那些官员开始惴惴不安、提心吊胆起来，不知哪一天会找到自己头上。

有一次，他们聚在一起商量“对策”。某机关一个三等秘书赵某为人诡计多端，因为是绍兴人，因此被同仁称为“师爷”。他自告奋勇说，他有办法对付电话查岗。有人说他是吹牛，有人则将信将疑，他拍着胸脯回答：“你们看我的。”

也巧，过了两天，老蒋的电话真打到这个机关。赵某抢先一步拎起话筒。等老蒋一自报家门“我是蒋某”，他就哈哈大笑起来：“喂！老兄别开玩笑，你不是委座。”

蒋介石再次重复说：“我是蒋某。”

赵某故意说：“我追随委座多年，他的说话口音我是听得出的，你老兄冒充委座，开什么玩笑？再打过来，有你的好果子吃。”

说罢，“啪”的一声把电话挂断。这一招果然很灵，从此蒋介石不再电话点名，当然也不可能上门查看。赵某为制止老蒋查岗而进行的威胁，一举成功。

故事中赵某的这种策略，可以称之为装疯卖傻的策略。这个策略之所以有效，可以通过生活中的一个现象来理解。假如一个正常人以自杀相威胁，向一个朋友借一本书，朋友根本不会相信他的威胁。但是，如果换了一个有过精神病史的人进行这样的威胁，朋友十有八九都会把书借给他，哪怕并不甘心。

由此可见，装疯卖傻可以提高威胁的可信度。如果敌人认为你不是理性的，认为你达到目的比获得最大收益更重要，威胁就很容易让人相信。

正常人在社会上的经济活动，都是要获取尽可能大的利益，任何为了其他目的而牺牲利益的行动，都会被经济学认为是非理性的。然而，通过博弈论的分析会发现，被认为非理性的人，反而能够比追求最大利益的理性人获得更多的利益。

我们可以假设有这样一个谈判博弈，你的对手可以选择合作，也可以选择不合作。如果他选择合作，你们两个都可以获得500元，博弈就此结束。如果他选择不合作，接着就要由你选择。如果你选择不合作，你们两人的所得都为零，如果你选择合作，你可以获得100元，而他则可以获得900元。

如果你是一个理性的人，当对方选择不合作，轮到你进行选择时，你应该选择合作。这样虽然你的对手获得了更多的钱，但是在理性的人看来，谈判的目的本来就是为了实现自己的利益最大化，而不是为了比对手获得更多。因此，理性的你一定会选择合作，尤其是这个博弈只进行一次的时候。然而遗憾的是，如果对手知道你会选择合作，他就会先选择不合作，这样他就可以获得900元。

但是，如果你的对手认为你是一个不理性的人，会为了报复而选择不合作，在经过理性分析而预测到这一点后，他反而会选择合作，因为他是理性的，与其一无所获，不如通过合作得到500元。

这一局面似乎是一个悖论，一心想把利益最大化的理性人，最后获得的利益怎么会比不理性的人还少呢？

问题的关键不在于你是否理性，而在于对手对你是否有理性的判断，也就是认为你是不是会下决心报复。

它的一个启示是：为什么在很多情况下，让威胁兑现对你不一定有利，因为别人可能会想到这一点，不把你的威胁当一回事。在这种时候，我们就用到了装疯卖傻的策略，就是让别人相信你有一点不理性，就算是损害自己的利益，你也会把损人不利己的威胁兑现。

边缘策略的运用

边缘策略的目的，是通过改变对方的期望来影响他的行动。故意创造和操纵着一个在双方看来同样糟糕的结局的风险，引诱对方妥协。

唐朝有一个名为陆象先的人，他的父亲陆元方是武则天时的宰相，所以他自小受到家庭的熏陶，在青年时就气度很大，以喜怒不形于色而闻名。

陆象先早年在陕西大荔一带做同州刺史，有一次家里的仆人当街碰见他的下属参军（一种地方军事官职）没有下马。这在当时虽然算是一件没有礼貌的事，但也并不过分严重。参军仅仅是刺史下属负责军事的官员，况且刺史的仆人也未必认识他。但是，这位参军却大发雷霆，命人鞭打这个仆人，打得他浑身是血。然后，参军到陆的官府中禀告说："下官冒犯了大人您，请您免去我的官职。"

对此，陆象先早已知晓，便从容答复说："身为奴仆，见到做官的人不下马，打也可以，不打也可以。做官的人打了上司的家仆，罢官也可以，不罢官也可以。"

说完，他不再理睬这位参军，自顾自地翻开一本书看了起来。参军一时揣摩不透刺史的态度，不知如何回答，只好灰溜溜地悄然退了出去，从此收敛了很多。

在冲突中，为了避免因为出错而导致同归于尽的后果，人们一定都希望找到一个刚好足够阻吓对手而又不会过火的威胁。这种方法就是：使威胁变得缓和一点，创造一种风险，而不是一种确定性，表明可怕的事情有可能发生。

这就是托马斯·谢林的边缘政策思想。在其著作《冲突策略》里，他解释道：边缘政策是故意创造一种可以辨认的风险，一种人们不能完全控制的风险。这一策略在于有意将形势变得多少有点难以把握，因为这种难以把握的形势在对手看来可能难以承受，因而被迫忍耐下来。

这等于将对手置于一个双方共担的风险之下，对他进行干扰和威胁，又相当于是告诉他，假如他采取敌对行动，我们可能大为不安，以至于不管我们是不是愿意，我们都会越过边缘界线，采取行动与他同归于尽，从而对他进行阻吓。

"边缘"一词实际上本身就带有这样的意思，它作为一种策略，可以将对手带到灾难的边缘，迫使他撤退。肯尼迪在古巴导弹危机中采取的行动，被普遍视为成功运用边缘政策的典范。

边缘政策是一个充满危险的微妙策略，那么是不是存在一条边界线，在这一边是安全的，一旦落到另一边就要遭受灭顶之灾？

并不存在这么一个精确的临界点，人们只是看见风险以无法控制的速度逐渐增长。理解边缘政策的关键在于，这里所说的边缘不是一座陡峭的悬崖，而是一道光滑的斜坡，它是慢慢变得越来越陡峭、越来越危险的。

培训讲师郝志强曾经讲过这样一个案例。在某省的首府，移动和联通号码比例是3:1，移动在价格上采用紧跟策略，只比联通贵一点点，联通一降价，移动就跟随。

有个批发市场是整个城市卡号销售的中心，它就在移动公司的楼下。于是，移动公司强令所有的档口只能卖移动的卡，而不许卖联通的卡。联通在当地市场的占有率节节下降，目前已经是1:5了。

郝志强为该地的联通公司支了一招——“搏命营销”。

联通把价格降低一角钱，如果移动跟着降了，那联通再降低一角，一直降到移动不敢跟为止，降到消费者疯了一样地买联通的卡为止。到那个时候，联通是亏损的，跟着降价的移动一定也是亏损的。如果联通一年亏1个亿，以移动的占有率，它将亏损4个亿。

这确实是一个十分高明的招数，如果被联通采取，一场价格战又将爆发。实际上，这也是联通可以采取的一个边缘策略。如果联通有足够的勇气，那么就会如郝志强所预测的：让移动来求着联通举行谈判。

一番刀光剑影之后的结局，就会像奥曼所指出的那样：在冲突的环境中，经过多次互动（奖励或惩罚），双方产生隐性的勾结，渐渐由对立到合作，最后达到双赢。

和其他任何策略行动一样，边缘策略的目的，是通过改变对方的期望来影响他的行动。我们普通人也可以对此加以运用，故意创造和操纵着一个在双方看来同样糟糕的结局的风险，引诱对方妥协。

失去控制的风险

面对边缘策略，我们需要关注结果。结果最重要，行动都是为结果服务。这样才可以做到某种程度的暗示，就是激励对手沿着自己的预想进行。

公元前299 年，楚怀王被秦国扣留在咸阳。

楚国群龙无首，大臣们于是请求齐国释放在那里做人质的楚太子横，让他回来继承楚国王位。齐王趁此机会要挟太子横，要楚国割让东边的500里土地做交换。太子横的谋士慎子说："先答应齐国的要求，其他事以后再商量。"

太子横答应了齐国，回到楚国继承了王位，即顷襄王。齐国紧接着就上门来索取500里地，楚国大臣子良说："应该先把地给齐国，然后再夺回来。给它表明楚国说话算数，夺地证明楚国武力强大。"

大臣昭常说："决不能割让土地，宁可抛头颅洒热血，也应恪尽守卫国土的职责。"

而景鲤则说："应该到秦国请求援救，以解除楚国失地的危难。"

这时，慎子不慌不忙地说："他们的意见都有各自的道理，不妨兼采并纳。"于是，顷襄王让子良到齐国去献地，让昭常负责守卫那片国土，而让景鲤去秦国搬救兵。

子良到齐国请齐王派官员接管土地，然而齐王派来的官员却被昭常赶了回去。齐王怪罪子良，子良回答说："楚王确实同意割让土地。昭常不同意，是违背国君的命令，请齐王派兵攻打他吧。"

正在齐王要领兵伐楚之际，景鲤请来的50万秦军兵临齐境。齐王被迫放了子良，派使者到秦国求和。这样，楚国既避免了战争，又保住了国土。

在上面的这个故事中，楚国对付齐国所运用的，既包括下放对军队和武器的控制权的威胁手段，又包括战争边缘策略：即使楚王不希望发生战争，但是爱国心切而且可能面临生死关头的昭常，还是会奋起作战。

美国《纽约客》知名调查记者塞伊莫尔·赫尔什，曾经撰文披露了20世纪90年代初印巴之间的那次核武大对峙。

1990年，印巴双方因克什米尔问题再次翻脸，印度调集重兵在印巴边境摆出一副立马就要越过边境的架势。眼看第四次印巴战争即将打响的时候，美国的间谍卫星突然发现，有一支神秘的车队从巴基斯坦一处核设施驶往附近的一个空军基地！

美国外交官迅速把这一情况通报给印度，印军当然知道这意味着什么——巴军方正在秘密准备核武器，所以赶紧下令将印军撤回。

正是由于边缘策略使任何常规战争都有可能演变成核大战，威胁的可信度大为提高。只要采取核边缘策略，就算印度认定巴基斯坦不会故意使用核武器，巴基斯坦还是靠它有效地避免了第四次印巴战争——如果上述调查属实的话。

无论是国与国还是人与人的博弈，为了使对方退却，必须要制造危机，而不是仅仅发出威胁。因为危机使得很多事情超越了自己的控制，让对方知道，我这么做不是我愿意的，这已经超越了我的控制范围，就算是大家兵戎相见甚至同归于尽也是没办法的事情。这样，对方才可能感到害怕，然后退缩！

不过，正是因为危机可能超越控制，边缘策略用不好就会滑向两败俱伤的深渊。因为一旦对方不退缩，你的退路也就没有了，所以一定要注意以下几个原则：

第一，这个危机要表现得超越自己的对手范围，要不然就不能让对手害怕、撤退。

第二，我们的危机要让对手可以做出事情来弥补，也就是说这是一个光滑的斜坡。一旦进入，我就再也不能控制，但是这不是悬崖，只要你想变好，还是有机会的。一旦对手没有可以做的事情了，就只有玉石俱焚了。

面对边缘策略，我们需要关注结果。结果最重要，行动都是为结果服务。这样才可以做到某种程度的暗示，就是激励对手沿着自己的预想进行。

自动发作的毒丸

制造一颗能自动发作而不可随意改变的“毒丸”，是一种虽然损害自己的利益，但却能够形成可信威胁的有效策略。

清咸丰帝死后不久，慈禧与恭亲王奕䜣定计，发动祺祥政变，处死了肃顺等人，夺取了清王朝的最高权力。此后，慈安与慈禧两宫太后以姐妹相称，共同垂帘听政，执掌国家最高权力。

到了1881年4月8日，比慈禧还小两岁的慈安太后突然暴毙宫中，清廷的垂帘听政由两宫并列，一下子变成了慈禧一人独裁。

慈安太后突然死亡，成为200多年清宫史上的一大疑案。关于这桩疑案的内幕，恽毓鼎的《崇陵传信录》中有这样一种说法。

当年咸丰帝在热河驾崩之前，知道慈禧为人奸险，害怕她日后仗子为恶，便密书一道谕旨留给皇后，其中说：“若其失行彰着，汝可召集廷臣，将朕此旨宣示，立即诛死，以杜后患。钦此。”

慈安同慈禧垂帘听政之后，相处得还可以。到了1881年的一天，慈安太后突然对慈禧提起，自己还秘藏着咸丰密诏的事。为了表示对慈禧的信任，她当即将遗诏烧了。此后不久的一天，慈安正在荷塘边看金鱼，慈禧身边的太监李莲英送来一盒点心，并说："这种点心，西佛爷觉得好吃，不肯独用，送一点给东佛爷尝尝。"

慈安听了很高兴，当即尝了一块，当天夜里便暴病身亡了。

如果上面的这种说法属实的话，倒是可以作为博弈策略的一个反面教材来用。

对于慈禧来说，咸丰的密诏无疑是悬在头上的一把达摩克利斯之剑。有了它，慈安对慈禧的任何威胁都是可信的。但是对于这样一颗比点心中的毒药更有效的"毒丸"，慈安却未能有效地运用，不能不让人哀其不幸，叹其不智。

事实上，为了有效地提高威胁的可信性，在很多情况下都可以制造并使用"毒丸"。我们以现代资本市场上的"毒丸计划"为例来说明。

2008年2月11日，雅虎公司宣布，正式拒绝微软公司提出的446亿元的收购计划。随后，微软公司回应称将不会放弃收购计划。这也就意味着微软要么提高价格，要么就采取强行收购的手段。

所谓强行收购，就是直接从雅虎股票持有者那里收购股份，在控制一定数量的股票后让雅虎董事会换人。但是对这种做法，雅虎早就准备了"毒丸计划"予以阻击。

"毒丸计划"的正式名称为"股权摊薄反收购措施"，雅虎公司早在2001年就通过了这项计划，规定当任何人收购公司股份超过15%时，就允许公司向原股东配发额外股份。随着股本的扩大，收购者占有的份额将被稀释，付出的代价也会进而增加。

该方案由美国著名的并购律师Martin Lipton于1982年发明，旨在使自己的股份对收购者而言吸引力大为下降。具体有两种方式：

稀释型：一旦未经认可的恶意收购者收购了公司一大笔股份（一般在10%~20%之间）时，"毒丸计划"就会启动，允许现有的股东（除了恶意收购方）折价购买更多的本公司股份，以稀释恶意收购方持有的股份，从而使收购并控制公司的行为更加困难和昂贵。

弹出式：允许在恶意收购实际发生时，股东折价购买收购方的股份，以使收购变得非常昂贵。

这种"毒丸计划"在美国是经过1985年特拉华州法院的判决被合法化的（特拉华州是美国绝大部分大公司的注册地），由于它不需要股东的直接批准就可以实施，故在20世纪80年代后期被广泛采用。

因为"毒丸计划"使公司管理者有能力稀释股东的资产，拥有这种稀释能力也就有了自我保护的能力。

“毒丸”的故事说明了威胁可信性的本质。假设你想要以可置信的方式，威胁对手说只要他今天做了你不喜欢的事，你就会在下个月找他的麻烦，这时除非你确实有办法证明今天对方加害了你之后，在下个月你可以以牙还牙，否则威胁就无法奏效。因为当你威胁别人时，一定要设法保证你会执行威胁。

而制造一颗能自动发作而不可随意改变的“毒丸”，是一种虽然损害自己的利益，但却能够形成可信威胁的有效策略。

李林甫的杀一儆百

以一个威胁制伏多人的成本可能并不高，关键在于设计出一个巧妙的机制，利用对手对潜在利益和风险的心理预期，破解他们之间的合谋。

春秋末期，鲁国国都北边的一片森林着火，正巧天刮北风，火势向南蔓延，快要危及国都了。国君鲁哀公亲自指挥救火，但他旁边只有几名随从，其他人都去追赶被火逼出来的野兽，却不去救火。鲁哀公很生气，把孔子找来问计。

孔子说:“那些追赶野兽的人又快活又不受处罚，而救火的人又劳苦又没有奖赏，这就是救火的人少的原因。”

鲁哀公说:“你的意见很好，应该赏罚分明。”

孔子说:“现在是危急时刻，来不及去赏救火的人，再说，凡是救了火的人都要奖赏，国家的花费就很大，您只要用刑罚就管事。”

于是鲁哀公下令说:“不救火的人，与战争中投降叛逃者同罪；追赶野兽的，与擅入禁地的同罪。”这道命令颁布后，火很快就被扑灭了。

赏（承诺）罚（威胁）二者的作用各有其侧重。赏是用人的激励机制，而罚则是纠正机制。要想引导别人自觉体现价值，为事业奋斗尽力，用赏是最好的方法；但是在资源有限而且存在利益冲突的博弈中，要想使自己的一个威胁对多人有效，用赏的方法则是不现实的，就应用罚。

在这种情况下，可能犯规的人惮于受到直接或间接的惩罚和制裁，从而采取合作。尽管罚对人的威慑力比赏的作用强得多，但是要用一种惩罚的威胁来制伏多人，必须考察其实施的方式。

《美国医学会杂志》曾经刊登了一项研究报告，分析减肥过程中的激励问题。宾夕法尼亚大学医学院的凯文·博尔普博士和同事，找来了57个年龄在30~70岁之间的肥胖者，将其分成“激励组”和“观察组”两组，要求他们4个月内减去16磅（7.26公斤）。

研究人员对“激励组”分别实施两种减肥激励方法：一种是直接奖励法。减肥者只要完成减肥计划，每天就可以得到一定数额的奖金；另一种是存入保证金法。减肥者每天交给指定人员1美分到3美元，如果月底不能达到预定减肥目标，就收不回这些钱，如果达到目标，不仅可以拿回自己的钱，还可以另外得到奖金。而对“观察组”的减肥者，他们则不给任何奖励。

4个月以后，“激励组”有50%的减肥者达到了预定的减肥目标，“观察组”只有1/10的减肥者达到了减肥目标。在“激励组”中采取直接奖励法的减肥者，平均每人减肥13磅（5.9公斤），采取存入保证金法的人平均减去14磅（6.35公斤），而“观察组”平均每人只减去4磅（1.81公斤）。

研究者在接受路透社记者电话采访时说：“他们（减肥者）对损失有一种强烈的憎恶感，这刚好可以促使他们为避免损失努力减肥。”

如果把人的惰性看作是减肥的敌人的话，那么这个故事也许正说明了中国古人的一句话：要立威，赏不如罚。也就是说，要实现有效的威胁，使这个“敌人”屈服，就要用罚而不要用赏。

对每一个犯规者进行惩罚，并由此杀鸡骇猴，这是最为原始和基本的威胁。在唐代时，李林甫制伏谏官就是使用的这种威胁。

李林甫一当上宰相，第一件事就是要把唐玄宗和百官隔绝，不许大家在玄宗面前提意见。

有一次，他把谏官召集起来，公开宣布说：“现在皇上圣明，做臣下的只要按皇上的意旨办事，用不到大家七嘴八舌。你们没看到立仗马（一种在皇宫前做仪仗用的马）吗？它们吃的饲料相当于三品官的待遇，但是哪一匹马要是叫了一声，就会被拉出去不用，后悔也来不及了。”

有一个谏官不听李林甫的话，上奏本给唐玄宗提建议，第二天就被降职到外地去做县令了。大家知道这是李林甫的意思，所以以后谁也不敢向玄宗提意见了。

就这样，李林甫身居相位长达19年。他之所以能够独断朝纲，很大程度上就是因为他能运用有效的威胁，使群臣噤声。

很显然，李林甫进行的这个宣布，傻子都明白是承诺和威胁两手并用。假设所有的谏官都不想被开除甚至想升官的话，那么屈从就是他们的优势策略，而进谏则是严格的愚蠢策略。

李林甫希望所有的谏官都能害怕他，而不会做出冒犯他权力的举动（比如向皇帝检举揭发他的过失）。为了让谏官们害怕，李林甫就必须以惩罚来威胁他们。一个最常用的办法是他已经使用的策略，当众宣布他会惩罚冒犯他的谏官。如果所有的人都相信他的威胁，他们就不会冒犯他。

下下人有上上智，这个故事提示我们，以一个威胁制伏多人的成本可能并不高，关键在于设计出一个巧妙的机制，利用对手对潜在利益和风险的心理预期，破解他们之间的合谋。如果能做到这一点，那么你不必把威胁付诸实践，就可以使他们屈服。

唐鞅策略和序号策略

只要让惩罚有一种明确的联动机制，依次分配下去，除非你面对的是一群非理性的对手，否则这样的威胁一般是可信的，是可以让对手顺从你的要求的。

在中国传统政治中，有所谓“君臣一日而百战”的说法，来形容国君与大臣之间博弈的激烈程度。因为激烈，层出不穷的招式，给博弈论的研究提供了丰富的案例。

《吕氏春秋》中记载了这样一个故事。

战国时，宋康王是一位颇有性格的暴君。他对打仗颇有兴趣，却不理会朝野上下由于连年征战沸腾起来的民怨。不仅如此，整天喝酒使他神经失常，异常暴虐，史书把他与夏桀相比，称其为“桀宋”。

大臣中有来劝谏的，都被他射走。大臣们因此对他更加反感，经常非议他，让他十分恼火。他十分苦恼地对宰相唐鞅说：“我处罚的人很多了，但是大臣们越发不畏惧我，这是什么原因呢？”

唐鞅说：“您所治罪的，都是一些犯了法的坏人。惩罚他们，没有犯法的好人当然不会害怕。如果您要让您的臣子们害怕，不如不区分好人坏人，不管他犯法没有犯法，随便抓住就治罪。这样的话，大臣们就知道害怕了。”

宋康王也是个聪明人，听了这个主意以后恍然大悟，深深地点了点头。不久，他就毫无理由地下令把唐鞅杀了。大臣们果然十分害怕，每天上朝时都战战兢兢。

从博弈论的角度出发，我们可以发现，唐鞅给宋康王所出的主意，其实不失为“李林甫策略”之外的另一条制造可信威胁的有效策略：随机惩罚。

宋康王不可能把所有的大臣都杀掉，因此对犯罪者进行惩罚只能威胁到犯罪的人。可是他想要对所有的大臣产生威胁，“唐鞅策略”虽然有滥杀无辜之嫌，却可以成功地使宋康王的威胁只用对一个并未犯规的无辜者做出，却对其他所有人都产生威慑效果，从而达到一种混合策略的均衡。

在这个均衡中，宋康王不必在意自己的具体策略是杀哪一个大臣，而大臣们也不必在意自己的策略，因为无论怎样做，被杀的可能性都是一样的，所受到的威胁也都是一样的。

这其实也就告诉我们，一旦有必要采取随机的策略时，想要找到自己的均衡混合策略，只要观察对手就可以了：如果对手无论怎样做都处于同样的威胁之下，因此对他自己的具体策略无所适从的时候，这时你的策略就是最佳的随机策略。

也只有这样的策略，才可以避免李林甫策略的弊端，阻止一群对手发现你的有规律的策略行动，从而利用这种规律来使自己免受威胁。

不过，随机策略必须是主动保持的一种策略。

在上面的例子中，假如宋康王选择的是“唐鞅策略”，那么，无论大臣们采取什么样的策略，对他们每个个体来说威胁的力度都是一样的。但是随机并不意味着宋康王可以按自己的某种偏好倾向随意进行惩罚。

因为如果出现了某种倾向，那就是偏离了最佳混合策略，此时是不能指望保持对所有大臣的威胁强度的。比如说，宋康王有一段时间心情不好，对于说话语速快的大臣杀得更多，那么经过一段时间以后，他会发现大臣们的语速都慢了下来，而开始不再像以前那样怕他了。

宋康王严格保持随机策略，就可以通过不确定性来保持对大臣们的威胁。这就是随机威胁的“唐鞅策略”的好处。

不过，它也存在着一定的不足，那就是它无法对付大臣们的合谋。如果大臣们知道宋康王不会把他们都杀掉，他们很可能会合伙来冒犯他。在这种情况下，由于他只能杀一个或少数几个，其他人因为冒犯宋康王而获得的名誉收益可能会激励他们这样做。

宋康王怎样才能用一个威胁来破解合谋，从而制伏所有的大臣呢？

除了滥杀无辜的“唐鞅策略”，其实宋康王还有一种成本更低的威胁策略，不仅可以减少杀戮，还可以破解大臣们的合谋。

这就是“序号策略”。他可以按职位高低为大臣们排序，并告诉第一号大臣，比如唐鞅，如果他敢冒犯国君，就会被撤职。这显然会让一号老实下来。接下来，康王可以告诉二号大臣，如果一号老老实实，而他不老实，就会把他杀掉。因为二号大臣认为一号会老实，所以他也会老实。接着，康王可以用同样的方法依次告诉三号直到十号大臣，如果他前面的大臣都老实下来，他就不会被撤职。

这样，所有的大臣都愿意老实。他们就算串通起来，也无法破解这一策略。因为一号为了不让自己被撤职，一定不愿意参与这种冒犯同盟。

这样的策略，可以用在和一群对手进行谈判的场合。它成功的关键在于，当随机进行惩罚时，每个人都可能宁愿被惩罚而选择不合作，但是只要让惩罚有一种明确的联动机制，依次分配下去，除非你面对的是一群非理性的对手，否则这样的威胁一般是可信的，是可以让对手顺从你的要求的。

曹操的策略警告

警告则起到一个宣示的作用，使人知道你不会改变自己设立的特定回应规则。它可以被视为确保威胁的可信度的一种方式。

三国时，曹操有一次在水阁宴请百官。时值盛夏，他吩咐侍妾用玉盘进献西瓜。一个小妾捧着盘子低着头献瓜。曹操问：“西瓜熟吗？”

小妾随口回答：“很熟。”

曹操闻听大怒，下令把这个小妾推出去斩首。座中的百官没有人敢问原因。

曹操又吩咐别的侍妾进献西瓜。侍妾们都有一些害怕，其中有一个妾比较聪明，于是大起胆子走上前献瓜。

曹操又问西瓜熟了没有，这个小妾回答说：“不生。”

曹操又勃然大怒，下令把她斩首。

随后，他吩咐再进献西瓜。这时侍妾们都战战兢兢，没有人再敢进前一步。其中有一个名叫兰香的小妾，平素最为曹操所宠爱，其善解人意为众妾所不及。于是，兰香就高擎玉盘上齐眉梢进献西瓜。曹操问：“西瓜味道如何？”

兰香回答：“很甜。”

曹操拍案大喝:“马上斩首!”

这时，在场的百官都一起离座，拜伏在曹操面前请罪。曹操说:“诸公请安坐，听我解释她们的罪过。前面的两个小妾在我身边侍奉了这么久，却不知道进献西瓜必须要把盘子捧到和眉毛一样高（古时候那样表示恭敬）。而且在回答我的问话时，所用的都是开口字。我斩她们是因为她们太笨了！兰香刚到我身边没多久，却那么聪明，把盘子举得高高的，又用合口字来回答我的问题，真是太了解我的心意了。我这种用兵之人，把她斩了是为了免得她日后成为我身边的隐患。”

其实，前两个侍妾是否越礼，后一个侍妾是否识破了曹操的心思，这些都不重要，重要的是曹操要借侍妾的三颗头颅，来告诉百官：第一，不论是侍妾还是百官，所有人的生杀予夺的权力都操纵在他手中；第二，无论是侍妾还是百官，都不要自作聪明地猜测他的心思。后来的杨修没有吸取教训，招致杀身之祸，就是例证。

也就是说，上面的这个故事，实际上并不是曹操与侍妾之间的博弈，而是他与百官之间的威胁博弈。三个可怜的侍妾，只是曹操用来表明自己对百官的优势以及决心，并对百官可能背叛进行警告的砝码而已。

警告与威胁是有所不同的。

威胁是建立一种对不肯合作的行为进行惩罚的回应规则，并且保证在出现这种行为时按照规则行事。这就要求规则必须具体，而不能泛义作为你在任何情况下都可能采取的策略，这样就跟没有实施威胁是一回事。如果威胁不能使对手对你的策略的预期发生变化，那么它也就产生不了任何影响。

不过，警告却可以用来说明，在没有回应规则的情况下你会如何行事，并且把这种策略昭告对手。它的目的在于使对手知道，他们的行动会受到什么样的对待，比如杀头。

警告和威胁是有区别的。威胁可能是一定的情形下，改变原来的回应规则，使之不再成为最佳选择。这时，威胁所要采用的策略，就有可能与自身利益相冲突，因而就出现了可信度问题，对手有理由怀疑等到他们出招之后，你会有动机推翻自己的威胁。而警告则起到一个宣示的作用，使人知道你不会改变自己设立的特定回应规则。你只不过告知他们，打算采取怎样的措施回应他们的行动。它可以被视为确保威胁的可信度的一种方式：爱妾都可以杀掉，何况尔等。

第24章

可信度：醋与毒酒的背后

如若说出口可信么
人无须许下承诺
只怕甜言蜜语出错
用我双眼看会否清楚
问哪位真心地对我
直觉推测应该会是没有错

——电视剧《甜言蜜语》主题曲

可信度是个大问题

考察一种威胁或承诺是否可信，不仅看它在同时行动时是否有效，而且要看我方采取行动之后，它对于对方来说是否仍然值得执行。

有一个贵族的马被盗了。第二天，他在所有的报纸上都刊登了这样一个声明："如果不把马还给我，那么我就采取我父亲在这种情况下采取过的非常措施。"

小偷不知道会产生什么严重后果，不过他想着可能是某种特别可怕的惩罚，于是偷偷地把马送还了。威胁生效了，贵族很高兴。他向朋友们说，他很幸运，因为不需要步父亲的后尘了。

朋友们问他："可是，请问你父亲是怎么做的？"

"你们想知道我父亲是怎么做的吗？好吧，我告诉你们……

"有一次他住旅店时马被偷走，他就把马肚带套在脖子上，背着马鞍走回家了。如果小偷不是这样善良和客气的话，我发誓，我一定要照父亲那种做法去做！"

如果小偷知道这种威胁是不可信的话，自然也就不会把马送还回来了。事实上，如果真实地分析双方的地位和收益以后，很多令人胆战心惊的威胁都是不可信的。

"可信性"是动态博弈的一个中心问题，是指动态博弈中先行动的一方，是否该相信后行动的一方会采取对自己有利的或不利的行为。如果后行动方将来采取对先行动方有利的决策，就相当于一种"承诺"。如果对先行动方不利，就相当于一种"威胁"。因此，可信性包括可信承诺与可信威胁两个方面。

承诺和威胁在博弈中能否发挥作用，关键在于其可信度有多大。美国普林斯顿大学的古尔教授，1997年曾经在《经济学透视》杂志上发表文章，通过一个深入浅出的例子说明了威胁的可信性问题。

有两兄弟老是为玩具吵架，哥哥老是抢弟弟的玩具。不耐烦的父亲宣布了强硬政策："好好去玩，不要吵我。不然的话，不管你们谁向我告状，我会把你们两个都关起来。"

被关起来与没有玩具相比，情况更加糟糕。现在哥哥又把弟弟的玩具抢去了，弟弟没有办法，只好说："快把玩具还给我，不然我要告诉爸爸。"

哥哥想，你真的告诉爸爸，我是要倒霉的，可是你不告状只不过没玩具玩，告了状却要被关起来，告状会使你的境况变得更坏，所以你不会告状。

因此，哥哥对弟弟的警告置之不理。如果弟弟是会计算自己利益的理性人，他还是会选择忍气吞声的。可见，如果弟弟是理性人，他的上述威胁就是不可信的。

在冷战时期，"乌鸦"和"燕子"是人们对苏联克格勃男女色情间谍的别称。他们追逐的对象主要是一些国家的政府要员、高级军官、外交使者、科学家，以及掌管国家秘密的机要人员和间谍情报机关的工作人员。

早在20世纪50年代，克格勃就曾对法国驻苏大使莫里斯·赫让使用过色情间谍。到了60年代初，克格勃还曾对访问过莫斯科的印度尼西亚总统苏加诺使用过色情间谍。

当时，印度尼西亚"国父"苏加诺访问莫斯科时，克格勃知道这位总统素来风流潇洒，就把几个"燕子"介绍给他。这些"燕子"就成为他卧室中的常客，克格勃借机偷拍了总统和她们厮混的录像。在访问快要结束的时候，他们陪同总统到了克格勃总部，把这部偷拍的录像放映给他看，威胁这位总统按苏联的意旨行事。

这时，就在苏加诺总统与克格勃之间形成了一个博弈。我们用博弈树来表示，如图24–1：

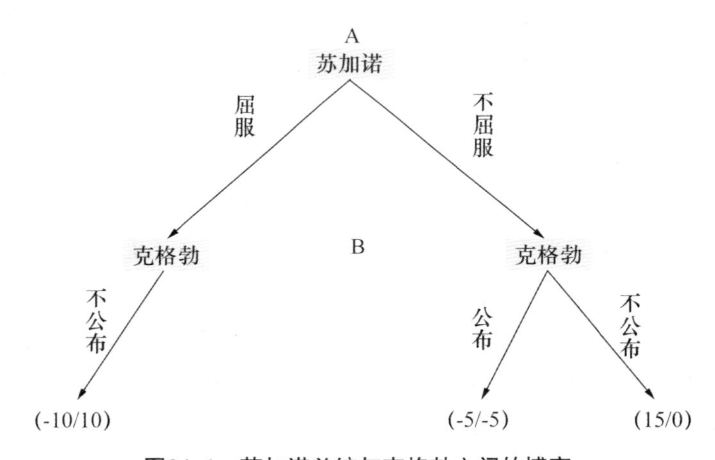

图24–1　苏加诺总统与克格勃之间的博弈

双方的博弈是以录像放映时的节点A的决策为起点，在节点A，由苏加诺决定要不要屈服。假如屈服的话，博弈就此结束：苏联从此多了一个俯首帖耳的仆从国。假如苏加诺不屈服的话，博弈就会转移到节点B的决策：克格勃决定要不要把苏加诺的情事公之于众。

如果苏加诺相信克格勃会在B节点对外公布录像，就会选择在A点乖乖屈服。不过，对克格勃来说，把录像公布而与苏加诺撕破脸，既无法使苏加诺下台也无法使其屈服，因此并不符合其利益。在B节点，克格勃只有一条路可以走，那就是不公布。

在真实的历史中，苏加诺看完录像以后，神态自若地问克格勃，可否把这部录像带再拷贝一份带回国去，以便在国内公演。苏加诺这一自信的反诘，使克格勃官员目瞪口呆，竟无言以对。

可以说，克格勃对苏加诺的讹诈之所以没能得逞，很大程度上是因为他们对博弈论学得不如苏加诺精通，因而没有能够制造出有效的威胁。

苏加诺明白，作为一国实力派领袖，克格勃的威胁并不足为信。因为录像即使被公布，苏联人也无法从中得到任何收益，相反会造成不利：第一，这么做苏联会与印度尼西亚撕破脸皮；第二，这样做会使克格勃的手段暴露，受到全世界的谴责和鄙弃；第三，与第二点相联系，会为其以后制造类似的骗局增加难度，因为潜在的对象会因此而警觉。

苏加诺不是三岁的小孩，在预见了克格勃在B点的理性决策之后，自然知道其威胁不过是虚张声势，因此才会在A点气定神闲地反过来将了他们一军。

我们考察一种威胁或承诺是否可信，不仅看它在同时行动时是否有效，而且要看我方采取行动之后，它对于对方来说是否仍然值得执行。在理论上，前者称为事前有效，后者称为事中有效。

近年来，可信性理论的发展，对很多复杂的经济和社会现象做出了解释，从上面苏加诺的故事，我们可以体会一下可信性的重要。

什么样的威胁不可信

威胁和承诺是否可信，取决于其成本的大小，取决于其成本和收益的比较。

唐朝大臣房玄龄的夫人性情嫉妒凶悍，房玄龄很怕她，一个妾也不敢娶。

唐太宗李世民与房玄龄的关系很密切，听说这件事情以后，就让皇后召见房夫人，告诉她现今朝廷大臣娶妾有定制，皇帝将赏给房玄龄美女。房夫人听了，坚决不答应。

于是，李世民让人斟了一杯醋，谎称是毒酒，端上来吓唬房夫人说:“如果你再坚持不肯，那就是违抗圣旨了，抗旨者应喝毒酒死!”

房夫人听了，毫不犹豫地接过酒来，一饮而尽。唐太宗见了，哭笑不得地叹息道:“这夫人我见了尚且害怕，更何况房玄龄!”

据说，这就是吃醋典故的由来。我们从博弈论的角度来思考一下，李世民的“毒酒”威胁为什么没有奏效呢?

真正的原因并不是她不怕死，而是因为这里出现了一个有关威胁的悖论。

在任何体制之下，领导都会试图用威胁的方式来管教下属的行为。李世民也是如此。因为他想让房玄龄享受和其他男人一样的乐趣，想帮助他解决家庭中的矛盾，才让皇后给房夫人讲道理。但是等到劝说无效以后，他就用皇帝的权威以死来威胁房夫人。

从房夫人的角度，这种威胁是否可信呢?

如果她了解李世民的为人，并且相信李世民对房玄龄的依重，那么一定不会把这一威胁当真。因为她知道，这一威胁只是为了使房玄龄过得更好，而不是为了让他未娶小妾先丧妻。发出威胁的动机一旦与威胁的行动相矛盾了，威胁也就不可信了。

在生活中，很多父母都望子成龙，担心儿女学习不努力而考不上大学，因此他们往往会讲很多道理教育孩子。但当父母一旦发现规劝无效时，也许会以威胁的语气表示，假如孩子考不上大学的话，就要把他赶出家门去谋生，甚至断绝家庭关系。

对于父母的威胁，儿女是否应该相信呢?

同样的道理，如果孩子知道父母的威胁只是为了让他们考上大学而找到好工作，生活得更好的话，那么这种威胁就是不可信的。

关心子女的父母可能会威胁孩子，以激励他们考上大学，但要是没考上，当真按照威胁的话去做，对于父母并没有什么好处。既然威胁只是为了孩子的未来，如果他确实落榜了，那么他就会比考上大学更需要父母的照顾。所以，他应该会想到，关心他的父母反而会因他落榜更照顾他，从而把父母的威胁当成耳边风。

所以，李世民越是想要让房玄龄过得舒服一些，父母对于孩子的关心越深，反而会进一步削弱了他们的谈判优势。反过来，如果把李世民换成隋炀帝，把父母换成继父母，反而有可能使威胁的可信度增加，从而达到目标。

威胁和承诺是否可信，取决于其成本的大小，取决于其成本和收益的比较。一般而言，成本巨大的，或者成本高于收益的威胁和承诺，可信度就比较高，反之则低。实际生活中有些制度见效甚微，就是因为惩罚力度太小，使得违规者的违规收益高于违规成本。

这个悖论，使我们在生活中发现很多不可信的威胁，同时也告诉我们：运用博弈论来分析，对手往往不像他们所发出的威胁那么强硬。这对于被威胁者是一个福音，但是反过来却是威胁者的不幸。好在，博弈论提供了很多提高威胁可信度的方法。

用行动打造可信度

为了使一个策略行动可信，你必须采取其他附加行动，使扭转这一行动变得代价高昂乃至完全没有可能。

在中国北方，流传着一个“鸣镝射马”的故事。

这个故事发生在西汉王朝初期的漠北草原。当时，匈奴部落的酋长叫头曼，前妻生子冒顿。后来，头曼所宠爱的后妻阏氏又生了个小儿子，头曼想把小儿子立为太子，就派冒顿到月氏王国（甘肃张掖）当人质。

等冒顿去了之后，头曼发兵猛攻月氏，希望月氏王把人质杀掉。冒顿察觉到老爹的诡计，立刻夺得一匹好马逃了回来。老爹有点懊悔，同时认为儿子很有胆识，于是分给了他一万名部众。

冒顿自有主张，不久就发明了一种发射时能发声的响箭——鸣镝。他命令随从说：“注意鸣镝，鸣镝所向，你们一齐射。”打猎时，冒顿鸣镝射向鸟兽，有未跟着射的随从立即被斩首。

冒顿又用鸣镝射自己的战马，有的随从一看是头领的战马，有所迟疑，结果无一例外都被斩首了。过了一些时候，冒顿用响箭射他自己的妻子，随从中又有不敢跟射的，也被立即杀掉。最后，冒顿射父亲的坐骑，随从都不敢不跟射了。

冒顿知道自己的部下已训练成功，于是把鸣镝射向他的父亲。乱箭随之，把老单于（即元首）射成了刺猬。冒顿把他的继母与弟弟杀掉，宣称自己是单于，建立了匈奴汗国。

一项可能改变的行动，在一个懂得策略思维的对手面前，根本起不了任何策略作用。他会认为这只是一种战术诈骗，而加以轻视。

建立策略意义上的可信度，意味着你必须让别人相信：你确实会实践你的无条件行动，你会信守许诺，也会实践你的威胁。为了使一个策略行动可信，你必须采取其他附加行动，使扭转这一行动变得代价高昂乃至完全没有可能。可信度要求对这个策略行动做出一个承诺。

当冒顿的鸣镝射向鸟兽时，把没有跟射的随从立即斩首，可以视为对下一次行动会执行处罚的承诺。

2008年5月18日，世界打捞业的巨头——美国奥德赛海洋勘探公司正式对外宣布，该公司从大西洋海底一艘古老沉船上，起获了重达17吨的殖民时期的金银财宝，其中包括约50万枚银币和数百枚金币，金银饰品及其他艺术品，总价值至少为5亿美元。不过，基于法律和安全的考虑，奥德赛公司没有公布该沉船的具体方位和深度。

根据现行国际海洋法规定，奥德赛公司将可以分得90%的打捞财宝，其余部分归英国政府所有。奥德赛公司已经派出一架专机，动用数百只塑料桶，满载这50多万枚金银古币返回美国境内。该公司计划将钱币以平均每枚1000美元的价格，向收藏者和投资者出售。

由这个故事，大家似乎认为打捞沉船是一桩一本万利的买卖。事实上，这一行业不仅需要大量的投资，而且充满了激烈的竞争和法律风险。

海底打捞需要综合运用遥控探测仪、水下机器人和深海摄像机等尖端设备，一个最基本的地磁仪需要16000~30000美元，功能更全面的“遥控水下探测仪”每台的价格则从10万~200万美元不等。

由于在辽阔的大洋上根本无法建立秩序，因此对沉船的打捞遵循先到先得的原则，这自然会在竞争者之间出现实力与胆量的较量。在这种博弈中，大量的投入还有另外一种作用，那就是传达自己打捞沉船的决心，借以对潜在的竞争者发出可信的威胁。如果这种决心足够强大，那么就可以吓退其他公司。

事实上，这一策略不仅存在于打捞沉船行业中，它在任何存在着竞争的领域都屡见不鲜。

众所周知，电话的发明者是亚历山大·格雷厄姆·贝尔（1847~1922）。但实际上与贝尔同一时期还有一位发明家名叫伊立夏·葛雷，他也发明了一种电话。

恰好贝尔在专利局申请专利的同一天，葛雷也去申请了，但他比贝尔晚了几小时，专利权已给了贝尔。

当有好几家公司在从事类似的研究时，往往就会形成争夺专利的情况。不过，美国的专利制度规定，当某种有用的发明出现时，该发明的一切权利都属于第一家发现它的公司。

如果格雷厄姆·贝尔和伊立夏·葛雷都是依靠别人的投资进行研究的，那么因为贝尔更早提出了这项发明，专利权就属于贝尔，而葛雷只好向投资人解释，为什么他浪费了这么多钱做研究。

我们假设在当时电话的专利价值1000万元，而格雷厄姆·贝尔和伊立夏·葛雷同时想争取电话专利，而且都已经花了将近1000万元，那么必然会有一方赔钱。因为只有当你知道自己的研究确实能取得专利时，这项专利才值得花将近1000万元来研究。

如果伊立夏·葛雷知道同时有别人在角逐电话专利，而他不能保证所投入的研究费用能获得回报，那么对他来说，最优的策略就是不去尝试研究这项技术。

不过反过来说，如果他连试都不试，格雷厄姆·贝尔一定会处于更有利的地位。因此，在一开始，格雷厄姆·贝尔就很希望让伊立夏·葛雷知道他正在研究电话。

在正常情况下，发明家应该把研究方案作为机密，这样其他人就不会窃取自己的方案。但如果遇到了争取专利的“斗鸡博弈”，跟其他的“斗鸡博弈”一样，把研究目标广告天下，甚至夸大自己争取专利的决心，才是更理性的策略。

在软件研发领域，正式推出新软件之前，先大张旗鼓地向外发布试用版，其作用并不仅仅在于收集潜在用户的反应，而是有着更深的用意：借此吓退潜在的竞争者。

有时你要欢迎打探

在可能两败俱伤的博弈中，不要阻止对手来打探你的行动。把间谍拒之门外，等于是把他想知道的核心和秘密都告知给了他。

在很多博弈中，每一方都不希望自己的信息被对手打探到。因为如果对方知道了你的底牌，他就赢定了。然而也有一些特例，比如在那些如果硬碰会两败俱伤的“斗鸡博弈”中，如果对方知道了你会采取强硬不退缩的策略，你就能成为赢家。

如果你能表现出这种气概，就应该欢迎对手打探，从而在获得的信息基础上决定自己的策略。相反，如果你成功地拒绝了打探，反而可能会引发最为灾难性的后果：两败俱伤。

在日本战国时期，柴田胜家从织田信秀当家时即为织田家的头号猛将，对织田家忠心耿耿。在织田信长统一近畿的一系列征战中，胜家都是最强的战斗力。

1570年6月，六角义贤包围了胜家驻守的长光寺城，截断了水源。在食水即将告罄的情况下，柴田胜家不愿降敌，准备出城突袭，杀出生路。

当着前来劝降的使者的面，柴田胜家毫不吝惜地将最后三竹筒水泼在地上，劈碎竹筒，表示自己决不投降的决心。

随后，他打开城门，突袭六角军。六角军将领信心动摇，结果全面崩溃，胜家从此得雅号“破竹之柴田”。

假设柴田胜家决定了决战到底，那么他希望对方会相信这一点。但是对方怎么会相信这一点呢？

假设对手派了一个使者或者间谍到他的营地来，打探他是否真的想决战到底。如果胜家害怕泄露情报而把这个间谍赶走，对手会怎样想？显然，对方会怀疑他想隐瞒什么东西，进而怀疑他决战到底的决心。

因为在这种情况下，需要隐瞒的只有一件事，那就是他并没有决战到底的决心。不欢迎间谍的信息相当于告知别人，你可能是个准备投降的胆小鬼。

而反过来，如果胜家想让间谍报告说他其实想血战到底，那么他就应该张开双手欢迎他，并且把这种信息尽可能地告诉他。信息会决定对方的策略，如果你被对手视为英雄，那么他就会考虑要不要与你硬碰硬。

因此，在可能两败俱伤的博弈中，不要阻止对手来打探你的行动。

它和普通的博弈在对待打探上的区别，主要在于在后者的博弈中，局中人一般通过隐瞒信息来获得优势。不管他想在博弈中做什么，都不希望对手知道。可是在可能两败俱伤的博弈或谈判中，只有在当局中人采取强硬策略的决心不坚定时，才会有所隐瞒。

所以，在这种谈判中，应尽可能地让间谍掌握有关行动，因为每一个伪装的行动都会泄露你的信息。把间谍拒之门外，等于是把他想知道的核心和秘密都告知给了他。

《孙子兵法》中说，间谍的运用有五种，即乡间、内间、反间、死间、生间。五种间谍同时用起来，使敌人无从捉摸我用间的规律，这是使用间谍神妙莫测的方法，也正是国君克敌制胜的法宝。

所谓乡间，是指利用敌人的同乡做间谍；所谓内间，就是利用敌方官吏做间谍；所谓反间，就是使敌方间谍为我所用；所谓死间，是指制造散布假情报，通过我方间谍将假情报传给敌间，诱使敌人上当，但一旦真情败露，我方间谍难免一死；所谓生间，就是侦察后能活着回来报告敌情的人。

在这里，古人之所以把间谍区分得如此详细，就是因为需要根据局面的不同，确定对待打探的策略。

在现代商业竞争中也是如此。假设有两位老板，都想在某小镇开超市，但是该镇的市场只够让一家超市赢利。两位老板都想让对手相信，自己有十足的决心留在这个市场，同时也都希望有一套退出市场的计划，以便在无法把竞争对手赶出市场的时候退出市场。

这时，两位老板可能都很欢迎对手来打探他们的动作，并且努力通过打探者把自己的决心传递出去。

在博弈中，假如你打算通过威胁或许诺影响对方的行动，一方面你需要把自己的行动通过某种渠道透露给对手，另一方面也应该了解对手的行动，否则你不可能知道他是不是选择合作。

主动取消选择权

自己减少选择甚至断绝所有后路，在人际交往中也是一项很有用的策略。

在正常的情况下，选择的方式越多越有利。但是在很多博弈中，选择的自由却会减弱威胁的可信度。在这种情况下，主动减少自己的选择或者说断绝自己的后路，反而可以提高自己的利益。

春秋时秦晋对阵，秦屡败。一次，秦穆公又亲自督阵，命大将孟明视率大军分坐数百艘战船，渡过黄河来报仇雪恨。过河以后，孟明视下令烧毁所有的战船，秦穆公连忙制止道："烧毁了战船，我们怎么回去呀？"

孟明视说道："用兵以士气为先。我军屡次被晋军打败，本来士气不高，现在烧毁战船，就是要告诉三军将士，有来无回，必须振作士气。这在兵法上叫置之死地而后生!”

拂晓攻击之前，孟明视严肃地对士兵们说:“你们都看见了，我们所有的船只都烧毁了。现在我们没有任何的退路，这一仗我们是非胜不可，否则我们没有一个人可以活着离开这里。我们现在只有两条路——不是胜利，就是死亡，再无其他的选择。”

战斗打响了，秦国士兵们表现出了从来没有过的英勇。经过一天一夜的浴血奋战，他们以少胜多，赢得了胜利。

这个故事，比项羽的破釜沉舟还要早。从秦国士兵的角度来说，其在绝境或没有退路的时候，产生了更大的爆发力，展示出了非凡的潜能。而从孟明视的角度来说，他则是充分运用了博弈论的原理。

这场战斗，既是秦军与晋军之间的博弈，也是主将孟明视与秦军士兵之间的博弈。见图24-2。

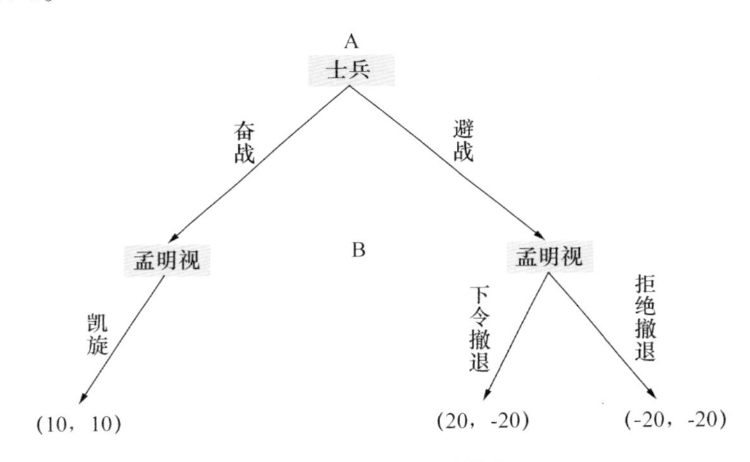

图 24-2　秦军与晋军的博弈

假设在A点时秦军士兵决定奋战还是避战，如果奋战的话就取得胜利，避战的话就遭到失败。如果遭到失败，由主将决定撤退还是继续战斗至死。很显然，孟明视烧船的举动，从客观上取消了做出撤退决定的可能。预见到如果失败就会战死，士兵就只能在A点选择奋战。

我们说，在这场战役的胜利中，比秦军士兵的勇气和爱国热情更重要的，是孟明视的博弈智慧，以及其所表现出来的冷酷。

之所以强调冷酷，是因为冷酷是这一博弈策略有效的必要条件。这里又涉及秦军与晋军之间的博弈。

在上面的战役中，以秦晋两国的实力对比，双方都清楚，假设孟明视决意进攻，最后一定会战败晋国。不过，如果晋军顽抗的话，这场战役会旷日持久而且伤亡惨重，所以孟明视盼望敌军能够明白自己的决心而望风投降，即便不投降也会闻风丧胆。

遗憾的是，如果晋军已经听说孟明视是一个对士兵有仁爱之心的人，也就是说尽管他可能不在意杀多少敌人，却很担心损失过多的实力，他们就会猜测，如果能够坚持足够长的时间，孟明视就会因为伤亡过重而撤退。

在这种情况下，孟明视必须提出可信的威胁，晋军才会投降或者胆怯。把自己的船全部烧了，意味着秦军的选择受到限制，不可能轻易地从战斗中撤退脱身。断绝撤退的后路使孟明视的威胁对于秦军更可信，同时也使秦军血战到底的威胁对于晋军更可信，从而取得胜利。

除了军事对垒以外，自己减少选择甚至断绝所有后路，在人际交往中也是一项很有用的策略。

主动交出控制权

在日常生活的谈判中，如果谈判的拍板权和谈判成功的利益集于一身，那么可能会陷入被动。而如果把拍板的权力交给置身谈判之外的人，就会有很大的优势。

周六，老婆命丈夫到早市上去买墩布，反复叮嘱："墩布四块钱就能买一把，千万不要买贵了！"

到了早市，丈夫询问了很多摊贩，怎么也不下五块钱。他和一个小贩磨了半天，对方仍寸步不让。情急之下，丈夫对小贩说："四块钱卖给我，行不行？你要是不卖给我，一会儿我叫我老婆来跟你砍价，怎么样？"

小贩眨了眨眼，二话没说，爽快地把墩布递给丈夫："成交！"

这是生活中用做不了主的策略来对付小贩。事实上，在很多事关国家命运的博弈中，这一策略也经常被运用。

三国时期，诸葛亮数次率军北伐曹魏，曹睿任用司马懿、郝昭、郭淮等人，与蜀军对抗。公元234年，诸葛亮率军最后一次北伐，在五丈原与司马懿对峙。

司马懿坚守不出，以逸待劳。诸葛亮派人给司马懿送去妇人的衣饰，有意羞辱司马懿。魏军将士得知后愤怒不平，一起要求出战。司马懿只好说："你们既要执意出战，待我向天子请示一下，再和你们一起进攻敌人。"

司马懿上书曹睿，假意要求与蜀军决战。曹睿看完司马懿的奏章，心领神会，断然拒绝出战。同时，他派大臣辛毗为军师，手持符节，前往魏营加以压制。

《汉晋春秋》载，姜维听说辛毗到了前线，就对诸葛亮说："现在辛毗持节传达曹睿的命令，司马懿更不会出战了。"

诸葛亮又何尝不知道这一点，他当时叹息道："司马懿本来就不想出战，辛毗来是为了制止司马懿手下的。否则以'将在外，君命有所不受'，他又何苦千里而请战？"

司马懿面临众将请战的压力，把决定是否出战的权力交给皇帝，可谓是一个成熟的博弈高手。这一故事说明：放弃对某件事的控制权，看上去似乎削弱了你的权力，但在事实上可能反而巩固了你的谈判地位。

对于司马懿来说，打胜仗必须依靠众将。遗憾的是，这些将领也知道自己的作用，而且知道司马懿不愿意成为一个众叛亲离的主帅。这一点使司马懿在与众将的博弈中居于下风：假如众将表明如果不出战就兵变的话，司马懿就只好答应他们的要求，而去打一场违背初衷的战役。

但是司马懿向皇帝上奏表，放弃了出战决定的控制权，就从这个困境中脱身出来了。因为交出控制权以后，他有很好的借口来表明自己对决定出战的无能为力。

事实上，交出控制权的方式，不仅是把话语权交给某个人，更是交给某种客观形势，比如法律的规定。

在警匪片中经常有这样的剧情：作为主人公的富商或者政要正春风得意时，突然接到一个陌生电话，声称已经绑架了主人公的家人，他必须在某时某刻之前将一大笔现金送到某个地点，而且不准报警，否则他的家人将一命呜呼。

在这种情况下，是报警还是老老实实地花钱赎人呢？

在日常生活的谈判中，如果谈判的拍板权和谈判成功的利益集于一身，那么可能会陷入被动。而如果把拍板的权力交给置身谈判之外的人，就会有很大的优势。对方在最后关头与事不关己的拍板者谈判时，他的立场自然会软化。因此，在谈判中告诉对方自己做不了主，并不是示弱，而是一种交出控制权的博弈手法。

根据《魏书》记载，初平四年，吕布兖州牧。夏侯惇轻军赶赴曹操的老家甄城，正好遇上兖州牧吕布。双方打了一仗，吕布退入了濮阳。有人献计，让吕布派人诈降劫持了夏侯惇。

夏侯惇的部将韩浩率兵赶到，召集军中诸将命令各自的下属不得轻举妄动，接着赶到夏侯惇帐外，怒斥持质者："你们这些小毛贼，竟然敢劫持大将军，还想活吗？我们受皇命讨贼，怎么能因为一位将军的原因放纵你们呢？"

同时，韩浩哭着对夏侯惇说："我不是不顾惜你，无奈国法规定不允许。"

这时所说的国法，是指当时的法律规定，凡是劫持人质、劫略、恐吓、买卖人口等几个罪名，一起归入"劫略律"。对劫持人质的，一概加以痛击，不顾忌人质安危。

接着，韩浩催促部下不顾夏侯惇的安全，强行擒拿持质者。最后，夏侯惇被救出，劫持者也全部被当场正法。

曹操听说这件事后，十分赞赏韩浩的行为，于是发布命令：从今以后，再遇到劫持人质的人，就一定要全力攻打他们，不要顾忌被劫持的人质。

据《魏书》记载，从这件事情以后，"劫质者遂绝"。很明显，绑票劫持事件之所以会发生，正是因为人质的生死可以用来要挟交换一定的利益。一旦这个利益不存在了，还会发生绑票劫持事件吗？

曹操之所以表扬韩浩，是因为他明白，只有采取绝不妥协的态度，才能够最大限度地阻吓有意兵变者，打消他们通过劫持人质来索取赎金的念头。只有这个绝不谈判的威胁是可信的，那么，兵变者才会意识到他们的行动注定徒劳无功。

但是其中的风险也考验着韩浩和曹操。每一次，只要遭遇兵变事件，一旦这个威胁必须实践，拒绝妥协的态度可能使被劫持者命丧黄泉。但这种风险，也恰恰是区别一个有战略眼光的领袖和一个短视者的试金石。只有前者才明白，屈服一次绝不仅是满足一批兵变者的要求那么简单，还会诱发更多的兵变。

很多人因为这个故事而称赞韩浩，事实上与其称赞韩浩，不如称赞当时的法律规定。可以说，这个故事的关键词是"国法"，正是法律规定把与劫持者妥协的控制权从当事人手中收走，反而最大限度地保护了被劫持者的利益。

如果没有这条法律规定，假如救人者只是对劫持者说他们不顾人质而攻击，对方可能不会相信。但法律规定彻底关闭了向劫持者妥协的大门，使攻击的威胁变得可信，从而产生了强大的威慑力。即便是不如韩浩那样大义凛然的人，也只能选择攻击而不是妥协。

不留谈判的余地

用切断联系的方式来增加威胁的可信度，需要及时收集相关的信息，并把握一个度。

东汉光武帝刘秀统一全国后，高峻反叛。光武帝派军攻打，但是城高坚固，很久都没有攻破。于是光武帝派寇恂为使，带着皇帝的手谕去招降高峻。高峻派军师皇甫文为代表，来到汉军驻地与寇恂谈判。

但是寇恂见到皇甫文，二话不说就下令把他推出去杀掉。自古以来，就有两军交战不斩来使的不成文契约，于是大家都来劝说。

但寇恂还是杀了皇甫文，并把他的副手放回去，传话给高峻："你的军师已经被我杀掉了。你要投降就趁早，不想投降，你就准备好，等我来吧！"

高峻十分害怕，马上就大开城门投降了。

大家都来向寇恂祝贺，同时不解地问："我们攻打了这么久，高峻都坚守不降。为什么你一杀了他的军师，他马上就投降了呢？"

寇恂笑着说："在谈判之前，我已经知道皇甫文不仅是叛乱的祸首，而且是高峻的主心骨。我一见到皇甫文傲慢不屈的神态，就知道他根本没有投降的意思。既然如此，进行谈判反而中了他们的缓兵之计。相反，杀了皇甫文，断绝了双方谈判的渠道，高峻也知道了我的决心，不投降还有别的路可走吗？"

寇恂的策略，实际上是以切断联系的方式，交出了双方谈判的控制权，从而帮助自己赢得了战争的胜利。

在战争中，只有当敌军相信你一定会战斗到获胜为止时，他们才会投降。为了展现绝不撤退的决心，完全可以像寇恂那样——斩断与敌方的联系。敌军看见这种情况，相信没有其他办法再讨价还价，自然就会认为你决心战斗到底了。

以切断联系的方式交出控制权，在日常生活的谈判中也很有用，而且也不必用斩杀来使的方式来实现。

比方说有人想要买你的一件东西，但是却不肯接受目前的报价。因为他相信你很快就会提出使他更满意的价钱。在这种情况下，你有什么办法让他相信你不会改变主意了呢？

答案是，你可以拒绝继续谈判，甚至连对方的电话、传真或E-mail也不回。

用切断联系的方式来增加威胁的可信度，需要及时收集相关的信息，并把握一个度。因为形势瞬息万变，我们不知道在切断联系的这段时间里会发生什么。

同理，获得加薪的有效策略，就是让老板相信如果不加薪，你一定会走人。比如向他证明有一家公司愿意每年多花钱请你。不管是不是真的，关键是让他相信。

这场加薪和反加薪的博弈，以你决策是否要求加薪为起点，接着老板选择要不要为你加薪。假如他不为你加薪，博弈就会继续向前，由你决定要留任还是跳槽。

因此这场博弈有两种可能的结局，只有当老板知道你最后会跳槽的时候，他才会考虑给你加薪。因此必须让你的跳槽威胁变得可信。

不过，有意思的是，要是你加薪成功，这场博弈根本就不可能走到跳槽那一步。不过你的成功还是在于让老板相信你会跳槽。博弈的结局往往是由可能发生、但是没有发生的事所左右。

实现这一点有很多办法，其中一个法子是，告诉公司的每一个人，假如要不到这笔钱，你一定会辞职。不要怕走漏了风声，让老板怀疑自己要跳槽。也不要怕新工作还没着落，又丢了原来的饭碗，因为从理论上来说，你应该让自己陷入一种处境，那就是假如加薪遭拒，会让你颜面尽失。你的目标应该是把加薪不成而留任尽职的局面搞得越尴尬越好。

这种方法等同于断绝后路的策略，坚决断绝留任的后路之后，老板就会发现为你加薪对他比较好。因为他知道要是得不到加薪，你再也没有颜面待在公司，只好走人了。

第25章

要挟：制人而不制于人

知道你想问什么却不想回答
所以不管你怎么我总是装傻
别总是拿感情要挟我 babe
好吧其实并不难也许我可以
——《不是不想》歌词

依赖与要挟的关系

为避免失去对韩信的控制，刘邦采用了两个方面的策略：一是给韩信提供有足够吸引力的利益；二是夺回韩信对军队的控制权。

楚汉相争时，刘邦被项羽围困在荥阳，而他所任命的大将韩信却在北路战线上顺利进军，势如破竹地平定了魏、代、赵、燕等地，接着又占据了齐国的故地。

韩信派人禀告刘邦说："齐人狡诈多变，反复无常，南边又与楚相邻，如果不设王，就难以镇抚齐地。希望你能允许我为代理齐王。"

刘邦收到信以后，不由得怒气冲冲，当着使者的面破口大骂道："我久困于此，朝夕望他前来助我……"

当时，张良和陈平正坐在刘邦的两边，两人一起去踩刘邦的脚。刘邦顿时醒悟，马上顺着刚才的语气接着骂："大丈夫平定了诸侯，建立了赫赫战功，要当就当齐王，当什么代理齐王？"

紧接着，刘邦命张良为使者，带着印鉴前往齐国，封韩信为齐王，并调遣他攻打楚军。韩信从此感恩，无论谁再来劝说他都不忍忘恩背汉，并最终率大军消灭了项羽。

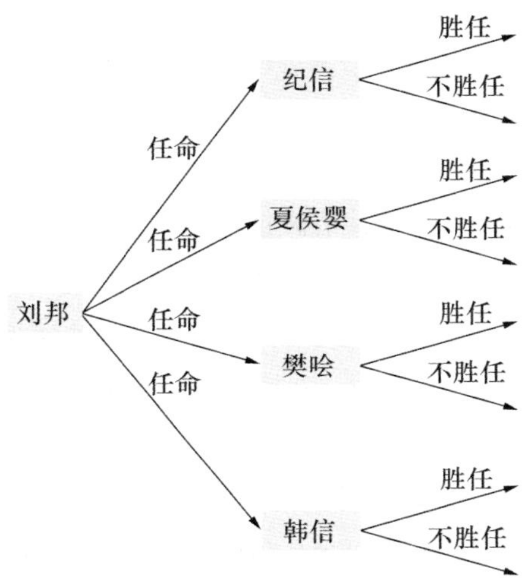

图25-1　刘邦与韩信之间的要挟博弈

在当时的局势下，韩信手握重兵打下了齐国，其向背对楚汉战争的结局更有举足轻重的影响。用蒯通的话说，这时刘邦和项羽的命运都掌握在韩信手里，“为汉则汉胜，与楚则楚胜”。

韩信与刘邦之间的对局，十分典型地说明了博弈论中的“要挟”问题。

我们用图25-1来说明这个要挟博弈。刘邦在任命韩信为大将之前，选择的余地很充分，他可以从自己的部将中任命一个来完成工作。可是，他一旦任命了韩信之后，就只有他才能掌握重兵，并且影响全局。在博弈的开始，任何一个部将都能成为大将，但是只要刘邦挑了韩信，他就得依赖韩信，因为这个时候已经没有可能任命其他的人。

不过也有另外一种博弈，你虽然依赖某个人，但并不会被要挟。它和上面情形的差别在于：前一种博弈中，被任命者要等到登台拜帅以后才能获得巨大的权力。但在后一种情形中，他则一直都是唯一能完成某项工作的人，因此也一直拥有这个权力，当真的任命他以后，也不会变得更依赖他。

韩信从一个从未统军作战的“治粟都尉”（相当于军队中的后勤主任），一下子升任全军主帅，自然不属于后面这种情况。也正因如此，刘邦必须想别的办法，避免过分依赖韩信，以最小化要挟问题。

公元前202年，项羽在垓下之战被消灭后，刘邦还军至定陶，冒充使者驰入韩信的军营中，直接进入韩信的卧室，取走了他的兵符和令箭，并改封他为楚王，此后又将其降为淮阴侯。

这并不仅仅是传统的兔死狗烹，而是隐含着对于要挟问题的解决思路。

刘邦从韩信手中夺回主动权，一共进行过三次，上面的这一次是第三次。

第一次是在公元前205年，韩信大破魏王豹，平定魏、代等地后，刘邦派人收其精兵，只给韩信留下了几万人去和赵国几十万大军战斗。

第二次则是在公元前204年，韩信破赵降燕，平定北方。刘邦突然驰入韩信军营，到其卧室收其兵符印信，韩信竟然还在睡梦中。

这三次夺兵权的行动，其背后就是刘邦的最小化要挟问题的博弈策略。

因为从一开始任命韩信为大将时，刘邦应该已经预见到了可能会出现受到对方要挟的局面，因此也应该埋下了伏笔。不然的话，韩信也不会佩服刘邦善于“将将”。

韩信的军事才能在汉军中是屈指可数的，在被任命为大将后更成了刘邦的主要依靠。在他需要的时候，他就可以把要价抬得非常高，甚至可以与刘邦分庭抗礼。

为避免失去对韩信的控制，刘邦采用了两个方面的策略：一是给韩信提供有足够吸引力的利益（如齐王），这就相当于和一个有垄断地位的供货商签订了长期合同；二是夺回韩信对军队的控制权，相当于随时可以打破供货商的垄断地位，以确保对方不会提出无法承受的要价。

第一点大家看得很清楚，可是对第二点刘邦是怎样做到的呢？

从表面上看，驰入韩信的大营夺回兵符令箭，成功与否似乎存在着很多不确定因素。但刘邦居然接连成功了三次，这说明其中一定有耐人寻味之处。

有人以韩信三次被夺取兵权为根据，说他连自己的军营都看不住，根本不够军事天才的资格。其实，韩信绝非马虎人，他会偷袭敌军，而从没有被敌军偷袭过。刘邦能直进他的卧室，只能有一种解释：他在韩信身边早已经安排了可靠的内线。

当韩信被任命为大将去攻打魏王豹时，他手下的将领都是刘邦的部下，而且是比较忠心的部下，这是没有问题的。这些人在韩信军中的作用，绝不仅仅是攻城略地，而应当也担当着保证刘邦对军队控制权的任务。这一点，从韩信的表现上也可以略见端倪。

蒯通劝说韩信脱离刘邦，其论点主要有四点：一是楚汉相拒三年，谁也无力取胜，韩信的军力就成了决定性因素，“二主之命悬于足下，足下为汉则汉胜，为楚则楚胜”；二是人生多欲，人心难测，不能信任刘邦，原来是刎颈之交的张耳、陈余后成为死敌就是前车之鉴；三是“勇略振主者身危，而功盖天下者不赏”，以勾践、文种、范蠡为例说明；四是时机难得易失，不能犹豫。

这番话的逻辑性很强，所举的例子也很实际，以韩信的聪明绝不会不明白。然而他最终仍然选择了忠于刘邦，并不是犹豫不决或是“妇人之仁”，而是因为他判断自己成功的机会不大。

也就是说，韩信并不能十分肯定自己对军队的垄断地位，自然也无法对刘邦进行足以成为对手同时也会使双方彻底翻脸的要挟。

用要挟来大捞一笔

一味地对抗往往并不一定能巩固你的地位，而通过先期的合作，使对方对自己形成依赖，反而能够达到要挟的目的。

公元前440年，周考王封其弟于河南，形成了一个西周公国。公元前367年，西周威公去世，他的小儿子在东部争立，赵国、韩国用武力加以支持，于是这个公国又分裂成西周和东周两个小国，经常相互倾轧攻伐。

有一年，东周的人民想改种水稻，但是其主要的水源地却在西周的境内。因为担心西周君不放水，东周国君忧心忡忡地请教苏秦。苏秦微然一笑说："我去说服西周君放水。"

苏秦来到西周，单刀直入地对西周君说："您现在不给东周放水，反而是在加强他们的力量，失去要挟他们的把柄啊！"

西周君正在洋洋得意地准备看东周的笑话，一听这话马上瞪大了眼睛："这话从何说起？"

苏秦不紧不慢地分析说："东周得不到水，老百姓都开始种耐旱的燕麦，而放弃种水稻的计划。您如果想保持对他们的威慑，不如给他们放水，这样东周一定又改种水稻。他们种上水稻以后，你就可以随时用给他们停水来威胁他们，让东周的百姓完全依赖于西周，从而听命于您了。"

西周君顿时恍然大悟，马上下令放水，同时把苏秦引为心腹，赏给他很多财宝。而东周的老百姓欢天喜地地种了水稻，对苏秦也十分感激。

在这个故事当中，苏秦之所以能够成功，主要原因就在于他向西周的君主提供了一条要挟东周的方法。在这里，水成为要挟的武器。

我们假设东周有三种截然不同的作物可以种，包括水稻（A）、高粱（B）和燕麦（C），其成本分别如图25-2所示。

	水稻	高粱	燕麦
放水	100 万两	120 万两	130 万两
不放水	220 万两（改种高粱）	120 万两	130 万两

注：矩阵中的数字为东周单独决定种植不同作物时的成本，分西周放水和不放水两种情况。

图25-2 东周与西周的博弈（1）

由于种水稻的成本最低，因此东周的人民暂时决定种它。但是有一个问题是：种水稻必须用到西周所拥有的水。西周对水稻没有垄断权，可是如果东周开始种水稻的话，西周所拥有的水就会成为水稻种植的一个极其关键的条件。因此，如果没有西周的同意，东周就不能种水稻。

在这个阻力之下，如果东周决定种植水稻，就必须先得到西周的允许。

如果东周一开始就选择种高粱或燕麦而不是水稻，那么所花的成本要多一些，比如20万两银子。因此，在开始种水稻之前，西周就可以假定东周最多会花20万两银子来买他们的水。

可是，假设东周君已经下令种植水稻，并且花掉了100万两银子来平整土地和购买种子，此时如果西周突然决定不放水，东周就只好再投资120万两银子来改种燕麦或高粱。此时，120万两是东周愿意支付的最高价格，因为它已经花了100万两在水稻的前期种植上了。

20万两与120万两相比，自然是120万两的威胁更大，西周所获得的优势更为明显。

由此可见，一味地对抗往往并不一定能巩固你的地位，而通过先期的合作，使对方对自己形成依赖，反而能够达到要挟的目的。因为根据路径依赖的规律，人们往往会受到已经走过的道路的约束和要挟。

我们再来假设一种情况，假如一开始西周就不同意放水给东周，而索要300万两的钱财。东周君经过盘算，自然会决定放弃水稻，改种高粱。因为高粱虽然也需要水，但东周境内一条无名河流的水也足以应付了。

然而遗憾的是，就在东周已经为了种植高粱投入了120万两资金以后，西周人发现那条无名河流的源头原来也在西周的境内。那么西周君应不应该马上宣布这个消息呢?

答案是否定的。

对于西周来说，最有利的宣布时机是东周的高粱播种之后。因为这样一来，东周如果不听命于西周，那么就必须花130万两银子来种燕麦，这样，东周愿意向西周支付的金钱，就是低于130万两的一个数字。

对东周来说，如果想避免可能的要挟，最好的办法是从一开始就种植燕麦。因为它一旦踏进了依赖的圈套，西周就随时可以从它身上大捞一笔（见表25-3）。

洛克菲勒是美国的石油大王，这是众所周知的事情。但是，想必洛克菲勒用10万元钱即购买了密沙比铁矿这件事就鲜为人知了吧。

那时，洛克菲勒早就对梅里特兄弟经营的密沙比铁矿垂涎三尺了，只是一直没有找到合适的时机。1873年，经济危机席卷美国，梅里特兄弟由于资金紧缺而一筹莫展。于是，洛克菲勒通过牧师劳埃德，向梅里特提供了42万元的考尔贷款。

	高粱	燕麦
不截住无名河流	120万两	130万两
截住无名河流	250万两（被迫改种燕麦）	130万两

注：矩阵中的数字为东周种植不同作物时，在西周是否截住东周种高粱所依赖的无名河流源头两种情况下的成本。

图25-3　东周与西周的博弈（2）

半年过后的某一天，劳埃德突然向梅里特兄弟提出：洛克菲勒要求索回现款。

原来，考尔贷款是美国的一种贷款形式，是贷款人随时可以索回的贷款，其利息低于一般贷款利息。根据美国法律，贷款人索回贷款时，借款人或者立即还款，或者宣布破产，两者必居其一。

不明就里的梅里特兄弟还没缓过劲来，就只有宣布破产一条路了。洛克菲勒名正言顺地成了密沙比铁矿的新主人。

这种故事在生活中是十分常见的，你租一辆车到郊外，可是对方把你拉到半路上突然说需要加钱，否则他就不干了，这时候你是下车呢，还是乖乖地交钱呢？

期权价值的要挟

我们在自己生活的地方，一般来说更乐于尝试结交新朋友，也更愿意试吃新的饭店等。我们这样做是理性的，其原因就在于新朋友和新饭店对我们存在着期权价值。

有一家减肥健美俱乐部以减肥效果著称，但是收费不菲。在他们的广告上，有这样一个保证：十天减十斤，不够赔十万！

一天，有个已经有过多次减肥失败经历的胖子看了这个广告就想：试试吧，减不掉还有十万块呢！他抱着试试看的态度问教练，他该怎么办。教练记下他的联系地址，然后就让他回家等通知，说明天就会有人告诉他该怎么做了。

第二天一大早，门铃就响了。一位漂亮性感的青春女郎站在门口，对胖子说：

“教练说了，你要是能追到我，我就是你的了。”

胖子欢喜无比，拔腿就追。从此以后，他每天早晨都在女郎的后面狂追。如此几天下来，胖子的体重减了很多。第八天，他自己一称体重，减了九斤，于是就下定决心不再受诱惑：为了那十万块钱，不能再减了！

第二天，他在门口等待那美丽女郎的到来，准备告诉她今天不想追了。可是门铃一响，女郎没有来，来的却是一个同他几天前一样肥胖的女人。胖女人对他说：“教练说了，只要我能追上你，你就是我的了。”

可以说，这家健美俱乐部前期所推出的法宝，就是美丽女郎的期权价值。不过，胖子为此所付出的代价是不菲的费用。而到最后，这个胖子本人反过来成了另一个局中的诱饵，得利者自然也是俱乐部。

在生活中，有不少人尝试用各种奖励“诱惑”自己减肥，比如衣服、珠宝、香水甚至新车和度假，但是很显然，所有这些激励都不如上面故事中的方法。此外，期权价值可以解释我们生活中的很多事情，比如说努力学习某种技能。

卡尔·奥古斯特·鲁道夫·斯泰因梅茨是20世纪最著名的电气工程师之一。他于1865年4月9日生于德国的布雷斯劳（今波兰的弗罗茨瓦夫），出生即有残疾，自幼受人嘲弄。但他意志坚强，刻苦学习，于1882年进入布雷斯劳大学就读，1888年进入苏黎世联邦综合工科学校深造，次年迁居美国。

1923年，福特公司的一台大型电机发生了故障，公司所有的工程师会诊了两个多月都没能找到毛病。于是，公司只好请来斯泰因梅茨。

他在电机旁检查了一段时间，听了听电机发出的声音，最后用粉笔在这台电机上画了一条线作为记号，对福特公司的经理说：“打开电机，把我做记号处的线圈减少20圈，电机就可正常转动了。”

福特公司的工程师们将信将疑地照办了，结果电机果然修好了。事后，斯泰因梅茨向福特公司要价10000美元作为报酬。福特公司的经理十分惊讶，问：“画一条线就值10000美元吗？”

斯泰因梅茨不动声色地在账单上写道：“用粉笔画一条线，值1美元；知道把线画在电机的哪个部位，值9999美元。”

这里的9999美元，就是能画出这条线的斯泰因梅茨的期权价值，也是只有他才能开出的价码。

再比如说，我们在自己生活的地方，一般来说更乐于尝试结交新朋友，也更愿意试吃新的饭店等。我们这样做是理性的，其原因就在于新朋友和新饭店对我们存在着期权价值。如果我们通过尝试交往和试吃，发现朋友或者餐厅确实不适合自己，那么以后也就不必再继续。可是，如果发现对方很适合自己，那么就可以继续下去。

与此相反，如果我们在偶尔路过的地方去做同样的事情，就不会获得期权价值。因为就算特别喜欢，以后可能也没有机会再享受自己尝试的成果了。

把画饼变成真饼

"画饼充饥"或者"望梅止渴"都是用虚幻的空想来骗人的把戏。不过如果你懂得博弈策略，它却完全可以"无中生有"，成为通向成功的坦途。

有这样一个纯属虚构但是却妙趣横生的故事。

有一天，美国的国际问题专家亨利·艾尔弗雷德·基辛格(Henry Alfred Kissinger)和一个朋友到乡村游玩。在路上，朋友向基辛格请教他多次穿梭外交成功的秘诀。

基辛格没有回答，随手指着一个正在旁边工作的年轻人，对朋友说:"我马上可以给你示范一下。"

于是，基辛格带着朋友找到这个年轻人的母亲，对他说:"尊敬的老人家，我想把你的儿子带到城里去工作。"

母亲不假思索地说:"不行，绝对不行，他走了我怎么生活?"

基辛格说:"如果我在城里给你的儿子找个对象，可以吗?"

母亲摇摇手:"不行，那样我们的负担不是更重了吗?"

基辛格又说:"如果我给你儿子找的对象——也就是你未来的儿媳妇，是洛克菲勒的女儿呢?"

母亲想了想，马上就同意了。

第二天，基辛格找到了美国石油大王洛克菲勒，对他说:"尊敬的洛克菲勒先生，我想给你的女儿找个对象。"

洛克菲勒说:"你开玩笑吧!"

基辛格又说:"如果我给你女儿找的对象——也就是你未来的女婿，是美国银行的副总裁，可以吗?"

洛克菲勒想了想，就同意了。

又过了几天，基辛格找到了美国银行总裁，对他说："尊敬的总裁先生，你应该马上任命一个副总裁！"

总裁先生摇着头说："不可能，这里这么多副总裁，我为什么还要任命一个副总裁呢，而且必须马上？"

基辛格说："如果你任命的这个副总裁是洛克菲勒的女婿，可以吗？"

总裁先生当然同意。

一周后，等基辛格的那位朋友再见到这位小伙子时，他已经是美国银行的副总裁兼石油大王的未来女婿了。

在这个故事中，颇有纵横家风采的基辛格，虽然一直是在画饼充饥，但却最终达到了一箭双雕的目标。事实上，我们学会利用期权，就是希望而且确实能够使"画饼"变成能够充饥的"真饼"。

在小伙子的母亲那里，基辛格利用"洛克菲勒的未来女婿"这张"画饼"，得到了带小伙子到城里工作的权利。而在洛克菲勒那里，他是利用"美国银行副总裁"的"画饼"，交换到了"洛克菲勒的未来女婿"这样一个"真饼"，最后一步自然就更为简单，只需要用从洛克菲勒那儿得到的"真饼"，把"副总裁"的"画饼"变成真的，这个计划就成功了。

在中国人的观念中，"画饼充饥"或者"望梅止渴"都是用虚幻的空想来骗人的把戏。不过如果你懂得博弈策略，它却完全可以"无中生有"，成为通向成功的坦途。

员工对公司的要挟

我们在公司工作的时候，必须随时注意自己所获得的经验，在别处有没有用和有多大用。

《庄子·列御寇》中有这样一则小故事，说的是有一个叫朱泙漫的人，一心要学会一种别人都没有的技术。

后来，他听说一个叫支离益的人会杀龙，十分高兴，于是变卖了全部家产，向支离益学习杀龙的技术。三年以后，他学成回乡，向乡邻大吹其道。然而，正在他洋洋得意之际，有一个人大笑着问他:“果然是杀龙绝技，了不起得很！可惜，世上哪有龙来让你杀呢?”

看来，朱泙漫唯一的工作，也许就是回到支离益的身边，给他担任助教了。

这个故事，并不是仅仅对于无用的学问和技能的批评。如果从现代人的角度来看，教人杀龙这一招中隐藏的要挟博弈，真值得现代职场上的人们好好领悟一下。

假如朱泙漫和支离益生活在现代社会，而且分别是一个教育公司的员工和老板的话，那么朱泙漫即便是一位十分能干的人，甚至有天赋的人，也很难避免受到公司的要挟。因为离开了这家公司，他的技能就根本没有用武之地了。

一般情况下，工作技能经验是雇主和员工都十分看重的一种素质。因为它作为工作的一种副产品，可以提高工作效率，从而提高员工的价值。一般来说，一个人的工作经验越充足，他的薪水应该越高。

可是，如果情况发生在朱泙漫和支离益之间，又会怎么样呢?

因为朱泙漫的技能属于公司所独有，在别处不会有人雇用他，因此他也就无法达到应得的薪资水平。

假设朱泙漫之前是杀猪的，他在行业中的身价是一年5万元左右。因为想要一鸣惊人，他想到了去支离益的屠宰公司服务，因为这家公司的训练很独特，也很完善，而且等到3年后，他在这一行就会有10万元的身价。这表示3年以后，支离益的公司就必须至少付给他10万元的薪水，否则他就会辞职到薪水更高的地方去。

然而遗憾的是，支离益的公司的训练只适用于杀龙。3年后，朱泙漫对公司来说会值10万元，但对其他杀猪的公司而言，仍然只值5万元。这样，支离益的公司如果只付给他5万元，那么他也得接受，因为离开这儿，也根本找不到其他公司愿意付更高的薪水。

这个案例对我们的启示在于，随着社会分工越来越细化，我们在公司工作的时候，必须随时注意自己所获得的经验，在别处有没有用和有多大用。这其实也就是唐代诗人刘禹锡所说的:“屠龙之技，非曰不伟；时无所用，莫若履豨（杀猪)!”

不过也不用太灰心，事物都有两面性，如果你拥有的特殊技能和经验在短期内难以获得，甚至你在工作中获得了别人通过学习根本不可能学会的技能，那么公司让别人取代你也会比较难，这时你又从另一个方面具备了反要挟的能力。

要挟中的优势转换

在进行要挟博弈时，必须能预见优势在什么情况下会转换。

有一个千万富翁在一家酒店进餐时，不小心卡了一根鱼刺，顿时脸色苍白，大汗淋漓。

幸运的是，他旁边的桌子正好有一位医生，而且随身的包里有一些简易的工具。经过医生一番努力，这位富翁终于得救了。

他揉捏着脖子，十分感激地问医生："你说吧，我该付给你多少钱？"

医生停住收拾工具的手，抬头看了他一眼，回答道："刚才鱼刺还卡在喉咙里时你提到的价钱的一半，你看如何？"

事实上，这也是一场关于要挟的博弈。医生之所以同意只收富翁曾经承诺的价钱的一半，是因为他明白：当抢救结束的时候，双方的谈判地位已经发生了逆转。

我们应该说，这是一位好医生。因为他没有在抢救进行到一半的时候就要求富翁付钱，也没有乘人之危要求加价。不过，并不是所有的医生都会这样做。在我们的生活中，病人在医院里甚至在手术室里被勒索的事例，也曾发生。

事实上，双方地位的这种转换，也正是红包在医疗行业屡禁不绝的主要原因。如果所有的医生都像那个拔鱼刺的医生一样聪明的话，他们应该能够想到，在手术完成以后，他在这个要挟博弈中的优势会马上丧失，接下来要面对的可能是被举报的问题。

一个贤明的犹太商人把儿子送到很远的耶路撒冷去学习，当他弥留之际，知道来不及见上儿子一面时，他立了一份遗嘱，上面写清楚，家中所有财产都转让给一个奴隶；不过要是财产中有哪一件是儿子所想要的话，可以让给儿子。但是只能一件。

这位父亲死了以后，奴隶很高兴交了好运，连夜赶往耶路撒冷，先到死者的儿子处向他报丧，并把商人立下的遗嘱拿给儿子看。儿子看了非常惊讶，也非常伤心。

这个儿子向拉比请教。拉比告诉他："这是你父亲为你设置的最好的保存财产的办法。因为你父亲知道自己如果死了，儿子又不在，奴隶可能会带着财产逃走，连丧事也不报告给你。因此你父亲才把全部财产都送给奴隶，这样奴隶就会急着去见你，还会把财产保管得好好的。”

年轻人仍然不明白。拉比接着说：“你只要选那个奴隶就行了，奴隶的财产属于主人。”

年轻人恍然大悟，后来他照着拉比的话去做了，得到全部家产。

聪明的老犹太商人的遗嘱中，埋下了一个可以使博弈优势即刻转换的装置。严肃的遗嘱在形式上得到了履行，但实际上却使那个奴隶完全处于儿子的要挟之下。

从奴隶的角度来看，这个博弈的结果自然并不像拉比说的那么美妙。他的失败也说明，在进行要挟博弈时，必须能预见优势在什么情况下会转换。如果他能预见这一点的话，把财产席卷逃跑也许才是更好的选择。

在生活中，罢工可以视为员工与公司老板之间进行的一种要挟博弈。为了了解这种博弈过程，我们假设有一家公司，如果没有罢工的话，每个月预计会有1000万元的收入和900万元的成本。这样在正常情况下，公司老板可以获利100万元。可是，如果员工起来罢工，利润会发生什么样的变化呢？

如果这些员工没有任何专业技能，而且市场上的后备劳动力资源十分充足，那么老板只要新雇用一批人来做罢工员工的工作就可以了。这样，他就不会受到罢工的要挟。

但是，如果罢工者都是有专业技能的人，只要他们罢工，公司就必须停工，从而每月损失1000万元的收入。这时，员工就可以利用这种人为的垄断地位，来要挟公司老板。

不过，这种要挟的力量有多大，还要取决于公司给罢工者支付的薪水水平。

罢工使公司损失1000万元收入，但同时也可以使公司节省一部分成本，因为公司不必再支付薪水。如果公司的900万元成本全部是用来支付薪水的，那么罢工事实上只是使公司损失了100万元。可是，如果公司平时的薪水成本只有200万元，其他700万元的成本则是花在设备上，那么公司只能省下200万元的成本。

由此可见，一家公司对员工支付的薪水在成本中所占的比例越低，罢工所导致的损失就会越大。特别是在一些高科技公司中，当昂贵的机器必须依靠少数几个员工来操作，而且没有人可以取代他们时，这些员工就对公司具有了强大的要挟力量。

由此可见，对今天那些资本密集或者技术密集的公司来说，它们对罢工要挟的抵抗力就特别地弱：一方面，罢工使其成本增大到极点，导致昂贵的资产闲置下来；另一方面，它又很难找到合适的技术人才来替换这些罢工者。

在这种情况下，这些公司的员工就握有伤害公司的武器，可以要求高薪并且常常能够成功。这实际上也从另一个角度解释了为什么这一类公司的员工薪水普遍比较高。

期权有助于摆脱要挟

期权可以降低不确定的风险。只要有了期权，就不会被套牢。

Craigslist是美国比较出名的一个社区型网站，供网民免费发布求购或售卖资讯。一位美国女孩在该网站的金融版刊登了一则名为“我怎样才能嫁给有钱人”的有趣的问题帖——

我是一个漂亮的25岁的女孩，谈吐文雅。不是来自纽约。想找一位年薪至少50万美元的老公。我知道那意味着什么。但是请记住，年薪百万美金在纽约才算中产阶级，所以我认为那根本不过分。

在这个论坛上有年薪50万或者以上的GG吗？或者他们的太太？你们是否可以给我一些建议？我约会过一位平均年薪20万到25万的商人，但那似乎是我遇到的最上限。25万年薪不能使我住进中央公园西区。我瑜伽班上的一位同学，嫁给了一个住在Tribeca的投资银行家。她既没有我漂亮，也没有我聪明。为什么她找到了？我怎样才能达到她的水准？

下面是我的一些特别的问题：

——那些有钱人在哪里消遣？酒吧，餐馆，健身房，说具体点。

——你们想找什么样的伴侣？诚实一点，不要伤害我的感情。

——哪个年龄段比较合适？我25岁。

——为什么有些相貌平平的女人过着奢华的生活？我见过有的女孩，长得一般，一点也不吸引人，却不可思议地嫁给了有钱人。我在单身酒吧里见过迷死人的女孩，却运气不佳。背后有什么故事？

——我应该做什么呢？每个人都知道律师、投资银行家、医生比较有钱。这些人到底挣多少钱？他们去哪里消遣呢？

——你们怎样决定婚姻和女友呢？我现在只找能结婚的人。

请不要冒犯我。我把自己最真实地表达了出来。大多数漂亮的女人是虚伪的，我至少比她们强。如果我在外貌、文化、综合能力和保持家庭整洁上面配不上他们，我不会找。

下面是一个华尔街投资银行家的回帖：

我怀着极大的兴趣看了你的帖子，相信不少女人有和你同样的疑问。让我以投资银行家的身份，对你的处境加以分析。我年薪超过50万美金，符合你的择偶标准，所以请相信这不是在浪费大家的时间。

你的提议是个简单的交易。你带来你的相貌，我带来我的钞票。看起来很公平和简单。但是，你的美貌会消失，而我的财富则永恒，事实上，还很可能增加。可以肯定的是，你将变得不再漂亮。这是个关键。

因此，从经济学分析，我是增值资产，你是贬值资产，而且是加速贬值资产。

让我解释一下。你现在25岁，未来5年仍然比较抢手，但是每年在递减，然后早期消退将开始。35岁是大限。用华尔街术语，我们可以称呼你为一个交易仓位，买入不是一个好的交易，我宁愿去租。所以，一个理智的态度是和你约会，而不是结婚。

另外，在我早期的职业生涯中，被传授过有关有效市场的知识。所以，我纳闷，为什么像你这样漂亮又文雅的女孩没有找到自己的另一半？

顺便说一下，你如果想着自己去挣这么多钱，我们不会有这么一场难堪的对话。

最后，总结一下，我必须说，你应当走正路，希望我的帖子对你有帮助。当然，如果哪天你想出租，请联系我。

在这里，这位华尔街投资银行家所提供的意见，充满了对利益的算计，其实也反映了在当下中国也存在的“包养”问题。抛开道德因素来看，他所提出的与女孩进行约会的所谓“出租”方式，无非是希望获得一种期权：将来可以走入婚姻，也可以一拍两散。

这样一个男女之间的感情期权，使拥有它的人有权利执行，但是却不一定要执行。因此，当他发现局面变得不利时，他就可以选择不执行。

在上述故事中，这位银行家之所以选择期权方案，是因为如果选择结婚的话，无论对方是升值还是贬值，他都得承担，而在“租”的方案之下，他就可以放弃这笔交易。

而且，如果他在交往过程中，发现这个女孩的智慧不仅表现在选择发帖的网站上，而且这种智慧对他很有价值（智慧是不会随着时间而贬值的），他仍然可以选择跟她结婚。

也就是说，期权可以降低不确定的风险。只要有了期权，就不会被套牢，如果情况变得不利时仍然可以全身而退。

如何避免被“吃定”

在刺刀见红的博弈中，要想保护自己，不能依靠别人的善，而要依靠自己不被恶所要挟。

据近代沈太牟所著的《东华琐录》记载，清朝雍正、乾隆年间，朝廷屡次大兴文字狱，禁毁的著作颇多。理学家吕留良因为在作品中谈到了“华夷之辨”，因此其著述也在禁书之列。吕氏所著的《天盖楼》，讲述作文如何引用四书五经，基本是一本八股文写作指南，也一并被禁。

到了嘉庆年间，生员某甲在乡试中考取了第一名，他的同学某乙颇为嫉妒，于是就揭发说，某甲的试卷中引录了吕氏《天盖楼》的文字。主考官听了以后大惊失色，急忙传来某甲，亲自鞫问。

主考官开头就怒问：“《天盖楼》乃是禁书，你可知道？”

不料，某甲从容回答：“学生读书太少，您所说的《天盖楼》，我是闻所未闻。”

主考官又问：“那你的卷中为什么引录禁书文字？”

某甲反问：“大人如何得知学生卷中引录了禁书文字，难道您亲自拿禁书核对过？”

主考官久历官场，一听连连摆手：“既然是禁书，本官自然也没有见过，当然也没法亲眼核对。本官传你问话，是因为有你的同学某乙举告，我职责所系，必须要查问一下而已。”

某甲即刻表示愿与某乙对质。主考官即传某乙到场。某甲质问某乙：“你说我试卷中抄录了《天盖楼》文字，根据何在？《天盖楼》既然是禁书，你为什么会如此熟悉？”

某乙吓得脸色苍白，嗫嚅半天说不出一句完整的话。他这才明白，指控某甲如果属实，那么非把他自己也装进去不可。于是，主考官居中调解，这才作罢。

这个故事说明，在刺刀见红的博弈中，要想保护自己，不能依靠别人的善，而要依靠自己不被恶所要挟。要达到这个目的，有时需要用策略套牢那些能要挟你的人，使他们无法从中脱身。

美国的通用汽车公司是世界上最大的汽车公司，在它的历史上，有一个被经济学家广泛引用的故事。这个故事，恰恰可以与上面的谋略结合起来，用来说明摆脱要挟的途径。

在20世纪早期，通用和其他的汽车企业一样，从独立的车身制造厂采购车身。为它提供车身的，是费雪车身公司。

汽车工业是一种高投资、大规模的工业，费雪公司接受通用公司的订单后，为了能够按照通用公司的要求进行生产，就要投资建造专门的设备。一旦这种专门的设备投资建成以后，费雪公司就不可避免地受到要挟，通用公司完全可以趁机压价，并以停止采购相威胁。如果通用公司不再购买费雪的产品，费雪的投资将付诸东流。

费雪的解决办法是与通用公司签订长期合同，详细规定了产品的规格和定价公式。最重要的是，合同还规定通用公司只能从费雪公司采购车身，锁定了双方的合作关系。由于有了合同，通用公司除非违法，否则就不可能以停止采购来敲诈费雪公司了。

这样一来，通用公司就被费雪公司所套牢，无法在未来的博弈中对费雪进行要挟。不过另一种要挟又出现了：费雪公司反过来却有了敲诈通用公司的机会。

按照通用公司后来的说法，费雪公司确实利用了这种机会。据说，费雪公司故意使用低效率的劳动力密集生产方式，并拒绝在通用公司附近兴建车身工厂。

最终的解决办法，仍然是套牢策略，而且更为彻底：通用公司利用购买费雪股票的方式，把原本独立的费雪公司变为了通用公司的一部分。这样，它从根本上避免了费雪公司敲诈通用公司的可能性，也一劳永逸地避免了以后双方协商、修改合同的谈判成本。

这个案例给我们的启示在于：当我们的“投资”确实只能有一个用户时，那么就要用长期的合同来保证对方必须接受你的产品。如果可能的话，还要加上只能接受你的产品的条款。

在生活中，每个人都会经常被迫依赖于他人。潜在的要挟也在所难免，有时候依赖还是有必要的，有些则是我们自愿选择的。不过，每当面临可能的要挟时，一定要问问自己，在这种局面中，我们能够有多大的余地可以摆脱它，以及有没有什么办法来套牢可能要挟我们的人。

参考文献

[1][美]朱·弗登博格，[法]让·梯若尔. 博弈论. 黄涛，等译. 北京：中国人民大学出版社，2003.

[2][美]托马斯·谢林. 微观动机与宏观行为. 谢静，等译. 北京：中国人民大学出版社，2005.

[3][美]阿维纳计·迪克西特，苏珊·斯克丝. 策略博弈. 蒲勇健，译. 北京：中国人民大学出版社，2009.

[4][美]阿维纳计·迪克西特，巴里·J.奈尔伯夫. 策略思维. 王尔山，译. 北京：中国人民大学出版社，2003.

[5][美]戴维·M.克里普斯. 博弈论与经济模型. 邓方，译. 北京：商务印书馆，2007.

[6][美]詹姆斯·M.布坎南，等. 同意的计算——立宪民主的逻辑基础. 北京：中国社会科学出版社，2000.

[7][美]威廉·费勒. 概率论及其应用. 胡迪鹤，译. 北京：人民邮电出版社，2006.

[8]张维迎. 博弈论与信息经济学. 上海：上海人民出版社，2004.

[9]潘天群. 博弈生存：社会现象的博弈论解读. 北京：中央编译出版社，2004.

[10]王则柯. 新编博弈论平话. 北京：中信出版社，2003.

[11]郑惟尹. 心理学经典实验. 台北：佛光人文社会学院，2004.

[12]宋立强，肖箭，盛立人. 公平性与数学化. 运筹与管理，1999（01）：7.

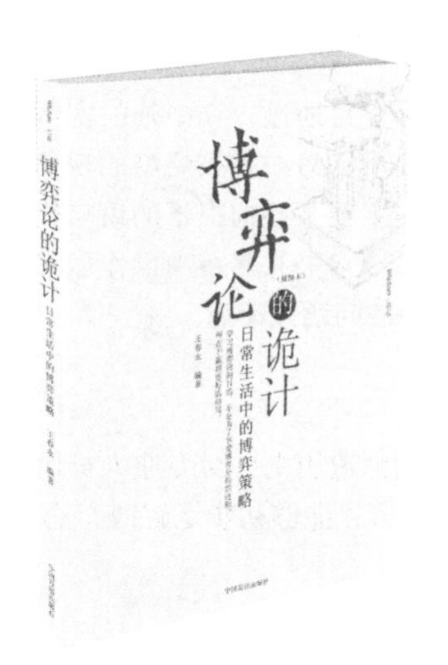

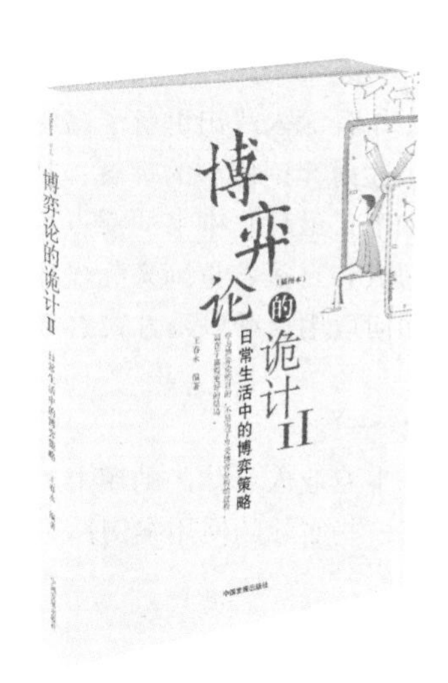

好评如潮

“中国图书榜中榜科技类最畅销图书奖”颁奖词

它是一本告诉我们朋友的朋友是朋友、朋友的敌人是敌人、敌人的朋友是敌人、敌人的敌人是朋友、敌人也可能成为我们的朋友的图书。

当当读者长风漠路

虽然每天博弈，但因为复杂的因素，我们常常看不清楚实质。按照直觉出牌，时常落入别人的算计。或许此书能帮我们解决些问题。本书涵盖范围很宽，大到人生抉择，小到一日三餐，用博弈的眼光解释了我们一生中的各类问题，包括职业、交往、爱情、经济、时间管理等等，有时让你忘记了这是本博弈论的书，还以为是成功学。

但说起来，博弈还不是为了成功吗？

卓越读者

有时候，科学并不一定意味着烦琐的计算与测量，而是一种有浓厚艺术气息的思维方式。前者固然可以得出正确的结论，但是后者同样可以用一种出人意表的方式曲径通幽。这种方式，与我们在生活中运用博弈科学有异曲同工之妙。大量的数学模型吓不倒我们，因为我们可以对它们置之不理。

当当特约评论员Coryz

当我们看到一个个博弈经典案例同样可以用《孙子兵法》典故、传统成语等中国文化结晶直接阐述或命名的时候，自豪！自信！

豆瓣读者Liliana

首先，作者深入浅出讲解了高深莫测的概念，并且通过古今中外的实例加深了读者对于所讲述博弈论模型的理解；其次，给读者提供了另一种策略型的视角去看待生活中的人和事；最后，本书的重点更多在于讲解建立在某些前提下的策略模型，局限性较大，而没有真正着重到实际操作的层面。所以，本书并非指南操作型书籍，更多的是教你如何运用这种思维方式去看待生活中遇到的问题或矛盾。

当当读者01yht

这是一本专业人员休闲的用书，非专业人员的消遣用书。对专业人员而言，能够为理论找到一些实际的使用案例；对非专业人员而言，能够初步了解博弈论。

当当读者uasave

当我第一次阅读此书时，立即被其吸引，博弈论的奥妙和实用性令我们的处世能力大幅提高。此书以最贴近生活的事例、最通俗的语言向你道清博弈论的奥妙之处，通读全书，获益匪浅。

卓越读者雨天的尾巴

读过不下五本关于博弈论的书，这本最值得推荐。

当当读者爱野野

初次接触博弈论这个概念，很庆幸第一次就遇到了这方面的一本好书。用生活中的常见例子，来介绍博弈论的基本思想和运用，并非告诉我们解决办法。也绝没有任何一个定论，向我们展示的是生活中还有这样的一种智慧，可以试试看。

会遇到需要将前页的内容再仔细看一遍才能读懂的情况，也有觉得作者将某一定义在几章的内容中反复阐述，感觉重复拖沓的情况，但从整体来看并不影响对这本书的评价。

当当读者bookwormlyp

开始看该书后，该书就让我爱不释手。我觉得本书最大的特点，就是以通俗优美的语言讲述了深奥的博弈论的各种理论，而且辅以各种例子加以说明，让人看得非常投入。应该说，该书虽然是以博弈论为卖点，但是实际上，读过该书，你会发现，其实是在讲生活、讲处事、讲恋爱、讲人生、讲商战。可以说，人生处处是博弈，生活处处是博弈，世界处处是博弈。